中国石油大学（华东）远程与继续教育系列教材

采 油 工 程

曲占庆　王卫阳　主编

中国石油大学出版社

图书在版编目(CIP)数据

采油工程/曲占庆,王卫阳主编.—东营:中国石油大学出版社,2009.6(2015.2重印)
ISBN 978-7-5636-2357-0

Ⅰ.采… Ⅱ.①曲…②王… Ⅲ.石油开采—成人教育—教材 Ⅳ.TE35

中国版本图书馆 CIP 数据核字(2009)第 068420 号

书　　名：	采油工程
作　　者：	曲占庆　王卫阳

责任编辑：	李　锋(0532—86983571)
封面设计：	王长皓

出 版 者：	中国石油大学出版社(山东 东营　邮编 257061)
网　　址：	http://www.uppbook.com.cn
电子信箱：	shiyoujiaoyu@126.com
印 刷 者：	青岛国彩印刷有限公司
发 行 者：	中国石油大学出版社（电话 0532—86981532,86983437）
开　　本：	180 mm×235 mm　印张:19　字数:379千字
版　　次：	2015 年 4 月第 1 版第 3 次印刷
定　　价：	38.00 元

中国石油大学(华东)
远程与继续教育系列教材编审委员会

主　任：王瑞和
副主任：王天虎　冯其红
委　员：刘　华　林英松　刘欣梅　韩　彬　康忠健
　　　　黄善波　郑秋梅　孙燕芳　张　军　王新博
　　　　刘少伟

总 序

从1955年创办函授夜大学至今，中国石油大学成人教育已经走过了从初创、逐步成熟到跨越式发展的50载历程。50多年来，我校成人教育紧密结合社会经济发展需求，积极开拓新的服务领域，为石油、石化企业培养、培训了10多万名本专科毕业生和管理与技术人才，他们中的大多数已经成为各自工作岗位的骨干和中坚力量。我校成人教育始终坚持"规范管理、质量第一"的办学宗旨，坚持"为石油石化企业和经济建设服务"的办学方向，赢得了良好的社会信誉。

自2001年1月教育部批准我校开展现代远程教育试点工作以来，我校以"创新教育观念"为先导，以"构建终身教育体系"为目标，整合函授夜大学教育、网络教育、继续教育资源，建立了新型的教学模式和管理模式，构建了基于卫星数字宽带和计算机宽带网络的现代远程教育教学体系和个性化的学习支持服务体系，有效地将学校优质教育资源辐射到全国各地，全力打造出中国石油大学现代远程教育的品牌。目前，办学领域已由创办初期的函授夜大学教育发展为今天的集函授夜大学教育、网络教育、继续教育、远程培训、国际合作教育于一体的，在国内具有领先水平、在国外具有一定影响的现代远程开放教育系统，成为学校高等教育体系的重要组成部分和石油、石化行业最大的成人教育基地。

为适应现代远程教育发展的需要，学校于2001年9月正式启动了网络课程研制开发和推广应用项目，斥巨资实施"名师名课"教学资源精品战略工程，选拔优秀教师开发网络教学课件。随着流媒体课件、WEB课件到网络课程的不断充实与完善，建构了内容丰富、形式多样的网络教学资源超市，基于网络的教学环境初步形成，远程教育的能力有了显著提高，这些网上教学资源的建设与研发为我校远程教育的顺利发展起到了支撑和保障作用。相应地，作为教学资源建设的一个重要组成部分，与网络教学课件相配套的纸质教材建设就成为一项愈来愈重要的任务。根据学校现代远程教育发展规划,在"十一五"期间,学校将推进精品课程、精品网络课件和教材的建设工作,通过立项研究方式启动远程与继续教育系列教材建设工作,选聘石油石化行业和有关石油高校专家、学者参与系列教材的开发和编著工作,计划用5年的时间,以石油、化工等主干专业为重点,陆续推出成人学历教育、岗位培训、继续教育三大系列教材。系列教材将充分吸收科学技术发展和成人教育教学改革最新成果,体现现代教育思想和远程教育教学特点,具有先进性、科学性和远程教育教学的适用性,形成纸质教材、多媒体课件、网上教学资料互为补充的立体化课程学习包。

  为了保证远程与继续教育系列教材编写出版进度和质量,学校成立了专门的远程与继续教育系列教材编审委员会,对系列教材进行严格的审核把关,中国石油大学出版社也对系列教材的编辑出版给予了大力支持和积极配合。目前,远程与继续教育系列教材的编写还处于探索阶段,随着我校现代远程教育的进一步发展,新课程的开发、新教材的编写将持续进行,本系列教材的体系也将不断完善。我们相信,有广大专家、学者们的共同努力,一定能够创造出体现现代远程教育教学和学习特点的、体系新、水平高的远程与继续教育系列教材。

编委会
2006年10月

前 言
PREFACE

采油工程作为一门石油工程专业的主干专业课,主要介绍提高油井产量和原油采收率的各项工程技术措施的理论、工程设计方法。

采油工程面对的是不同地质条件和动态不断变化的各种类型的油气藏,只有根据其地质条件和动态变化,正确地选择和实施技术上可行、经济上合理的工程技术措施,才能获得良好的经济效果。采油工程的特点是:遇到的问题多、难度大、涉及面广,各项工程技术措施间的相对独立性强。

本着加强基础和理论联系实际的原则,本书系统地介绍了采油工程技术领域内的有关基本知识和基本理论。全书由曲占庆和王卫阳主持编写,具体分工如下:

王卫阳编写第1章油井基本流动规律和第2章自喷与气举采油;

鲍丙生编写第3章有杆泵采油和第4章无杆泵采油;

温庆志编写第6章压裂、酸化技术和第7章复杂条件下的开采技术;

曲占庆编写第5章注水和第8章油水井作业。

本书作为一本适合于成人教育的专业教材,主要是帮助石油工程专业的学员了解、掌握采油工程学科领域的基本概念、基本理论和基本方法,亦可供从事采油工程的技术人员参考。

在本书编写过程中得到了张琪教授的指导,也得到了中国石油大学(华东)采油工程系的老师们的大力支持,在此表示感谢。

编 者
2009.5

目 录
CONTENTS

第1章 油井基本流动规律 ·· 1
  1.1 油井流入动态 ··· 1
    1.1.1 单相液体的流入动态 ··· 2
    1.1.2 油气两相渗流时的流入动态 ··· 4
    1.1.3 $\bar{p}_r > p_b > p_{wf}$ 时的流入动态 ······························ 9
    1.1.4 油气水三相 IPR 曲线 ··· 10
    1.1.5 多层油藏油井流入动态 ·· 11
  1.2 井筒气液两相流基本概念 ··· 13
    1.2.1 井筒气液两相流动的特性 ··· 13
    1.2.2 井筒气液两相流能量平衡方程及压力分布计算步骤 ············ 17
  1.3 垂直气液两相管流计算方法 ·· 21
    1.3.1 压力降公式及流动型态划分界限 ·································· 22
    1.3.2 混合物平均密度及摩擦损失梯度的计算 ························· 23
  1.4 嘴流动态 ··· 27

第2章 自喷与气举采油 ·· 31
  2.1 自喷井生产设备及工艺流程 ·· 31
    2.1.1 自喷井井口装置 ·· 31
    2.1.2 自喷井流程 ·· 34
    2.1.3 自喷井分层开采生产管柱 ··· 34
  2.2 自喷井生产系统分析 ·· 35
    2.2.1 自喷井生产基本流动过程 ··· 35
    2.2.2 自喷井节点分析 ·· 37
    2.2.3 自喷井的管理 ··· 42
  2.3 气举采油原理及生产系统设计方法 ·· 44
    2.3.1 气举采油原理 ··· 45
    2.3.2 气举方式及井下管柱 ·· 45

2.3.3　气举启动压力与工作压力 …………………………………………… 46
　　2.3.4　气举阀 ………………………………………………………………… 48
　　2.3.5　气举生产系统设计 …………………………………………………… 52
　　2.3.6　气举井试井 …………………………………………………………… 56

第3章　有杆泵采油 ……………………………………………………………… 58
　3.1　有杆泵抽油装置 ……………………………………………………………… 58
　　3.1.1　抽油机及其工作原理 …………………………………………………… 60
　　3.1.2　抽油泵 …………………………………………………………………… 65
　　3.1.3　抽油杆柱及井口装置 …………………………………………………… 67
　3.2　抽油机悬点运动规律 ………………………………………………………… 70
　　3.2.1　简化为简谐运动时的悬点运动规律 …………………………………… 70
　　3.2.2　简化为曲柄滑块机构时的悬点运动规律 ……………………………… 72
　3.3　抽油机悬点载荷计算与分析 ………………………………………………… 73
　　3.3.1　悬点所承受的载荷 ……………………………………………………… 74
　　3.3.2　悬点最大和最小载荷 …………………………………………………… 78
　3.4　抽油机的平衡、扭矩与功率计算 …………………………………………… 78
　　3.4.1　抽油机平衡计算 ………………………………………………………… 78
　　3.4.2　曲柄轴扭矩计算 ………………………………………………………… 81
　　3.4.3　电动机的选择和功率计算 ……………………………………………… 83
　　3.4.4　抽油机井的系统效率 …………………………………………………… 84
　3.5　泵效计算与分析 ……………………………………………………………… 86
　　3.5.1　影响泵效的因素 ………………………………………………………… 86
　　3.5.2　提高泵效的措施 ………………………………………………………… 90
　3.6　有杆抽油系统设计 …………………………………………………………… 94
　　3.6.1　抽油杆强度计算及杆柱设计 …………………………………………… 94
　　3.6.2　有杆抽油井生产系统设计 ……………………………………………… 97
　3.7　有杆抽油系统工况分析 ……………………………………………………… 99
　　3.7.1　抽油机井液面测试与分析 ……………………………………………… 99
　　3.7.2　地面示功图分析 ………………………………………………………… 100
　　3.7.3　抽油机井的计算机诊断技术 …………………………………………… 107
　　3.7.4　抽油机井生产动态分析——动态控制图的应用 ……………………… 108
　3.8　地面驱动螺杆泵结构及工作原理 …………………………………………… 111
　　3.8.1　地面驱动螺杆泵的组成 ………………………………………………… 111
　　3.8.2　螺杆泵工作原理 ………………………………………………………… 112

3.8.3 地面驱动螺杆泵生产系统优化设计 …… 114
3.8.4 螺杆泵采油配套工艺技术 …… 118

第4章 无杆泵采油 …… 123

4.1 电潜泵采油 …… 123
4.1.1 电潜泵采油装置及其工作原理 …… 123
4.1.2 电潜泵井生产系统设计及设备选择 …… 127
4.1.3 电潜泵井生产管理与分析 …… 128

4.2 水力活塞泵采油 …… 134
4.2.1 水力活塞泵装置的组成和分类 …… 134
4.2.2 水力活塞泵井下机组工作原理 …… 138
4.2.3 水力活塞泵使用范围 …… 139
4.2.4 水力活塞泵油井生产系统设计 …… 140
4.2.5 水力活塞泵的工况诊断及故障分析 …… 141

4.3 水力射流泵采油 …… 143
4.3.1 采油装置构成及工作原理 …… 143
4.3.2 射流泵油井生产系统设计步骤 …… 146
4.3.3 射流泵的常见故障及排除 …… 146

第5章 注 水 …… 149

5.1 水源、水质及注水系统 …… 149
5.1.1 水源及水质要求 …… 149
5.1.2 注入水处理工艺 …… 151
5.1.3 注水地面系统 …… 152
5.1.4 注水井的投注程序 …… 155

5.2 注水井吸水能力分析 …… 156
5.2.1 注水井吸水能力的表达 …… 156
5.2.2 影响吸水能力的因素 …… 158
5.2.3 改善吸水能力的措施 …… 158

5.3 分层注水技术 …… 159
5.3.1 分层吸水能力的测试及分层配水 …… 159
5.3.2 分层配水 …… 164
5.3.3 分层注水管柱 …… 166

5.4 注水井分析 …… 168
5.4.1 注水井的油、套压及注水量变化分析 …… 168
5.4.2 注水指示曲线分析及应用 …… 169

5.5 注水井调剖与检测 … 173
  5.5.1 调剖方法 … 173
  5.5.2 示踪剂检测 … 174

第6章 压裂、酸化技术 … 177
6.1 水力压裂技术 … 177
  6.1.1 增产原理 … 177
  6.1.2 造缝机理 … 178
  6.1.3 压裂液 … 180
  6.1.4 支撑剂 … 185
  6.1.5 压裂设计 … 190
6.2 酸处理技术 … 197
  6.2.1 酸液及添加剂 … 197
  6.2.2 碳酸盐岩地层的盐酸处理 … 202
  6.2.3 砂岩油气层的土酸处理 … 204
  6.2.4 酸化压裂技术 … 208
  6.2.5 酸处理工艺 … 209

第7章 复杂条件下的开采技术 … 214
7.1 油井出砂处理技术 … 214
  7.1.1 油层出砂原因 … 214
  7.1.2 防砂方法 … 217
  7.1.3 清砂方法 … 220
7.2 防蜡与清蜡技术 … 222
  7.2.1 油井防蜡机理 … 222
  7.2.2 油井防蜡方法 … 223
  7.2.3 油井清蜡方法 … 224
7.3 油井堵水 … 225
  7.3.1 油井出水原因及找水技术 … 225
  7.3.2 油井封堵水技术 … 227
7.4 稠油及高凝油开采技术 … 233
  7.4.1 稠油及高凝油开采特征 … 234
  7.4.2 热处理油层采油技术 … 236
  7.4.3 井筒降粘技术 … 242

第8章 油水井作业 … 248
8.1 修井设备与工具 … 248

8.1.1　动力设备 …………………………………………………………… 248
　　8.1.2　起下设备 …………………………………………………………… 249
　　8.1.3　旋转设备 …………………………………………………………… 253
　　8.1.4　循环设备 …………………………………………………………… 253
　　8.1.5　井口装置及工具 …………………………………………………… 255
　　8.1.6　封隔器 ……………………………………………………………… 257
8.2　油井小修 ………………………………………………………………… 262
　　8.2.1　压井 ………………………………………………………………… 262
　　8.2.2　抽油井检泵 ………………………………………………………… 265
　　8.2.3　不压井、不放喷作业设备 ………………………………………… 269
8.3　油井大修 ………………………………………………………………… 276
　　8.3.1　井下打捞及打捞工具 ……………………………………………… 276
　　8.3.2　井下解卡技术及解卡管柱与工具 ………………………………… 280
　　8.3.3　套管修复工艺与工具 ……………………………………………… 282

第 1 章 　油井基本流动规律

本章导学：

本章介绍油井生产基本流动过程的动态规律及计算方法。要求掌握不同驱动类型油藏的油井流入动态计算及 IPR 曲线的绘制方法；了解油气水混合物在井筒中的流动特性，掌握气液两相流的基本概念以及气液混合物在井筒中压力分布的计算步骤和方法。

重点难点：

(1) 单相及气液两相流体渗流时的油井流入动态；
(2) 井筒气液两相流的流型及能量损失规律；
(3) 多相垂直管流压力分布计算的步骤和方法；
(4) 嘴流临界流动的特点。

任何油井的生产都包含三个基本流动过程：从油藏到井底的流动——油层中的渗流；从井底到井口的流动——井筒中的管流；从井口到地面计量站分离器的流动——地面管线中的水平或倾斜管流。对于自喷井，原油流到井口后还有通过油嘴的流动——嘴流。尽管这些流动过程相互衔接，但它们在本质上有着不同的流动规律。准确预测其流动规律是油井各种举升方式设计和生产动态分析所需要的共同基础。本章将分别介绍油井生产的三个基本流动过程(油层渗流、气液两相管流和嘴流)的动态规律及计算方法。

1.1　油井流入动态

石油从油层经过渗流到达井底后的剩余压力称为井底流动压力(简称流压)。认识掌握这一渗流过程的特性是进行油井举升系统工艺设计和动态分析的基础，人们常用油井流入动态来表述这一过程的宏观规律。

油井流入动态是指油井产量与井底流动压力的关系，它反映了油藏向该井供油的能力。表示油井产量与流压关系的曲线称为油井流入动态曲线，简称 IPR 曲线，也称采油指示曲线。典型的流入动态曲线如图 1-1 所示，其横坐标为油井产量 q，纵坐标为井底流压 p_{wf}。

从单井来讲，IPR 曲线反映了油层向井的供给能力（产能）。图 1-1 表明，IPR 曲线的基本形状与油藏驱动类型有关。即使在同一驱动方式下，其定量关系也取决于油藏压力、油层厚度、渗透率及流体物理性质等。下面从研究油井生产系统动态的角度讨论不同油层条件下的流入动态曲线。

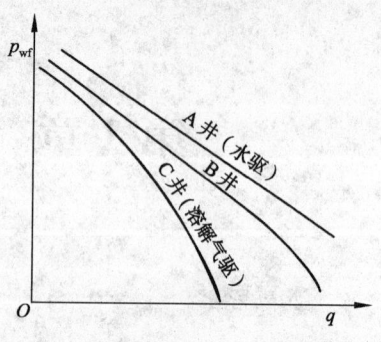

图 1-1 典型的油井流入动态曲线

1.1.1 单相液体的流入动态

1.1.1.1 垂直井单相液体的流入动态

当井底流压高于原油饱和压力时，油藏中流体的流动为单相渗流。根据达西定律，定压边界圆形地层中心一口垂直井的稳态产量公式为：

$$q_o = \frac{2\pi K_o h (\overline{p}_r - p_{wf})}{\mu_o B_o \left(\ln \frac{r_e}{r_w} - \frac{1}{2} + s\right)} \tag{1-1}$$

对于圆形封闭油藏，即泄油边缘上没有液体流过，则拟稳态条件下的产量公式为：

$$q_o = \frac{2\pi K_o h (\overline{p}_r - p_{wf})}{\mu_o B_o \left(\ln \frac{r_e}{r_w} - \frac{3}{4} + s\right)} \tag{1-2}$$

式中　q_o——油井产量（地面），m^3/s；

K_o——油层有效渗透率，m^2；

B_o——原油体积系数，无因次；

h——油层有效厚度，m；

μ_o——地层油的粘度，$Pa \cdot s$；

$\overline{p}_r$——井区平均油藏压力，Pa；

p_{wf}——井底流动压力，Pa；

r_e——油井供油（泄油）边缘半径，m；

r_w——井眼半径，m；

s——表皮系数，与油井完成方式、井底污染或增产措施等有关，可由压力恢复试井资料求得。

对于非圆形封闭泄油面积油井拟稳态条件下的产量公式，可根据泄油面积和油井位置对式(1-2)进行校正。其方法是令公式中的 $r_e/r_w = X$，根据泄油面积形状和井的位置可确定相应的 X 值（具体方法参见文献 13）。

在单相流动条件下，油层物性及流体性质基本不随压力变化，这样产量公式可写成：

$$q_o = J(\overline{p}_r - p_{wf}) \tag{1-3}$$

$$J = \frac{2\pi K_o h}{\mu_o B_o \left(\ln X - \frac{3}{4} + s\right)} \tag{1-4}$$

在一些文献中,称式(1-3)为油井流动方程。由式(1-3)可得:

$$J = \frac{q_o}{\overline{p}_r - p_{wf}} \tag{1-5}$$

J 称为采油指数,它是一个反映油层性质、厚度、流体参数、完井条件及泄油面积等与产量之间的关系的综合指标。其数值等于单位生产压差下的油井产油量,因而可用 J 的数值来评价和分析油井的生产能力。一般都是用系统试井资料来求得采油指数 J。只要测得 3~5 个稳定工作制度下的产量及其流压,便可绘制该井的实测 IPR 曲线。单相流动时的 IPR 曲线为直线,其斜率的负倒数便是采油指数;在纵坐标上的截距即为油藏压力。

对于单相液体流动的直线型 IPR 曲线,其采油指数是定值;而对于多相流动等非直线型的 IPR 曲线,其斜率是变化的。所以,对于具有非直线型 IPR 曲线的油井,在使用采油指数时,应该说明相应的流动压力,也不能简单地用某一流压下的采油指数来直接推算不同流压下的产量。

另外应当指出,即便在单相渗流条件下,当油井产量很高时,在井底附近也将出现非达西渗流,根据渗流力学中的非达西渗流二项式,油井产量和生产压差之间的关系可用下面的二项式表示:

$$\overline{p}_r - p_{wf} = Cq + Dq^2 \tag{1-6a}$$

式中 $\overline{p}_r$ ——井区平均油藏压力,kPa;

p_{wf} ——井底流动压力,kPa;

q ——油井产量(地面),m³/d;

C ——系数,kPa/(m³·d);

D ——紊流系数,kPa/(m³·d)²。

在系统试井时,如果在单相流动条件下出现非达西渗流,则可直接利用试井所得的产量和压力资料用图解法求得式(1-6a)中的 C 和 D 值。改变式(1-6a)可得:

$$\frac{\overline{p}_r - p_{wf}}{q} = C + Dq \tag{1-6b}$$

由式(1-6b)可看出,$(\overline{p}_r - p_{wf})/q$ 与 q 呈线性关系。由试井资料绘制的 $(\overline{p}_r - p_{wf})/q$-$q$ 直线的斜率为 D,其截距则为 C。

1.1.1.2 水平井单相液体的流入动态

20 世纪 80 年代以来,水平井在油气田开发中得到了广泛应用。水平井同直井比较而言,由于它能钻遇较长的油气层,增加了与油藏的接触面积,从而提高了单井产能。国内外学者对水平井产能的预测方法进行了大量的研究,稳态解析解是其中最简单的形式,而 Joshi 提出的水平井稳态产量计算公式经常被采用。

如图 1-2 所示,长度为 L 的水平井穿过水平渗透率和垂向渗透率分别为 K_h 和 K_v 的油藏。水平井形成椭球形的泄流区域,泄流区域的长半轴 a 与水平井长度 L 有关。

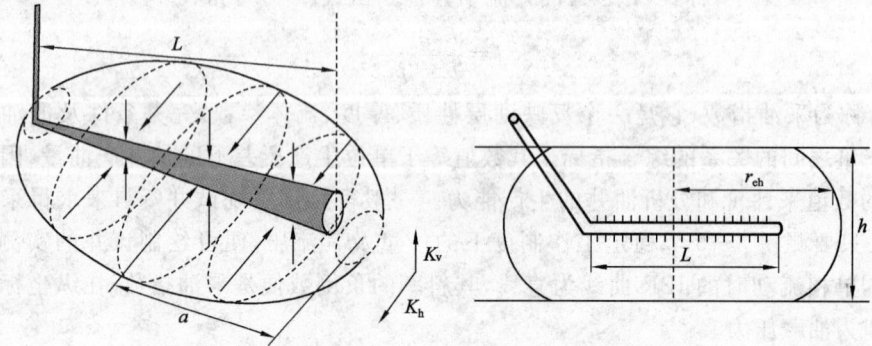

图 1-2 水平井示意图

水平井稳态流动条件下的产量为:

$$q = \frac{2\pi K_h h(\overline{p}_r - p_{wf})/(\mu_o B_o)}{\ln\left[\dfrac{a+\sqrt{a^2-(L/2)^2}}{L/2}\right]+(\beta h/L)\ln\left(\dfrac{\beta h}{2\pi r_w}+s\right)} \tag{1-7}$$

$$\beta = \sqrt{K_h/K_v} \tag{1-8}$$

$$a = \frac{L}{2}\sqrt{0.5+\sqrt{0.25+\left(\frac{r_{eh}}{L/2}\right)^4}} \tag{1-9}$$

$$r_{eh} = \sqrt{A/\pi} \tag{1-10}$$

式中 β——油层渗透率各向异性系数,无因次;
a——长度为 L 的水平井所形成的椭球形泄流区域的长半轴,m;
s——水平井表皮系数,无因次;
r_{eh}——水平井的泄流半径,m;
A——水平井的控制泄流面积,m^2。

式(1-7)中的泄流区域几何参数要求满足以下条件:

$$L > \beta h \quad 且 \quad L < 1.8 r_{eh}$$

1.1.2 油气两相渗流时的流入动态

当地层压力低于饱和压力时,油藏的驱动类型为溶解气驱。此时,油藏处于油气两相渗流,油藏流体的物理性质和相渗透率将明显地随压力而改变。因而,溶解气驱油藏油井产量与流压的关系是非线性的。要研究这种井的流入动态,就必须从油气两相渗流的基本规律入手。

1.1.2.1 垂直井油气两相渗流时的流入动态

根据达西定律,对于平面径向流,直井油气两相渗流时油井产量公式为:

$$q_o = \frac{2\pi r K_o h}{\mu_o B_o} \frac{dp}{dr}$$

令 $K_{ro} = K_o/K$,表示油相相对渗透率,并对上式积分,可得:

$$q_o = \frac{2\pi K h}{\ln \dfrac{r_e}{r_w}} \int_{p_{wf}}^{p_e} \frac{K_{ro}}{\mu_o B_o} dp \tag{1-11}$$

式中,μ_o,B_o 及 K_{ro} 都是压力的函数,只有找到它们与压力的关系才可求得积分,从而找到产量和流压的关系。显然,利用上述方法来绘制 IPR 曲线是十分繁琐的。因而,在油井动态分析和预测中通常结合生产测试资料或者简便实用的近似方法绘制溶解气驱条件下的 IPR 曲线。

(1) Vogel 方法

1968 年 Vogel 发表了适用于溶解气驱油藏的无因次 IPR 曲线及描述该曲线的方程。它们是根据用计算机对若干典型的溶解气驱油藏的流入动态曲线的计算结果提出的。

Vogel 对不同流体性质、油气比、相对渗透率、井距及压裂过的井和井底有污染的井等各种情况下的 21 个溶解气驱油藏进行了模拟计算,得到了大量流入动态曲线数据。计算结果表明,产量与流压的关系随采出程度 N_p/N 而变。但将曲线无因次化处理(以流压与油藏压力的比值 $p_{wf}/\bar{p}_r$ 为纵坐标,以相应流压下的产量 q_o 与流压为零时的最大产量 q_{omax} 之比为横坐标)后,则不同采出程度下的 IPR 曲线很接近(图 1-3)。绘制出一条如图 1-4 所示的参考曲线(常称为 Vogel 曲线)。这条曲线可看作是溶解气驱油藏渗流方程通解的近似解。

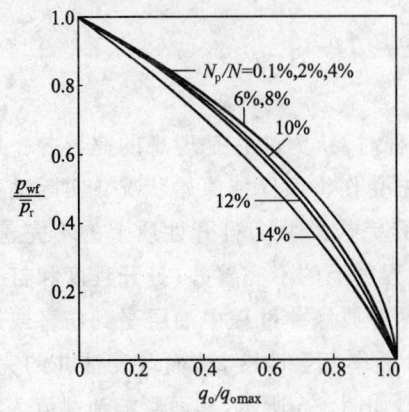
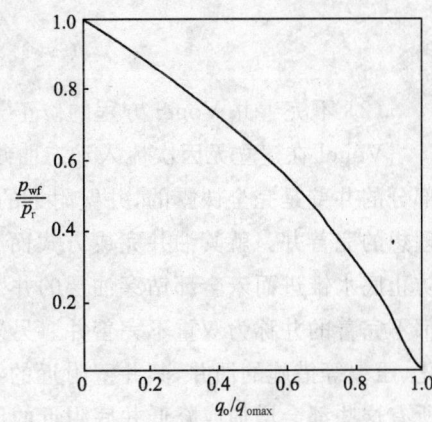

图 1-3 溶解气驱油藏不同采出程度下无因次 IPR 曲线　　图 1-4 溶解气驱油藏 Vogel 曲线

图 1-4 的曲线可用下面的方程(Vogel 方程)来表示:

$$\frac{q_o}{q_{omax}} = 1 - 0.2\frac{p_{wf}}{\bar{p}_r} - 0.8\left(\frac{p_{wf}}{\bar{p}_r}\right)^2 \tag{1-12}$$

应用 Vogel 方程可以在不涉及油藏参数及流体性质资料的情况下绘制油井的 IPR 曲线和预测不同流压下的油井产量，使用很方便。矿场实践表明，用 Vogel 方程来预测溶解气驱油藏的油井产量将会得到较满意的结果。

当已知油藏压力 $\bar{p}_r$ 及一个测试流压 $p_{wf(test)}$ 的产量 $q_{o(test)}$ 时，应用 Vogel 方程绘制 IPR 曲线的步骤如下：

① 计算 q_{omax}：

$$q_{omax} = \frac{q_{o(test)}}{1 - 0.2\frac{p_{wf(test)}}{\bar{p}_r} - 0.8\left(\frac{p_{wf(test)}}{\bar{p}_r}\right)^2}$$

② 给定不同流压，用下式计算相应的产量：

$$q_o = \left[1 - 0.2\frac{p_{wf}}{\bar{p}_r} - 0.8\left(\frac{p_{wf}}{\bar{p}_r}\right)^2\right]q_{omax}$$

③ 根据给定的流压及计算出的相应产量绘制 IPR 曲线。

如果油藏压力未知，只要测得两种油井工作制度下的产量及相应的流压，就可由下式求得油藏平均压力后，再计算 IPR 曲线。

$$\bar{p}_r = \frac{B \pm \sqrt{B^2 + 4AC}}{2A} \tag{1-13}$$

$$A = \frac{q_1}{q_2} - 1$$

$$B = 0.2\left(\frac{q_1}{q_2}p_{wf2} - p_{wf1}\right)$$

$$C = 0.87\left(\frac{q_1}{q_2}p_{wf2}^2 - p_{wf1}^2\right)$$

(2) 不完善井 Vogel 方程的修正

Vogel 在建立无因次流入动态曲线和方程时，认为油井是理想的完善井。即油层部分的井壁是完全裸露的，井壁附近的油层未受伤害而保持原始状况。实际油井并非理想的完善井。就其油井完成方式而言，射孔完成的井为打开性质上的不完善井；为防止底水锥进而未全部钻穿油层的井为打开程度上的不完善井；打开程度和打开性质都不完善的井称为双重不完善井。另外，在钻井或修井过程中油层受到伤害或进行酸化、压裂等措施的油井，其井壁附近的油层渗透率都会改变，从而改变油井的完善性。所有这些都会增加或降低井底附近的压力降，如图 1-5 所示，从而影响油井流入动态。

实际油井的完善性可用流动效率 FE 来表示。所谓油井的流动效率是指该井的理想生产压差与实际生产压差之比。

$$FE = \frac{\bar{p}_r - p'_{wf}}{\bar{p}_r - p_{wf}} = \frac{\bar{p}_r - p_{wf} - \Delta p_{sk}}{\bar{p}_r - p_{wf}} \tag{1-14}$$

式中 $\bar{p}_r$——平均油藏压力；

p'_{wf}——理想完善井的流压；

p_{wf}——同一产量下实际不完善井的流压；

Δp_{sk}——不完善井表皮附加压力降。

$$\Delta p_{sk} = p'_{wf} - p_{wf} \tag{1-15}$$

Δp_{sk}为正，称"正表皮"，油井不完善；Δp_{sk}为负，称"负表皮"，油井超完善。

如果把不完善井的油层简化为如图1-5所示的模型，假定油层未受到污染的渗透率为K_o，受污染区的渗透率为K_s，伤害半径为r_s，根据稳定流公式，可导出计算Δp_{sk}的公式：

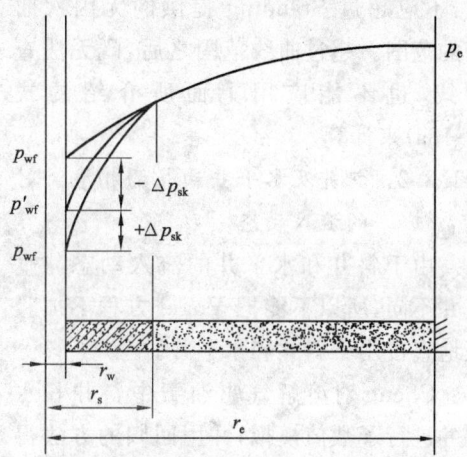

图1-5 完善井和不完善井周围的压力分布示意图

$$\Delta p_{sk} = p'_{wf} - p_{wf} = \frac{q_o \mu_o B_o}{2\pi K_o h}\left(\frac{K_o}{K_s} - 1\right)\ln\frac{r_s}{r_w}$$

令

$$s = \left(\frac{K_o}{K_s} - 1\right)\ln\frac{r_s}{r_w} \tag{1-16}$$

则

$$\Delta p_{sk} = \frac{q_o \mu_o B_o}{2\pi K_o h} s \tag{1-17}$$

式中 s——表皮系数。

实际上，由于r_s及K_s难于确定，所以也无法利用式(1-16)来确定表皮系数s。通常是用试井的压力恢复曲线来确定s值。

完善井$s=0$，$FE=1$；增产措施后的超完善井$s<0$，$FE>1$；油层受污染的井或不完善井$s>0$，$FE<1$。

1972年，Standing提出将Vogel方程中流动压力p_{wf}用理想完善井的流压p'_{wf}代替，以适应流动效率FE在0.5～1.5的情况，即：

$$\frac{q_o}{q_{omax(FE=1)}} = 1 - 0.2\frac{p'_{wf}}{\bar{p}_r} - 0.8\left(\frac{p'_{wf}}{\bar{p}_r}\right)^2 \tag{1-18a}$$

$$p'_{wf} = \bar{p}_r - (\bar{p}_r - \bar{p}_{wf}) \cdot FE \tag{1-18b}$$

图1-6是Standing所做的$FE \neq 1$时的无因次流入动态曲线，图中横坐标中的q_{omax}是$FE=1$时的最大产量。应该注意的是用Standing方法计算$FE>1$的IPR曲线

时,不应超过 Standing 提供的无因次曲线的范围。超过曲线范围之后,既无法查曲线,也不能应用上面所介绍的式(1-18a)来计算。

1.1.2.2 斜井及水平井油气两相渗流时的流入动态

由于斜井和水平井的流入动态与垂直井不同,所以不能把 Vogel 方程不加验证地直接用于斜井和水平井。

Cheng 对溶解气驱油藏中斜井和水平井进行了数值模拟,并用回归的方法得到了类似 Vogel 方程的不同井斜角井的 IPR 回归方程:

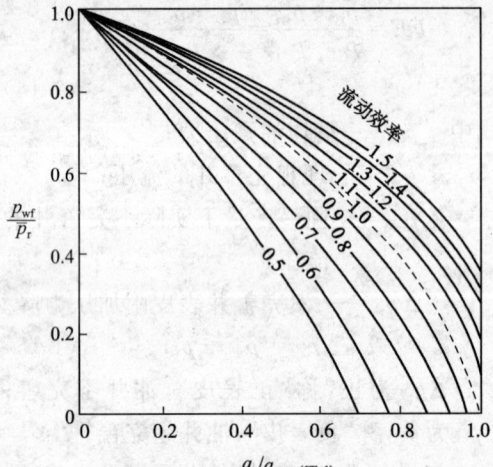

图 1-6　$FE \neq 1$ 时的无因次 IPR 曲线
(Standing IPR 曲线)

$$\frac{q_o}{q_{max}} = A - B\left(\frac{p_{wf}}{p_r}\right) - C\left(\frac{p_{wf}}{p_r}\right)^2 \tag{1-19}$$

式中,A, B, C 为取决于井斜角的系数,见表 1-1 所示。

表 1-1　系数 A, B, C 与井斜角的关系

井斜角 θ	A	B	C
0°(直井)	1	0.2	0.8
15°	0.999 8	0.221 0	0.778 3
30°	0.996 9	0.125 4	0.868 2
45°	0.994 6	0.022 1	0.966 3
60°	0.992 6	−0.054 9	1.039 5
75°	0.991 5	−0.100 2	1.082 9
85°	0.991 5	−0.112 0	1.094 2
88.56°	0.991 4	−0.114 1	1.096 4
90°	0.988 5	−0.205 5	1.181 8

方程(1-19)的优点是只需一组测试点,便可求得 IPR 曲线。缺点是方程没有归一化,即 $p_{wf}=0$ 时, $q_o \neq q_{omax}$; $p_{wf} = \bar{p}_r$ 时, $q_o \neq 0$。

Bendakhlia 等用两种三维三相黑油模拟器研究了多种情况下溶解气驱油藏中水平井的流入动态关系,得到了不同条件下的 IPR 曲线。曲线表明:早期的 IPR 曲线近似于直线,随着采收率增加,曲度增加,接近衰竭时曲度稍有减小。

Bendakhlia 建议用式(1-20)来拟合 IPR 曲线图版。

$$\frac{q_o}{q_{omax}} = \left[1 - v\left(\frac{p_{wf}}{\bar{p}_r}\right) - (1-v)\left(\frac{p_{wf}}{\bar{p}_r}\right)^2\right]^n \tag{1-20}$$

式中，v 和 n 是两个随采出程度变化的参数，其关系曲线如图 1-7 所示。

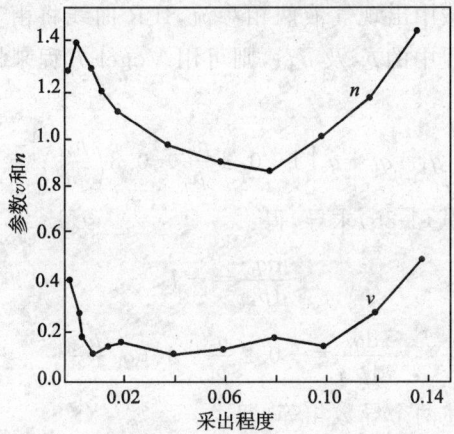

图 1-7　参数 v,n 与采出程度之间的关系

1.1.3　$\overline{p}_r > p_b > p_{wf}$ 时的流入动态

当油藏压力 $\overline{p}_r$ 高于饱和压力 p_b，而流动压力 p_{wf} 低于饱和压力 p_b 时，油藏中将同时存在单相渗流和气液两相流动，拟稳态条件下产量的一般表达式为：

$$q_o = \frac{2\pi Kh}{\ln\dfrac{r_e}{r_w} - \dfrac{3}{4}} \int_{p_{wf}}^{\overline{p}_r} \frac{K_{ro}}{\mu_o B_o} dp \tag{1-21}$$

显然，利用式(1-21)计算不同流压下的产量是很麻烦的。在油井设计和分析中通常是采用一些近似的简便方法。下面介绍一种常用的简化方法。

在 $\overline{p}_r > p_b > p_{wf}$ 时典型的 IPR 曲线如图 1-8 所示。

在 $p_{wf} > p_b$ 时，由于油藏中全部为单相液体渗流，采油指数 J 为常数，IPR 曲线为直线。此时的流入动态可用下式表示：

$$q_o = J(\overline{p}_r - p_{wf}) \tag{1-22}$$

采油指数可由测试结果（$q_{o(test)}$, $p_{wf(test)}$）求得：

$$J = \frac{q_{o(test)}}{\overline{p}_r - p_{wf(test)}} \tag{1-23}$$

流压等于饱和压力时的产量 q_b 为：

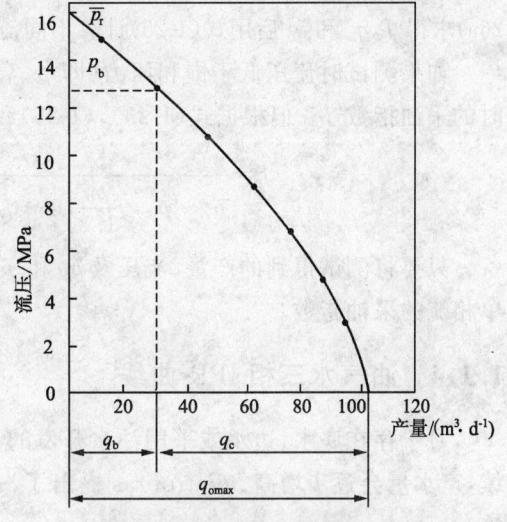

图 1-8　组合型的 IPR 曲线

$$q_b = J(\bar{p}_r - p_b) \tag{1-24}$$

当 $p_{wf} < p_b$ 后，油藏中出现气液两相渗流，IPR 曲线将由直线变成曲线。如果用 p_b 及 q_c 代替 Vogel 方程中的 $\bar{p}_r$ 及 q_{max}，则可用 Vogel 方程来描述 $p_{wf} < p_b$ 时的流入动态。由此可得：

$$q_o = q_b + q_c \left[1 - 0.2 \frac{p_{wf}}{p_b} - 0.8 \left(\frac{p_{wf}}{p_b} \right)^2 \right] \tag{1-25}$$

分别对式(1-22)和式(1-25)求导，得：

$$\frac{dq_o}{dp_{wf}} = -J$$

$$\frac{dq_o}{dp_{wf}} = -0.2 \frac{q_c}{p_b} - 1.6 q_c \frac{p_{wf}}{p_b^2}$$

在 $p_{wf} = p_b$ 点，上述两个导数相等，即：

$$-J = -0.2 \frac{q_c}{p_b} - 1.6 q_c \frac{1}{p_b}$$

则

$$q_c = \frac{J p_b}{1.8} \tag{1-26a}$$

将 $J = q_b/(\bar{p}_r - p_b)$ 代入式(1-26a)，得：

$$q_c = \frac{q_b}{1.8 \left(\dfrac{\bar{p}_r}{p_b} - 1 \right)} \tag{1-26b}$$

如果测试时的流压高于饱和压力(即 $p_{wf(test)} > p_b$)，则可直接用式(1-23)，(1-24)和(1-26a)求得 J，q_b 和 q_c 后用式(1-25)计算不同流压下的产量，从而绘出相应的 IPR 曲线。

如果测试时流压低于饱和压力(即 $p_{wf(test)} < p_b$)，则不能用式(1-23)来求单相流动时的采油指数 J。但根据式(1-23)，(1-25)和(1-26a)可得到：

$$J = \frac{q_o}{\bar{p}_r - p_b + \dfrac{p_b}{1.8} \left[1 - 0.2 \left(\dfrac{p_{wf}}{p_b} \right) - 0.8 \left(\dfrac{p_{wf}}{p_b} \right)^2 \right]} \tag{1-27}$$

只要将测试得到的产量、流压及 $\bar{p}_r$ 和 p_b 代入式(1-27)便可求得 $p_{wf} > p_b$ 条件下单相流的采油指数。

1.1.4 油气水三相 IPR 曲线

对于存在底水、边水或采用注水开发的油藏，油井迟早要产水，且随开采时间的延续，产水量会逐步增高。Petrobras 提出了一种油气水三相渗流时 IPR 曲线的计算方法。

如图 1-9 所示，曲线 A 为含水率 $f_w = 0$ 时油层的 IPR 曲线，称油 IPR 曲线；B 为

$f_w=100\%$ 时的 IPR 曲线,称水 IPR 曲线;曲线 C 为某一含水率时的 IPR 曲线,称为油气水三相综合 IPR 曲线。

Petrobras 方法计算综合 IPR 曲线的实质是按含水率取纯油 IPR 曲线和纯水 IPR 曲线的加权平均值。当已知测试点计算采液指数时,是按产量加权平均;当预测产量或流压时,是按流压加权平均。综合 IPR 曲线的确定及应用方法参见文献 7。

1.1.5 多层油藏油井流入动态

前面的讨论主要是针对单层油藏或层间差异不大的多层油藏。下面介绍各层间差异较大而又合采时的油井流入动态。

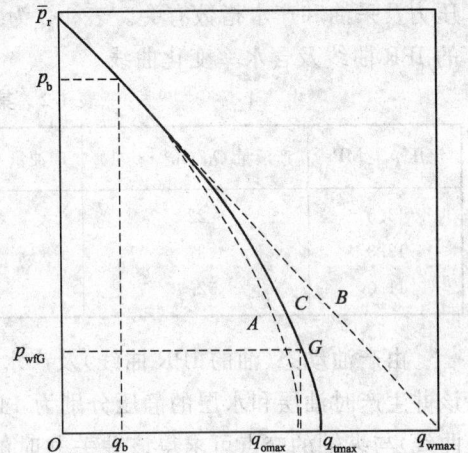

图 1-9 油气水三相 IPR 曲线

p_{wfG} 为产液量为 q_{max} 时的流压;
q_{tmax} 为最大产液量;
q_{omax} 为油 IPR 曲线的最大产油量;
q_{wmax} 为水 IPR 曲线的最大产水量

如果把具体的多层油藏简化为图 1-10a 所示的情况,并假定层间没有窜流,则油井总的 IPR 曲线及分层 IPR 曲线如图 1-10b 所示。在流压开始低于 14 MPa 后,只有第Ⅲ层工作;当流压降低到 12 MPa 和 10 MPa 后,则第Ⅰ层和第Ⅱ层陆续出油。总的 IPR 曲线则是分层的叠加。其特点是:随着流压的降低,由于参加工作的小层数增多,产量将大幅度增加,采油指数也随之增大。

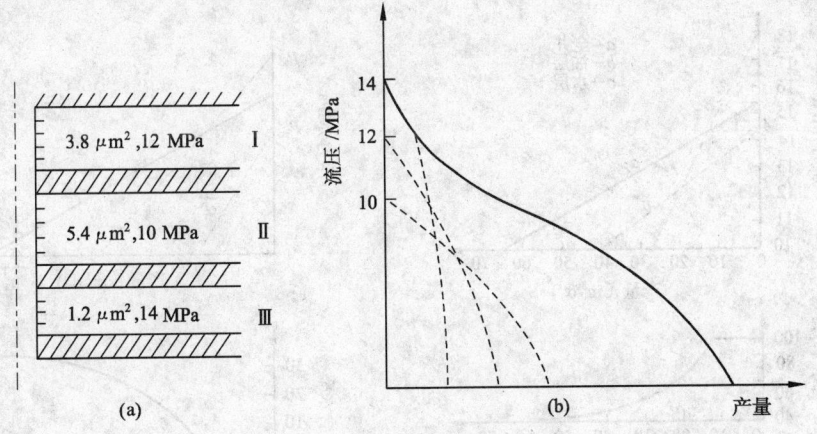

图 1-10 多层油藏油井流入动态

对于层间差异较大的水驱油藏,采用多层合采时将会出现高渗透层单独水淹,而中、低渗透层仍然产油的情况。其油井的流入动态及其含水率的变化将与油、水层的压力及采油和产水指数有关。表1-2为某井的测试数据,图1-11为根据测试数据绘制的IPR曲线及含水率变化曲线。

表1-2 某含水井测试资料

流压 p_{wf}/MPa	产液量 Q_l/(m³·d⁻¹)	产油量 Q_o/(m³·d⁻¹)	产水量 Q_w/(m³·d⁻¹)	含水率 f_w/%
13.5	22	7	15	68.2
12.3	37	18	19	51.4
11.0	52.5	29.5	23	43.8

由产油动态(油的IPR曲线)及产水动态(水的IPR曲线)与纵坐标的交点可求得该井生产时油层和水层的静压分别为14.25 MPa和18 MPa。由产液动态(总的IPR曲线)与纵轴的交点可求得该井关井时的静压为15.3 MPa。图中的AB线为在井底流压高于油层压力时水层向油层的转渗动态。

井底流压降低到油层静压(14.25 MPa)之前,油层不出油,水层产出的一部分水转渗入油层,油井含水率为100%。当流压低于油层静压后,油层开始出油,油井含水率随之降低。只要水层压力高于油层压力,油井含水率必然随流压的降低而降低,与采油指数是否高于产水指数无关,而后者只影响其降低的幅度。这种情况下,放大压力差提高产液量不仅可增加产油量,而且可降低含水率。

当油层压力高于水层压力时,则出现完全相反的情况(图1-12)。油井含水率将随流压的降低而上升,上升的幅度除与油、水层间的压力差有关外,还与产水量和采油指数的相对大小有关。对于这种情况,放大压力差生产虽然也可以提高油量,但会导致含水率上升。

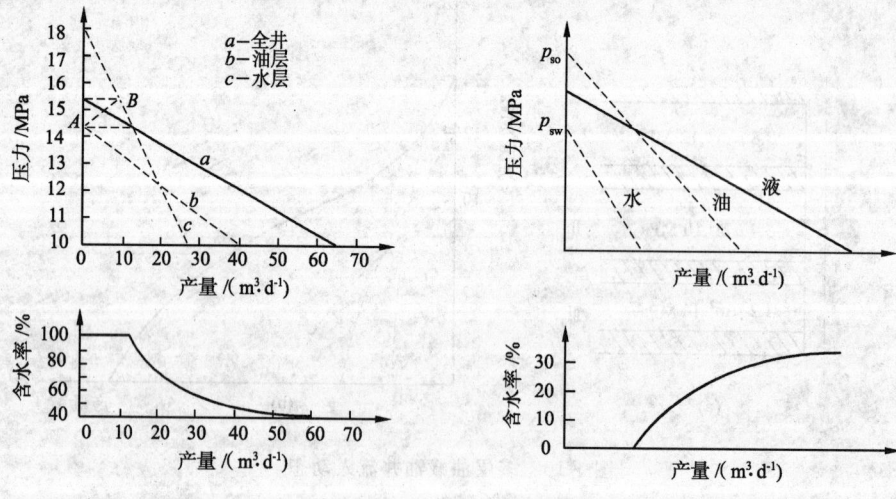

图1-11 含水油井流入动态与含水率变化($p_{so}<p_{sw}$)　　图1-12 含水油井流入动态与含水率变化($p_{so}>p_{sw}$)

当油层压力与水层压力相等或油水同层时,含水率将不随产量而改变。

根据上面介绍的方法,对于简单情况下的多层油藏含水井,可以通过合层测试所得的 IPR 曲线来分析油、水层的情况及其含水率变化规律。

对于多层见水,而水淹程度又差异较大的复杂情况,虽然也可以用上述方法绘制油、水和综合 IPR 曲线及其含水率变化曲线,但它所说明的主要是全井综合情况,或者只能定性说明出油层及出水层的情况。要确切掌握分层的流入动态,必须进行分层测试。

1.2 井筒气液两相流基本概念

石油由井底向井口流动的过程中,当压力低于饱和压力时,溶解在石油中的天然气将从石油中分离出来。因此,无论采取哪种方式开采石油,井筒中流动的大都是油、气两相或油、气、水三相混合物。对采油来说,油、气、水混合物在井筒中的流动规律——井筒多相流理论是研究各种举升方式油井生产规律共同的基本理论。在许多情况下,油井生产系统的总压降大部分是用来克服混合物在油管中流动时的重力和摩擦损失。它不仅关系到油井能否自喷及机械采油设备的负荷,而且决定着可能获得的最大产量。为了掌握油井生产规律及合理地控制和调节油井工作方式,必须熟悉油气水混合物在油管中的流动规律。但由于问题的复杂性,研究人员一般把油水两种流体视为液相,而着重考虑气液两相间的作用。

1.2.1 井筒气液两相流动的特性

(1) 气液两相流动与单相液流的比较

当油井的井口压力高于原油饱和压力时,井筒内流动着的是单相液体。其流动规律与水力学中单相液体的流动规律完全相同。

原油从油层流到井底后具有的压力(井底流压,简称流压),既是油藏流体流到井底后的剩余压力,同时又是沿井筒向上流动的动力。如果流压足够高,在平衡了相当于井深的静液柱压力和克服流动摩擦阻力之后,在井口尚有一定的剩余压力(油管压力,简称油压),则原油将通过油管和地面管线流到计量站。根据水力学的概念,此时油管中的压力平衡等式应为:

$$p_{wf}=p_H+p_{fr}+p_t$$

式中 p_{wf}——井底流动压力;

p_H——井内静液柱压力;

p_{fr}——摩擦阻力;

p_t——井口油管压力。

单相管流的能量来自液体的压力(井底流压),其能量消耗于克服重力及摩擦阻力。在单相水平管中没有克服液柱重力的能量消耗;而在井筒中,井底压力大部分消耗在克服液柱重力上。

当自喷井的井底压力低于饱和压力时,则整个油管内部都是气液两相流动。当井底压力高于饱和压力而井口压力低于饱和压力时,油流上升过程中其压力低于饱和压力后,油中溶解的天然气开始从油中分离出来,油管中便由单相液流变为气液两相流动。液流中增加了气相之后,其流动规律与单相垂直管流有很大差别,流动过程中的能量供给和消耗关系要复杂得多。在油气混合物上升过程中,气体膨胀能是一个很重要的方面。一些溶解气驱油藏的自喷井,流压很低,主要是靠气体膨胀能来维持油井自喷。

实践表明,并非所有的气体膨胀能量都可以有效地举油,它取决于气体在举升系统中做功的条件,如油气在油管中的分布状态及流速。油气在流动过程中的分布状态不同,气体膨胀举油的条件不同,其流动规律也不相同。

在单相管流中,由于液体压缩性很小,各个断面的体积流量和流速相同。在多相管流中,沿井筒自下而上随着压力不断降低,气体不断从油中分离出来并膨胀,使混合物的体积流量和流速不断增大,而混合物密度则不断减小。

多相垂直管流的压力损失除重力和摩擦阻力外,还有由于气体膨胀引起的气流速度和动能增加而造成的损失。另外,在流动过程中,混合物密度和摩擦力沿程随气液体积比、流速及混合物流动结构而变化。

(2) 气液混合物在井筒中的流动结构

油气混合物的流动结构是指流动过程中油、气的分布状态(图 1-13),也称为流动型态,简称流型。不同流动结构的混合物有各自的流动规律,因此,可按其流动结构把混合物的流动分为不同的流动类型。

如图 1-13a 所示,在井筒中从低于饱和压力的深度起,溶解气开始从油中分离出来,这时,由于气量少,压力高,气体都以小气泡分散在液相中,气泡直径相对于油管直径要小很多。这种结构的混合物的流动称为泡状流。由于油、气密度的差异和泡状流的混合物平均流速小,因此,在混合物

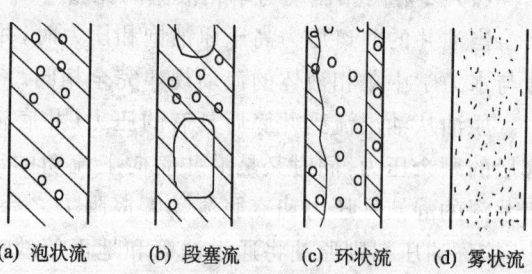

(a) 泡状流　(b) 段塞流　(c) 环状流　(d) 雾状流

图 1-13　油气混合物的流动结构(流型)示意图

向上流动的同时,气泡上升速度大于液体流速,气泡将从油中超越而过,这种气体超越液体上升的现象称为滑脱。泡状流的特点是:气体是分散相,液体是连续相;气体主要影响混合物密度,对摩擦阻力的影响不大;滑脱现象比较严重。

当混合物继续向上流动,压力逐渐降低,气体不断膨胀,小气泡将合并成大气泡,直到能够占据整个油管断面时,在井筒内将形成一段油一段气的结构(图 1-13b)。这种结构的混合物的流动称为段塞流。出现段塞后,大气泡托着油柱向上流动,气体的

膨胀能得到较好的发挥和利用。但这种气泡举升液体的作用很像一个破漏的活塞向上推油。在段塞向上运动的同时,沿管壁还有油相对于气泡的向下流动。虽然如此,在油气段塞流情况下,油、气间的相对运动要比泡状流小,滑脱也小。一般自喷井内,段塞流是主要的流型。

随着混合物继续向上流动,压力不断下降,气相体积继续增大,炮弹状的气泡不断加长,逐渐由油管中间突破,形成油管中心是连续的气流而管壁为油环的流动结构。这种流动称为环状流(图 1-13c)。在环状流结构中,气液两相都是连续的,油气间相对运动小,滑脱损失少。气体举油作用主要是靠摩擦携带,但由于气流上升的速度增大,油、气间的摩擦阻力也增加。

在油气混合物继续上升过程中,如果压力下降使气体的体积流量增加到足够大时,油管内流动的气流芯子将变得很粗,沿管壁流动的油环变得很薄,此时,绝大部分油都以小油滴分散在气流中,这种流动结构称为雾状流(图 1-13d)。雾状流的特点是:气体是连续相,液体是分散相;气体以很高的速度携带液滴喷出井口;气、液之间的相对运动速度很小;气相是整个流动的控制因素。

根据以上讨论,油井中可能出现的流型自下而上依次为:纯油流、泡状流、段塞流、环状流和雾状流(图1-14)。图 1-14 只是为了说明油井生产时各种流型在井筒中的分布和变化情况的示意图。实际上,在同一口井内,不会出现如图所示的完整的流型变化。特别是在一口自喷井内不可能同时存在纯油流和雾状流的情况。环状流和雾状流只是出现在混合物流速和气液比很高的情况下。因此,除某些高产量凝析气井和含水气井外,一般油井都不会出现环状流和雾状流。

区分不同的流型并研究其流动规律,对于气液两相垂直管流计算是十分重要的。但由于其流动的复杂性,不同研究者根据自己在实验中的观察和实验结果,在计算中对流型的描述和划分标准也不尽相同。

(3)滑脱损失

井筒气液两相流动中,通常用来克服混合物液柱重力所消耗的能量远比其他能量消耗要大。重力消耗的大小直接取决于井深和混合物密度,而混合物的密度与滑脱现象有关。

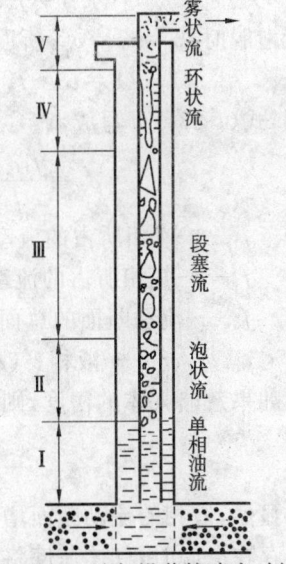

图 1-14　油气沿井筒喷出时的流型变化示意图

在气液两相管流中,由于气体和液体间的密度差而产生气体超越液体流动的现象,称为滑脱。出现滑脱之后将增大气液混合物的密度,从而增大混合物的静水压头(即重力消耗)。因滑脱而产生的附加压力损失称为滑脱损失。通常,是用有滑脱时混合物的密度 ρ_m 与不考虑滑脱(认为无滑脱)而只按气、液体积流量计算的混合物密度

ρ'_m 之差 $\Delta\rho_m$ 来表示单位管长上的滑脱损失,即:

$$\Delta\rho_m = \rho_m - \rho'_m$$

不考虑滑脱,即认为油气之间不存在相对运动,此时某一深度的混合物密度可由下式计算:

$$\rho'_m = \rho_l \frac{Q_l}{Q_l+Q_g} + \rho_g \frac{Q_g}{Q_l+Q_g} = \frac{Q_l\rho_l + Q_g\rho_g}{Q_l+Q_g} \qquad (1-28a)$$

式中 ρ'_m——无滑脱时就地的混合物密度;

Q_l——就地液相的体积流量;

Q_g——就地气相的体积流量;

ρ_l, ρ_g——分别为液相、气相的密度。

式(1-28a)中的 Q_l,Q_g 和 ρ_l,ρ_g 及 ρ'_m 均为井筒中压力 p 及温度 T 下的相应值。

通过每个断面的液体和气体流量应分别等于各自的真实流速(v_l, v_g)与各自流动断面(图 1-15)的乘积。

由于

$$f = f_g + f_l$$

在无滑脱时,$v_l = v_g = v_m$,所以:

$$Q_g + Q_l = v_g \cdot f_g + v_l \cdot f_l = v_m f$$

这样,式(1-28a)可写成:

$$\rho'_m = \frac{f_l\rho_l + f_g\rho_g}{f_l + f_g} \qquad (1-28b)$$

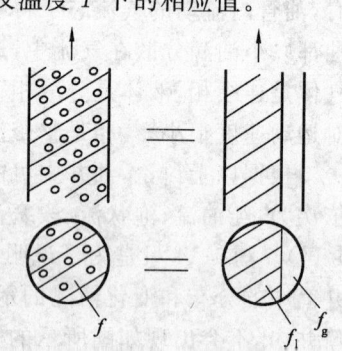

图 1-15 气液两相流流动断面简图

式中 f_l——液相所占的流动断面面积;

f_g——气相所占的流动断面面积;

f——流动断面的总面积;

v_l, v_g, v_m——液相、气相和混合物的流速。

如果忽略气体的密度,则

$$\rho'_m \approx \frac{f_l}{f}\rho_l \qquad (1-28c)$$

显然,液相的流动断面增大将引起混合物密度的增加。

存在滑脱时,气体速度将大于液流速度($v_g > v_l$)。

为了便于比较和分析存在和不存在滑脱时的混合物密度的差别,假定:两种情况下液、气体积流量不变。由于有滑脱时,气体流速大,液体流速小,为了保持体积流量不变,气体过流断面将减小为 f'_g,而液体的过流断面将增加为 f'_l。考虑滑脱后分相过流断面的变化:

$$\Delta f = f'_l - f_l = -(f'_g - f_g)$$

存在滑脱时的混合物密度 ρ_m 可表示为:

$$\rho_m = \frac{f'_l \rho_l + f'_g \rho_g}{f}$$

$$= \frac{(f_l + \Delta f)\rho_l + (f_g - \Delta f)\rho_g}{f}$$

$$\approx \frac{(f_l + \Delta f)\rho_l}{f} \tag{1-29}$$

由式(1-28c)和(1-29)可得单位管长上滑脱损失为：

$$\Delta \rho_m = \frac{\Delta f}{f} \rho_l \tag{1-30}$$

上面的讨论仅仅是为了说明由于滑脱而引起附加压力损失的物理概念。在实际计算中不能直接应用简单的式(1-29)来计算滑脱。因为，Δf 是未知的，也是实验中难以测量的参数。通常是直接研究存在滑脱时不同流型下混合物密度 ρ_m 的确定方法。

1.2.2 井筒气液两相流能量平衡方程及压力分布计算步骤

气液混合物沿井筒压力的分布情况是采油工程中最关心的问题之一。因为，知道压力分布就可以知道管道内各处的压差，从而据此计算流量；或者根据流量计算压差及各处的压力。研究气液混合物沿垂直井筒压力的分布情况同研究任何流体流动系统一样，都可以从基本的能量平衡关系入手。

(1) 能量平衡方程推导

对任何流体流动系统都可根据能量守恒定律写出两个流动断面间的能量平衡关系：

| 进入断面1的流体能量 | + | 在断面1和2之间对流体额外所做的功 | − | 在断面1和2之间耗失的能量 | = | 从断面2流出的流体能量 |

根据流体力学及热力学原理，对质量为 m 的任何流动的流体，在某一状态参数下 (p, T) 和某一位置上所具有的能量包括内能 U、位能 mgh、动能 $\frac{mv^2}{2}$ 和膨胀能 pV。

据此，就可写出如图 1-16 所示的多相管流断面 1 和断面 2 的流体的能量平衡关系。为了得到各种管流能量平衡的普遍关系，图中选用了倾斜管流。

$$U_1 + \frac{mv_1^2}{2} + mgZ_1\sin\theta + p_1V_1 - q$$

$$= U_2 + mgZ_2\sin\theta + \frac{mv_2^2}{2} + p_2V_2 \tag{1-31}$$

式中 m——流体质量，kg；

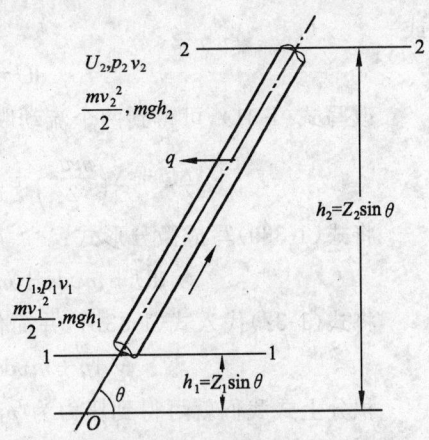

图 1-16 倾斜管流能量平衡关系示意图

V——流体体积,m³;

p——压力,Pa;

g——重力加速度,9.8 m/s²;

θ——管子中心线与参考水平面的夹角,(°);

Z——液流断面沿管子中心线到参考水平面的距离,m;

U——流体的内能,包括分子运动所具有的内部动能及分子间引力引起的内部位能,以及化学能、电能等,J;

v——流体通过断面的平均流速,m/s。

式(1-31)中,除了内能 U 外,其他参数可用测量的办法得到。

内能虽然不能直接测量和计算其绝对值,但可求得两种状态下的相对变化。根据热力学第一定律,对于可逆过程:

$$dq = dU + pdV$$

或

$$dU = dq - pdV$$

式中 dq——系统与外界交换的热量;

dU——系统进行热交换时,在系统内所引起的流体内能的变化;

pdV——系统进行热交换时,由于流体体积改变 dV 后克服外部压力所做的功。

油井生产过程中的多相流动为不可逆过程,此时:

$$dq + dq_r = dU + pdV$$

式中 dq_r——摩擦产生的热量。

若以 dl_w 表示摩擦消耗的功,$dq_r = dl_w$,则由上式可得:

$$dq = dU + pdV - dl_w$$

或

$$dU = dq - pdV + dl_w \tag{1-32}$$

改写式(1-31),可得到两个流动断面之间的能量平衡方程:

$$\Delta U + \Delta\left(\frac{mv^2}{2}\right) + \Delta(mgZ\sin\theta) + \Delta(pV) - q = 0 \tag{1-33a}$$

将式(1-33a)写成微分形式:

$$dU + mvdv + mg\sin\theta dZ + d(pV) - dq = 0 \tag{1-33b}$$

将式(1-32)代入式(1-33b),并简化后得:

$$Vdp + mvdv + mg\sin\theta dZ + dl_w = 0 \tag{1-34a}$$

积分上式我们就可得到压力为 p_1 和 p_2 两个流动断面的能量平衡方程:

$$\int_{p_1}^{p_2} Vdp + \Delta\left(\frac{mv^2}{2}\right) + \Delta(mgZ\sin\theta) + l_w = 0 \tag{1-34b}$$

取单位质量的流体 $m=1$，将其代入式(1-34b)后可得：

$$\frac{1}{\rho}\mathrm{d}p + v\mathrm{d}v + g\sin\theta \mathrm{d}Z + \mathrm{d}l_w = 0 \tag{1-34c}$$

式中　ρ——流体密度，kg/m^3。

用压力梯度表示，则可写为：

$$\frac{\mathrm{d}p}{\mathrm{d}Z} + \rho v \frac{\mathrm{d}v}{\mathrm{d}Z} + \rho g\sin\theta + \frac{\mathrm{d}l'_w}{\mathrm{d}Z} = 0 \tag{1-35a}$$

由此可得：

$$\frac{\mathrm{d}p}{\mathrm{d}Z} = -\left(\rho v \frac{\mathrm{d}v}{\mathrm{d}Z} + \rho g\sin\theta + \frac{\mathrm{d}l'_w}{\mathrm{d}Z}\right) \tag{1-35b}$$

式中　$\frac{\mathrm{d}p}{\mathrm{d}Z}$——单位管长上的总压力损失（总压力降）；

$\rho v \frac{\mathrm{d}v}{\mathrm{d}Z}$——由于动能变化而损失的压力，或称加速度引起的压力损失；

$\rho g\sin\theta$——为克服流体重力所消耗的压力；

$\frac{\mathrm{d}l'_w}{\mathrm{d}Z}$——为克服各种摩擦阻力而消耗的压力。

令：

$$\left(\frac{\mathrm{d}p}{\mathrm{d}Z}\right)_{举高} = \rho g\sin\theta$$

$$\left(\frac{\mathrm{d}p}{\mathrm{d}Z}\right)_{加速度} = \rho v \frac{\mathrm{d}v}{\mathrm{d}Z}$$

$$\left(\frac{\mathrm{d}p}{\mathrm{d}Z}\right)_{摩擦} = \frac{\mathrm{d}l'_w}{\mathrm{d}Z}$$

则

$$\frac{\mathrm{d}p}{\mathrm{d}Z} = \left(\frac{\mathrm{d}p}{\mathrm{d}Z}\right)_{举高} + \left(\frac{\mathrm{d}p}{\mathrm{d}Z}\right)_{摩擦} + \left(\frac{\mathrm{d}p}{\mathrm{d}Z}\right)_{加速度}$$

根据流体力学管流计算公式

$$\left(\frac{\mathrm{d}p}{\mathrm{d}Z}\right)_{摩擦} = f \frac{\rho}{d} \frac{v^2}{2}$$

式中　f——摩擦阻力系数，无因次；

d——管径，m。

在 Z 的方向为由下而上的坐标系中，$\frac{\mathrm{d}p}{\mathrm{d}Z}$ 为负值，如果我们取 $\frac{\mathrm{d}p}{\mathrm{d}Z}$ 为正值，则

$$\frac{\mathrm{d}p}{\mathrm{d}Z} = \rho g\sin\theta + \rho v \frac{\mathrm{d}v}{\mathrm{d}Z} + f \frac{\rho}{d} \frac{v^2}{2} \tag{1-36}$$

式(1-36)是适合于各种管流的通用压力梯度方程。

对于水平管流,因 $\theta=0$,$\left(\dfrac{\mathrm{d}p}{\mathrm{d}Z}\right)_{举高}=0$,若用 x 表示水平流动方向的坐标,则

$$\dfrac{\mathrm{d}p}{\mathrm{d}x}=\rho v\dfrac{\mathrm{d}v}{\mathrm{d}x}+f\dfrac{\rho}{d}\dfrac{v^2}{2} \tag{1-37}$$

对于垂直管流,$\theta=90°$,$\sin\theta=1$,若以 h 表示高度,则

$$\dfrac{\mathrm{d}p}{\mathrm{d}h}=\rho g+\rho v\dfrac{\mathrm{d}v}{\mathrm{d}h}+f\dfrac{\rho}{d}\dfrac{v^2}{2} \tag{1-38}$$

为了强调多相混合物流动,将方程中的各项流动参数加下角标"m",则:

$$\dfrac{\mathrm{d}p}{\mathrm{d}h}=\rho_m g\sin\theta+\rho_m v_m\dfrac{\mathrm{d}v_m}{\mathrm{d}Z}+f_m\dfrac{\rho_m v_m^2}{d\ 2} \tag{1-39}$$

式中 ρ_m——混合物的密度;

v_m——混合物的流速;

f_m——混合物流动时的摩擦阻力系数。

单相液体垂直管液流的 $\left(\dfrac{\mathrm{d}p}{\mathrm{d}Z}\right)_{加速度}=0$;单相液体水平管流的 $\left(\dfrac{\mathrm{d}p}{\mathrm{d}Z}\right)_{举高}$ 及 $\left(\dfrac{\mathrm{d}p}{\mathrm{d}Z}\right)_{加速度}$ 均为零。对于气-液多相管流,如果气相流量不大,则 $\left(\dfrac{\mathrm{d}p}{\mathrm{d}Z}\right)_{加速度}$ 很小,可以忽略不计。

只要求得 ρ_m、v_m 及 f_m 就可计算出压力梯度。但是,如前所述,多相管流中这些参数沿程是变化的,而且在不同流动型态下的变化规律也各不相同。所以,研究这些参数在流动过程中的变化规律及计算方法是多相管流研究的中心问题。不同研究者通过实验研究提出了各自计算这些参数的方法。

(2)多相垂直管流压力分布计算步骤

根据多相管流的压力梯度就可计算出沿程压力分布。由于多相管流中每相流体影响流动的物理参数(密度、粘度等)及混合物密度和流速都随压力和温度而变,沿程压力梯度并不是常数。因此,多相管流需要分段计算,并要预先求得相应段的流体性质参数。然而,这些参数是压力和温度的函数,压力又是计算中需要求得的未知数。所以,多相管流通常采用迭代法进行计算。有两种不同的迭代途径:按压力增量迭代和按深度增量迭代。当已知深度增量来预测压力变化时,可采用按压力增量迭代法;当已知压力增量来预测深度变化时,可采用按深度增量迭代法。

按压力增量迭代的步骤如下:

① 已知任一点(井底或井口)的压力 p_0,选取合适的深度间隔 Δh 将井筒长度 L 等分为 n 段。一般可选 $\Delta h=50\sim100$ m,具体要根据流体流量(油井的气、液产量)、井深及流体性质来定。

② 估计一个对应于计算间隔 Δh 的压力增量 Δp。

③ 计算该段的 $\bar{p}$ 和 $\bar{T}$，以及 $\bar{p}$，$\bar{T}$ 下的流体性质参数（溶解气油比 R_s、原油体积系数 B_o 和粘度 μ_o、气体密度 ρ_g 和粘度 μ_g，混合物粘度 μ_m 及表面张力 σ 等）。

④ 计算该段压力梯度 $\left(\dfrac{\mathrm{d}p}{\mathrm{d}h}\right)$。

⑤ 计算对应于 Δh 的压力增量 $\Delta p_i = \Delta h \left(\dfrac{\mathrm{d}p}{\mathrm{d}h}\right)$。

⑥ 比较压力增量的估计量 Δp 与计算值 Δp_i，若二者之差不在允许范围内，则以计算值作为新的估计值，重复第②～⑤步，至两者之差在允许范围 ε 之内为止。

⑦ 计算该段下端对应的深度 L_i 和压力 p_i。

$$L_i = i \times \Delta h \quad p_i = p_0 + \sum_{j=1}^{i} \Delta p_j \quad (i=1,2,3,\cdots,n)$$

⑧ 以 L_i 处的压力 p_i 为起点压力重复第②～⑦步，计算下一段的深度 L_{i+1} 和压力 p_{i+1}，直到各段累加深度等于或大于井筒长度 L 时为止。

按深度增量迭代的思路与按压力增量迭代类似，具体步骤参见文献 13。

为了简化计算，通常对各段选取同样的增量间隔。而在有些情况下，各段的增量间隔可以不同，这样既能节约计算时间，而又能较好地反映出压力分布。

1.3 垂直气液两相管流计算方法

由于气液两相管流流型的多变性及其机理的复杂性，建立气液两相流压力梯度的严格数学解是非常困难的。研究人员大多是从基本方程出发，对实验数据或现场生产资料进行相关分析和因次分析，得到关联各个变量的近似关系式。自 20 世纪 50 年代以来，尽管人们已经提出了许多计算多相管流的方法，但由于实验条件限制和差异，以及研究过程中对某些因素的不同考虑，使得各种方法的使用范围、计算工作的繁简程度及计算结果各有不同。本节介绍可用于垂直气液两相管流压力梯度计算的 Orkiszewski 方法。该方法计算较简便，在实际中应用较为广泛。另外可采用 Beggs-Brill 方法进行水平以及倾斜气液两相管流的计算。Beggs-Brill 方法的具体内容可参阅有关文献。

1967 年 Orkiszewski 将前人发表了的几种气液两相流压力梯度计算方法加以分析，依据 148 口井的数据对它们进行了检验和对比，然后，在不同流动型态下择其优者，并结合他本人的研究结果，综合得出一个新的方法。

Orkiszewski 针对每种气液两相流的流动型态提出了混合物密度及摩擦损失的计算方法。他提出的四种流动型态是泡流、段塞流、过渡流及雾流，如图 1-17 所示。

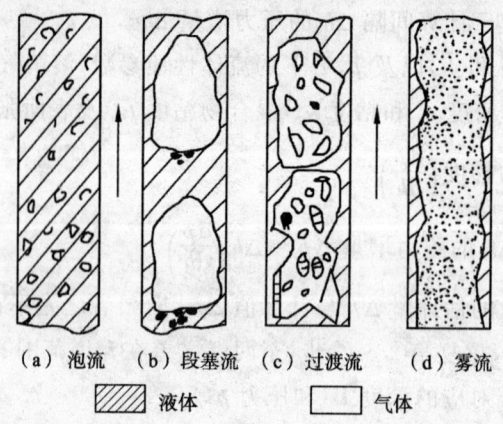

(a) 泡流　(b) 段塞流　(c) 过渡流　(d) 雾流

液体　　气体

图 1-17　气液混合物流动型态（Orkiszewski 方法）

1.3.1　压力降公式及流动型态划分界限

由垂直管流能量方程可知，其压力降是摩擦能量损失、势能变化和动能变化之和。由式(1-34a)可直接写出多项垂直管流的压力降公式：

$$-\mathrm{d}p = \tau_f \mathrm{d}h + g\rho_m \mathrm{d}h + \rho_m v_m \mathrm{d}v_m \tag{1-40}$$

式中　p——压力，Pa；

τ_f——摩擦损失梯度，Pa/m；

h——深度，m；

g——重力加速度，9.8 m/s²；

ρ_m——混合物密度，kg/m³；

v_m——混合物流速，m/s。

动能变化项只是在雾流情况下才有明显的意义。出现雾流时，气体体积流量远大于液体体积流量。根据气体定律，动能变化可表示为：

$$\rho_m v_m \mathrm{d}v_m = -\frac{W_t q_g}{A_p^2 p}\mathrm{d}p \tag{1-41}$$

式中　A_p——管子流通截面积，m²；

W_t——流体总质量流量，kg/s；

q_g——气体体积流量，m³/s。

将式(1-41)代入式(1-40)，并取 $\mathrm{d}h = -\Delta h_k$，$\mathrm{d}p = \Delta p_k$，$\rho_m = \bar{\rho}_m$，$p = \bar{p}$，经过整理后可得：

$$\Delta p_k = \left[\frac{\bar{\rho}_m g + \tau_f}{1 - \dfrac{W_t q_g}{A_p^2 \bar{p}}}\right]\Delta h_k \tag{1-42}$$

式中 Δp_k——计算管段的压力降,Pa;
Δh_k——计算管段的深度差,m;
$\bar{p}$——计算管段的平均压力,Pa。

不同流动型态下的 $\bar{\rho}_m$ 和 τ_f 的计算方法不同,为此,计算中首先要判断流动形态。该方法的四种流动型态的划分界限如表 1-3 所示。

表 1-3 中 $\bar{\bar{v}}_g$ 为无因次气体流速,L_B 为泡流界限,L_S 为段塞流界限,L_M 为雾流界限。它们的计算方法如下:

表 1-3 流型界限

流动型态	界 限
泡流	$\dfrac{q_g}{q_t} < L_B$
段塞流	$\dfrac{q_g}{q_t} > L_B, \bar{\bar{v}}_g < L_S$
过渡流	$L_M > \bar{\bar{v}}_g > L_S$
雾流	$\bar{\bar{v}}_g > L_M$

$$\bar{\bar{v}}_g = \frac{q_A}{A_p}\left(\frac{\rho_l}{g\sigma}\right)^{1/4}$$

$$L_B = 1.701 - 0.7277 v_t^2/D \text{ 且 } L_B \geqslant 0.13 (\text{如果 } L_B < 0.13,\text{则取 } L_B = 0.13)。$$

$$L_S = 50 + 36\bar{\bar{v}}_g \frac{q_l}{q_g}$$

$$L_M = 75 + 84\left(\bar{\bar{v}}_g \frac{q_l}{q_g}\right)^{3/4}$$

式中 v_t——分别为在 $\bar{p},\bar{T}$ 下的总的流动速度(混合物流速),m/s;
ρ_l——在 $\bar{p},\bar{T}$ 下的液体密度(油、水混合物则按体积加权平均值),kg/m³;
σ——在 $\bar{p},\bar{T}$ 下的液体表面张力(如果是油、水混合物则取体积加权平均值),N/m;
D——管道内径,m;
q_l,q_g,q_t——分别为在 $\bar{p},\bar{T}$ 下的液体、气体及总的体积流量,m³/s;
$\bar{T}$——计算管段的平均温度,K。

1.3.2 混合物平均密度及摩擦损失梯度的计算

混合物平均密度及摩擦损失梯度与流动型态有关,下面按流型分别介绍。

(1) 泡流
混合物平均密度为:

$$\bar{\rho}_m = H_l\rho_l + H_g\rho_g = (1-H_g)\rho_l + H_g\rho_g \tag{1-43}$$

$$H_l + H_g = 1 \tag{1-44}$$

式中 H_g——气相存容比(空隙率),计算管段中气相体积与管段容积之比值;
H_l——液相存容比(持液率),计算管段中液相体积与管段容积之比值;
$\rho_g,\rho_l,\bar{\rho}_m$——分别为在 $\bar{p},\bar{T}$ 下气、液和混合物的密度,kg/m³。

气相存容比由滑脱速度 v_s 来计算。滑脱速度定义为:气相流速与液相流速之差。

$$v_s = \frac{v_{sg}}{H_g} - \frac{v_{sl}}{1-H_g} = \frac{q_g}{A_p H_g} - \frac{q_t - q_g}{A_p(1-H_g)} \tag{1-45}$$

由式(1-45)可解出 H_g：

$$H_g = \frac{1}{2}\left[1 + \frac{q_t}{v_s A_p} - \sqrt{\left(1 + \frac{q_t}{v_s A_p}\right)^2 - \frac{4q_g}{v_s A_p}}\right] \tag{1-46}$$

式中 v_s——滑脱速度，由实验确定，m/s；

v_{sg}，v_{sl}——气相和液相的表观流速，m/s。

Griffith 由实验得出泡流的滑脱速度的平均值为 0.244 m/s。在式(1-46)中取 $v_s = 0.244$ m/s。

泡流摩擦损失梯度按液相进行计算：

$$\tau_t = f\frac{\rho_l}{D}\frac{v_{lh}^2}{2}$$

$$v_{lh} = \frac{q_l}{A_p(1-H_g)} \tag{1-47}$$

式中 f——摩擦阻力系数；

v_{lh}——液相真实流速，m/s。

摩擦阻力系数 f 可根据管壁相对粗糙度 ε/D 和液相雷诺数 N_{Re} 查 Moody 图得到。液相雷诺数为：

$$N_{Re} = \frac{D v_{sl} \rho_l}{\mu_l} \tag{1-48}$$

式中 μ_l——在 $\bar{p}$，$\bar{T}$ 下的液体粘度，油、水混合物在未乳化的情况下可取其体积加权平均值，Pa·s。

对于普通油管，其管壁绝对粗糙度一般取 $\varepsilon = 4.57 \times 10^{-5}$ m(0.000 15 ft)。也可用 Jain 公式(1-49a)计算 f。

当 $N_{Re} > 2\,300$ 时，

$$f = \left[1.14 - 2\lg\left(\frac{\varepsilon}{D} + \frac{21.25}{N_{Re}^{0.9}}\right)\right]^{-2} \tag{1-49a}$$

当 $N_{Re} \leqslant 2\,300$ 时，

$$f = N_{Re}/64 \tag{1-49b}$$

(2) 段塞流混合物平均密度

$$\bar{\rho}_m = \frac{W_t + \rho_l v_s A_p}{q_l + v_s A_p} + \delta\rho_l \tag{1-50}$$

式中 δ——液体分布系数；

v_s——滑脱速度，m/s。

滑脱速度可根据不同的泡雷诺数 N_b 选用下面的公式进行计算。

$$N_b = \frac{v_s D \rho_l}{\mu_l} \tag{1-51}$$

$N_b \leqslant 3\,000$ 时,

$$v_s = (0.546 + 8.74 \times 10^{-6} N'_{Re})\sqrt{gD} \tag{1-52}$$

$N_b \geqslant 8\,000$ 时,

$$v_s = (0.35 + 8.74 \times 10^{-6} N'_{Re})\sqrt{gD} \tag{1-53}$$

$3\,000 < N_b < 8\,000$ 时,

$$v_s = \frac{1}{2}\left(v_{si} + \sqrt{v_{si}^2 + \frac{11.17 \times 10^3 \mu_l}{\rho_l \sqrt{D}}}\right) \tag{1-54}$$

$$v_{si} = (0.251 + 8.74 \times 10^{-6} N'_{Re})\sqrt{gD} \tag{1-55}$$

$$N'_{Re} = \frac{v_t D \rho_l}{\mu_l} \tag{1-56}$$

δ 值需根据连续液相的类别及气液总流速来选用计算公式(见表1-4)。

$$\delta = \frac{0.002\,52\lg(10^3 \mu_l)}{D^{1.88}} - 0.782 + 0.232\lg v_t - 0.428\lg D \tag{1-57a}$$

$$\delta = \frac{0.071\,4\lg(10^3 \mu_l)}{D^{0.799}} - 1.352 - 0.162\lg v_s - 0.888\lg D \tag{1-57b}$$

$$\delta = \frac{0.002\,36\lg(10^3 \mu_l + 1)}{D^{1.415}} - 0.140 + 0.167\lg v_s + 0.113\lg D \tag{1-57c}$$

$$\delta = \frac{0.005\,37\lg(10^3 \mu_l + 1)}{D^{1.371}} + 0.455 + 0.569\lg D - X \tag{1-57d}$$

$$X = (\lg v_s + 0.516)\left[\frac{0.001\,6\lg(10^3 \mu_l + 1)}{D^{1.571}} + 0.722 + 0.63\lg D\right] \tag{1-57e}$$

表1-4 δ 计算公式选择

连续液相	$v_t/(m \cdot s^{-1})$	计算 δ 的公式号
水	<3.048	1-57a
水	>3.048	1-57b
油	<3.048	1-57c
油	>3.048	1-57d

计算出的 δ 必须满足下面的条件:

$v_t < 3.048$ 时, $\delta \geqslant -0.213\,2v_t$;

$v_t > 3.048$ 时, $\delta \geqslant \dfrac{-v_s A_p}{q_t + v_s A_p}\left(1 - \dfrac{\bar{\rho}_m}{\rho_l}\right)$。

段塞流的摩擦梯度根据下式计算:

$$\tau_f = \frac{f \rho_l v_t^2}{2D}\left(\frac{q_l + v_s A_p}{q_t + v_s A_p} + \delta\right) \tag{1-58}$$

式中的摩擦系数 f 可根据管壁相对粗糙度 ε/D 和雷诺数 N'_{Re} 由 Moody 图查得。

（3）过渡流

过渡流的混合物平均密度及摩擦梯度是先按段塞流和雾流分别进行计算,然后用内插方法来确定相应的数值。

$$\bar{\rho}_m = \frac{L_M - \bar{\bar{v}}_g}{L_M - L_S}\rho_{SL} + \frac{\bar{\bar{v}}_g - L_S}{L_M - L_S}\rho_{Mi} \tag{1-59}$$

$$\tau_f = \frac{L_M - \bar{\bar{v}}_g}{L_M - L_S}\tau_{SL} + \frac{\bar{\bar{v}}_g - L_g}{L_M - L_S}\tau_{Mi} \tag{1-60}$$

式中的 ρ_{SL}, τ_{SL} 及 ρ_{Mi}, τ_{Mi} 为分别按段塞流和雾流计算的混合物密度及摩擦梯度。

（4）雾流

雾流混合物密度计算公式与泡流相同,即:

$$\bar{\rho}_m = H_l\rho_l + H_g\rho_g = (1-H_g)\rho_l + H_g\rho_g$$

由于雾流的气、液无相对运动速度,即滑脱速度接近于零,基本上没有滑脱。所以

$$H_g = \frac{q_g}{q_l + q_g} \tag{1-61}$$

摩擦梯度则按连续的气相进行计算,即:

$$\tau_f = f\frac{\rho_g v_{sg}^2}{2D} \tag{1-62}$$

式中 v_{sg}——气体表观流速, $v_{sg} = q_k/A_p$, m/s。

雾流摩擦系数可根据气体雷诺数 $(N_{Re})_g$ 和液膜相对粗糙度由 Moody 图查得。

$$(N_{Re})_g = \frac{\rho_g v_{sg} D}{\mu_g} \tag{1-63}$$

由于液膜粗糙度最大不会超过管径之半,最小也不会小于管壁的绝对粗糙度,所以液膜相对粗糙度在 0.001~0.5 之间,具体数值需根据 N_w 用下面的公式计算。

$$N_w = (v_{sg}\mu_l/\sigma)^2 \frac{\rho_g}{\rho_l} \tag{1-64}$$

当 $N_w \leqslant 0.005$ 时,

$$\frac{\varepsilon}{D} = \frac{34\sigma}{\rho_g v_{sg}^2 D} \tag{1-65a}$$

当 $N_w > 0.005$ 时,

$$\frac{\varepsilon}{D} = \frac{174.8\sigma N_w^{0.302}}{\rho_g v_{sg}^2 D} \tag{1-65b}$$

按不同流动型态计算压力梯度的步骤与前面介绍的用摩擦损失系数法基本相同,只是在计算混合物密度及摩擦损失之前需要根据流动型态界限确定其流动型态。图 1-18 为 Orkiszewski 方法的计算流程框图。

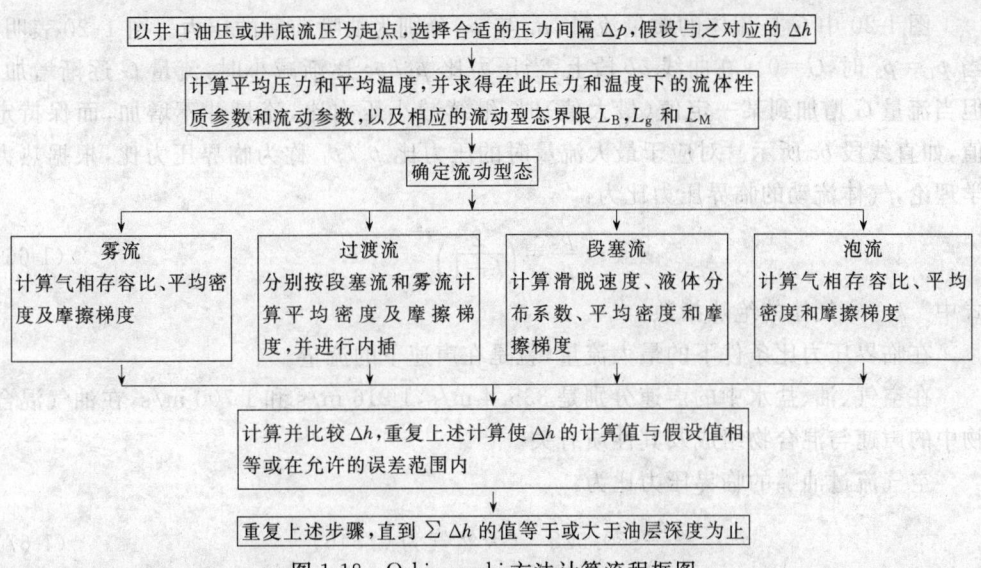

图 1-18　Orkiszewski 方法计算流程框图

1.4　嘴流动态

自喷井生产过程中,为达到最佳的开采效果,往往需要在井口安装节流装置——油嘴,通过调节油嘴尺寸的大小来控制油井油压以达到限制和稳定油井产量的目的。

油嘴的孔眼直径很小,一般只有几毫米。油气混合物从井底到达井口时,在油嘴前的油压 p_t 和油嘴后的回压 p_h 作用下通过油嘴(图 1-19)。由于此处气体膨胀,混合物体积流量很大,而油嘴直径又很小,因此,混合物流经油嘴时流速极高,可能达到临界流动。所谓临界流动是流体的流速达到压力波在流体介质中的传播速度即声波速时的流动状态。此时可以把气液混合物在油嘴中的流动看成工程热力学中流体在临界条件的喷管流动。在临界流动条件下,气体或液体经油嘴的质量流量与油嘴前后的压力比的关系 p_2/p_1 如图 1-20 所示。

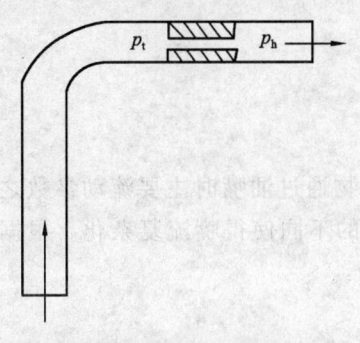

图 1-19　嘴流示意图

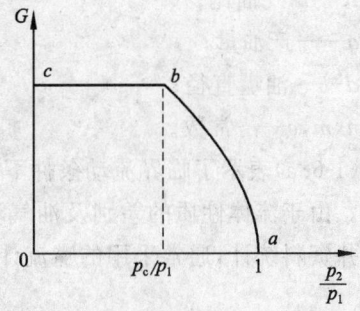

图 1-20　$G=f(p_2/p_1)$ 关系曲线

图 1-20 中 G 是流体的质量流量，p_1 与 p_2 分别为油嘴前后的压力。图 1-20 表明，当 $p_1=p_2$ 时，$G=0$。在曲线 ab 段上，当压力比 p_2/p_1 逐渐减小时，流量 G 逐渐增加。但当流量 G 增加到某一定值（最大值）时，继续减小压力比，流量并不增加，而保持定值，如直线段 bc 所示。对应于最大流量时的压力比 p_c/p_1 称为临界压力比，根据热力学理论，气体流动的临界压力比为：

$$\frac{p_c}{p_1}=\left(\frac{2}{k+1}\right)^{\frac{k}{k-1}} \tag{1-66}$$

式中　k——气体的绝热指数。

在临界压力比条件下的最大流量，就是在声速下的流量。

在空气、油、盐水中的声速分别是 335.4 m/s,1 216 m/s 和 1 700 m/s，在油气混合物中的声速与混合物组成及其性质有关。

空气流过油嘴的临界压力比为：

$$\frac{p_c}{p_1}\approx 0.528 \quad （天然气为 0.546） \tag{1-67}$$

油气混合物在油嘴中的流动近似于单相气体的流动，从上式可以看出，当压力比等于或小于 0.546，大体上在嘴内产生等于声速的流动速度。在临界流动条件下，即 $\frac{p_2}{p_1}\leqslant\frac{p_c}{p_1}=0.546$，流量不受嘴后压力变化的影响，而只与嘴前压力、嘴径及气油比有关。根据矿场资料统计，它们之间的关系可表示为：

$$q=\frac{p_t d^m}{cR^n} \tag{1-68a}$$

或

$$p_t=\frac{cR^n q}{d^m} \tag{1-68b}$$

式中　p_t——油压（即 p_1）；
　　　R——气油比；
　　　q——产油量；
　　　d——油嘴直径；
　　　n,m,c——常数。

式(1-68a)表示了临界流动条件下油气混合物通过油嘴时主要流动参数之间的基本关系。由于流体性质的差别及油气混合方式的不同使得嘴流复杂化。根据国内外数百口井资料统计，通常采用的嘴流计算公式为：

$$q=\frac{4d^2}{R^{0.5}}p_t \tag{1-69}$$

式中　p_t——油压，MPa；

q——产油量,t/d;
R——气油比,m³/t;
d——油嘴直径,mm。

对于含水井可采用下式:

$$q_t = \frac{4d^2}{R^{0.5}} p_t (1-f_w)^{-0.5} \tag{1-70}$$

式中 q_t——产液量,t/d;
f_w——含水率,小数。

应当指出,油嘴流动方程式有很大的经验性,与油田条件有关。所以,在实际应用时,应根据油田具体条件,收集及分析与油嘴有关参数的资料,对上式加以校正,得出适合于本地区的计算公式。

当油嘴直径和气油比一定时,产量 q 和井口油压 p_t 呈线性关系(图1-21)。只有满足油嘴的临界流动,自喷井整个生产系统才能稳定生产。即使下游压力的干扰引起井口回压有所变化,油井产量也不会发生变化。

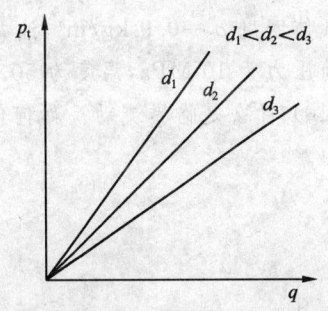

图1-21 油嘴直径、油压与产量的关系曲线

习 题

(1) 什么是油井流入动态? 试分析其影响因素。

(2) 什么是采油指数? 试比较单相液体和油气两相渗流采油指数计算方法。

(3) 某井位于面积 $A=45\,000$ m² 的矩形泄油面积中心,矩形的长宽比为 2:1,井径 $r_w=0.1$ m,原油体积系数 $B_o=1.2$,原油粘度 $\mu_o=4$ mPa·s,地层原油密度 $\rho_o=860$ kg/m³,油井表皮系数 $s=2$。试根据表1-5中的测试资料绘制 IPR 曲线,并计算采油指数 J 和油层参数 $k_o h$,推算油藏平均压力 $\bar{p}_r$。

表1-5 某井测试数据表

井底流压 p_{wf}/MPa	20.1	16.9	14.4	12.5
油井产量 Q_o/(m³·d⁻¹)	24.4	40.5	53.1	62.4

(4) 已知某井的油藏平均压力 $\bar{p}_r=15$ MPa,当井底流压 $p_{wf}=12$ MPa 时对应产油量 $Q_o=25.6$ m/d。试利用 Vogel 方程计算该井的流入动态关系并绘制 IPR 曲线。

(5) 试比较气液两相流动与单相液流的特征。

(6) 什么是气液两相流的流型？试分析油井生产中各种流型在井筒中的分布和变化情况。

(7) 什么是滑脱现象和滑脱损失？试分析滑脱损失对井筒多相流能量损失的影响。

(8) 自喷井井筒某深度处平均压力和平均温度分别为 $\bar{p}$ 和 $\bar{T}$，油和气的体积流量分别为 $Q_o = 6.2 \times 10^{-4}$ m³/s，$Q_g = 8.6 \times 10^{-4}$ m³/s，油相密度为 $\rho_o = 870$ kg/m³，表面张力为 $\sigma_o = 0.03$ N/m，油管内径 $D_t = 0.062$ m，试应用 Orkiszewski 相关式判断流动型态，并写出在该流型下计算气相存容比 H_g 的方法和步骤。

(9) 某自喷井地面脱气油密度 $\rho_o = 850$ kg/m³，生产气油比 $R_p = 60$ m³/m³，标准状况下气体密度 $\rho_g = 0.9$ kg/m³，油井不含水，产油量 $Q_o = 86.4$ m³/d，油井稳定生产，试求井筒压力为 10 MPa，温度为 50 ℃处混合物的总质量流量。

(10) 什么是临界流动？如何使油嘴后的压力波动不影响油井的正常生产？简述其理由。

参考文献

(1) Orkiszewski J. Predicting Two-Phase Pressure Drops in Vertical Pipe. J. P. T., June 1967.

(2) Vogel J V. Inflow Performance Relationship for Solution Gas Drive Wells. J. P. T., Jan. 1968：83-93.

(3) Standing M B. Inflow Performance Relationships for Damaged Wells Producing by Solution Gas Drive. J. P. T., Nov. 1970：1399-1400.

(4) Beggs H D, Brill J P. A Study of Two-phase Flow in Inclined Pipes. J. P. T, 1973, 5.

(5) Douglas Patton L. Generalized IPR Curves for Predicting Well Behavior. Pet. Eng. Inter., June 1980.

(6) K·E·布朗.升举法采油工艺(卷一).北京：石油工业出版社,1987.

(7) K·E·布朗.升举法采油工艺(卷四).北京：石油工业出版社,1990.

(8) 王鸿勋,张琪.采油工艺原理.北京：石油工业出版社,1989.

(9) 孙大同,张琪.基于 Petrobras 方法含水综合 IPR 曲线公式的修正.断块油气田,1995,2(4)：37-40.

(10) 李颖川.采油工程. 北京：石油工业出版社,2002.

(11) 于云琦.采油工程. 北京：石油工业出版社,2006.

(12) 邹艳霞.采油工艺技术. 北京：石油工业出版社,2006.

(13) 张琪.采油工程原理与设计.山东东营：中国石油大学出版社,2006.

第 2 章　自喷与气举采油

本章导学：

本章阐述自喷井生产的协调原理和自喷井节点分析方法，以及气举采油原理和设计方法。要求了解自喷井生产系统构成，掌握自喷井节点分析方法基本步骤和在油井生产系统分析中的主要作用；掌握气举采油的原理和气举生产系统的设计方法。

重点难点：

（1）节点分析方法的原理和基本步骤；
（2）节点分析方法在自喷井生产系统分析中的作用；
（3）气举采油的原理及其启动过程的特点；
（3）气举生产系统的设计方法。

从油层中开采原油的方法按油层能量是否充足，可分为自喷和人工举升。当油层能量充足时，依靠油层本身的能量就能将原油举升到地面的方法称为自喷。当油层能量较低时，可采用机械设备给井筒流体补充能量的方法将原油举升到地面，称为机械采油方法，也称人工举升方法。

气举是人为地将高压气体从地面注入油井中，依靠气体的能量将井中原油举升到地面的人工举升方法。自喷井和气举井在井筒中的流动（多相管流）具有基本相同的规律，因此把自喷及气举放在同一章介绍。

2.1　自喷井生产设备及工艺流程

自喷井的特点是地面设备简单、容易管理，是最经济的采油方法。本节介绍自喷井的井口装置、井场流程以及分层开采生产管柱。

2.1.1　自喷井井口装置

油井最上面的设备装置叫井口装置。为了使自喷井保持正常生产，必须在井口安装能够控制、调节油气产量的井口装置。目前现场使用的井口装置种类较多，其结构都是由套管头、油管头和采油树三部分组成（图 2-1）。

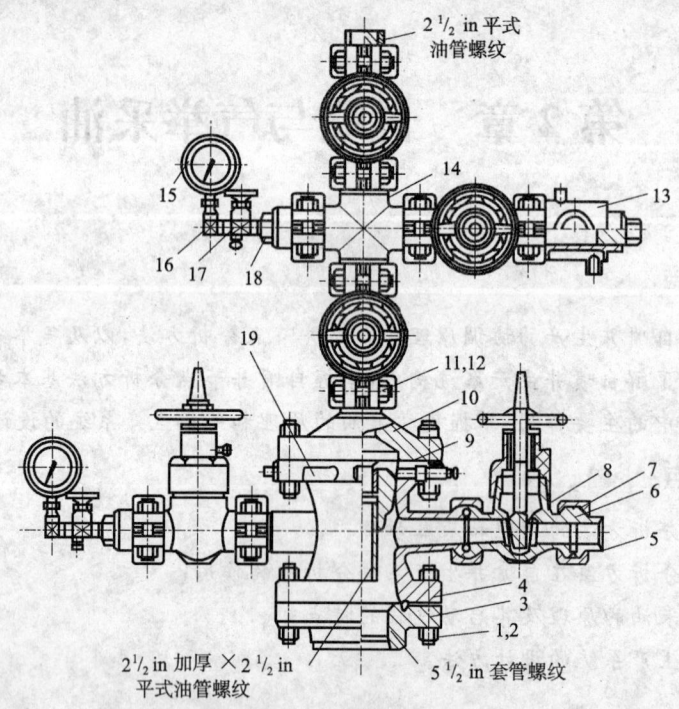

图 2-1 井口装置示意图

1—螺母；2—双头螺栓；3—套管法兰；4—锥座式油管头；5—卡箍短节；6—钢圈；7—卡箍；8—闸阀；9—钢圈；10—油管头上法兰；11—螺母；12—双头螺栓；13—节流器；14—小四通；15—压力表；16—弯接头；17—压力表截止阀；18—接头；19—铭牌

（1）套管头

套管头是连接套管和各种井口装置的一种部件。用以支持技术套管和油层套管的重力，密封各层套管间的环形空间，为安装防喷器、油管头和采油树等上部井口装置提供过渡连接。套管头在井口装置的下端，由本体、套管悬挂器和密封组件组成。图 2-2 为连接两层套管的套管头结构。表层套管用法兰与套管头下法兰连接，油层套管用丝扣与套管头内丝扣连接。

（2）油管头

油管头装在套管头的上面，它包括油管悬挂器和套管四通。油管悬挂器的作用是悬挂井内油管柱，密封油管与油层套管间的环形空间；套管四通的作用是进行正、反循环洗井，观察套管压力以及通过油、套环

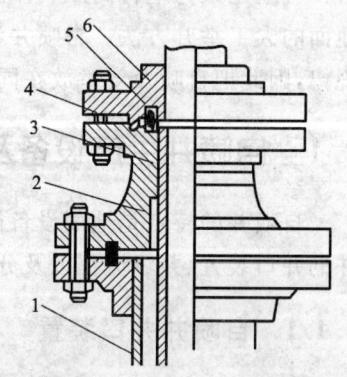

图 2-2 套管头示意图

1—表层套管；2—套管头；3—油层套管；4—公母扣；5—钢圈；6—套管四通下法兰

形空间进行各项作业。目前油田上普遍采用的油管头如图2-3所示。

顶丝法兰盘(图2-4)装在套管四通上,油管挂坐在顶丝法兰的座上,并起到挤压盘根密封油、套环形空间的作用,同时起到卡住油管,防止井内压力太高时将油管柱顶出的作用。

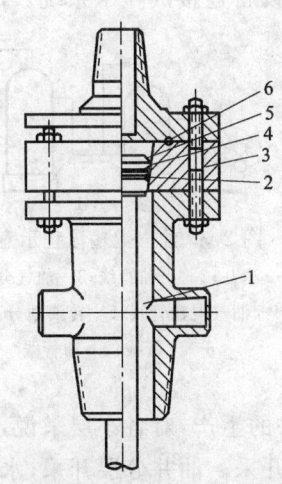 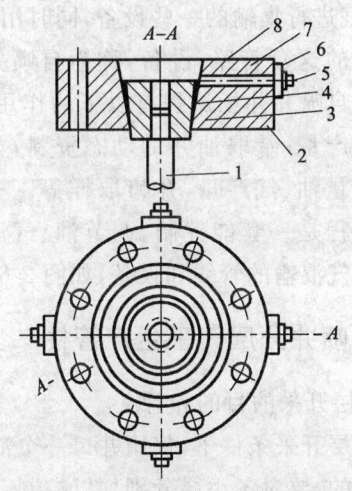

图 2-3 油管头示意图
1—套管四通;2—盘根;3—顶丝法兰盘;
4—油管悬挂器;5—顶丝;6—钢圈

图 2-4 顶丝法兰盘悬挂油管示意图
1—油管;2—顶丝法兰盘;3—油管悬挂器;4—盘根;
5—顶丝;6—压帽;7—密封圈;8—钢圈槽

(3) 采油树

采油树是指油管头以上的部分,它的作用是控制和调节油井的生产,引导从井中喷出的油气进入出油管线,实现下井工具设备的起下等。采油树的主要部件及作用如下:

① 总闸门。装在油管头的上面。它是控制油、气流入采油树的主要通道,因此,在正常生产时,它都是开着的,只有在需要长期关井或其他特殊情况下才关闭。

② 生产闸门。安装在油管四通或三通的侧面,它的作用是控制油气流向出油管线。正常生产时,生产闸门总是打开的,在更换检查油嘴或油井停产时才关闭。

③ 清蜡闸门。是装在采油树最上端的一个闸门。它的上面可连接清蜡防喷管等。清蜡时把它打开,清完蜡后把它关闭。

④ 节流阀。其作用是控制自喷井的产量,有可调式节流阀(针形阀)和固定式节流阀两种。采气树上使用可调式节流阀,采油树上使用固定式节流阀(油嘴)。图 2-5 为常用的卡扣式油嘴,它是一中心有圆孔的钢棒。选择不同尺寸的油嘴就可控制油井不同的产量。

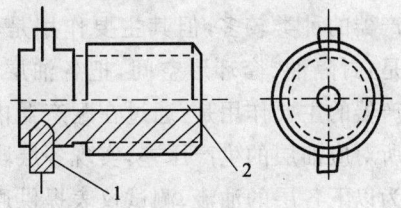

图 2-5 卡扣式简易油嘴
1—卡扣;2—油孔

2.1.2 自喷井流程

为使自喷井保持正常的稳产高产,必须在井口安装能控制和调节油、气产量并把产出的油、气进行集输的一些设备,同时用管件把这些设备连接成一个系统。油、气在井口所通过的这套管路、设备,称为自喷井的井场流程。一般自喷井井场流程有以下的作用:控制和调节油井的产量;录取油井的动态资料,如记录油压、套压,计量油、气产量,井口取样等。一般最简单的井口流程是一套能控制、调节油、气产量的采油树,及油、气混输的管线和设备,如图2-6所示。

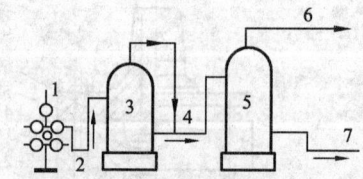

图2-6 油气混输流程示意图
1—油井;2—出油管线;3—油气分离器;
4—油气混输管线;5—转油站分离器;
6—气管线;7—油管线

2.1.3 自喷井分层开采生产管柱

(1) 分层开采的目的和意义

在多油层开采条件下,仅用井口一个油嘴控制全井的生产,对各小层来说,是做不到合理生产的,要对各小层分别加以控制,这就是分层开采。油井分层开采,水井分层配注,都是为了在开发好高渗透层的同时,充分发挥中、低渗透层的生产能力,调整层间矛盾,在一定的采油速度下,使油田稳定自喷、高产。

(2) 分层开采的方法

自喷分层开采可分为单管封隔器分采、双管分采和油套分采三种方式。单管分层开采钢材消耗较少,分采的层数较多,虽然各层油流都通过一个管柱通道容易引起各层间干扰,但在我国,油田仍然多采用单管分层开采。

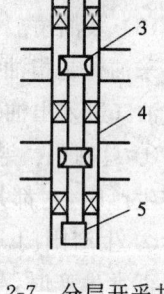

图2-7 分层开采井下
生产管柱示意图
1—油管;2—封隔器;3—配产器;4—套管;5—底堵

如图2-7所示,单管分层开采井下生产管柱主要是由封隔器、配产器和油管串接起来的管柱结构。各油田的封隔器和配产器的种类较多,但其主要作用是相同的。封隔器的主要作用是:封隔油、套环形空间,把各油层封隔成独立的开采系统。配产器的主要作用是:通过在配产器内装设不同尺寸的油嘴,控制所对应油层的生产压差,实现各层段的定量配产开采,给对应层段的油流提供通道,并为以下各层的油流、测试仪表提供通道。

2.2 自喷井生产系统分析

2.2.1 自喷井生产基本流动过程

在自喷井生产过程中,原油自地层流至地面分离器一般要经过四个大的流动过程:油层中的渗流、井筒中的多相管流、嘴流和在地面管线中的多相流动。

(1) 从油层到井底的地下渗流

原油在地层中流动时,能量来源于油层压力和气体的膨胀能,能量消耗主要是流体克服在多孔介质——岩石中的渗流阻力。当井底压力高于饱和压力时为单相渗流,而当井底压力低于饱和压力时,井底附近为多相渗流。该阶段压力损失占整个流动过程压力总损失的10%~15%。当油层渗透率高、井底附近无污染、流体粘度低且为单相渗流时,渗流阶段的压力损失小;反之,则压力损失大。

(2) 从井底到井口的垂直或倾斜管流

原油在井筒中流动时,能量来源于井底压力和气体的膨胀能,能量消耗主要是克服井筒内液柱重力、原油与井筒管壁的摩擦阻力。该阶段压力损失占总压降的30%~80%,油井浅、气油比高、含水率低的中小产量井,该阶段压力损失小;而井较深、气油比小、含水率高且产量高的井,则井筒管流损失大。

(3) 经油嘴流出井口的嘴流

油气通过油嘴时,能量来源于井口油压,能量消耗是油嘴的节流损失。井筒流体通过油嘴节流后的压力损失一般占总压降的5%~30%。

(4) 通过地面出油管线流至集油站分离器的近似水平管流

在多相水平管流过程中,能量来源于井口油压,能量消耗主要是流体通过各种管线时产生的局部水力损失和沿管线流动的沿程水力损失等。该阶段压力损失一般占总压降的5%~10%。

上述四个流动过程的性质不同,但彼此间存在着密切的内在联系。油井稳定生产时,整个流动系统必然满足混合物的质量和能量守恒原理。要使油井连续稳定自喷,就必须使这四个不同流动过程既相互衔接又相互协调起来,其中任何一个流动过程发生变化,都会影响其他过程,从而改变自喷井的整个生产状况。

一口较完整和较复杂的自喷井系统及各段的压力损失如图2-8所示。大多数自喷井的生产系统较为简单,除海上油井外都不设置井下安全阀和节流器。

图2-8中:

$\Delta p_1 = \bar{p}_r - p_{wfs}$——油藏中的压力损失;

$\bar{p}_r$——平均油藏压力;

p_e——供给边界的压力；

p_{wfs}——井底油层面上的压力；

$\Delta p_2 = p_{wfs} - p_{wf}$——穿过井壁（射孔孔眼、污染区）的压力损失；

p_{wf}——井底流动压力；

$\Delta p_3 = p_{UR} - p_{DR}$——穿过井下节流器的压力损失；

p_{UR}, p_{DR}——井下节流器的上、下游压力；

$\Delta p_4 = p_{USV} - p_{DSV}$——穿过井下安全阀的压力损失；

p_{USV}, p_{DSV}——井下安全阀的上、下游压力；

$\Delta p_5 = p_{wh} - p_{DSC}$——穿过地面油嘴的压力损失；

p_{wh}——井口油管压力；

p_{DSC}——地面油嘴下游压力（井口回压）；

$\Delta p_6 = p_{DSC} - p_{sep}$——地面出油管线的压力损失；

p_{sep}——分离器压力；

$\Delta p_7 = p_{wf} - p_{wh}$——油管中的损失，包括 Δp_3 和 Δp_4；

$\Delta p_8 = p_{wh} - p_{sep}$——地面管线总损失，包括 Δp_5。

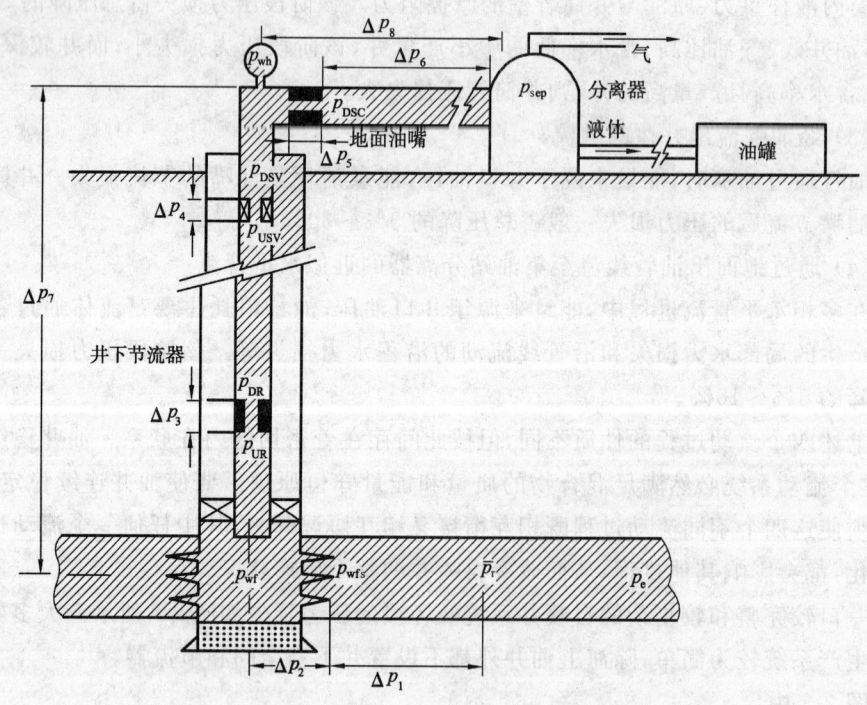

图 2-8 完整的自喷井生产系统的压力损失示意图

2.2.2 自喷井节点分析

节点系统分析方法简称节点分析。节点分析的对象是油藏至地面分离器的整个油井生产系统,其基本思想是在某些部位设置节点,将油井生产系统隔离为相对独立的子系统,以压力和流量的变化关系为主要线索,把由节点隔离的各流动过程的数学模型有序地联系起来,以确定系统的流量。通过节点分析我们可以理解油井生产系统中各可控制参数与环境因素对整个生产系统产量的影响和变化关系,为优化系统运行参数和进行系统调控提供依据。

在油井生产系统中,节点是一个位置的概念。图 2-9 是与图 2-8 所示系统相对应的各节点位置,对其他举升方式还会有不同的节点位置。

节点可分为普通节点和函数节点两类。普通节点一般指两段不同流动过程的衔接点,如图 2-9 所示的井口 3、井底 6 以及系统的起、止点(地层边界 8、分离器 1)均属普通节点,在这类节点处不产生与流量有关的压降。函数节点与普通节点的不同之处在于,在函数节点上的压力是不连续的,液流穿过函数节点时产生压降,其压降的大小为流量的函数 $\Delta p = f(q)$,故这类节点称为函数节点。流体在函数节点上产生的压降可用适当的公式计算。如图 2-9 所示,地面油嘴 2、井下安全阀 4、节流器 5 都属于函数节点。

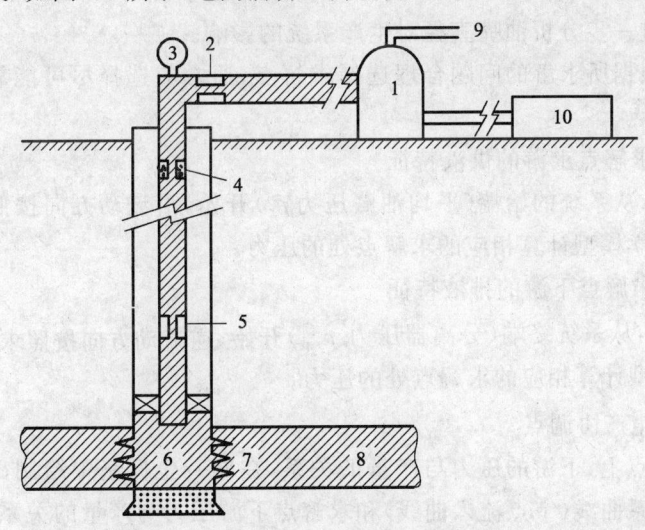

图 2-9 自喷井生产系统节点位置

1—分离器;2—地面油嘴;3—井口;4—安全阀;5—节流器;6—井底流压(p_{wf});
7—井底油层面上的压力(p_{wfs});8—地层平均压力($\bar{p}_r$);9—集气管网;10—油罐

节点 1 描述分离器压力 p_{sep},通常可调节为定值。节点 8 描述平均油藏压力 $\bar{p}_r$。在整个生产系统中,节点 1 上的压力 p_{sep} 和节点 8 上的压力 $\bar{p}_r$ 并不是流量的函数。因此,任何用来求解总系统问题的试算法都必须从节点1或8开始。

应用节点分析方法时,通常要选定一个节点,将整个系统划分为节点流入和节点流出两个部分进行求解。所选用的这个使问题获得解决的节点称为求解节点,简称解节点或求解点。求解点的选择主要取决于所要研究解决的问题。通常是选用井口(节点3)或井底(节点6)来求解不同条件下系统协调生产时的井口压力或井底流压及相应的产量。

以普通节点为例,节点分析的基本步骤如下:

(1) 建立油井模型并设置节点

按油井生产的逻辑关系,明确生产流程的构成并在系统内设置相应的节点,从而把油井系统有序地划分为相互联系又相互独立的若干部分。

(2) 求解点的选择

求解点位置与系统分析的结果无关。而灵活的节点位置有利于研究分析在整个系统中不同因素对产量的影响。如果旨在说明接近地面部分的影响则求解点可选为井口。取井底作为求解节点有利于分析油层的供液能力和井筒的举升能力,以便优选油管尺寸和控制井口压力。取系统终端(分离器)为节点可得到分离器压力对各类油井生产的影响情况。如果关心井下部分的影响,求解节点可选在井底。以油嘴为函数节点,有利于进一步分析油嘴直径对生产系统的影响。

总之,应根据所求解的问题合理选择求解点,通常应选择尽可能靠近分析对象的节点作为求解点。

(3) 计算求解点上游的供液特征

改变产量,从系统的始端(平均油藏压力$\bar{p}_r$)开始,沿流动方向按照求解点上游各流动过程的数学模型计算相应的求解点处的压力。

(4) 计算求解点下游的排液特征

改变产量,从系统终端(分离器压力p_{sep})开始,逆流动方向按照求解点下游各流动过程的数学模型计算相应的求解点处的压力。

(5) 确定生产协调点

根据求解点上、下游的压力与产量的关系,在同一坐标系中绘制出求解点上游压力与产量的关系曲线(节点流入曲线)和求解点下游压力与产量的关系曲线(节点流出曲线),二曲线称为系统分析曲线,如图2-10所示。节点流入曲线反映在给定地层压力下油层到求解点(流入段)的供液能力。节点流出曲线反映在给定分离器压力下从求解点到分离器(流出段)的排液能力。在求解点流入、流出曲线的交点A处,流入段的产量等于流出段的排量,并且流入段的剩余压力等于流出段所需要的起点压力。求解点上、下游能够协调工作,因此该交点A称为油井生产协调点,简称协调点。

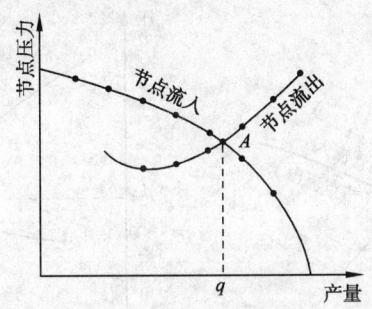

图 2-10 系统节点分析曲线及其解

2.2.2.1 普通节点分析

下面以图 2-9 所示的简单自喷井生产系统为例,说明选取不同节点时进行节点系统分析的方法。

已知条件:油藏深度;油管直径;出油管线直径及长度;气油比;含水率(本例为零);油、气密度;分离器压力 p_{sep};油藏压力 $\bar{p}_r$;饱和压力 p_b(低于油藏压力)及单相流时的采油指数 J_1。

求:油井可能的产量。

(1) 井底为求解点

如图 2-9 所示,整个生产系统将从井底(节点 6)分成两部分:一部分为油藏中的流动系统;另一部分为从油管鞋到分离器的管流系统。

由于选取中间节点 6(井底)为求解点,所以求解时,要从两端(节点 8 和节点 1)开始,设定一组流量,对这两部分分别计算至求解点上的压力(井底流压)与流量的关系曲线(图 2-11)。以节点 8(油藏平均压力)为起点计算得到的井底流压与流量的关系曲线(也即为 IPR 曲线)为节点 6 的流入曲线,而以节点 1(分离器压力)为起点计算得到的油管入口压力与流量的关系曲线为节点 6 的流出曲线,两条曲线的交点便是该系统在所给条件下在井底得到的解,即在所给条件下可获得的油井产量及相应的井底流压。

(2) 井口为求解点

整个生产系统将从井口分为两大部分,求解点压力为井口压力 p_{wh}。在假定一组流量后,分别以给定的分离器压力 p_{sep} 和油藏压力 $\bar{p}_r$ 为起点计算不同流量下的井口压力 p_{wh}。这样就可绘出以井口为求解点的节点流入曲线(油管及油藏的动态曲线)和节点流出曲线(水平管流动态曲线),如图 2-12 所示。由两条曲线的交点就可求出该井在所给条件下的产量及井口压力。

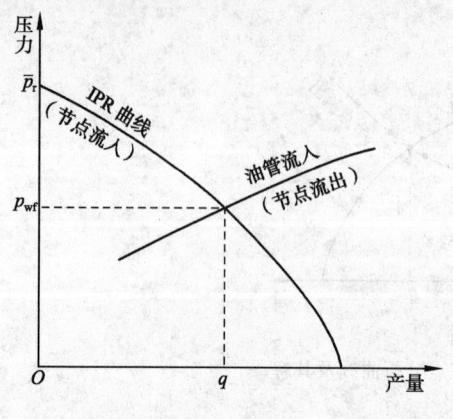
图2-11 求解点在井底的解

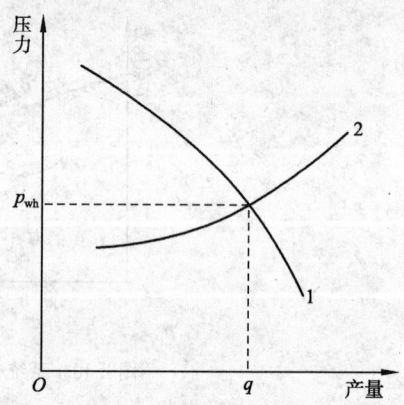
图2-12 求解点在井口的解
1—油管及油藏动态曲线；2—水平管流动态曲线

2.2.2.2 函数节点分析

如果为了进行地面油嘴、井下安全阀及井下节流器的设备选型，则求解点可分别选择在节点2、节点4及节点5上来进行分析。这些节点都属于函数节点，液流穿过节点时将产生压差。当以函数节点为求解点时，先要以系统两端为起点分别计算不同流量下节点上、下游的压力，并求得节点压差，绘出压差-流量曲线。然后，根据描述节点设备（油嘴、安全阀等）的流量-压差公式或相关式，求得设备工作曲线。由两条压差-流量曲线的交点便可求得问题的解，即节点设备产生的压差及相应的油井产量。设备规格不同，则求解得到的压差及产量亦不相同，从而可根据要求选出合适的节点设备。

下面以地面油嘴为求解点，说明进行函数节点分析的方法。

以地面油嘴为求解点将整个生产系统分为流入、流出两大部分。可设定一系列的产量，从油层和分离器开始分别计算出油嘴处一系列的油压和回压。将满足回压低于油压一半（油嘴临界压力比近似取0.5）的点绘制成 p_t-q 的曲线 B（油管工作特性曲线），此曲线上的任一点都满足油嘴的临界流动。然后根据油嘴工作特性相关式(1-68a)求出其特性曲线（油嘴特性曲线），并将油管工作特性曲线（曲线 B）与油嘴特性曲线 C 绘制于同一坐标中（图2-13），两曲线的交点即为该油嘴下的产量与油压。

图2-13中，$\bar{p}_r - p_{wf}$ 表示在油层流动中所消耗的压力，$p_{wf} - p_t$ 表示在油管垂直流动中所消耗的压力，p_t 表示井口油压。

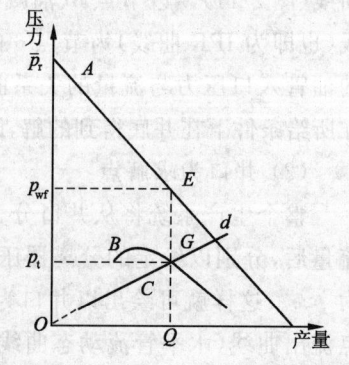
图2-13 自喷井三个流动过程关系

2.2.2.3 节点分析在设计及预测中的应用

(1) 不同油嘴下的产量预测与油嘴选择

如图 2-14 所示,对一口井根据生产上要求的产量 Q 选择合适的油嘴直径 d 时,以油嘴为求解点,绘制出满足油嘴临界流动的 p_t-Q 曲线即油管工作曲线 B,再根据可供选用的油嘴直径分别作出相应的油嘴曲线,如直径分别为 4,6,8,10,16 mm 的嘴流曲线分别与曲线 B 相交,其交点所对应的产量分别为 Q_6,Q_8,Q_{10},Q_{16},然后根据要求的产量 Q 确定与之对应的(或较接近的)油嘴直径。

从图 2-14 上可以看出,油嘴 4 与曲线 B 无交点,说明选用油嘴 4 在油管中的油流速度很低,生产不正常。在更换油嘴预测产量的时候,应当注意油嘴的更换应不引起绘制曲线 B 时各给定参数的变化。例如因更换油嘴使参数气油比改变,那么三条曲线的位置将发生改变,图 2-14 就是在更换油嘴时参数不变的情况下得到的。

(2) 油管直径的选择

在相同参数下,将不同直径油管的工作曲线画在 p-Q 图上,以比较在某种产量范围内选用何种油管直径更为有利。如图 2-15 所示分别作出油层工作曲线 A 和相应的 $2\frac{1}{2}$ in(1 in=2.54 cm)和 $3\frac{1}{2}$ in 或其他直径的油管工作曲线。油管工作曲线的形状和给定的具体参数有关,图 2-15 中的油管工作曲线是其中的一例。从这两种管径的油管工作曲线可看到一种有意思的情况:当井口油压较低,为 p_{t1} 时,原油在大直径油管中的摩擦损失较小,因而可得到较高的产量。但是,同样这两种管径的油管,当油压高时,如 p_{t2},大直径油管的产量反而比小直径的要低。这是由于在大直径管中滑脱损失使总损失增大之故。由此可见,在某种条件下,大直径油管不一定比小直径油管的产量高。

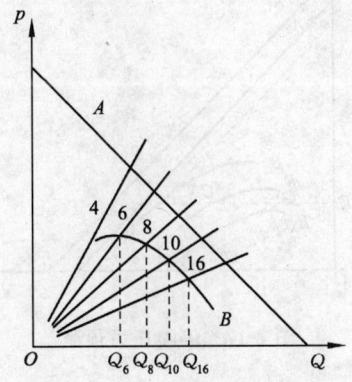

图 2-14 不同油嘴直径时的产量

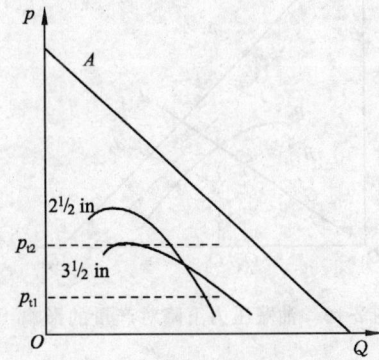

图 2-15 不同油管直径对产量的影响

在这里要强调一下选择油管的重要性。在高产井中(千吨及上万吨的井),倘若没有考虑到油管直径的问题,很可能由于选用了过小的油管直径而限制了产量。国外某

些高产自喷井用到 $3\frac{1}{2}$，$4\frac{1}{2}$ in 油管。

由于油管尺寸的加大，自然影响到套管直径及其配套的井下工具。因此，在完井工程设计确定生产套管尺寸时首先应确定油管直径。而油管直径的选择不仅要考虑到开发初期的产能，而且要考虑到开发后期的产能及举升工艺和可能采取的井下措施。

（3）预测油藏压力变化对产量的影响

油藏在开采过程中，油藏压力会发生某种程度的降低，可以用类似的方法预测油藏压力下降后产量 Q 的变化。

首先讨论油嘴直径不变时，油藏压力降低后产量的变化。

如图 2-16 所示，A，B 分别为某一开采阶段的油层工作曲线与油管工作曲线。经过一定时间后，油藏压力降低，相应的油层工作曲线和油管工作曲线为 A'，B'。如果所用的油嘴直径 d_1 不变，该井的产量将由原来的 Q_1 下降为 Q_2。

如果要保持原来的产量 Q_1，就必须换用较大的油嘴直径 d_2。问题在于换用大直径油嘴 d_2 后，井口油压要随之下降，能否满足生产上对井口油压的要求，也是需要考虑的。

（4）停喷压力预测

如图 2-17 所示，油井在生产过程中，由于油藏压力连续下降，油层工作曲线分别变为 A_1，A_2，A_3，相应的油管工作曲线也要向横轴方向移动，如 B_1，B_2，B_3。如果要求油压 p_t 在大于某值的条件下生产，例如 $p_t \geq 0.6$ MPa，则在纵轴上取 $p_t = 0.6$ MPa 的 E 点作一水平线交油管曲线 B_2 于 C 点。从图中可以看出，EC 线不与油管曲线 B_3 相交，说明油藏压力下降到 A_3 以前，油井已不能正常自喷生产。

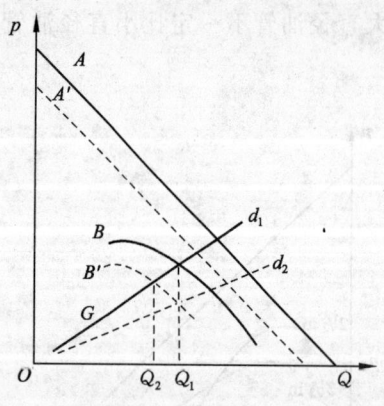

图 2-16 油藏压力下降对产量的影响

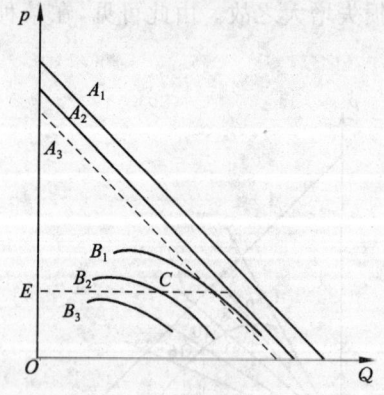

图 2-17 停喷压力预测

2.2.3 自喷井的管理

自喷井管理的基本内容包括三个方面：管好生产压差；取全取准资料；保证油井正常生产。这三个方面在生产上是相互联系和相互促进的，缺一都不能使油井获得高产稳产。下面着重讨论管好生产压差的一些问题。

管好生产压差（静压与流压之差）才能管到油层中去，以达到控制地层中油、水的流动和控制注采（油井方面）平衡，才能真正挖掘油层的生产潜力。

正常情况下，生产压差的控制是通过地面改换油嘴的大小来实现的。但在生产过程中也有其他因素影响油井在规定的压差下生产，例如油井结蜡、砂堵、设备故障等。

油井生产资料是油井分析、管理的依据，也是判断静态资料可靠性的依据，因此要取全取准所要求的资料。

油井的合理生产压差就是油井的合理工作制度。合理工作制度是指在目前的静压下，油井以多大的流压和产量进行工作。油井的合理工作制度是根据不同的开发条件来确定的。

对于注水开发的油田，合理的工作制度应当是：

① 保证较高的采油速度。油井的采油速度是指油井年产油量和地质储量的比值。在稳定生产的情况下，油井的采油速度可以按下式计算：

$$采油速度 = \frac{日产油量 \times 350}{地质储量} \times 100\%$$

式中，350 是指一年中除了测压、维修外的正常生产天数。

采油速度是衡量油井开采速度的重要指标。为了满足国家需要，应当在合理开发油田的前提下，尽可能地提高采油速度。各油田具体条件不同，所规定的采油速度也不一样。

② 要保持注、采压力平衡，使油井有充足的自喷能力。

③ 要保持采油指数稳定，不断改善油层的流动系数。这是使原油产量保持在一定水平的重要条件。

④ 合理生产压差应能够保证注水水线均匀推进，无水采油期长，见水后含水率上升速度慢。

⑤ 合理生产压差应既能充分利用地层能量又不破坏油层结构。生产压差过大，井底附近流速增加，过分地冲刷油层会使油层出砂甚至坍塌。根据油层具体情况，应规定原油含砂量不超过一定数值。

⑥ 对于饱和压力较高的油田，应使流压与饱和压力之差控制合理。此数字应在具体条件下确定。

考虑了上述各种要求所确定的工作制度则认为是合理的。但是，"合理"是相对的，工作制度应随着生产情况的变化和技术的发展而改变，应以充分发挥油层潜力为前提。

在非注水开发或注水后见效不大，边水又不活跃的地区，油井基本上靠气体等天然能量生产。对虽已注水，仍地饱压差小的油井，其合理工作制度应根据稳定试井及采油资料来定。原则上是以合理利用地层能量，保持生产稳定为准。

自喷井的试井有稳定试井和不稳定试井两种。不稳定试井是以测压力恢复速度为基础,稳定试井是以确定合理工作制度为目的。稳定试井一般是连续换 3~4 个相邻直径的油嘴,每换一次油嘴,等油井生产稳定后(即产量、压力等参数不再随时间变化,或变化范围很小,不超过 10%时),取得各项资料,然后绘制控制曲线。如图 2-18 所示,横坐标是油嘴直径,纵坐标是流压、产量、气油比、含砂率等,每一个油嘴都对应着一组参数。

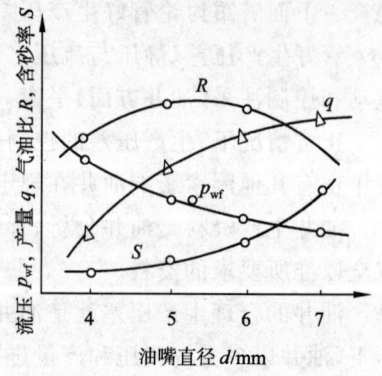

图 2-18 系统试井曲线

从图 2-18 以各参数随油嘴直径不同的变化关系来看,可选择产量较高,气油比低,井底流压较为合适(要考虑流饱压差等),含水、含砂较少,能够稳定喷油,而生产情况没有太大波动的油嘴作为生产油嘴。例如图中 6 mm 油嘴的生产条件比较合理,这是由于油产量较高,而气油比不算太高。而 7 mm 油嘴的含砂率过大。

根据上述原则确定的合理工作制度,在必要时应当调整,如注采不平衡需要改变采油速度时,油井采取修井、增产等措施后,含水率、含砂率上升过快时,或者油井需要改变采油方法时等。

2.3 气举采油原理及生产系统设计方法

气举是利用从地面注入高压气体将井内原油举升至地面的一种人工举升方式。气举井的井筒流动与自喷井相同,但用于举升原油的气体主要来自地面的高压气,而不是来自地层和原油的溶解气。

气举采油的井口、井下设备比较简单,管理调节比较方便,是机械采油法中对油井生产条件适应性较强的一种,常用于高产量的深井和含砂量少、含水率低、气油比高和腐蚀性成分含量低的油井。国外的一些石油公司在有天然气源(高压气井气或伴生气)的情况下,特别是在海上油田,都优先采用气举采油法。

气举采油时必须有足够的气源,另外由于气举需要压缩机组和地面高压气管线,地面设备系统复杂,一次性投资较大,而且气体能量的利用率较低,特别是受到气源的限制,一般油田很少采用。目前在国内气举方法大多是用于新井诱导油流和压裂、酸化井的排液。随着气举技术及有关配套工艺的完善,在高气油比油藏的开发中气举方式逐渐被广泛应用,特别是对高气油比及高产量的深井、海上油井、水平井、定向井、丛式井,气举方式具有广泛的应用前景。

2.3.1 气举采油原理

气举采油是依靠从地面注入井内的高压气体与油层产出流体在井筒中的混合,利用气体的膨胀使井筒中的混合液密度降低,将流入到井内的原油举升到地面的一种采油方式,其流程如图 2-19 所示。

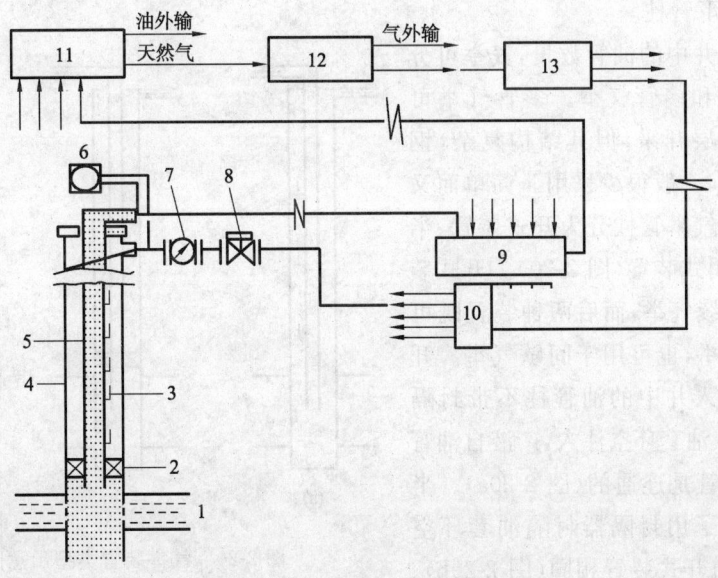

图 2-19 气举采油系统示意图
1—油层;2—封隔器;3—气举阀;4—套管;5—油管;6—双针压力计;7—流量计;8—定压阀;
9—油气计量站;10—高压气分配间;11—联合处理站;12—天然气净化站;13—天然气压缩机站

气举井与自喷井,在流动性质和协调原理方面有许多相似之处。但气举井的主要能量是依靠外来高压气体的能量,而自喷井主要依靠油层本身的能量。为了获得最大的油管工作效率,应当将油管下到油层中部,这样可使油管在最大的沉没度下工作,即使将来油层压力下降,也能使气体保持较高的举油效率。

2.3.2 气举方式及井下管柱

(1) 气举方式

气举按注气方式可分为连续气举和间歇气举两大类。所谓连续气举就是将高压气体连续地注入井内,排出井筒中液体的一种举升方式。连续气举适用于供液能力较好、产量较高的油井。间歇气举就是向井筒周期性地注入气体,推动停注期间在井筒内聚集的油层流体段塞升至地面从而排出井中液体的一种举升方式。间歇气举主要用于油层供给能力差,产量低的油井。

气举方式根据压缩气体进入的通道也可分为环形空间进气(正举)系统和中心管进气(反举)系统两种。环形空间进气是指压缩气体从环形空间注入,原油从油管中举出;中心管进气方式与环形空间进气方式相反。当油中含蜡、含砂时,若采用中心管进气,因油流在环形空间流速低,砂子易沉淀下来,同时在管子外壁上的结蜡也难以清除。所以,在实际工作中多采用单层管环空进气方式。

(2) 井下管柱

按下入井中的油管数量,气举可分为单管气举和多管气举。多管气举可同时进行多层开采,但其结构复杂,钢材耗量大,一般很少采用。简单而又常用的单管气举管柱分为开式装置、半闭式装置、闭式装置(图2-20)。开式装置仅限于连续气举,而后两种装置既可用于连续气举,也可用于间歇气举。开式装置中下入井中的油管柱不带封隔器,使气体从油套环空注入,产液自油管举出,油、套管是连通的(图2-20a)。半闭式装置除了用封隔器封隔油套环空外,其余均与开式装置相同(图2-20b)。闭式装置类似于半闭式装置,所不同的是在油管柱上安装了一个固定阀,其作用是防止气体压力通过油管作用于地层(图2-20c)。

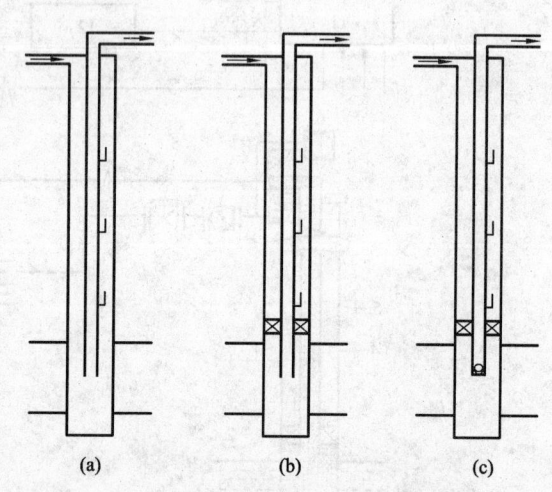

图 2-20 气举装置类型示意图
(a) 开式装置;(b) 半闭式装置;(c) 闭式装置

此外,还有一些特殊的气举装置,如用于间歇气举的各种箱式(腔式)及柱塞式气举装置等。

2.3.3 气举启动压力与工作压力

在中深油井,特别是深井和超深油井中,如果油管下入较深,地面供给气体的压缩机将需要足够的压力,才能将气体注入环空的预定深度使油井投入正常工作。当油井停产时,井筒中的积液将不断增加,油套管内的液面在同一位置,当启动压缩机向油套环形空间注入高压气体时,环空液面将被挤压下降,如不考虑液体被挤入地层,环空中的液体将全部进入油管,油管内液面上升。随着压缩机压力的不断提高,环形空间内的液面将最终达到管鞋(注气点)处,此时的井口注入压力达到最高值,这个压力称为启动压力。当高压气体进入油管后,由于油管内混合液密度降低,液面不断升高,液流喷出地面,井底流压随着高压气体的进一步注入,也将不断降低,最后达到一个协调稳定状态。图 2-21 为气举井(无阀)启动过程示意图。在此过程中,井口注入压力随时间的变化如图 2-22 所示。当井底流压低于油层压力时,液流则从油层中流出,这时混合液密度又有所增加,压缩机的注入压力也随之增加,经过一段时间后趋于稳定。气举井的上述启动过程实际上是降低井内流体载荷的过程,因此也称为"卸荷"过程。

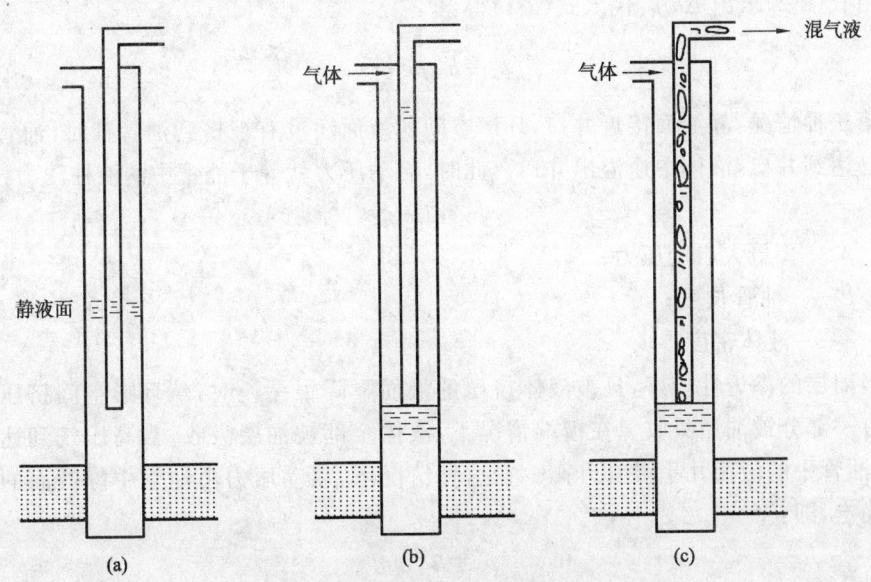

图 2-21 气举井(无阀)的启动过程
(a) 停产时;(b) 环形液面到达管鞋;(c) 气体进入油管

图 2-22 中,p_e 为启动压力,它是气举井启动过程中的最大井口注入压力。p_o 为趋于稳定时的井口注入压力,称为工作压力。

如果当压缩机的最大额定压力小于启动压力时,气举将无法举出井筒中的液体。启动压力与油管下入的深度、油管直径以及静液面的深度有关。当静液面深度一定时,降低油管下入深度,可降低启动压力,但随着静液面的下降,油井将无法正常生产。所以,计算启动压力时,必须考虑下述两种情况。

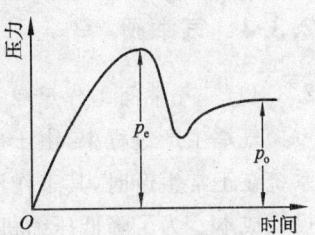

图 2-22 气举井启动时的压缩机压力随时间的变化曲线

第一种情况:环空液面降低到油管鞋时,液体并未从井口溢出,启动压力与油管液柱压力相平衡。即:

$$p_e = (h^* + \Delta h)\rho g \tag{2-1}$$

其中,Δh 由下式确定:

$$\frac{\pi}{4}(D^2-d^2)h^* = \frac{\pi}{4}d^2\Delta h \tag{2-2}$$

式中 h^*——静液面距管鞋的深度；

Δh——油管液面上升的高度。

由式(2-2)求出 Δh 后代入式(2-1)得：

$$p_e = h^* \rho g \frac{D^2}{d^2} \tag{2-3}$$

第二种情况：静液面接近井口，环形空间的液面还没有被挤到油管鞋时，油管内的液面已达到井口，液体中途溢出井口。此时，启动压力就等于油管中的液柱压力：

$$p'_e = L\rho g \tag{2-4}$$

式中 p'_e——最大启动压力；

L——油管长度；

ρ——液体密度。

当油层的渗透性较好，且被液体挤压的液面下降很缓慢时，从环形空间挤压出的液体有一部分被油层吸收。在极端情况下，液体全部被油层吸收，当高压气到达油管鞋时，油管中的液面几乎没有升高。在这种情况下，启动压力由油管中静液面的沉没深度确定，即：

$$p''_e = h^* \rho g$$

式中 p''_e——最小启动压力。

一般情况下，气举系统的启动压力只能在 p'_e 和 p''_e 之间。

2.3.4 气举阀

2.3.4.1 气举阀工作原理

气举生产过程中，由于启动压力较高，要求压缩机额定输出压力较大，但由于气举系统在正常生产时，其工作压力比启动压力小得多，势必造成压缩机功率的浪费，增加投入成本。为了降低压缩机的启动压力与工作压力之差，必须降低启动压力。假设在油管不同深度装上阀孔，当注入高压气体时，气体从阀孔进入油管，降低阀孔上部油管的混合液密度从而排出上部油管液体。进一步地设想，当油管内的压力下降到某一界限的时候，阀孔关闭，高压气体又推动环空液面下行，到第二个阀孔。依此类推，从而排出井筒中的积液，使油井正常工作。这个智能阀就是所谓的气举阀，其作用就是分步骤地排出油套环形空间的液体从而达到降低启动压力的目的。

气举生产系统中气举阀的性能将直接关系到气举井能否正常生产。气举阀按安装方式分为：绳索投入式和固定式。按使阀保持打开或关闭的加压元件分为：封包充气阀、弹簧加压阀及充气室和弹簧联合加压的双元件阀。按井下阀对套压和油压的敏感程度又分为：套压控制阀与油压控制阀。下面以套压控制气举阀为例,说明其工作原理。

(1) 气举阀的结构及工作原理

气举阀是由储气室（内充氮气）、波纹管（带动阀杆运动,使阀打开或关闭）、阀杆、阀芯、阀座等部件组成,如图2-23所示。气举阀实质上是一种用于井下的压力调节器,它主要利用波纹管受压后能够产生相应位移这一特性制作。气举阀在井下,储气室充氮压力 p_b 作用于波纹管（面积为 A_b）上,使与阀杆连接的阀坐于阀座上,外部压力油压 p_t 通过气孔作用于阀芯（面积为 A_v）上,套管压力 p_c 作用于波纹管（面积为 $A_b - A_v$）上。当外部总压力大于储气室压力时,则波纹管被压缩,阀芯也随之上移离开阀座,阀孔被打开,外部气体压力即可通过阀孔进入油管中,以实现气举采油；当外部总压力小于储气室压力时,阀坐在阀座上将阀孔封死。

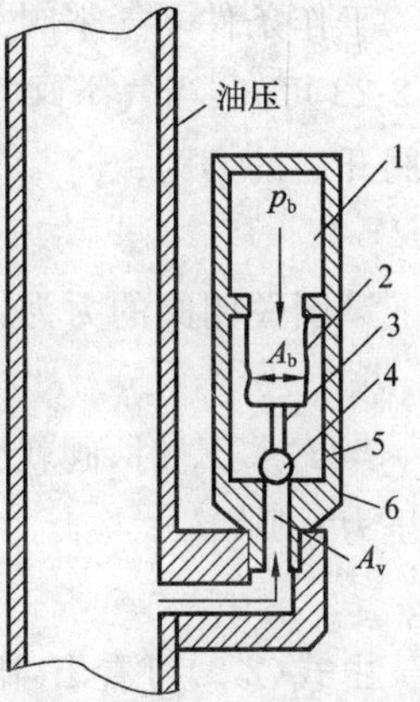

图2-23 气举阀结构示意图
1—储气室；2—波纹管；3—阀杆；
4—阀芯；5—套压；6—阀座

(2) 工作条件下气举阀的开启压力

气举阀开启压力 p_{op} 是指气举阀将要开启瞬间气举阀处的套管压力。由图2-23知：

试图打开阀的力：

$$F_o = p_{op}(A_b - A_v) + p_t A_v \tag{2-5}$$

保持阀关闭的力：

$$F_c = p_b A_b \tag{2-6}$$

则根据阀力的平衡条件,阀开启压力为：

$$p_{op} = \frac{p_b - R p_t}{1 - R} \tag{2-7a}$$

式中 p_{op}——阀在井下的开启压力,MPa；

p_b——阀在井下时封包内的压力,MPa；

p_t——阀处的油管压力,MPa；

R——阀孔面积与封包面积之比,即 $R = A_v/A_b$。

为了研究油管压力对阀开启压力的影响,将式(2-7a)改写为：

$$p_{op} = \frac{p_b}{1 - R} - \frac{R p_t}{1 - R} \tag{2-7b}$$

由上式可看出,随着油管压力增加,打开阀所需要的套管压力减小。式中的油管压力项（第二项）称油管效应（T.E.）,表示为：

$$T.E. = \frac{R}{1 - R} p_t \tag{2-8}$$

式中　$R/(1-R)$——油管效应系数（$T.E.F.$）。

（3）工作条件下气举阀的关闭压力

工作条件下气举阀关闭压力是指气举阀即将关闭瞬间气举阀处的套管压力。由图2-23可知：当气举阀处的套管压力 $p_c \geqslant p_{op}$ 之后，阀就会被打开。气举阀打开后，保持阀开启的力为：

$$F_o = p_c(A_b - A_v) + p_t A_p$$

试图关闭阀的力为：

$$F_c = p_b A_b$$

当 $F_o \leqslant F_c$ 时，阀就会关闭。以 p_{vc} 表示阀即将关闭瞬间阀处的套管压力（称阀关闭压力），则

$$p_{vc} = p_b \tag{2-9}$$

由式（2-9）可看出，阀关闭压力仅与封包内的压力有关，而与油管压力无关。

（4）工作压差

气举阀开启压力与关闭压力之差称为工作压差（又称气举阀的距），是表征封包式阀工作特性的一个主要参数，其值为：

$$\Delta p = p_{op} - p_{vc} = \frac{p_b - p_t R}{1 - R} - p_{vc} \tag{2-10a}$$

将 $p_{vc} = p_b$ 代入上式，整理后可得：

$$\Delta p = \frac{R}{1-R}(p_b - p_t) = T.E.F.(p_b - p_t) \tag{2-10b}$$

阀的距随油管压力的增大而减小。当 $p_t = p_b$ 时为最小，且等于零；当 $p_t = 0$ 时，其值最大。由此可知：最大距=$T.E.F.(p_b)$；最小距=0。

阀的距还与油管效应有关，由于 $T.E.F.$ 随面积比 R（或阀孔径）增大而增大，故增大阀孔径可明显地提高阀的距。

2.3.4.2　气举阀排液过程

如图2-24所示，气举前井筒充满液体，静液面下的气举阀由于内外压力平衡而全部开启，油、套管窜通。气举时，气体进入套管环形空间，挤压液面降到阀Ⅰ时，气体通过阀孔进入油管，使阀Ⅰ以上的油管内液柱充气，油管内压力降低，相应的环形空间液面继续下降，如图2-24（a）所示。当环形空

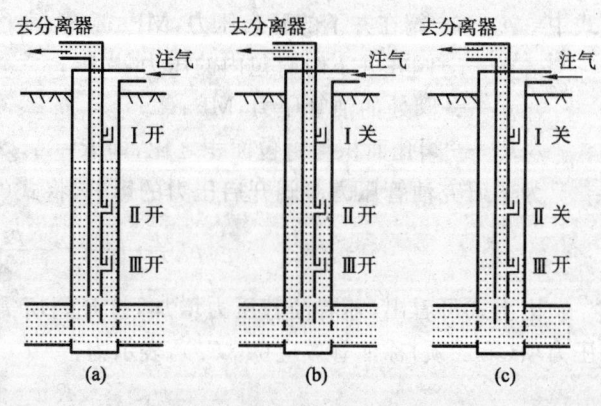

图2-24　气举阀排液过程示意图

间液面降到第二个阀时,气体通过此阀进入油管,使管内液柱混气并举升阀Ⅱ以上油管内的液体。阀Ⅱ投入工作的瞬间,气体由两个阀进入油管,进气量增大,管外环形空间内压力开始降落,使阀Ⅰ达到关闭条件而关闭,气体只经过阀Ⅱ进气,如图2-24(b)所示。图2-24(c)表示环形空间液面继续下降,下一级阀露出液面投入工作,此时阀Ⅱ关闭。气体通过阀Ⅲ,油层油通过管鞋以不变的比例进入油管,使油井达到正常稳定生产。

2.3.4.3 气举阀下入深度的确定

气举阀的位置及数量,与启动前井内液面位置、地面注气系统所能提供的启动压力和工作压力,以及启动阀的类型有关。下面就介绍我国常用于气举诱喷的弹簧阀位置的计算方法。至于采用不同类型的阀,用图解法确定阀位置的具体方法请参阅气举设计手册。

在确定气举阀位置时,应遵循两个原则。即必须充分利用压缩机具有的工作能力以及必须在最大可能的深度上安装,力求下井阀数量最少,下入深度最大。各级气举阀的下入深度,可根据压缩机的最大工作压力和管内外最大压差来计算。

(1) 第一个阀的下入深度

一般可根据压缩机最大工作压力来确定第一个阀的下入深度$L_Ⅰ$,其中又有两种情况:

① 当井筒中液面就在井口附近,在压气过程中即溢出井口时,可根据下式计算阀深度:

$$L_Ⅰ = \frac{p_{max} \times 10^6}{\rho g} - 20 \tag{2-11}$$

式中 $L_Ⅰ$——第一个阀的安装深度,m;
p_{max}——压缩机的最大工作压力,MPa;
ρ——井内液体密度,kg/m³;
g——重力加速度,9.8 m/s²。

减20 m是为了在第一个阀处,在阀内外建立约0.2 MPa的压差,以保证气体进入阀。

② 当井中液面较深,中途溢出井口时,可由下式计算阀安装深度:

$$L_Ⅰ = h_s + \frac{p_{max} \times 10^6}{\rho g} \times \frac{d^2}{D^2} - 20 \tag{2-12}$$

式中 h_s——施工前井筒中静液面的深度,m;
d,D——分别为油管和套管内径(单位相同)。

应用式(2-11)和式(2-12)可算出两种情况下的第一个阀的安装深度。

(2) 第二个阀的下入深度

可根据套管环空压力及第一个阀的关闭压差来确定第二个阀的下入深度。

当第二个阀进气时,第一个阀关闭。此时,阀Ⅱ处的环空压力为$p_{aⅡ}$,阀Ⅰ处的油

压为 p_{tI}，参见图 2-25。

阀Ⅱ处压力平衡等式为：

$$p_{aII} = p_{tI} + \Delta h \rho g \times 10^{-6}$$

$$\Delta h_I = L_{II} - L_I = (p_{aII} - p_{tI}) \frac{1}{\rho g} \times 10^6$$

则

$$L_{II} = L_I + \frac{(p_{aII} - p_{tI}) \times 10^6}{\rho g} - 10 \qquad (2-13)$$

式中　Δh_I——第Ⅰ阀进气后，环空液面继续下降的距离，m；
　　　p_{aII}——第Ⅱ阀处的环空压力，MPa；
　　　p_{tI}——第Ⅰ阀将关闭时，油管内能达到的最小压力，MPa；
　　　L_I——第Ⅰ阀的安装深度，m；
　　　L_{II}——第Ⅱ阀的安装深度，m。

减去 10 m 是为了在第Ⅱ阀处，在阀内外建立约 0.1 MPa 的压差，以保证气体能进入阀。

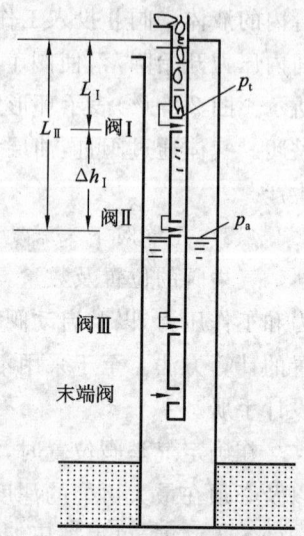

图 2-25　阀深度计算示意图

同理，第 i 个阀的安装深度 L_i 应为：

$$L_i = L_{i-1} + \frac{\Delta p_{i-1} \times 10^6}{\rho g} - 10 \qquad (2-14)$$

式中　L_i——第 i 个阀的安装深度，m；
　　　L_{i-1}——第 $i-1$ 个阀的安装深度，m；
　　　Δp_{i-1}——第 $i-1$ 个阀的最大关闭压差，$\Delta p_{i-1} = p_{max} - p_{t(i-1)}$，MPa；
　　　p_{max}——压缩机（气源）的最高排出压力，MPa；
　　　$p_{t(i-1)}$——第 $i-1$ 个阀处油管内可能达到的最小压力，MPa。

由此可见，若要确定某级气举阀的安装深度，必须求出阀处油管内可能达到的最小压力。在设计时，为了更加安全，可按正常生产计算得到的油管压力分布曲线来确定最小压力。

2.3.5　气举生产系统设计

气举生产系统设计是根据给定的设备条件（可提供的注气压力及注气量）和油井流入动态（IPR 曲线）进行的。设计内容包括：气举方式和气举装置类型；气举点深度、气液比和产量；阀位置、类型、尺寸及装配要求。

2.3.5.1　连续气举设计基础

（1）设计所需基本资料

要正确地进行气举设计，一般应先获得如下基本资料：井深；油、套管尺寸；油井生产条件(如出砂、结蜡等情况);地面管线尺寸及长度;分离器压力;预期的井口油管压力;希望获得的产量;含水率;注入气的相对密度;可提供的注气压力及气量;油井流入动态;油藏温度;地面流动温度;地面原油密度;水的密度;天然气的相对密度;地层静压;生产气油比;地面原油粘度及表面张力等。

(2) 气举井内的压力及分布

图 2-26 为说明气举生产时井内压力及其分布的示意图。套管内的气柱静压力分布近似于直线,即:

$$p_g(x) = p_{so}\left(1 + \frac{\rho_{g0} g T_0 x}{p_0 T_{av} Z_{av}}\right) \quad (2\text{-}15)$$

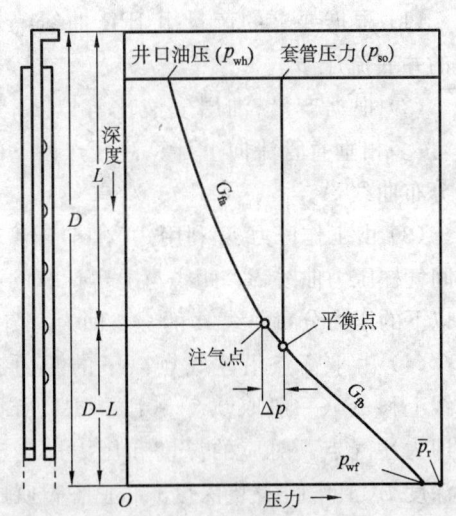

图 2-26 气举井压力及其分布

式中 x——从井口算起的深度,m;
     g——重力加速度,9.8 m/s²;
     T_0——标准状况下的温度,K;
     p_0——标准状况下的压力,MPa;
     ρ_{g0}——标准状况下的气体密度,kg/m³;
     T_{av}——平均温度,K;
     Z_{av}——平均温度和平均压力下的气体压缩因子,无因次;
     p_{so}——套管压力(绝对),MPa;
     $p_g(x)$——x 处的气柱压力(绝对),MPa。

注气量不很大时,可以不考虑气体在环空中流动的摩擦力,否则还应考虑摩擦阻力。油管内的压力分布以注气点为界,明显地分为两段。在注气点以上,由于注入气进入油管而增大了气液比,故压力梯度明显地低于注气点以下的压力梯度。

根据图 2-26,可得到气举井生产时的压力平衡等式:

$$p_{wh} + G_{fa} L + G_{fb}(D-L) = p_{wf} \quad (2\text{-}16)$$

式中 p_{wh}——井口油压;
     G_{fa}——注气点以上的平均压力梯度;
     G_{fb}——注气点以下的平均压力梯度;
     L——注气点深度;
     D——油层中部深度;
     p_{wf}——井底流动压力。

图 2-26 中,平衡点为正常生产时环形空间的液面位置,在此位置,油、套管内压力相等。平衡点套压与注气点油管内压力之差 Δp 是为了保证注入气通过工作阀进入油

管并排出注气点以上的井内液体。

2.3.5.2 在给定产量和井口压力下确定注气点深度和注气量

在给定产量、注入压力 p_{so}、保持确定的油管压力 p_{wh} 和已知油井流入动态（IPR 曲线）时，注气点深度、气液比和注气量的确定步骤如图 2-27。

(1) 根据要求的产量由 IPR 曲线确定相应的井底流压 p_{wf}。

(2) 根据产量、油层气液比等以 p_{wf} 为起点，按多相垂直管流向上计算注气点以下的压力分布曲线 A。

(3) 由工作压力 p_{so} 利用式(2-15)计算环形空间气柱压力曲线 B。此线与上步计算的注气点以下的压力分布曲线 A 的交点即为平衡点。

(4) 由平衡点沿注气点以下的压力分布曲线上移 Δp（一般取 0.5～0.7 MPa）所得的点即为注气点。对应的深度和压力即为注气点深度 L（工作阀安装深度）和工作阀所在位置的油管压力 p_{tal}。

(5) 注气点以上的总气液比为油层生产气液比与注入气液比之和。假设一组总气液比，对每一个总气液比都以注气点油管压力为起点，利用多相管流向上计算油管压力分布曲线 $D_i(i=1,2,\cdots)$ 及确定井口油管压力。

(6) 根据上步结果绘制总气液比与井口压力关系曲线（图 2-28），找出与规定井口油管压力相对应的总气液比 $TGLR$。

(7) 由上步求得的总气液比中减去油层生产气液比可得到注入气液比。根据注入气液比和规定的产量就可算得需要的注入气量。

(8) 根据最后确定的气液比 $TGLR$ 和其他已知数据计算注气点以上的油管压力分布曲线（图 2-27 曲线 D），此线即为根据设计进行生产时的油管压力分布的计算曲线，可用它来确定启动阀的安装位置。

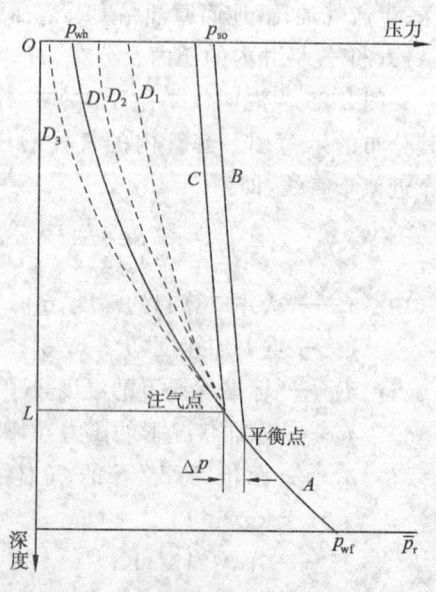

图 2-27 定注气压力及定井口压力下确定注气点深度及气液比

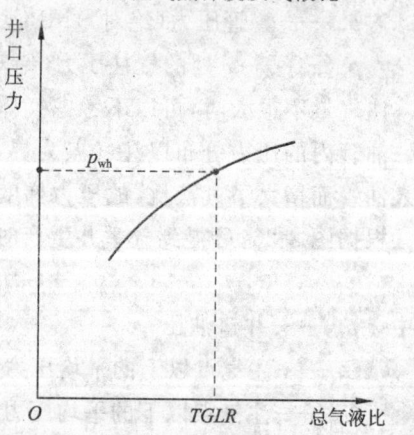

图 2-28 定注气压力及定井口压力下的协调产量

上述计算步骤,实质上是在定井口油管压力的条件下,寻求在规定产量下建立油层和油管协调生产时的注气量和注气深度。上述设计步骤采用了节点分析方法,而且以井口作为求解点来寻求满足规定条件的注气点深度和注气量。油层和油管在规定条件(产量、井口油压)下的协调是通过一定的注气量(总气液比)来建立的。气举生产系统与自喷井生产系统的主要不同在于气举生产系统中增加了气体注入系统。

2.3.5.3 定井口压力和限定注气量的条件下注气点深度和产量的确定

在有些情况下并不规定产量,而是希望在可提供的注气压力和注气量下,尽量获得最大可能的产量。其确定注气点深度及产量的步骤如图 2-29。

(1) 假定一组产量,根据可提供的注气量和地层生产气液比计算出每个产量所对应的总气液比 $TGLR$。

(2) 以给定的地面注入压力 p_{so},利用式(2-15)计算并绘制环形空间气柱压力分布曲线 B,用注入压力减 $\Delta p(0.5 \sim 0.7 \text{MPa})$ 作 B 线的平行线,即为注气点深度线 C。

(3) 以定井口压力为起点,利用多相垂直管流,根据对应产量的总气液比,向下计算每个产量下的油管压力分布曲线 $D_1, D_2, D_3, \cdots$。它们与注气点深度线 C 的交点,即为各个产量所对应的注气点 $a_1, a_2, a_3, \cdots$ 和注气深度 $L_1, L_2, L_3, \cdots$。

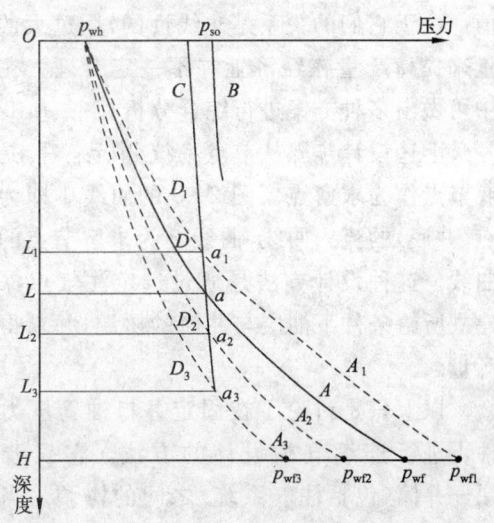

图 2-29 定注气量、定井口压力下确定注气点深度

(4) 从每个产量对应的注气点压力和深度开始,利用井筒多相管流根据油层生产气液比向下计算并绘制每个产量对应的注气点以下的压力分布曲线 $A_1, A_2, A_3, \cdots$ 及井底流压 $p_{wf1}, p_{wf2}, p_{wf3}, \cdots$。

(5) 在 IPR 曲线图(图 2-30)上,根据上步计算结果绘出产量与计算流压的关系曲线(油管工作曲线)。它与 IPR 曲线的交点所对应的压力和产量,即为该井在给定注气量和井口油管压力下的最大产量 Q 及其相应的井底流动压力 p_{wf},亦即协调产量和流压。根据给定的注气量和协调产量 Q,可计算出相应的注入气液比,进而计算出总气液比 $TGLR$。

(6) 根据上步求得的井底流压 p_{wf} 和产量 Q,以井底为起点用井筒多相流计算对应的注气点以下的压力分布曲线 A,与注气点深度线 C 相交于点 a,即为可能获得的最大产量的注气点,其深度 L 即为工作阀的安装深度(图 2-29)。

(7) 根据最后确定的产量 Q 和总气液比 $TGLR$，以给定的井口压力 p_{wh} 为起点用井筒多相管流向上计算注气点以上的油管压力分布曲线 D。它可用来确定启动阀的位置。

如果给定不同的注气量，利用上述方法则可求得不同注气量下可能获得的最大产量。一般来说，增大注气量，可提高可能获得的最大产量值。由于它们的关系是非线性的，用过大的注气量来提高产量在经济上并不一定合理。在设计中可做出多种方案进行综合分析。

上述设计步骤从节点系统分析来看，是以井底节点作为求解点。图 2-30 的曲线 1 即为求解点（井底）的流入曲线，曲线 2 为求解节点的流出曲线。这种设计方法是通过选定注气点深度来建立所给条件下油层与井筒的协调，并求得协调产量。

以上只是讨论了在固定井口油管压力的条件下进行连续气举设计的方法。它只涉及油层—井筒（包括注气系统）之间的协调。当出油

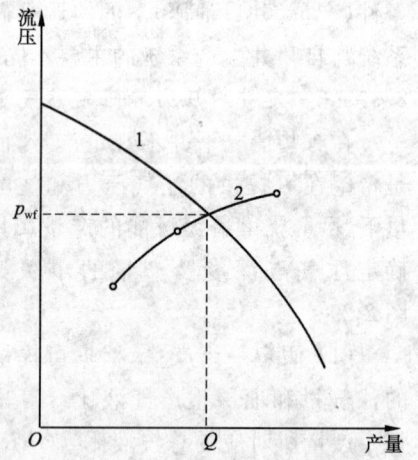

图 2-30　定注气量及定井口油压下的协调产量
1—IPR 曲线；2—计算的产量-井底流压曲线（油管工作曲线）

管线较长时，还必须考虑地面出油管线中的多相流动。通常是把分离器压力而不是把井口油管压力预先规定为某一固定值，这种情况下，应该从分析油层—井筒—地面出油管线的协调入手进行气举设计。

2.3.6　气举井试井

气举井按设计投产后，为了掌握井的生产情况，同自喷井管理一样，要进行气举井的试井，以便确定井的工作条件。

可以用改变注入气量使液体产量改变的方法，进行气举井的试井。根据地层—油管协调工作原理可以看出，当增加油管排量时，油层的排量也相应地增加，而油层的排量是靠降低井底压力而增加的。

在改变气体流量时，可以得到不同液体排量及相应的井底压力。将试井资料绘制成图 2-31 所示的曲线。由图 2-31 可选择井的工作制度，如选择产量最高的情况下生产，此

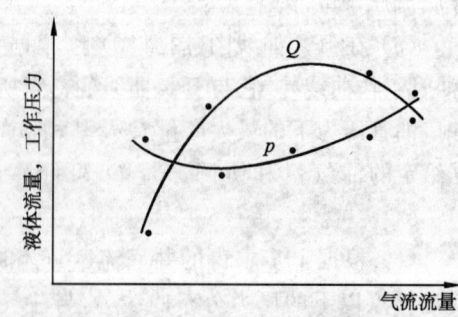

图 2-31　气举井试井曲线

时气体流量也较高。也可以选择气油比较低的一点生产。

当油藏压力降低使井中动液面太低时,会使产量过低或气体耗量太大,这样油井无论在产量上或经济上都不合理,此时应当考虑其他措施或转为其他采油方式。

习 题

(1) 试述自喷井生产的四个基本流动过程及其流动特性。
(2) 什么是节点分析方法,简述其基本思路和步骤。
(3) 作出自喷井油层—油管—油嘴三种流动的协调曲线,并说明各曲线的名称,标出该油井生产时的协调点及地层渗流和油管中多相管流造成的压力损失。
(4) 试用自喷井协调曲线说明油管直径大小对自喷井生产的影响。
(5) 简述气举采油的基本原理,并分析气举的启动过程。
(6) 什么是气举的启动压力、工作压力?
(7) 试述气举阀的作用、工作原理。
(8) 气举装置有哪几种类型?连续气举可选用什么类型的气举装置?
(9) 试述气举阀位置的确定方法。

参 考 文 献

(1) K·E·布朗.升举法采油工艺(卷二)上.北京:石油工业出版社,1987.
(2) K·E·布朗.升举法采油工艺(卷四).北京:石油工业出版社,1990.
(3) 万仁溥,罗英俊.采油技术手册(第四分册).北京:石油工业出版社,1993.
(4) 王鸿勋,张琪.采油工艺原理.北京:石油工业出版社,1989.
(5) 陈涛平,胡靖邦.石油工程.北京:石油工业出版社,2000.
(6) 王瑞和,李明忠.石油工程概论.山东东营:中国石油大学出版社,2001.
(7) 李颖川.采油工程.北京:石油工业出版社,2002.
(8) 张琪.采油工程原理与设计.山东东营:中国石油大学出版社,2006.

第3章 有杆泵采油

本章导学：

了解常规有杆泵和地面驱动螺杆泵采油装置的组成，对常规有杆泵和地面驱动螺杆泵采油设备的选择方法和工艺设计计算有较清楚的认识；掌握常规有杆泵和地面驱动螺杆泵采油设备的工作原理、抽油泵理论排量和泵效的计算方法、悬点载荷计算分析和工况分析方法。

重点难点：

（1）有杆泵抽油装置的组成；
（2）游梁式抽油机的工作原理；
（3）各种常用游梁式抽油机的特点；
（4）链条式抽油机的组成及特点；
（5）抽油泵的工作原理；
（6）悬点载荷计算分析；
（7）影响抽油泵泵效的因素及提高抽油泵泵效的方法；
（8）示功图分析；
（9）地面驱动螺杆泵采油系统的组成及工作原理。

有杆泵采油包括常规有杆泵采油和地面驱动螺杆泵采油。两者都是用抽油杆将地面动力传递给井下泵。前者是将抽油机悬点的往复运动通过抽油杆传递给井下柱塞泵；后者是将井口驱动头的旋转运动通过抽油杆传递给井下螺杆泵。

本章将系统介绍有杆泵采油工艺技术，除重点介绍常用的游梁式抽油机有杆泵采油工艺和地面驱动螺杆泵采油工艺外，还对长冲程的链条式抽油机和皮带式抽油机的特性加以介绍，并选择介绍一些新型的有杆泵抽油设备和工艺技术。

3.1 有杆泵抽油装置

抽油装置是指由抽油机、抽油杆及抽油泵所组成的抽油系统。图3-1所示为游梁式抽油装置工作示意图。用油管6把深井泵的泵筒2下到井内液面以下，在泵筒下部装有只能向上打开的吸入阀(固定阀)1。用直径 16~25 mm 的抽油杆柱 5 把柱塞 3 从油管内下入泵筒。柱塞上装有只能向上打开的排出阀(游动阀)4。最上面与抽油杆相连接的杆称光杆,它穿过三通 8 和盘根盒 9 悬挂在驴头 10 上。借助于抽油机的曲柄连杆机构 13 和 12 的作用,把动力机 15(电动机或天然气发动机)的旋转运动变为光杆的往复运动,用抽油杆柱带动深井泵的柱塞进行抽油。

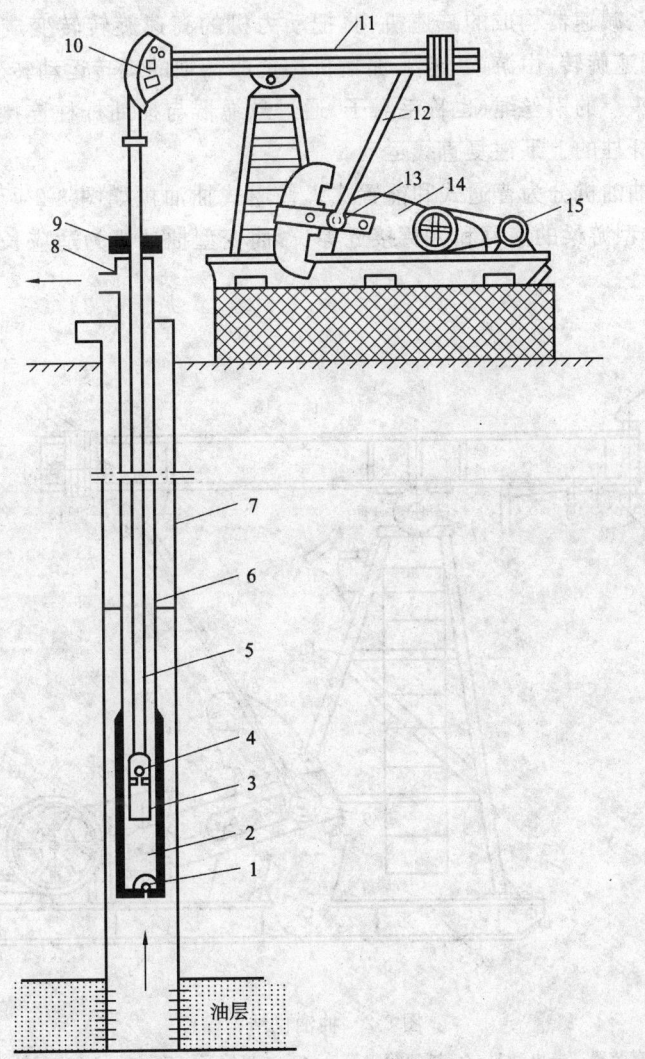

图 3-1　抽油装置示意图

1—吸入阀;2—泵筒;3—柱塞;4—排出阀;5—抽油杆;6—油管;7—套管;8—三通;
9—盘根盒;10—驴头;11—游梁;12—连杆;13—曲柄;14—减速箱;15—动力机(电动机)

3.1.1 抽油机及其工作原理

3.1.1.1 游梁式抽油机

游梁式抽油机主要由动力设备、减速机构、游梁-连杆-曲柄机构和辅助装置四大部分组成。动力设备一般用电动机产生动力(特殊情况下也有用内燃机产生动力的),由皮带轮、皮带、减速器构成的减速机构,把动力机的高速旋转转变成曲柄轴(即减速器输出轴)的低速旋转,由游梁-连杆-曲柄机构把曲柄轴的旋转运动转变为驴头的上下摆动。挂在驴头上的钢丝绳(也称毛辫子)通过悬绳器与抽油杆柱连接,把驴头的弧形摆动变成抽油杆柱的上下往复直线运动。

游梁式抽油机分为普通式和前置式。普通式抽油机如图 3-2 所示,又分为基本型和变型,基本型游梁的前臂和后臂接近等长,而变型抽油机为适应长冲程做成前臂长,驴头端重。

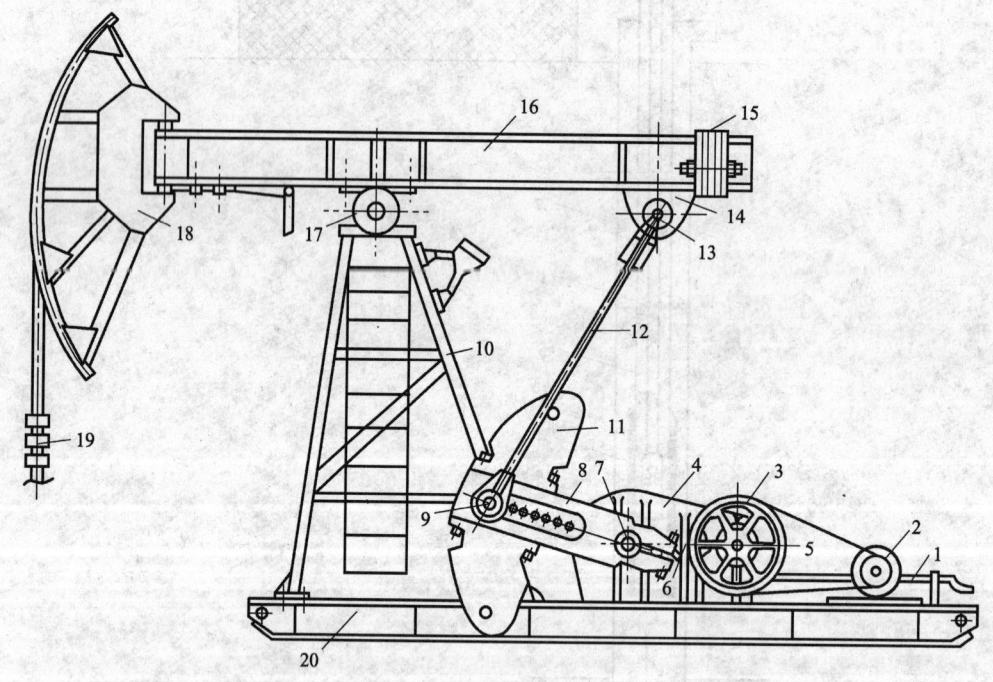

图 3-2 抽油机结构简图

1—刹车装置;2—电动机;3—减速箱皮带轮;4—减速箱;5—输入轴;6—中间轴;7—输出轴;
8—曲柄;9—曲柄销;10—支架;11—曲柄平衡块;12—连杆;13—横梁尾座;14—横梁;
15—游梁平衡块;16—游梁;17—游梁轴;18—驴头;19—悬绳器;20—底座

前置式游梁抽油机如图 3-3 所示,其基本结构与普通式相同,只是支架轴和连接连杆与游梁的横梁轴互换了位置。大型的长冲程前置式抽油机一般采用气动平衡方式,上冲程曲柄转角为195°,下冲程曲柄转角为165°。当驴头在右时,曲柄顺时针旋转,上冲程比下冲程慢,使抽油机承载能力变大。

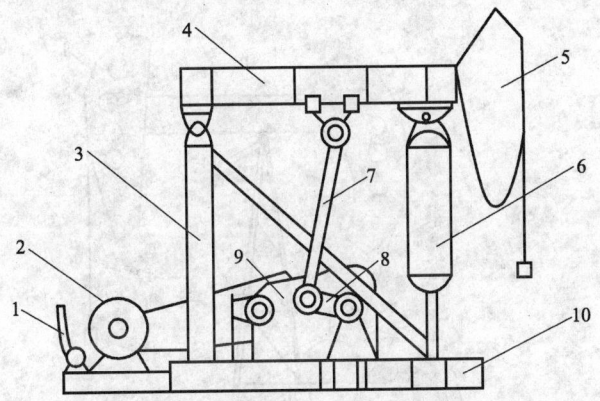

图3-3 前置式气动平衡抽油机结构简图

1—刹车;2—电动机;3—支架;4—游梁;5—驴头;6—气平衡活塞缸;7—连杆;8—曲柄;9—减速箱;10—底座

为了改善抽油机的性能,适应节能和加大冲程的要求,又出现了多种变型的游梁式抽油机,如异相式抽油机(如图3-4),又称曲柄偏置抽油机,它的平衡重中心线与曲柄中心线有一个相位夹角,可使峰值扭矩降低。当驴头在右,曲柄顺时针转动时,上冲程比下冲程慢,改善了悬点的承载性能。

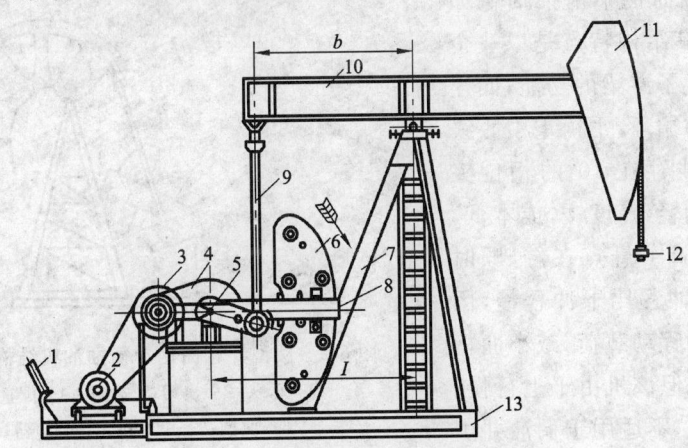

图3-4 异相式游梁式抽油机结构简图

1—刹车装置;2—动力机;3—减速箱皮带轮;4—减速箱;5—输出轴;6—平衡重;7—支架;8—曲柄;9—连杆;10—游梁;11—驴头;12—悬绳器;13—底座

双驴头抽油机如图3-5所示,该抽油机的结构特点是去掉了普通游梁式抽油机横梁尾轴,依靠一个后驴头装置通过驱动钢丝绳(后绳辫子)使横梁与连杆相连接。该抽油机冲程长,可达 5 m,节能好,适用于中、低粘度原油和高含水期采油,动载荷小,工作稳定,易启动。缺点是驱动绳辫子易磨损。

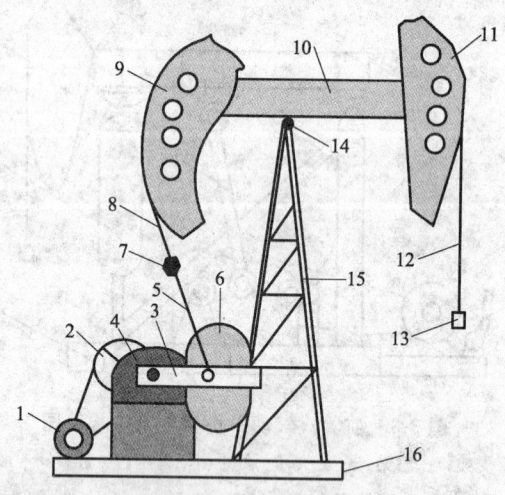

图 3-5 双驴头游梁式抽油机结构示意图
1—电动机;2—皮带轮;3—曲柄;4—减速箱;5—连杆;6—平衡重;7—横梁;8—驱动绳辫子;
9—后驴头;10—游梁;11—前驴头;12—绳辫子;13—悬绳器;14—中轴;15—支架;16—底座

矮型异相曲柄平衡抽油机如图 3-6 所示,其结构特点是以一个异形驴头取代了游梁的功能,四连杆机构非对称循环,平衡重中心线与曲柄中心线存在 10°的相位夹角。整机质量轻,高度矮,成本低,能耗低,效率高。悬点在右,顺时针转动时,上冲程比下冲程慢,因而可降低上冲程动载荷,减小曲柄轴峰值扭矩。但该机由于上行慢、下行快的特点,不适用于稠油井生产。

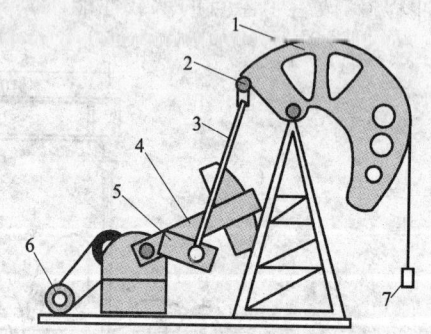

图 3-6 矮型异相曲柄平衡抽油机结构示意图
1—驴头;2—横梁;3—连杆;4—配重臂;
5—曲柄;6—电动机;7—悬绳器

还有许多异型抽油机,就不一一介绍了。

我国已制定了游梁式抽油机系列标准,以 12 型抽油机为例,其型号表示的意义如下:

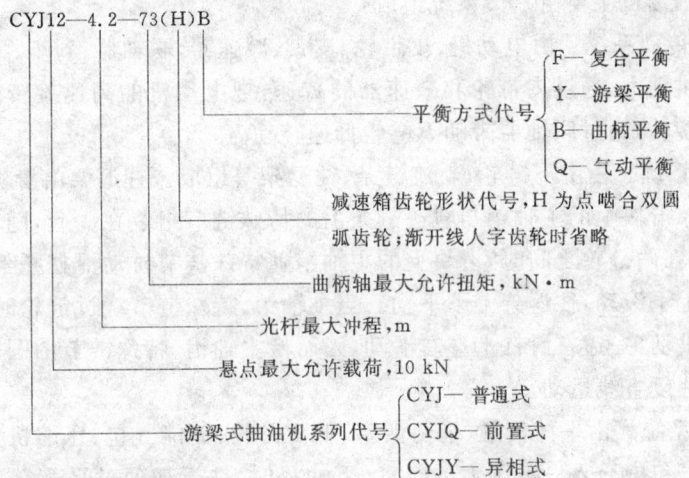

3.1.1.2 链条式抽油机

(1) 链条式抽油机的结构

常用的链条式抽油机型号有 LCJ12—5—13HQ 和 LCJ12—6—13HQ，其结构如图 3-7 所示。

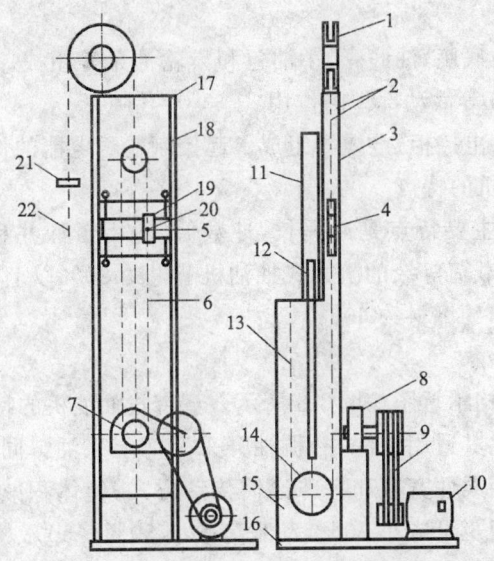

图 3-7　链条式抽油机结构示意图

1—天车滑轮；2—上钢丝绳；3—上链轮；4—往返架；5—特殊链节；6—轨迹链条；7—主动链轮；
8—减速箱；9—皮带传动；10—电动机；11—平衡气缸；12—平衡柱塞；13—平衡链条；14—平衡链轮；
15—油底壳；16—底座；17—机架；18—导轨；19—滑块；20—主轴销；21—悬绳器；22—光杆

链条式抽油机主要由六大系统组成：

① 动力传动系统。由电动机、皮带轮、皮带、减速器、联轴器、刹车、下链轮等组成。由电动机提供动力，通过皮带轮和减速器的减速，把电动机的高速旋转变为减速箱输出轴的低速旋转，通过联轴器带动下链轮低速转动。

② 换向系统。由上下链轮、轨迹链条、往返架等组成。往返架由滑块、滑杠、托架、滚轮等组成。滑块上的主轴销与轨迹链条上的特殊链节组装在一起，随轨迹链条绕两个链轮回转，在两链轮之间时，滑块上的主轴销随特殊链节拉动滑杠托架，使托架上的滚轮沿导轨上下滚动，往返架上下平动。当主轴销、特殊链节绕过链轮时，滑块一边带动滑杠上下平动，一边在滑杠上左右滑动，因而将主轴销、特殊链节的圆周运动变为往返架的上下往复直线运动。

③ 平衡系统。由平衡气缸、平衡活塞、平衡链轮、储能气包、压缩机等组成。用压缩机向储能气包中充入一定压力的空气，下冲程时，往返架通过平衡链条和平衡链轮带动平衡活塞向上运动使压缩气缸和储能气包中的空气储存能量，上冲程时储能气包中的空气进入平衡气缸，向下推动平衡活塞，通过平衡链轮、平衡链条向下拉动往返架，帮助电动机对悬点做功。

④ 悬重系统。由机架、天车滑轮、悬绳器和钢丝绳等组成。起支撑载荷，连接往返架和抽油杆柱等作用。

⑤ 润滑系统。由底座、油底壳、小油包和齿轮油泵等组成。起润滑链条、导向轮、导轨、链轮、滑块、滑杠等活动部件的作用。

⑥ 电控系统。由电控柜、电缆等组成。起控制输送电能的作用。

(2) 链条式抽油机的特点

链条式抽油机的主要特点是冲程长，冲数低，适用于深井和稠油开采，且动载荷小，平衡程度好，比同载荷等级的游梁式抽油机节电约30%以上，系统效率高。结构紧凑，比游梁式抽油机节约钢材约60%。

3.1.1.3 宽带式抽油机

宽带式抽油机结构示意图如图3-8所示。宽带式抽油机的特点类似于链条式抽油机，冲程长，冲数低，尤其适用于深井、稠油开采及海上采油。同时与游梁式抽油机相比还有以下优点：采用柔性宽带和特殊滚筒传动方式，使体积减小，质量减轻；不停机便能无级调节冲程；扭矩可减小50%，动载荷减小30%～50%，使实际承载能力增加；采用同步自动控制换向，整机运行稳定，噪音小，节电达10%～35%。

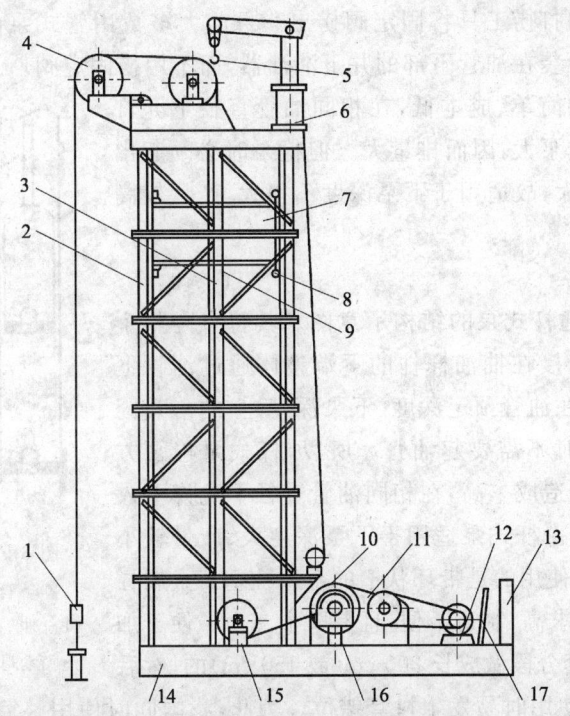

图 3-8 宽带式抽油机结构示意图

1—悬绳器；2—支架；3—宽带；4—天车；5—吊钩；6—起吊装置；7—平衡块；8—安全装置；9—十字平衡梁；
10—滚筒；11—减速箱；12—电动机；13—电控箱；14—底座；15—惰轮；16—行程控制器；17—刹车

3.1.2 抽油泵

3.1.2.1 抽油泵的结构

抽油泵是有杆泵抽油设备的井下部分，是有杆泵抽油装置的最重要的部分。下入深度从几百米到几千米，所抽汲的液体中常含有砂、蜡、水、气及具腐蚀性的物质，其工作环境恶劣，所以要求抽油泵结构简单，便于起下，制造泵的材料耐磨，抗腐蚀性能好，使用寿命长，加工安装质量高，可降低使用故障率。

抽油泵主要由工作筒(外筒和衬套)、柱塞及游动阀(排出阀)和固定阀(吸入阀)组成。按照抽油泵在油管中的固定方式，抽油泵可分为管式泵和杆式泵。

(1) 管式泵

图 3-9a 为普通管式泵的结构示意图。其特点是把外筒和衬套在地面组装好接在油管下部先下入井内，然后投入固定阀，最后把柱塞接在抽油杆柱下端下入泵内。检泵打捞固定阀时，通常采用两种方式：一种是利用柱塞下端的卡扣或丝扣起抽油杆柱时将固定阀捞出；另一种是柱塞下部无打捞装置，在起出抽油杆柱和柱塞后，用绞车、

钢丝绳下入专门的打捞工具将固定阀捞出。目前大多数用管式泵的抽油井是在起抽油杆及柱塞时打开装在油管下部的井下泄油器,而不用捞固定阀。

管式泵的结构简单、成本低,在相同油管直径下允许下入的泵径较杆式泵大,因而排量大。但检泵时必须起出油管,修井工作量大,故适用于下泵深度不很大、产量较高的油井。

(2) 杆式泵

图3-9b为普通杆式泵的结构示意图。其特点是整个泵在地面组装好后接在抽油杆柱的下端整体通过油管下入井内,由预先装在油管预定深度(下泵深度)上的卡簧固定在油管上,检泵时不需要起油管。所以,杆式泵检泵方便,但结构复杂,制造成本高,在相同油管直径下允许下入的泵径比管式泵小。杆式泵适用于下泵深度大、产量较小的油井。当前国内使用的是带环状槽的金属柱塞。金属柱塞及衬套的加工要求高,制造不便,且易磨损。为了便于加工和保证质量,衬套分段做成长300 cm(或150 cm)的,然后

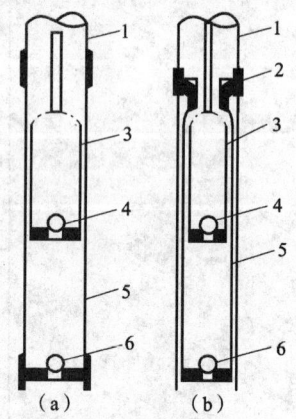

图3-9 抽油泵结构图
(a) 管式泵;(b) 杆式泵
1—油管;2—锁紧卡;3—柱塞;
4—游动阀;5—工作筒;6—固定阀

组装在泵筒内,但使用时易发生衬套错位。为此,我国同时使用整筒泵,整筒泵没有衬套,柱塞与泵筒直接配合。近年来随着新型密封材料的出现,国内外都在研制密封性能好、抗油耐磨的软柱塞(如橡胶皮碗、聚酰胺68及尼龙1010等材料做的"皮碗"),可以不用衬套,即软柱塞无衬套泵。这种泵的泵筒和柱塞的机加工要求低,易制造,皮碗磨损后,只需起出柱塞更换皮碗,而柱塞体仍可继续使用。主要问题是要选择适合油井条件的抗油、耐磨、耐温、密封性能好的皮碗材料和设计合理的"皮碗"结构。

3.1.2.2 泵的工作原理

在泵的工作过程中,活塞是主动件,作用是通过改变泵内容积来改变泵内的压力。泵阀是从动件,仅当满足阀球下方压力大于其上方压力时阀打开,让液体通过阀座孔向上流,否则阀关闭阻止液体向下流。具体抽汲过程为:

(1) 上冲程

抽油杆柱带着活塞向上运动,如图3-10a所示,活塞上的游动阀受阀球自重和管内压力作用而关闭。泵内(活塞下方)由于容积增大而压力降低,固定阀在环形空间液柱压力(沉没压力)与泵内压力之差的作用下被打开。井中原油进泵,同时在井口排出液体。

(2) 下冲程

抽油杆柱带着活塞向下运动,如图3-10b所示,固定阀关闭,活塞挤压泵中液体使泵内压力升高到高于活塞上方压力时,游动阀被顶开,泵中液体排到活塞上方的油管

中去。同时由于光杆进入井筒,在井口挤出相当于光杆体积的液体。

光杆从上死点到下死点的距离称为光杆冲程长度,简称光杆冲程或悬点冲程。

从下死点开始,曲柄旋转一周,悬点完成一个上冲程和一个下冲程,活塞上下抽汲一次,称为一个冲次,每分钟的冲次数称为冲数或冲速。

3.1.2.3 泵的理论排量

假设活塞冲程等于光杆冲程,上冲程吸入泵内的全是液体,并且其体积等于活塞让出容积,而这些液体全部都能排到地面没有漏失,在这种理想条件下,活塞上下一次,向上抽汲的液体体积为:

$$V = f_p s$$

式中 f_p——活塞截面积,$f_p = \pi D^2/4$,m^2;

D——泵径,m;

s——光杆冲程,m。

每分钟排量为:

$$q_m = f_p s n$$

式中 n——冲数,r/min。

每日体积排量为:

$$Q_t = 1\ 440 f_p s n \tag{3-1}$$

每日质量排量为:

$$Q_m = 1\ 440 f_p s n \rho_l \tag{3-2}$$

式中 Q_t——泵的体积理论排量,m^3/d;

Q_m——泵的质量理论排量,t/d;

ρ_l——抽汲液体的密度,$10^3\ kg/m^3$。

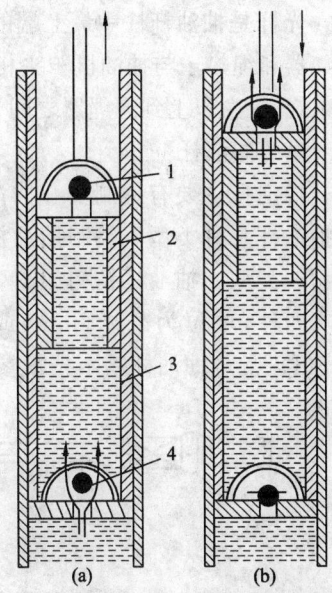

图3-10 泵的工作原理图
(a)上冲程;(b)下冲程
1—游动阀;2—活塞;3—衬套;4—固定阀

3.1.3 抽油杆柱及井口装置

在抽油装置中抽油杆柱是中间部分。多根抽油杆通过接箍连成抽油杆柱,上面通过光杆和悬绳器与抽油机相连,下接抽油泵的柱塞。其作用是将地面抽油机的悬点的往复运动传递给井下抽油泵。

3.1.3.1 抽油杆

根据化学成分,抽油杆可分为碳钢抽油杆、合金钢抽油杆及玻璃钢抽油杆等类型。合金钢抽油杆在强度和抗腐蚀性能方面优于碳钢抽油杆,而玻璃钢抽油杆抗腐蚀性能优于碳钢和合金钢抽油杆。根据抽油杆在抽油杆柱中起的作用,抽油杆又可分为光杆、普通抽油杆和加重杆。

(1) 光杆

光杆是抽油杆柱中最上端的一根抽油杆,其表面光滑,通过井口密封盘根,上端通过悬绳器和绳辫子与抽油机驴头相连。驴头在下死点时,光杆伸入盘根盒以下的长度称为方入,盘根盒以上到悬绳器之间光杆的长度称为方入,光杆的方入要大于光杆冲程。

(2) 抽油杆

抽油杆主要有钢制实心抽油杆、玻璃纤维(或称玻璃钢)抽油杆、空心抽油杆和连续抽油杆几种类型。钢制抽油杆结构简单,容易制造,成本低,是常规有杆泵抽油系统常用的类型。抽油杆结构如图3-11所示,为两头带接箍的钢圆柱体。常用的抽油杆直径有四种,单位为毫米(mm)或英寸(in),分别为 $\Phi16(5/8)$,$\Phi19(3/4)$,$\Phi22(7/8)$,$\Phi25(1)$。常规抽油杆基本技术参数见表3-1。

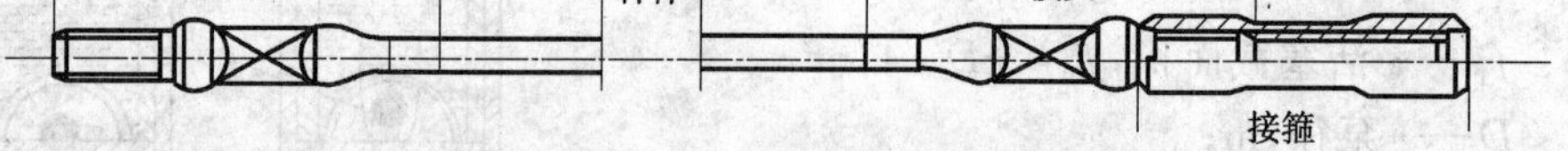

图3-11 抽油杆示意图

表3-1 常规抽油杆基本技术参数

	公称直径/mm(in)		16(5/8)	19(3/4)	22(7/8)	25(1)
抽油杆	截面积/cm²		2.01	2.84	3.80	4.91
	长度/mm		8 000	8 000	8 000	8 000
	质量(不带接箍)/kg		12.93	18.29	24.50	31.65
	每米平均质量(带接箍)/(kg·m⁻¹)		1.665	2.350	3.136	4.091
	螺纹	长度/mm	29	35	35	45
		每英寸螺纹数	10	10	10	10
	方形段	方形边长/mm	22	27	27	32
		长度/mm	38	38	38	38
	加大过渡部分长/mm		22	22	22	22
接箍	外径/mm		38±0.4	42±0.4	46±0.4	55±0.4
	长度/mm		80±1	80±1	80±1	100±1
	单个质量/(kg·个⁻¹)		0.44	0.53	0.62	1.12

玻璃钢抽油杆的主要特点是耐腐蚀,质量轻,适用于含腐蚀性介质严重的抽油井和深井抽油,成本高,且抗弯、抗压性能差。使用玻璃钢抽油杆可以降低抽油井悬点载荷,减小能耗,增加抽油泵下泵深度,如果在抽油井参数与井下杆柱等相互配合下可实现抽油泵柱塞抽吸超行程而提高泵效。空心抽油杆用空心圆钢管制成,两端有连接螺

纹,主要用于稠油井抽油,成本高。此外还有连续抽油杆、钢丝绳抽油杆等新产品。

（3）加重杆

抽油杆柱在向下运动时,由于原油通过游动阀阻力作用向上顶托活塞,使与泵连接处的几根抽油杆受到压缩力作用常会发生弯曲,而长时间的弯曲拉直运动会加速这部分抽油杆的疲劳破坏。为改善抽油杆柱的工作状况,延长抽油杆柱的工作寿命,使在泵以上几十米的杆柱直径加粗,称为加重杆。加重杆的结构如图 3-12 所示,是两端带抽油杆螺纹的实心圆钢杆,一端车有吊卡颈和打捞颈,杆身直径有 $\varPhi35,\varPhi38,\varPhi51$ 三种,单位为毫米(mm)。

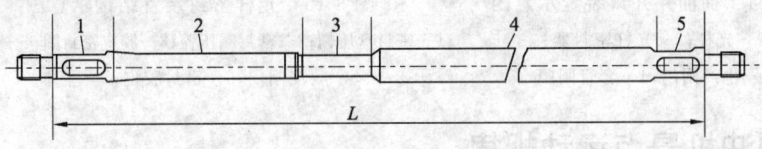

图 3-12 加重杆
1—扳手方;2—吊卡颈;3—打捞颈;4—杆身;5—扳手方

（4）悬绳器

悬绳器是连接光杆与绳辫子的工具,由上下两块扼板组成,光杆穿过下扼板(或下扳),由楔形卡瓦固定在上扼板(或上扳)上,两股钢丝绳穿过上扼板,由楔形卡瓦固定在下扼板上。悬绳器在抽油机工作时,承担整个工作载荷,在测示功图时安装测试传感器。悬绳器结构如图3-13所示。

3.1.3.2 井口装置

抽油井井口装置由套管头、油管头、抽油三通和光杆密封器组成,如图 3-14 所示,其中套管头和油管头与其他井口装置相同。光杆密封器也称为盘根盒,主要由上部的盘根盒和下部的胶皮闸门组成。

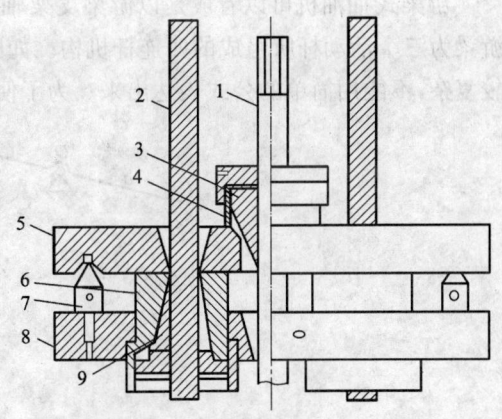

图 3-13 悬绳器结构示意图
1—光杆;2—钢丝绳;3,9—楔形卡瓦;4—夹紧套;
5—上扳;6—锥形座;7—千斤螺丝;8—下扳

正常抽油时,胶皮闸门打开,上部盘根盒里的胶皮盘根抱住光杆,起密封井口和防喷的作用。当更换上部密封盘根时,关闭下部的胶皮闸门,起临时密封井口的作用。光杆密封装置如图 3-15 所示。

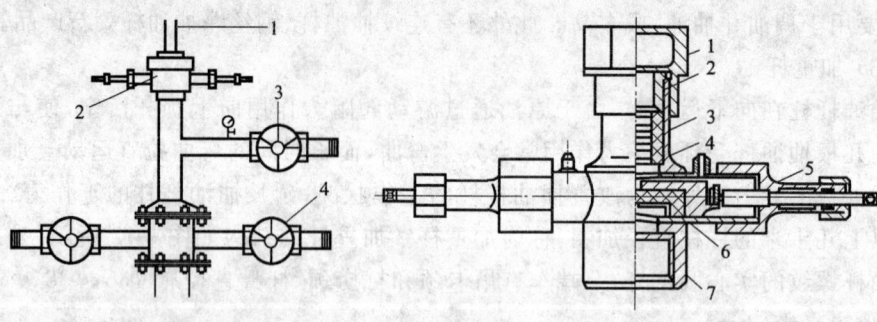

图 3-14　抽油井井口装置示意图
1—光杆；2—光杆密封器；
3—生产闸门；4—套管闸门

图 3-15　光杆密封装置结构示意图
1—密封盒压帽；2—密封圈压盖；3—胶皮密封圈；4—垫圈；
5—胶皮闸门；6—密封胶皮；7—主体

3.2　抽油机悬点运动规律

抽油机悬点运动规律是分析抽油机悬点载荷，计算曲柄轴扭矩、电动机功率和对抽油机进行分析的重要依据。

游梁式抽油机可以看成是以游梁支架轴和曲柄轴的连线为固定杆，以曲柄、连杆和游梁为三个活动杆所组成的四连杆机构。如图 3-16 所示，这种四连杆机构的运动规律比较复杂，不能用简单的公式表达出来。为了便于一般分析，可依据一定的条件进行简化。

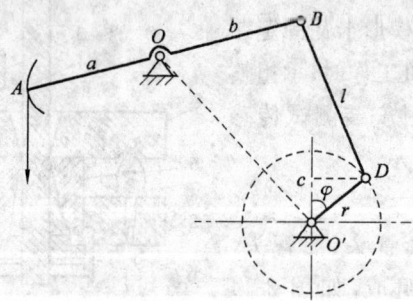

图 3-16　抽油机悬点运动简图

3.2.1　简化为简谐运动时的悬点运动规律

如果曲柄半径 r 比连杆长度 l 和游梁后臂 b 小很多，可认为 $r/l \approx 0$ 及 $r/b \approx 0$，以至可以忽略连杆销处的左右位移，即认为整个连杆运动规律一致，在做上下往复直线运动，认为 B 点的运动规律与 D 点做圆周运动时在垂直中心线上的投影（C 点）的运动规律相同。简化后的模型原理如图 3-17 所示。

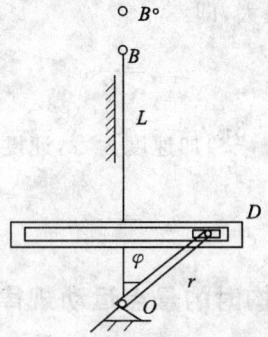

图 3-17 简谐运动原理图

当曲柄在垂直位置,即时间 $t=0$,曲柄转角 $\varphi=\omega t=0$ 时,尾轴承中心 B(连杆上端点)在 $B°$ 点,当曲柄转过一个角度 φ 时,尾轴承中心位于 B 点,则 B 点位移 s_B 为:

$$s_B = OB° - OB = l + r - (l + r\cos\varphi) = r(1 - \cos\varphi) \tag{3-3}$$

式中 φ——曲柄转角,$\varphi=\omega t$,rad;
ω——曲柄角速度,rad/s;
t——时间,s。

根据相似三角形关系可知,悬点位移 s_A 为:

$$s_A = \frac{a}{b} s_B = \frac{a}{b} r (1 - \cos\varphi)$$

当悬点在下死点时,$\varphi=0$,$s_A=0$。当悬点在上死点时,$\varphi=\pi$,$s_A = 2\frac{a}{b}r = s$,可得 $\frac{a}{b}r = \frac{s}{2}$,代入上式可得:

$$s_A = \frac{s}{2}(1 - \cos\varphi) \tag{3-4}$$

悬点的速度为:

$$v_A = \frac{\mathrm{d}s_A}{\mathrm{d}t} = \frac{s}{2}\omega\sin\varphi \tag{3-5}$$

悬点的加速度为:

$$a_A = \frac{\mathrm{d}v_A}{\mathrm{d}t} = \frac{s}{2}\omega^2\cos\varphi \tag{3-6}$$

由以上三式计算出的悬点位移、速度和加速度随曲柄转角 φ 的变化规律如图 3-18 所示,由图中可以看出:抽油机在一个冲程中,悬点的速度和加速度不仅大小在变化,而且方向也在不断改变。在上、下死点处($\varphi=0$,

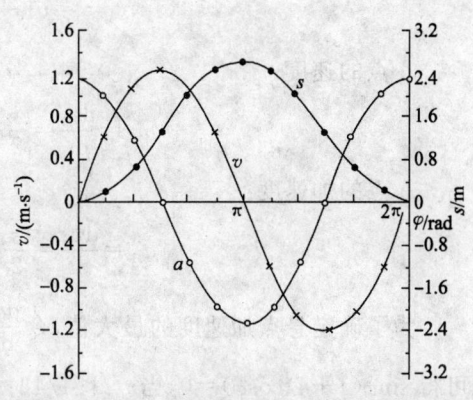

图 3-18 简谐运动位移、速度、加速度曲线

π）速度为零，加速度的绝对值最大，即：

$$a_{max} = \frac{s}{2}\omega^2 \tag{3-7}$$

在上、下冲程的中点（$\varphi = \frac{\pi}{2}, \frac{3\pi}{2}$）加速度为零，速度的绝对值最大，即：

$$v_{max} = \frac{s}{2}\omega \tag{3-8}$$

3.2.2 简化为曲柄滑块机构时的悬点运动规律

实际上 r/l 值不可能等于零，是不可忽略的，特别是在冲程长度较大时，忽略后会引起很大的误差。为此取 r 与 l 的比值 λ 为有限值，仍设 $r/b \approx 0$，把 B 点绕游梁支架轴的弧线运动近似地看成直线运动，则可把抽油机的悬点运动简化为如图 3-19 所示的曲柄滑块机构的运动。

B 点位移 X_B 为：

$$X_B = OB° - OB = l + r - (l\cos\psi + r\cos\varphi)$$

由正弦定理知 $\frac{r}{\sin\psi} = \frac{l}{\sin\varphi}$，并令 $r/l = \lambda$ 代入上式得：

$$X_B = r\left[(1 - \cos\varphi) + \frac{1}{\lambda}(1 - \sqrt{1 - \lambda^2\sin^2\varphi})\right]$$

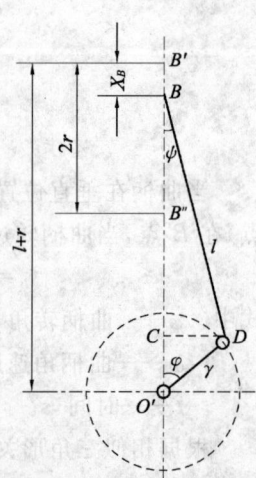

图 3-19 悬点运动曲柄滑块规律示意图

为了便于求导得到 A 点的速度和加速度，可将该式进一步简化，即将上式中的 $\sqrt{1 - \lambda^2\sin^2\varphi}$ 按牛顿二项式定理展开，在 $r/l \leq 1/4$ 时，取其展开式的前两项，误差就小到满足一般的分析了。再利用相似三角形关系，得到 A 点的位移为：

$$s_A = \frac{s}{2}(1 - \cos\varphi + \frac{\lambda}{2}\sin^2\varphi) \tag{3-9}$$

A 点的速度：

$$v_A = \frac{ds_A}{dt} = \frac{s}{2}\omega(\sin\varphi + \frac{\lambda}{2}\sin2\varphi) \tag{3-10}$$

A 点的加速度：

$$a_A = \frac{dv_A}{dt} = \frac{s}{2}\omega^2(\cos\varphi + \lambda\cos2\varphi) \tag{3-11}$$

为了确定悬点加速度的最大值，令 $\frac{da_A}{d\varphi} = 0$，即 $\frac{da_A}{d\varphi} = \frac{s}{2}(-\sin\varphi - 4\lambda\sin\varphi\cos\varphi) = 0$，可得 $\sin\varphi(1 + 4\lambda\cos\varphi) = 0$，当 $r/l < 1/4$ 时，只有 $\sin\varphi = 0$ 有意义，可求得加速度的极值在 $\varphi = 0, \pi$ 处，即在上、下死点处加速度的绝对值最大，其值分别为：

$$a_{\max \atop \varphi=0} = \frac{s}{2}\omega^2\left(1+\frac{r}{l}\right) \qquad (3-12)$$

$$a_{\max \atop \varphi=\pi} = -\frac{s}{2}\omega^2\left(1-\frac{r}{l}\right) \qquad (3-13)$$

把简化为简谐运动及曲柄滑块机构运动时的悬点位移、速度和加速度随 φ 角的变化曲线进行比较后发现,尽管同一 φ 角下的数值不同,但其变化趋势是相似的。

上述简化为曲柄滑块机构运动后的悬点运动规律可用于一般计算和分析。但做精确的分析和抽油机结构设计时,则必须按四连杆机构来研究抽油机的实际运动规律,可用图解法或根据解析式用计算机来精确计算每种抽油机的位移、速度和加速度。图 3-20 和图 3-21 分别为 CYJ5—2.7—12HB 抽油机($s=2.7$ m,$n=9$ min^{-1})按不同方法计算的悬点速度和加速度曲线。由于,$r/l>1/4$,$\cos\varphi=-\frac{1}{4l}$ 有意义,φ 角在二、三象限有值,因而曲柄滑块机构的加速度在上死点附近出现三个极值。而精确运动规律的加速度好像是曲柄滑块机构运动规律的扭曲,在二、三象限的加速度极值大小产生差别。而当 $r/l<1/4$ 时,$|\cos\varphi|>1$,无意义,只在 $\varphi=0,\pi$ 时加速度有极值。

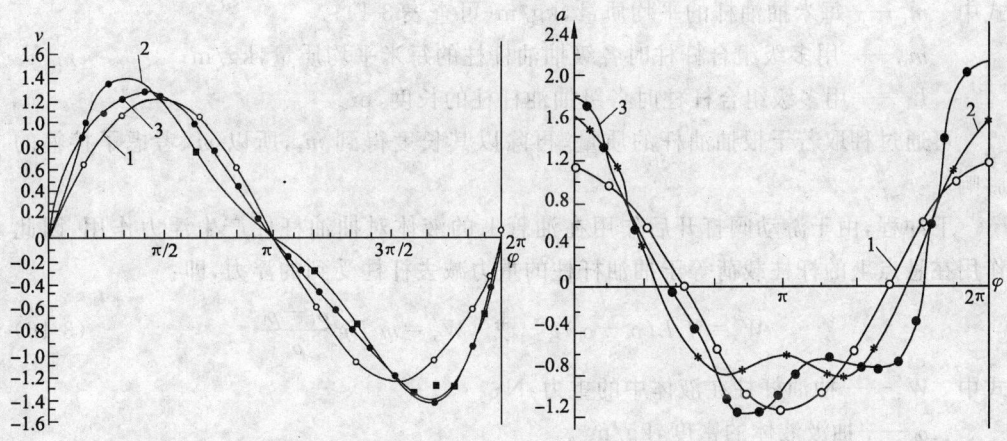

图 3-20　悬点速度变化曲线　　　　　图 3-21　悬点加速度变化曲线
1—简谐运动;2—精确运动;3—曲柄滑块规律　　1—简谐运动;2—精确运动;3—曲柄滑块运动

3.3　抽油机悬点载荷计算与分析

悬点所承受的载荷是选择抽油设备和分析设备工作状况的重要依据。因此必须了解影响载荷的因素及载荷的计算方法。

3.3.1 悬点所承受的载荷

3.3.1.1 静载荷

所谓静载荷一般是指不随悬点位移变化的载荷,包括杆柱载荷和液柱载荷。

(1) 抽油杆柱载荷

上冲程,悬点承受整个抽油杆柱的重力为:

$$W_r = f_r L \rho_s g \tag{3-14}$$

式中 W_r——抽油杆柱的重力,N;
f_r——抽油杆的截面积,m²;
L——抽油杆柱的长度,m;
ρ_s——抽油杆材料(钢)的密度,$\rho_s = 7\,850$ kg/m³。

用上式计算出来的结果要小于抽油杆柱实际的重力,这是由于抽油杆有接箍,接箍处的截面积要比 f_r 大。在现场实际计算中常使用下面的公式:

$$W_r = m_r L g \quad \text{或} \quad W_r = (m_{r1} L_1 + m_{r2} L_2 + \cdots) g \tag{3-15}$$

式中 m_r——每米抽油杆的平均质量,kg/m(可查表3-1);
m_{ri}——用多级组合杆柱时各级抽油杆柱的每米平均质量,kg/m;
L_i——用多级组合杆柱时各级抽油杆柱的长度,m。

可通过秤取若干根抽油杆的质量,再除以其长度得到 m_r,所以 m_r 考虑了接箍的影响。

下冲程,由于游动阀打开后作用在油管上的液体对抽油杆柱产生浮力作用,因此作用在悬点上的杆柱载荷等于抽油杆柱的重力减去杆柱受到的浮力,即:

$$W'_r = f_r L (\rho_s - \rho_l) g \quad \text{或} \quad W'_r = m_r L g \frac{\rho_s - \rho_l}{\rho_s} \tag{3-16}$$

式中 W'_r——抽油杆柱在液体中的重力,N;
ρ_l——抽汲液体的密度,kg/m³。

当原油含水时,ρ_l 可用下式近似计算:

$$\rho_l = \rho_o (1 - f_w) + \rho_w f_w \tag{3-17}$$

式中 ρ_o——原油密度,kg/m³;
ρ_w——水的密度,kg/m³;
f_w——原油含水率,小数。

令 $b = \frac{\rho_s - \rho_l}{\rho_s}$,称为抽油杆的失重系数,则抽油杆柱在液体中的重力可表达为:

$$W'_r = W_r b = m_r L g b \tag{3-18}$$

(2) 液柱载荷

上冲程,游动阀关闭,活塞带着液柱向上移动,在悬点上产生的液柱载荷为:

$$W_1 = (f_p - f_r)L\rho_l g \tag{3-19}$$

式中 W_1——液柱载荷,N。

(3) 上、下冲程中在杆柱和管柱之间相互转移的载荷

由以上分析可知,悬点上冲程承受的静载荷为 $W_r + W_1$,而下冲程液柱载荷从抽油杆柱上转移到油管柱上,悬点只承受抽油杆柱在液体中的重力 W_r',上、下冲程在杆、管之间相互转移的载荷为上、下冲程悬点承受的静载荷之差:

$$W_r + W_1 - W_r' = f_r L\rho_s g + (f_p - f_r)L\rho_l g - f_r L(\rho_s - \rho_l)g = f_p L\rho_l g$$

令 $W_r' = f_p L\rho_l g$,简称为转移载荷。由以上推导可知,上冲程的静载荷:

$$W_r + W_1 = W_r' + W_1' \tag{3-20}$$

如果忽略杆柱和管柱弹性伸缩的影响,上、下冲程静载荷随悬点位移的变化曲线如图 3-22 所示。

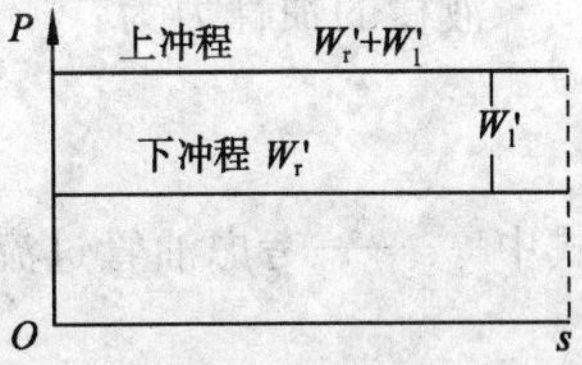

(4) 其他静载荷

① 沉没压力对悬点载荷的影响。

泵的吸入口沉没在液面以下一定深度,该处的压力称为沉没压力。上冲程中,在沉没压力作用下,井内液体克服泵的入口设备的阻力进入泵内,此时液流具有的压力称为吸入压力。此压力作用在活塞底部而产生向上的载荷:

$$F_i = p_n f_p = (p_s - \Delta p_i)f_p \tag{3-21}$$

图 3-22 静载荷随悬点冲程变化的曲线

式中 F_i——吸入压力 p_n 作用在活塞上产生的载荷,N;

  p_n——吸入压力,Pa;

  f_p——活塞截面积,m²;

  p_s——沉没压力,Pa;

  Δp_i——液流通过泵的入口设备产生的压力降,Pa。

下冲程中,吸入阀关闭,沉没压力对悬点载荷没有影响。

② 井口回压对悬点载荷的影响。

液流在地面管线中的流动阻力所产生的井口回压对悬点将产生附加的载荷,这种载荷与油管内液柱产生的载荷的性质相同,上冲程增加悬点载荷,下冲程减小悬点载荷:

$$F_{Bu} = p_B(f_p - f_r) \tag{3-22}$$

$$F_{Bd} = p_B f_r \tag{3-23}$$

式中 F_{Bu}——井口回压在上冲程中造成的悬点载荷,N;

  F_{Bd}——井口回压在下冲程中造成的悬点载荷,N;

  p_B——井口回压,Pa。

由于沉没压力和井口回压在上冲程中造成的悬点载荷方向相反,可以相互抵消一部分,所以在一般计算中可以忽略这两项。

3.3.1.2 动载荷

动载荷是随悬点位移或速度变化的载荷,包括惯性载荷、摩擦载荷及振动载荷。

（1）惯性载荷

抽油机运转时,驴头带着抽油杆柱和液柱做变速运动,存在加速度,必然会产生阻碍运动状态改变的惯性力。这个惯性力与产生加速度的力始终是大小相等,方向相反。根据牛顿第二定律,可求出惯性力的大小。

抽油杆柱的惯性力为:

$$P_{Gr} = \frac{W_r}{g} a_A \tag{3-24}$$

液柱的惯性力为:

$$P_{Gl} = \frac{W_l}{g} a_A \varepsilon \tag{3-25}$$

式中 ε——考虑油管过流断面变化引起液柱加速度变化的系数。

$$\varepsilon = \frac{f_p - f_r}{f_{tg} - f_r}$$

式中 f_{tg}——油管的流通断面面积。

由对悬点运动规律的研究知,抽油机悬点的加速度的大小和方向随时间不断变化,所以惯性力的方向和大小也不断变化。图 3-23 是把惯性载荷叠加在静载荷上形成的载荷随位移变化的曲线,可以看到惯性载荷的方向及对悬点载荷的影响为:上冲程前半冲程,悬点向上加速运动,惯性力向下,增加悬点载荷;后半冲程,悬点向上减速运动,惯性力方向向上,减小悬点载荷。下冲程前半冲程,悬点向下加速运动,惯

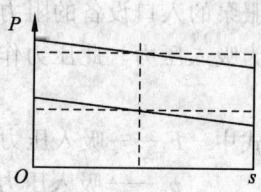

图 3-23 惯性载荷对悬点载荷的影响

性力向上,减小悬点载荷;后半冲程,悬点向下减速运动,惯性力向下,增加悬点载荷。由图中可以看出,在上、下死点处惯性载荷对悬点载荷的影响最大,而在二分之一冲程处,惯性载荷为零。

如果把抽油机悬点的运动近似地用曲柄滑块机构的运动来表示,在 $r/l \leqslant 1/4$ 的条件下,发生在上、下死点处的加速度最大值代入计算惯性载荷的公式得到最大的惯性载荷计算公式。

上冲程中抽油杆柱引起的悬点最大惯性载荷为:

$$P_{Gr}^u = \frac{W_r}{g} \frac{s}{2} \omega^2 \left(1 + \frac{r}{l}\right) = \frac{W_r}{g} \frac{s}{2} \left(\frac{2\pi n}{60}\right)^2 \left(1 + \frac{r}{l}\right) = \frac{W_r s n^2}{1\,790} \left(1 + \frac{r}{l}\right) \tag{3-26}$$

若取 $r/l = 1/4$,则有:

$$P_{Gr}^{u} = \frac{W_r s n^2}{1\,440} \tag{3-27}$$

下冲程抽油杆柱引起的悬点最大惯性载荷为：

$$P_{Gr}^{d} = -\frac{W_r}{g}\frac{s}{2}\omega^2\left(1-\frac{r}{l}\right) = -\frac{W_r s n^2}{1\,790}\left(1-\frac{r}{l}\right) \tag{3-28}$$

同样可求出上冲程液柱引起的悬点最大惯性载荷为：

$$P_{Gl}^{u} = \frac{W_l}{g}\frac{s}{2}\omega^2\left(1+\frac{r}{l}\right)\varepsilon = \frac{W_l s n^2}{1\,790}\left(1+\frac{r}{l}\right)\varepsilon \tag{3-29}$$

下冲程中液柱不随悬点运动，因而没有液柱的惯性载荷。

上冲程中悬点最大惯性载荷为：

$$P_G^u = P_{Gr}^u + P_{Gl}^u$$

下冲程悬点最大惯性载荷为：

$$P_G^d = P_{Gr}^d$$

实际上由于受抽油杆柱和油管柱弹性影响，抽油杆柱和液柱各点的运动与悬点的运动并不一致。所以上述按悬点最大加速度计算出的惯性载荷要比实际的大，特别是当液柱中含气比较多且冲数比较小时，可忽略液柱引起的惯性载荷。

（2）摩擦载荷

抽油井工作时，抽油杆柱在井中及活塞在泵筒中做上下往复直线运动，与其所接触的物体存在滑动摩擦，即产生了阻碍运动的力，使上、下冲程载荷差别变得更大。对抽油机悬点载荷有影响的摩擦力包括以下五个方面：

① 抽油杆柱和油管柱的摩擦力。上、下冲程都存在，在直井中一般不大，但在斜井或井筒弯的井中受这种摩擦力的作用经常磨穿油管。

② 活塞与衬套之间的摩擦力。上、下冲程都存在，与泵的活塞与衬套之间的配合精密程度相关，一般在 $\Phi 70\,mm$ 以下的泵，这种摩擦力不会超过 2 000 N。

③ 液柱与抽油杆柱之间的摩擦力。发生在下冲程，方向向上，减小悬点载荷，其大小与抽油杆柱的下行速度有关，与抽油杆柱的长度有关，特别是与原油粘度有密切关系，是在稠油井中下冲程抽油杆柱下不去的主要原因。

④ 液柱与油管之间的摩擦力。发生在上冲程，方向向下，增加悬点载荷，其大小主要受活塞上行速度和原油粘度影响。

⑤ 液体通过游动阀的摩擦阻力。发生在下冲程，方向向上，减小悬点载荷，是造成下冲程下部抽油杆柱受压缩弯曲的主要原因。

（3）振动载荷

抽油杆柱特别是钢质抽油杆柱属于弹性体，本身存在自由振动频率。而抽油杆柱又在不停地在做周期性的强迫振动，当在抽油杆柱的运动过程中产生冲击载荷时，极易引发抽油杆柱的自由振动。如果自由振动频率等于或接近强迫振动频率时，会产生剧烈的振动载荷。但是由于振动载荷不易计算，所以在计算抽油机悬点最大载荷时，一般不予以考虑。

3.3.2 悬点最大和最小载荷

在此我们只讲计算悬点最大、最小载荷的一般理论公式。对于下泵深度不很大、沉没压力及井口回压不很高、冲数不大的稀油直井，一般只考虑杆柱载荷、液柱载荷和杆柱的惯性载荷这三大项：

$$P_{max} = W_r + W_l + P_{Gr}^u = W_r + W_l + \frac{W_r s n^2}{1\,790}\left(1 + \frac{r}{l}\right) \tag{3-30}$$

或

$$P_{max} = W_r' + W_l' + \frac{W_r s n^2}{1\,790}\left(1 + \frac{r}{l}\right) \tag{3-31}$$

$$P_{min} = W_r' + P_{Gr}^d = W_r' - \frac{W_r s n^2}{1\,790}\left(1 - \frac{r}{l}\right) \tag{3-32}$$

严格来讲，由于各油田中油井的条件不同，其计算最大载荷和最小载荷的公式也应不同，不可能一个公式符合所有油田载荷计算情况，因此各油田应根据自己油田油井的具体条件，对照实测载荷构建计算最大载荷和最小载荷的计算公式。

3.4 抽油机的平衡、扭矩与功率计算

3.4.1 抽油机平衡计算

抽油机悬点承受的是不对称的脉动载荷，上冲程载荷很大，下冲程载荷较小，如果抽油机没有平衡装置，就会造成上冲程电动机做功很大，而下冲程电动机做负功，即悬点拉着电动机旋转。抽油机运转不平衡，影响电动机的工作效率，使电动机的功率因数降低，加大电动机的功率损耗，减小电动机的寿命；抽油机运转不平衡会使抽油机发生振动，严重时会造成翻抽油机的恶性事故，影响抽油机的寿命。因此抽油机必须利用平衡装置调节达到运转平衡。

3.4.1.1 平衡原理

抽油机达到平衡的原则是：① 电动机在上、下冲程中做功相等；② 上、下冲程中电动机的电流峰值相等；③ 上、下冲程中的曲柄轴峰值扭矩相等。

抽油机平衡装置的作用是在下冲程把悬点和电动机的能量储存起来，在上冲程放出，帮助电动机对悬点做功。我们以最简单的游梁平衡为例来说明平衡原理，如图 3-24 所示。

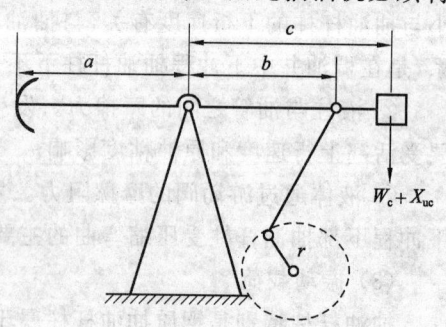

图 3-24　游梁平衡示意图

在抽油机游梁后端加一重物,在下冲程中电动机和下冲程的悬点载荷一起对重物做功,把重物升高储存位能 A_w:

$$A_w = A_d + A_{md}$$

则得到电动机在下冲程中做的功为:

$$A_{md} = A_w - A_d$$

式中　A_w——下冲程中悬点载荷和电动机对平衡系统做的功,即平衡系统储存的能量;
　　　A_d——悬点在下冲程中做的功;
　　　A_{md}——电动机在下冲程中做的功。

在上冲程中平衡系统放出能量,帮助电动机对悬点做功:

$$A_u = A_w + A_{mu}$$

则得电动机在下冲程中做的功为:

$$A_{mu} = A_u - A_w$$

式中　A_u——悬点在上冲程中做的功;
　　　A_{mu}——电动机在上冲程中做的功。

现在我们以第一条平衡原则来推导平衡条件,即要使抽油机达到平衡,电动机在上、下冲程中做功相等:

$$A_{mu} = A_{md}$$

即

$$A_w - A_d = A_u - A_w$$

可得到平衡系统在下冲程中应储存的能量为:

$$A_w = \frac{A_u + A_d}{2} \tag{3-33}$$

该式说明达到平衡的条件是:平衡系统下冲程中储存的能量要等于悬点在上、下冲程中做功之和的一半。

3.4.1.2　游梁式抽油机的机械平衡计算

游梁式抽油机的平衡系统目前主要采用气动平衡和机械平衡,气动平衡主要用于特大型长冲程抽油机,而一般常见的游梁式抽油机都是采用机械平衡。下面主要讨论游梁式抽油机的机械平衡的计算问题。

(1) 游梁平衡方式计算

游梁平衡方式是将平衡重装在游梁后端,适用于小型抽油机。如图 3-24 所示,在下冲程中悬点向下运动了 $s(m)$,而平衡重 W_b 升高的距离为:

$$s_c = \frac{c}{a} s$$

储存的能量或称实际产生的平衡功为:

$$A_w = \frac{c}{a} s W_b$$

要达到平衡,实际产生的平衡功应等于需要的平衡功,即:

$$\frac{c}{a} s W_b = \left(W_r' + \frac{W_l'}{2} \right) s$$

可得游梁平衡重为：

$$W_b = \frac{a}{c}\left(W_r' + \frac{W_1'}{2}\right)$$

如果抽油机本身不平衡，设游梁后臂比前臂重 X_{uc}，相当于平衡重，则平衡重就可减小，这时游梁平衡重为：

$$W_b = \frac{a}{c}\left(W_r' + \frac{W_1'}{2}\right) - X_{uc} \qquad (3-34)$$

（2）曲柄平衡方式计算

如图 3-25 所示，曲柄平衡方式的平衡重装在曲柄上，适用于大型抽油机。在下冲程中，曲柄平衡重 W_{cb} 上升的高度为 $2R$，曲柄自重 W_c 上升的高度为 $2R_c$，抽油机本身不平衡值 X_{ub} 上升的高度为 $2r$，则平衡系统在下冲程中储存的能量或实际产生的平衡功为：

$$A_w = 2RW_{cb} + 2R_cW_c + 2rX_{ub}$$

令其与需要的平衡功相等：

$$2RW_{cb} + 2R_cW_c + 2rX_{ub} = \left(W_r' + \frac{W_1'}{2}\right)s$$

可得到平衡半径的计算公式为：

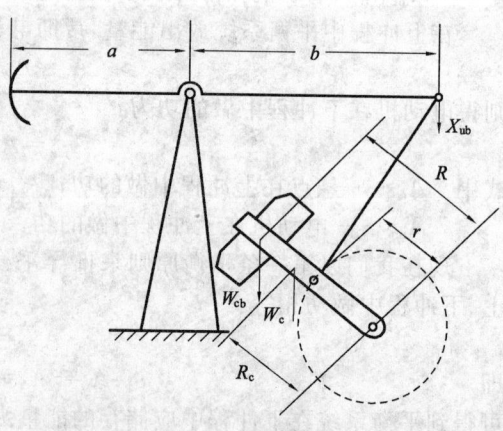

图 3-25 曲柄平衡

$$R = \left(W_r' + \frac{W_1'}{2}\right)\frac{s}{2W_{cb}} - \frac{R_cW_c}{W_{cb}} - \frac{rX_{ub}}{W_{cb}} \qquad (3-35)$$

（3）复合平衡方式计算

复合平衡是以上两种平衡方式的组合，即在曲柄上和游梁后臂上都有平衡重，如图 3-26 所示，适用于中型抽油机。同理可导出平衡半径的计算公式：

$$R = \left(W_r' + \frac{W_1'}{2}\right)\frac{s}{2W_{cb}} - \frac{R_cW_c}{W_{cb}} - (X_{uc} + W_b)\frac{cr}{bW_{cb}} \qquad (3-36)$$

（4）平衡测量与调整

利用第二条平衡原则"上、下冲程中电动机的电流峰值相等"来检测抽油机的平衡情况。测电动机上、下冲程的电流峰值 I_u 和 I_d；若 $I_u > I_d$，平衡不足；若 $I_u < I_d$，则平衡过重。在两个电流中有一个小的，一个大的，若 $I_小/I_大 \geqslant 0.8$ 时就认为是平衡了，否则就要重新计算平衡半径或平衡重，重新调整平衡。

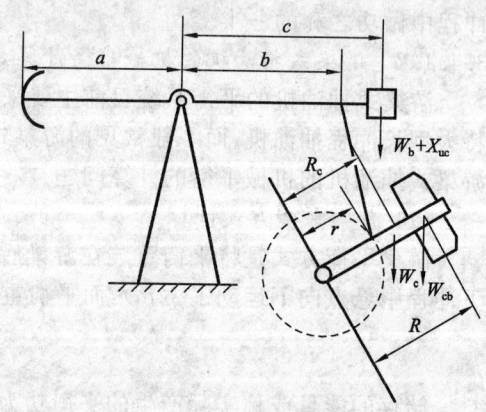

图 3-26 复合平衡

3.4.2 曲柄轴扭矩计算

抽油机工作时,曲柄轴即减速箱输出轴承受的是扭矩作用,一定型号的抽油机所配的减速箱输出轴都有允许的最大扭矩,如果超过了这个扭矩允许值,就会发生轴的故障。曲柄轴的扭矩也是计算和选择抽油机电动机的功率,分析判断抽油机运转的合理性的重要依据。

3.4.2.1 扭矩因数法计算曲柄轴扭矩

我们仅以常用的曲柄平衡抽油机为例来说明。如图 3-27 所示,分别对曲柄轴中心 O' 和支架轴中心 O 取力矩平衡,可得到曲柄轴扭矩的计算公式:

$$M = \frac{a}{b} P \frac{r\sin\alpha}{\sin\beta} - W'_c r \sin\varphi \tag{3-37}$$

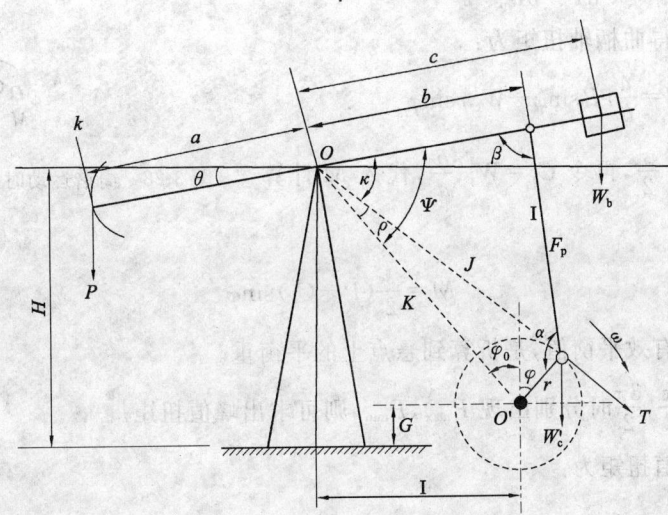

图 3-27 抽油机几何尺寸与曲柄销受力图

式中 P——悬点载荷;

β——游梁与连杆的夹角;

W'_c——折算曲柄平衡重,$W'_c = \dfrac{W_{cb}R + W_c R_c + X_{ub} r}{r}$。

式(3-37)中等式右边第一项表示悬点载荷 P 在曲柄上造成的扭矩,称为负荷扭矩:

$$M_p = \frac{a}{b} P \frac{r\sin\alpha}{\sin\beta}$$

令 $C_\varphi = \dfrac{a}{b}\dfrac{r\sin\alpha}{\sin\beta}$,称为扭矩因数,则 $M_p = C_\varphi P$。由于 α 和 β 随 φ 角而变化,所以扭矩因数是一个与抽油机形状有关的参数,是 φ 角的函数,可以求得。

式(3-37)中等式右边第二项表示曲柄平衡重在曲柄上造成的扭矩,称为曲柄平衡扭矩：

$$M_c = W_c' r \sin\varphi$$

则曲柄平衡的曲柄轴扭矩公式变为：

$$M = M_p - M_c$$

3.4.2.2 计算曲柄轴扭矩的近似方法

将悬点的运动简化为简谐运动,如图 3-28 所示,对曲柄轴 O' 取力矩平衡得：

$$F_p r \sin\varphi = M + W_c' r \sin\varphi$$

对支架轴取力矩平衡得：

$$aP = bF_p$$

两式联立得曲柄轴扭矩为：

$$M = \frac{a}{b} r P \sin\varphi - W_c' r \sin\varphi$$

由于 $\frac{a}{b} r = \frac{s}{2}$,再令 $C_e = W_c' \frac{b}{a}$,代入 M 计算公式得：

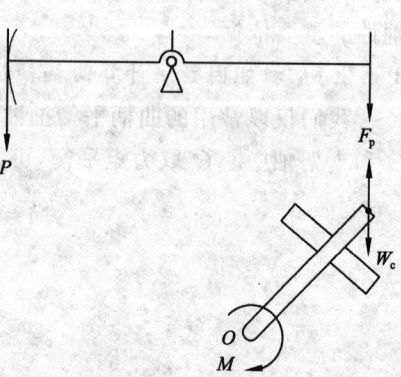

图 3-28 简谐运动时扭矩计算图

$$M = \frac{s}{2}(P - C_e)\sin\varphi \tag{3-38}$$

式中 C_e——有效平衡值,是折算到悬点上的平衡重。

设当 $\varphi = \frac{\pi}{2}, \frac{3\pi}{2}$ 时分别出现 P_{max}, P_{min},则可求出峰值扭矩。

上冲程峰值扭矩为：

$$M_{max}^u = \frac{s}{2}(P_{max} - C_e) \tag{3-39}$$

下冲程峰值扭矩为：

$$M_{max}^d = \frac{s}{2}(C_e - P_{min}) \tag{3-40}$$

当运转平衡时,$M_{max}^u = M_{max}^d = M_{max}$。将两式相减得：

$$C_e = \frac{P_{max} + P_{min}}{2}$$

将两式相加得平衡运转时的扭矩：

$$M_{max} = \frac{s}{4}(P_{max} - P_{min}) \tag{3-41}$$

3.4.2.3 计算曲柄轴最大扭矩的经验方法

前苏联拉玛扎诺夫于 1957 年提出了一种计算最大扭矩的经验公式：

$$M_{\max} = 300s + 0.236s(P_{\max} - P_{\min}) \tag{3-42}$$

实践证明，用式(3-41)和式(3-42)这两个公式计算的结果比实际的最大扭矩要小。有人曾用大量的井的经验公式计算结果和近似公式计算结果与准确规律的扭矩曲线的峰值进行对比后发现，约有50%多的井的计算结果比准确规律的扭矩曲线峰值要低10%~50%，平均偏差为11.0%。中国石油大学张琪教授等根据国内抽油机井的扭矩曲线峰值，建立了类似的经验公式：

$$M_{\max} = 1\,800s + 0.202s(P_{\max} - P_{\min}) \tag{3-43}$$

经过一定的实践检验，该式计算的结果要比上两式计算的结果准确。

3.4.3 电动机的选择和功率计算

国内外油田的抽油机井一般都使用电动机作动力。电动机选择得是否合理，关系到电能的利用效率，原则是既要充分发挥抽油设备的工作能力，又要使抽油机运行安全不超限度，因而电动机的能力要与抽油机的能力匹配才能使设备达到合理的应用。游梁式抽油机所用电动机的特点是负荷为脉动的，而且变化大；启动条件困难，要求有大的启动转矩；露天工作，要求电动机密封质量高，电动机能长时间工作，且维护简单，工作可靠。所以抽油机所用的电动机都是选用封闭式鼠笼型三相异步电动机。下面主要对电动机的功率选择计算作一介绍。

电动机的功率与曲柄轴扭矩的关系为：$N = M\omega$，单位为瓦(W)。将 $\omega = 2\pi n/60$ 代入，功率的单位用千瓦(kW)表示，并考虑传动效率后，得到电动机功率的计算公式如下：

$$N_r = \frac{Mn}{9\,549\eta} \tag{3-44}$$

式中　N_r——电动机功率，kW；

M——曲柄轴的扭矩，N·m；

η——从电动机到曲柄轴的传动效率；

n——抽油机的冲数，r/min。

但是由于在抽油机的整个工作过程中其曲柄轴的扭矩是变化的，如果公式中用最大扭矩，则抽油机只是在瞬时达到满负荷运转，而在大部分时间内不能满负荷工作，其效率和功率因数都不高，电能的利用不充分。在变负荷的条件下，电动机选择的一般方法是用等值扭矩计算电动机的功率。所谓等值扭矩是瞬时扭矩的均方根，计算方法如下：

$$M_e = \sqrt{\frac{\sum_{i=1}^{n}(M_i^2 \Delta\varphi_i)}{\sum_{i=1}^{n}\Delta\varphi_i}} \tag{3-45}$$

式中　M_e——等值扭矩；

M_i——随 φ 角变化的瞬时扭矩。

计算时取的间隔 $\Delta\varphi$ 越小越准确。但是计算等值扭矩太麻烦,对于一般的分析往往利用最大扭矩乘以一个系数代替等值扭矩。根据扭矩曲线的理论分析,并与一些实际资料进行对比,且考虑到不平衡的因素,采用下式计算等值扭矩有一定的代表意义:

$$M_e = 0.6 M_{max} \quad (3-46)$$

将该式代入电动机功率计算公式,并且传动效率 η 取 0.9,则电动机功率为:

$$N_r = \frac{M_{max} n}{14\,388} \quad (3-47)$$

上式只适用于一般的分析和计算,由于实际扭矩变化规律的复杂性,要合理选择电动机功率是比较困难的。现场工作人员在实践中也总结出了一些经验公式,例如:

$$N_r = 0.113\,6 \times 10^{-6} Q_t \rho_l L (0.355 + \eta) K \quad (3-48)$$

式中 Q_t——泵的理论排量,m^3/d;

η——泵效;

K——与平衡状况有关的系数,为 1.2~3.4,平衡时取 1.2,严重不平衡时取 3.4。

3.4.4 抽油机井的系统效率

抽油机井的系统效率是抽油机井的有效功率与输入功率的比值。

3.4.4.1 抽油机井的有效功率

抽油机井的有效功率,也称为水力功率 N_H,是指在一定时间内,将一定量的液体提升一定的距离所需要的功率。

$$N_H = \frac{QHg}{86\,400} \quad (3-49)$$

式中 Q——油井产液量,t/d;

H——泵对液体的有效提升高度,m;

N_H——抽油机井的有效功率,kW。

泵对液体的有效提升高度计算如下:

① 如果忽略沉没压力和回压的影响,有效提升高度等于下泵深度,即 $H=L$。

② 考虑沉没压力和回压的影响时,为了计算简单,忽略气柱重力和进泵阻力的影响,并认为环空中和油管中的液体密度相同,有效提升高度为:

$$H = L + \frac{p_B - p_C}{\rho_l g} \times 10^6 \quad (3-50)$$

式中 p_B, p_C——分别为回压和套压,MPa;

ρ_l——井中液体密度,kg/m^3。

当上式中用相对密度 ρ_l',并且重力加速度取 9.8 m/s^2 时,$H = L + 102(p_B - p_C)/\rho_l'$。

③ 考虑环形空间中与油管中的液体密度不同时,有效提升高度为:

$$H = L + \frac{p_B - p_C}{\rho_l g} \times 10^6 + h_s \frac{\rho_l - \rho_o}{\rho_l} \tag{3-51}$$

式中 h_s——泵的沉没度,m。

3.4.4.2 光杆功率

光杆功率即是抽油机悬点载荷所做功的功率,是提升液体和克服井下消耗所需要的功率。可用示功图的面积计算:

$$N_p = \frac{AsnC}{600l} \tag{3-52}$$

式中 N_p——光杆功率,kW;
A——示功图载荷线包围的面积,cm^2;
s——光杆冲程,m;
n——冲数,r/min;
C——动力仪力比,N/mm;
l——示功图上的冲程长度,mm。

由于计算示功图麻烦,常近似地按理论静载荷计算悬点所做的功:

$$N_p = \frac{W_1' sn}{6 \times 10^4} \tag{3-53}$$

式中 W_1'——转移载荷,N;
s——光杆冲程,m;
n——冲数,r/min。

3.4.4.3 抽油机井的效率

(1) 地面效率

地面效率 $\eta_p = \dfrac{N_p}{N_r}$,是光杆功率与电动机功率之比,它表达了抽油机工作状况的好坏及功率利用程度。

(2) 井下效率

井下效率 $\eta_H = \dfrac{N_H}{N_p}$,是有效功率与光杆功率之比,主要表达了抽油泵工作状况的好坏及功率利用情况。即悬点做的功,除了提升液体做有效功外,还要克服井下摩擦、杆柱振动、漏失等机械损失、水力损失和容积损失做无效功。

(3) 抽油机井系统效率

抽油机井系统效率 $\eta_t = \dfrac{N_H}{N_r}$,为本抽油机井的有效功率与输入功率之比,表达了该抽油机井的总体效益和能量的综合利用情况。

3.5 泵效计算与分析

在抽油机井生产过程中,实际产量一般要比泵的理论排量低,油井日产液量 Q 与泵的理论排量 Q_t 的比值称为泵效。用公式表示为:

$$\eta = \frac{Q}{Q_t} \qquad (3\text{-}54)$$

3.5.1 影响泵效的因素

由于抽油泵在井下几百米到几千米深处工作,抽汲的液体含砂、蜡并有腐蚀性,工作环境复杂恶劣,所以在正常情况下,若泵效达到 0.7～0.8,就认为泵的工作状况是良好的了。在连喷带抽的特殊情况下,泵效可能大于 1。油田现场实践证明,平均泵效多数都低于 0.7,有的甚至低于 0.3。影响泵效的因素很多,根据深井泵的工作条件和环境,可把影响泵效的因素归结为以下三大方面:

3.5.1.1 地质因素及原油性质

① 油井出砂。砂子磨损阀球、阀座、活塞及衬套等部件,导致泵效低。固定阀和游动阀砂卡或砂埋也影响泵效。

② 气体的影响。油层能量低、供液不足或气油比高的井,当泵吸入口处的压力低于饱和压力时,脱出的自由气和液体一起进泵,气体挤占了泵内空间,减少了进泵的液体,降低了泵效。另外,活塞在下死点时固定阀和游动阀之间的余隙中存有高压油气混合物,在活塞上行时,油气混合物膨胀,固定阀不能及时打开使泵效降低(图 3-29)。这种情况在双阀管式泵中要比三阀管式泵中明显。

气体影响的程度可以用充满系数 β 表示:

$$\beta = \frac{V_1'}{V_p} \qquad (3\text{-}55)$$

式中 V_p——上冲程活塞让出容积;

V_1'——每冲次吸入泵内的液体体积。

泵的充满系数表示了泵在工作过程中被液体充满的程度,其值越高,泵效越高。泵的充满系数与泵内气液比和泵的结构有关,图 3-29 中 V_s 表示余隙容积,V_1 表示活塞在上死点时泵内的液体体积,V_g 表示泵内气体的体积,令 $R = V_g/V_1$,称泵内气液比,令 $K = V_s/V_p$,称余隙容积比,将 $V_1' = V_1 - V_s$ 和 R,K 代入式(3-55)得:

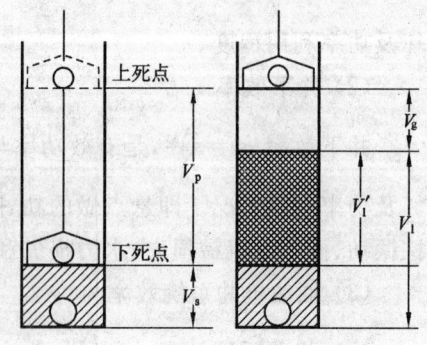

图 3-29 气体对泵充满程度的影响

$$\beta = \frac{1-KR}{1+R} \tag{3-56}$$

分析式(3-56)可得出以下结论:

a. K 值越小,β 值就越大。而减小余隙容积 V_s 和增大活塞冲程以增大 V_p 都可以减小 K 值。因此在生产中应使用长冲程和在保证活塞不碰固定阀的前提下,尽量减小防冲距以减小余隙。

b. R 越小,β 值就越大,因此为增加泵效,应尽量减少进泵的气体。

进泵气液比可用下式计算:

$$R = \frac{(R_p - R_s)(1-f_w)}{p_s + 0.1} \tag{3-57}$$

式中 R_p——地面生产气油比;
R_s——泵吸入口处的溶解气油比;
p_s——沉没压力,MPa;
f_w——油井含水率(体积分数)。

③ 油井结蜡。由于活塞上行时,泵内压力降低,在泵的入口处及泵内极易结蜡,使油流进泵阻力增大,影响泵效。

④ 原油粘度高。由于油稠,油流进泵阻力大,固定阀和游动阀不易打开和关闭,抽油杆下行阻力大,影响泵的冲程,降低泵的充满系数,使泵效降低。

⑤ 原油中含腐蚀性物质,如硫化物、酸性水,易腐蚀泵的部件,引起漏失,降低泵效。

3.5.1.2 设备因素

① 活塞的有效冲程。由于制成抽油杆和油管的材料具有弹性,而在抽油机井工作时,抽油机承受不对称的脉动载荷,上冲程悬点承受的载荷大,下冲程悬点承受的载荷小,有一部分载荷在上、下冲程中,在杆柱和管柱间来回转移,从而引起杆柱和管柱伸长和缩短。

a. 静载荷作用下的冲程损失及活塞有效冲程。如图3-30,由于转移载荷 W_l' 上冲程从油管柱上转移到抽油杆柱上使抽油杆柱伸长了 λ_r,油管柱缩短了 λ_t,悬点向上移动了 $\lambda = \lambda_r + \lambda_t$ 一段距离后活塞和泵筒才有相对位移,悬点无效的冲程 λ 称为冲程损失。活塞的有效冲程为 $s_P = s - \lambda$,光杆冲程有效率为:

$$\eta_\lambda = \frac{s_P}{s} \tag{3-58}$$

同理可以分析在下冲程中,由于转移载荷 W_l' 从抽油杆上转移到油管上,使抽油杆柱缩短了 λ_r,油管柱伸长了 λ_t,悬点向下移动了 $\lambda = \lambda_r + \lambda_t$ 一段距离后活塞和泵筒才有相对位移,下冲程的冲程损失和活塞有效冲程与上冲程相同,如图3-30所示。

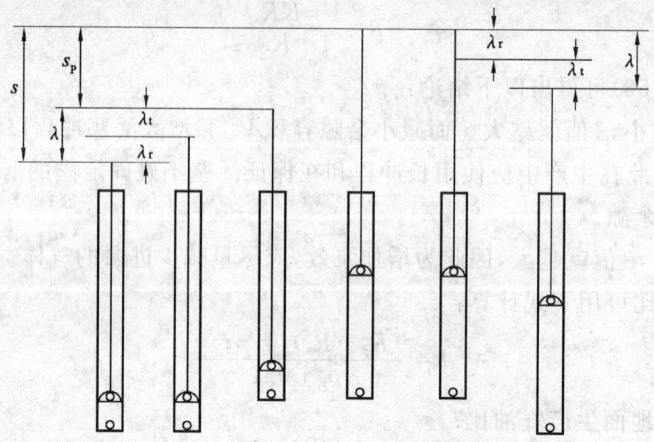

图 3-30 抽油杆和油管弹性伸缩示意图

λ 值可根据虎克定律来计算：

$$\lambda = \frac{W'_1 L}{E}\left(\frac{1}{f_r}+\frac{1}{f_t}\right) \tag{3-59}$$

式中 L——抽油杆柱的总长度，m；

E——钢的弹性模量，2.06×10^{11} Pa；

f_t——油管的金属截面积，$f_t=\frac{\pi}{4}(D^2-d^2)$，m²；

D,d——分别是油管的外径和内径，m。

如果用多级抽油杆柱，抽油杆的变形要分段计算后相加，以二级组合杆柱为例：

$$\lambda = \frac{W'_1}{E}\left(\frac{L_1}{f_{r1}}+\frac{L_2}{f_{r2}}+\frac{L}{f_t}\right) \tag{3-60}$$

式中 f_{r1},f_{r2}——分别为各级抽油杆柱的截面积，m²；

L_1,L_2——分别为各级抽油杆柱的长度，m。

分析以上计算 λ 的两个式子可知：冲程损失与转移载荷 $W'_1=f_P L\rho_1 g$ 成正比，即泵径越大，活塞截面积越大，冲程损失越大。因此，并不是泵径越大，产量越高。当泵径超过一定的限度(引起的 $\lambda\geqslant s/2$)之后，再增大泵径，不但不会增加产量，反而会使产量减小。冲程损失还与抽油杆柱长度成正比，抽油杆柱越长，冲程损失越大。因而在深井中为了提高泵效和产量，常用的方法是用小泵深抽。泵效高、产量高的下泵深度和抽油参数组合，可通过参数优选确定。

b. 考虑惯性载荷后的活塞有效冲程。由于悬点运动是变速运动，当悬点上升到上死点时，悬点及抽油杆柱有向下的最大加速度和向上的最大惯性载荷，虽然悬点速度为零停止向上运动了，但抽油杆柱在惯性载荷的作用下，带着活塞继续向上运行，比仅考虑静载时多向上运行了 λ' 一段距离。当悬点运行到下死点时,悬点及抽油杆柱有向上的最大加速度和向下的最大惯性载荷,使抽油杆柱又比仅考虑静载时多向下移动了 λ'' 一段距离。因此与仅考虑静载变形相比,惯性载荷作用使活塞冲程增加了 $\lambda_i = \lambda' + \lambda''$。

λ_i 可以用虎克定律计算:

$$\lambda' = \frac{W_r s n^2 L}{2 \times 1\,790 f_r E}\left(1 - \frac{r}{l}\right)$$

$$\lambda'' = \frac{W_r s n^2 L}{2 \times 1\,790 f_r E}\left(1 + \frac{r}{l}\right)$$

$$\lambda_i = \lambda' + \lambda'' = \frac{W_r s n^2 L}{1\,790 f_r E} \tag{3-61}$$

考虑惯性载荷后的活塞冲程为:

$$s_P = s - \lambda + \lambda_i = s\left(1 + \frac{W_r n^2 L}{1\,790 f_r E}\right) - \lambda \tag{3-62}$$

由上式可知,惯性载荷可以增加活塞的有效冲程,看起来似乎可以增加泵效,但是惯性载荷增加,使抽油杆柱的交变载荷增大,增加了抽油杆柱疲劳破坏的几率,所以在生产中不允许靠增大冲数增大惯性载荷的方法来增大活塞的有效冲程以提高泵效。

② 泵的制造质量,安装质量。例如球与球阀关闭不严,活塞与衬套间隙配合选择不适当等都会引起漏失影响泵效。泵的故障漏失计算比较困难,但对于泵的正常间隙漏失影响下的泵效可用下式计算:

$$\eta_l = 1 - \frac{B_l}{\eta_\lambda \beta Q_t}\left(\frac{\pi D e^3 g \Delta H}{12 \upsilon l} - \frac{1}{2}\pi D e \upsilon_p\right) \tag{3-63}$$

式中　D——泵径,m;
　　　B_l——抽汲液体的体积系数;
　　　η_λ——冲程有效率;
　　　β——泵的充满系数;
　　　Q_t——泵的理论排量,m^3/d;
　　　e——活塞与衬套之间的间隙,m;
　　　ΔH——活塞两端的液柱压差,m;
　　　l——活塞长度,m;
　　　υ——液体的运动粘度,m^2/s;
　　　υ_P——活塞运动速度,m/s。

3.5.1.3　工作方式的影响

抽汲参数选择不合理也会降低泵效。例如参数太大,理论排量远远大于地层的供液能力,造成供液不足,液体充不满泵筒从而影响泵效。泵挂太深,使冲程损失过大会降低泵效。

考虑以上各种因素后的理论泵效为:

$$\eta = \eta_\text{A} \beta \eta_1 \eta_\text{B} \tag{3-64}$$

式中 $\eta_B = \dfrac{1}{B_1}$ ——考虑原油在地下和地面体积的差别的系数,为体积系数 B_1 的倒数。

3.5.2 提高泵效的措施

泵效的高低是反映抽油设备利用效率和管理水平的一个重要指标,在同样的理论排量下,泵效高,获得的产量就大。根据前述影响泵效的因素,可提出针对性的措施。

3.5.2.1 地层方面的措施

① 对于注水开发的油田,加强注水,保持油层能量高,井中液面高,是保证油井高产量、高泵效生产的根本措施。井中液面高,沉没压力高,一方面增大了原油进泵的动力,另一方面,沉没压力高于饱和压力,可防止原油脱气,减轻气体影响,增大泵的充满系数。

② 采取有效的防砂措施,减轻砂粒对泵的磨损,减轻漏失的影响。另外如果砂子在井中沉积,掩埋油层,会增大油流入井阻力降低液面,也会降低泵效。

3.5.2.2 井筒方面措施

(1) 选择合理的工作方式

当抽油机已选定,并且设备能力足够大时,在保证产量的前提下,应以获得最高泵效为出发点来调整参数。

在保证泵的理论排量不变,即 f_P, s, n 的乘积不变,改变各个参数的大小时,泵效也改变,但如果选用合理的参数,在同一理论排量下,可达到较高的泵效。根据泵的工作原理和影响泵效的因素,可知选择抽汲参数组合的一般原则是:

① 对于粘度不太大的常规抽油机井应选用大冲程、小冲数和较小的泵径,这样既可减小气体影响,又可减小悬点的交变载荷。

② 对于原油比较稠的井,一般选用大泵、大冲程、小冲数,可以减小原油经过阀座孔的阻力和原油与杆柱与管柱之间的阻力。

③ 对于连喷带抽的井,则采用大冲数快速抽汲,这样可增大对井的诱喷能力。

f_P, s, n 的合理组合,除了用计算机进行参数优选外,还可以通过生产试验来确定。通过对实际生产中采用不同参数组合抽油的生产资料进行统计,找出泵效高、产量高的参数组合。

(2) 确定合理的下泵深度和合理的沉没度

从冲程损失的计算知,下泵深度越小,冲程损失越小,泵效越高;而根据充满系数的计算及气体的影响原理知,沉没度越大即下泵深度越大,泵吸入口处的沉没压力越高,气体影响越小。而能使 $\eta_A \beta$ 乘积最大的下泵深度和沉没度,即是合理的下泵深度和合理的沉没度。

(3) 使用油管锚减小冲程损失

如前所述,冲程损失是由静载荷交替作用在油管和抽油杆上引起的油管柱弹性变形和抽油杆柱的弹性变形组成的,如果用油管锚或封隔器将油管下端固定,则可消除油管的弹性伸缩,减小冲程损失。深井中将油管下端锚定还可消除由于内压引起的油管螺旋弯曲,减小冲程损失。

(4) 采用井下油气分离和井口放套管气装置减轻气体影响

如上所述,要减轻气体影响,增大泵的充满系数,可采用增大泵的沉没度的方法。但增大沉没度必会增大下泵深度而增大冲程损失。所以对于高含气的抽油机井应选用的行之有效的措施是在泵的吸入口处安装井下油气分离装置,把自由气在进泵前分离出来,通过环形空间上升,只让液体进泵。套管中的气体利用井口放气流程,定时将其导入地面输油管线。

气锚作为井下油气分离装置,基本分离原理是建立在油气密度差的基础上,如图 3-31 所示为利用"回流效应"的简单气锚和带封隔器的井下油气分离器。

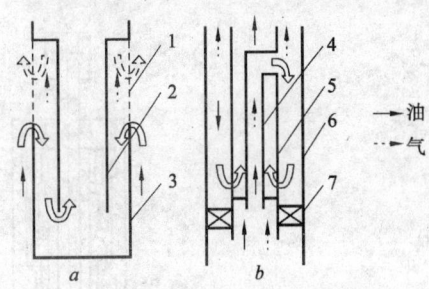

图 3-31 井下气液分离装置
1—孔眼;2—吸入管;3—外管;4—中心管;
5—外筒;6—套管;7—封隔器

3.5.2.3 设备方面和管理方面的措施

(1) 改善泵的结构提高泵效

针对油井出砂、结蜡、油稠的特殊情况,石油科研人员研制了许多特殊抽油泵。如:

① 用在出砂井的防砂卡抽油泵,如图 3-32 所示。

防砂卡抽油泵的工作原理为:上冲程时,游动阀 8 关闭,固定阀 9 打开,柱塞 7 将泵上腔室液体排至泵上油管中,与此同时,井中原油经双通接头 10 处的进油孔道进入泵的下腔室;下冲程时,固定阀 9 关闭,游动阀 8 打开,下腔室液体经游动阀 8 转移到上腔室,完成一个抽汲过程。泵在工作中,抽汲到泵上的液体把大部分砂子携带到地面,携带不到地面的大颗粒砂子下沉。由于滑阀 2 的遮挡,砂子不能回到泵筒 4 内,而是通过

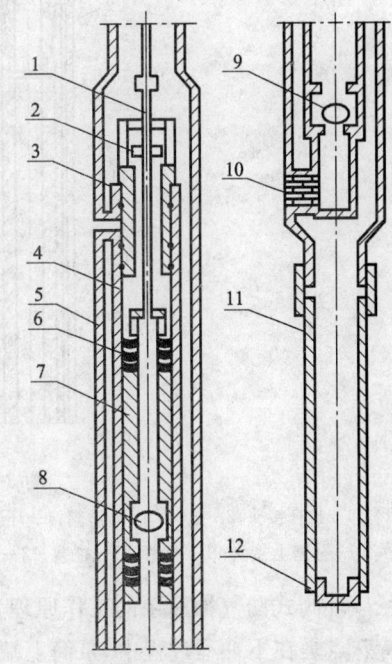

图 3-32 防砂卡抽油泵
1—特殊连杆;2—滑阀;3—泄油器;4—泵筒;
5—外套;6—刮砂结构;7—柱塞;8—游动阀;
9—固定阀;10—双通接头;11—沉砂管;12—丝堵

沉砂环形空间沉到泵下的沉砂管 11 中,若因地面设备故障、停电等原因中途停抽时,泵上油管内的砂子也会沉到泵下沉砂管 11 内,从而防止泵上积砂导致砂埋泵造成的砂卡。同时由于柱塞 7 的刮砂功能,防止了砂子进入柱塞与泵筒 4 之间的间隙。

② 用在含气多的井中的环阀式防气抽油泵,如图 3-33 所示。

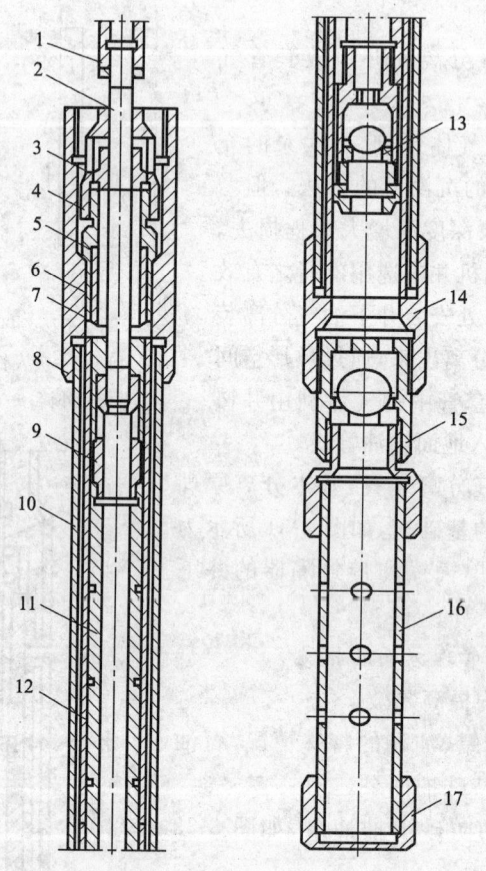

图 3-33　环阀式防气抽油泵
1—拉杆接头;2—拉杆;3—环形阀;4—环形阀罩;5—支撑接头;6—摩擦环;7—支撑接头;8—外管上接头;9—柱塞上接头;10—外管;11—柱塞;12—缸套;13—游动阀;14—接箍;15—固定阀;16—筛管;17—防砂帽

环阀式防气抽油泵的工作原理为:环阀式防气抽油泵的抽汲过程与常规泵相同。其特殊点是在下冲程过程中,泵筒上端的环形阀 3 首先关闭,随着柱塞 11 的下行,泵上腔室压力迅速降低,加速了游动阀 13 上、下空间的压力平衡,降低了游动阀 13 的开启压力,使泵在高气油比井中游动阀 13 能迅速开启,增加了泵的实际抽汲排液量,提高了泵效。

③ 用在稠油井中的液压反馈抽稠泵,如图 3-34 所示。

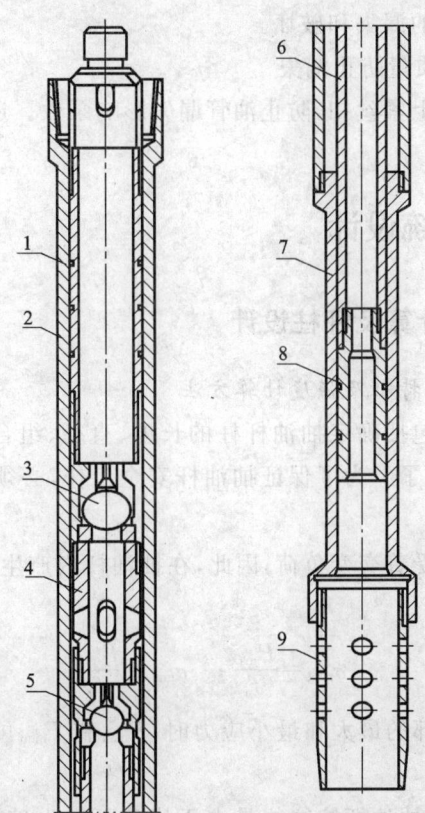

图 3-34 液压反馈抽稠泵
1—上泵筒；2—上柱塞；3—出油阀；4—阀接头；5—进油阀；6—中心管；7—下泵筒；8—下柱塞；9—筛管

液压反馈抽稠泵的工作原理为：液压反馈抽稠泵是由上、下两个泵串联而成，抽汲过程中上、下泵均处于密封状态。上冲程时，出油阀 3 关闭，井内原油经下柱塞 8 中心孔顶开进油阀 5 进入下柱塞 8 与上泵筒 1 和上柱塞 2 所形成的环形腔室；下冲程时，环形腔室逐渐减小，原油顶开出油阀 3 排至上柱塞 2 中心空腔及泵上油管内，完成一个抽汲过程。随着泵的不断抽汲，原油充满油管，上升到地面，对抽油杆和柱塞产生的下行阻力增大，但由于柱塞下行过程中，进油阀 5 始终处于关闭状态，下柱塞 8 上端压力与泵上压力相同，下柱塞 8 下端是泵沉没压力，两端的液柱压力差使柱塞 8 产生向下的轴向力，推动泵柱塞下行，以克服因油稠所产生的下行粘滞阻力。总之，液压反馈抽稠泵是利用泵上液柱压力产生的液压反馈力，增加泵的下行力，克服泵上杆柱因油稠造成的下行困难，使抽油泵在稠油井中正常生产。

(2) 改善泵的材料提高泵效

采用耐磨材料加工成的泵可减轻砂磨引起的漏失，而采用耐腐蚀的材料加工成的泵可防止泵受腐蚀引起的漏失和破坏。

（3）加强检泵作业质量防止漏失

检泵中下油管时要上紧丝扣，防止油管漏失影响泵效。还要防止泵和泄油器等的连接部位漏失等。

3.6 有杆抽油系统设计

3.6.1 抽油杆强度计算及杆柱设计

3.6.1.1 抽油杆的受力特征及强度计算方法

抽油杆的选择主要包括确定抽油杆柱的长度、直径、组合及材料。下泵深度确定后，抽油杆柱的长度就定了。为了保证抽油杆安全工作，必须根据材料及强度来确定其直径。

抽油杆柱工作时承受着交变负荷，因此，在抽油杆内产生了由 σ_{max} 到 σ_{min} 的非对称循环应力：

$$\sigma_{max} = \frac{P_{max}}{f_r}; \quad \sigma_{min} = \frac{P_{min}}{f_r}$$

当计算抽油杆柱顶部的最大和最小应力时，P_{max} 和 P_{min} 可用前面所介绍的公式计算或用动力仪测得。

在交变负荷作用下，抽油杆柱往往是由于疲劳而发生破坏，而不是在最大拉应力下发生破坏。因为，如果在最大拉应力下发生破坏，那么抽油杆的断裂事故将主要发生在拉应力最大的上部，但是矿场使用抽油杆的实践表明：在上部、中部和下部都有断裂。因此，抽油杆柱必须根据疲劳强度来进行计算。

（1）И·A·奥金格公式

根据研究，在非对称循环应力下的抽油杆强度条件为：

$$[\sigma_{-1}] \geqslant \sigma_c$$

$$[\sigma_{-1}] = \frac{\sigma_{-1}}{K} \tag{3-65}$$

式中 σ_{-1}——对称循环疲劳极限应力；

$[\sigma_{-1}]$——许用应力；

K——安全系数；

σ_c——折算应力。

$$\sigma_c = \sqrt{\sigma_a \sigma_{max}}$$

式中 σ_a——循环应力的应力幅。

$$\sigma_a = \frac{\sigma_{\max} - \sigma_{\min}}{2} = \frac{P_{\max} - P_{\min}}{2f_r}$$

不同材料的抽油杆的许用应力见表3-2。

表 3-2　不同材料的抽油杆的许用应力

抽油杆材料	普通碳钢	镍铬钢、铬钼钢	镍钼钢
许用应力/(N·mm^{-2})	70	90	100～120

利用前面介绍的悬点载荷公式和上述强度公式,就可进行一定抽汲条件下的抽油杆强度校核和确定抽油杆最大下入深度。

对于深井,为了节约钢材,减小悬点载荷,或增加抽油杆的下入深度,从等强度原则出发,通常都采用上部直径大、下部直径小的多级组合抽油杆柱,如,25 mm与22 mm,22 mm与19 mm的二级组合杆柱;或25 mm,22 mm和19 mm的三级杆柱等。

在确定抽油杆柱组合时,应该注意在活塞下行时,由于活塞与衬套的摩擦及液体通过游动阀的阻力,往往会使抽油杆柱下部发生纵向弯曲,产生弯曲应力。因此,有时下部抽油杆,采用一段直径较大的抽油杆(或加重抽油杆)。采用下部加重杆柱,一方面可提高刚度和增加强度;另一方面使这部分杆柱重力能够克服活塞下行阻力,以减小弯曲。

为了安全而合理地使用抽油杆,可参考采油技术手册中不同抽油杆下泵的最大深度表来选择抽油杆柱,或者用专门的抽油杆柱计算图来选择具体条件下的抽油杆尺寸及组合。

上面介绍的仅仅是根据苏联 И·A·奥金格的疲劳强度公式进行抽油杆柱设计的方法,对于循环应力下的疲劳破坏,还有其他强度公式和相应的抽油杆柱设计方法。

(2) 修正古德曼图

目前国内多采用美国石油学会(API)推荐的方法,即用修正古德曼图(图3-35)来进行抽油杆强度校核和杆柱设计。

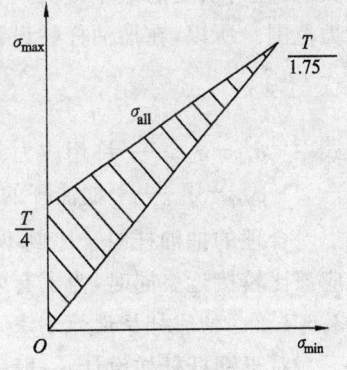

图 3-35　修正古德曼图

修正古德曼图的纵坐标为抽油杆柱的最大应力 $\sigma_{\max}$,横坐标为最小应力 $\sigma_{\min}$。图中的阴影区为疲劳安全区,抽油杆柱的应力点落在该区内时,抽油杆柱将不会发生疲劳破坏。根据修正古德曼图,抽油杆的许用最大应力的计算公式为:

$$\sigma_{\text{all}} = \left(\frac{T}{4} + 0.562\,5\sigma_{\min}\right)\overline{SF} \tag{3-66}$$

式中　σ_{all}——抽油杆许用最大应力;

T——抽油杆最小抗张强度;

$\sigma_{\min}$——抽油杆最小应力;

$\overline{SF}$——使用系数,考虑到流体腐蚀性等因素而附加的系数(小于或等于1.0),使用时可参考表3-3来选值。

表3-3 抽油杆的使用系数

使用介质	API D级杆	API C级杆
无腐蚀性	1.00	1.00
矿化水	0.90	0.65
含硫化氢	0.70	0.50

要保证抽油杆柱不发生疲劳破坏,抽油杆的最大应力不应超过式(3-66)计算出的许用最大应力σ_{all},即:

$$\sigma_{\max} \leqslant \sigma_{all} \tag{3-67}$$

将最大、最小载荷公式代入式(3-66)和式(3-67),就可得计算抽油杆强度所允许的悬点最大载荷的公式。进而可确定在一定抽汲参数和设备下抽油杆的允许下入深度;或者在一定下泵深度下,使抽油杆不超载的f_p, s, n的组合。

由式(3-66)可看出,抽油杆的许用应力不仅与杆的材料及抽汲流体的腐蚀性有关,而且与所受的最小应力有关。也就是说,修正古德图和式(3-66)给出的是许用应力范围。所以,在抽油杆柱设计及应力分析中常采用应力范围比$\overline{PL}$,即:

$$\overline{PL} = \frac{\sigma_{\max} - \sigma_{\min}}{\sigma_{all} - \sigma_{\min}} \times 100\% \tag{3-68}$$

式中 $\sigma_{all} - \sigma_{\min}$——许用应力范围;

$\sigma_{\max} - \sigma_{\min}$——抽油杆的应力范围。

合理的抽油杆组合比例不仅应保证各级抽油杆的$\overline{PL} < 100\%$,而且各级杆的$\overline{PL}$值应该比较接近。同时,为了有效地使用抽油杆,$\overline{PL}$还应保持较高的数值。

3.6.1.2 抽油杆柱设计方法

对于钢杆杆柱设计,一般采用等强度原则,即各级杆柱顶端面的应力范围比或折算应力相等。下面以等应力范围比$\overline{PL}$为例,说明在不采用加重杆时的杆柱设计。抽油杆柱设计步骤如下:

① 首先选定抽油杆的材料确定抗张强度,并在0.8~1的范围内确定设计许用最大应力范围比$[\overline{PL}]$。

② 根据现场实际情况确定最小杆径$d_{\min}$,第一级(最下一级)杆径$d_1 = d_{\min}$,泵深L为杆柱长度$L_1, L_1 = L$。

③ 将杆柱分为小段ΔL_1,计算各小段顶端面的应力范围比$\overline{PL}_{1i}$($i=1,2,\cdots,n_1$)。若$\overline{PL}_{1n_1} < [\overline{PL}]$,则停止杆柱设计,杆柱为单级杆;若$\overline{PL}_{11} < [\overline{PL}]$,说明此杆强度不够,

需换大杆重新设计;若$\overline{PL}_{1k_1}<[\overline{PL}]$且$\overline{PL}_{1(k_1+1)}>[\overline{PL}](1<k_1<n_1)$,则可内插求得对应顶端面应力范围比为$[\overline{PL}]$的第一级杆长度$L_1$。

④ 将d_1增加3 mm(我国抽油杆尺寸系列的直径差)作为第二级杆d_2。若$d_2>[d_{\max}]$,则停止杆柱设计,说明此组抽汲参数太大,超过了许用最大应力范围比;若$d_2\leqslant[d_{\max}]$,则可取剩余长度L_2为第二级杆,$L_2=L-L_1$。同上,将L_2分为多个小段ΔL_2,计算各小段顶端的应力范围比$\overline{PL}_{2i}(i=1,2,\cdots,n_2)$,若$\overline{PL}_{2n_2}<[\overline{PL}]$且$|\overline{PL}_{1n_1}-\overline{PL}_{2n_2}|\leqslant\varepsilon$,则停止杆柱设计,杆柱为两级杆;若$\overline{PL}_{2n_2}<[\overline{PL}]$且$|\overline{PL}_{1n_1}-\overline{PL}_{2n_2}|>\varepsilon$,则可减小$[\overline{PL}]$,重新设计杆柱,直到$|\overline{PL}_{1n_1}-\overline{PL}_{2n_2}|\leqslant\varepsilon$为止;若$\overline{PL}_{2k_2}<[\overline{PL}]$且$\overline{PL}_{2(k_2+1)}>[\overline{PL}](1<k_2<n_2)$,则可内插求得对应顶端面应力范围比为$[\overline{PL}]$的第二级杆长度$L_2$。

⑤ 将d_2增加3 mm作为第三级杆径d_3,设计方法同第二级杆柱。

一般最小杆径取$d_{\min}=19$ mm,最大杆径取$d_{\max}=25$ mm,ε为两级抽油杆顶端面应力范围比的最大允许差值,一般取$\varepsilon=0.05$,ΔL一般小于50 m,最大不超过100 m,深井多采用三级或四级杆柱。

抽汲一般粘度的液体时,每级杆柱上的应力范围比随长度为单调函数,故在求对应顶端面为$[\overline{PL}]$的杆柱长度时可采用二分法或黄金分割法。

3.6.2 有杆抽油井生产系统设计

有杆抽油系统包括油层、井筒流动、机、杆、泵和地面出油管线到油气分离器。有杆抽油系统设计主要是选择机、杆、泵、管以及抽汲参数,并预测其工况指标,使整个系统高效、安全工作。

(1) 设计原则

以油藏供液能力为依据,以油藏与抽油设备的协调为基础,最大限度地发挥设备和油藏潜力,使抽油系统高效、安全工作。

(2) 设计内容

对刚转为有杆泵抽油的井和少量需调整抽油机机型的有杆泵抽油的井可初选抽油机机型。对大部分有杆泵抽油油井,抽油机不变,为已知。对于某一抽油机型号,设计内容有:泵型、泵径、冲程、冲次、泵深及相应的杆柱组合和材料,并预测相应抽汲参数下的工况指标,包括载荷、应力、扭矩、功率、产量及电耗等。

(3) 需要的基础数据

包括:井深、套管直径、油藏压力、油藏温度;油、气、水密度,油饱和压力,地面脱气原油粘度;含水率,套压,油压,生产气油比,设计前油井的产量、流压(或动液面和泵深,或产液指数)。

(4) 设计方法

有杆抽油系统设计方法可分为给定产量和不限定产量两种设计。

① 不限定产量设计。

实际上是在一定的设备条件下,寻求发挥设备最大潜力的抽油设计方案。其设计步骤如下:

a. 计算 IPR 曲线及最大产量 $Q_{\max}$;

b. 取稍小于 $Q_{\max}$ 的产量作为初设产量 Q';

c. 由 IPR 曲线计算初设产量 Q' 对应的井底流压;

d. 以井底流压为起始点,应用多相管流公式计算井筒中的压力分布及相应的充满系数,直到压力低于保证最低沉没度的压力为止;

e. 由 β-p_i 曲线选定充满系数及泵吸入口压力,即可确定出下泵深度;

f. 初设抽油杆直径从井口回压 p_h 向下进行杆-管环空多相流计算,确定液柱载荷;

g. 给定泵径和初定泵效,确定冲程 s 和冲数 n;

h. 进行杆柱设计,若下泵深度过大而超应力则减小 Q' 转入 c;

i. 根据设计出的杆柱重新计算泵效及相应的产量 Q'';

j. 若 $\left|\dfrac{Q'-Q''}{Q''}\right| > \varepsilon$,则以 $(Q''+Q')/2$ 作为新设计产量 Q' 转入 c;

k. 进行扭矩、功率、电耗等计算,并检查工况指标是否超过设备的额定值,如超过设备的额定值,则再减小 Q' 转入 c;

l. 设计结束。

更换抽油机型号后,按上述步骤仍可完成发挥该型抽油机潜力以获得最大产量的设计方案。

② 给定产量设计。

这是在油井配产任务给定产量的条件下,寻求为完成规定产量使抽油系统在高效率下工作的抽油设计方案。其核心是确定合理的抽汲参数。设计步骤与不限定产量的主要不同点是:

a. 以规定的产量作为设计产量,不再先假定产量。

b. 进行杆柱设计时,若杆柱超过最大许用应力,应选高强度杆或重新确定能满足规定的抽汲参数组合(主要是 f_p, s, n)。若最后仍无法满足,则停止设计,说明配产不合理,有杆泵抽油方式无法实现配产任务。

c. 如果抽油机超扭矩和超载荷,则可更换大型抽油机,重新进行设计。

d. 能够基本满足规定产量的抽汲参数可能会有多种组合,应以系统的效率高、能耗低作为抽汲参数的选择依据。

3.7 有杆抽油系统工况分析

油井生产分析的目的是了解油层的生产能力、设备能力以及他们的工作状况,为进一步制定合理的技术措施提供依据,使设备的抽油能力与油层的供油能力相适应,充分发挥油层潜力,并使设备在高效率下正常工作,以保证油井高产量、高泵效生产。抽油机井的分析应包括以下内容:

① 了解油层生产能力及工作状况,分析是否已发挥了油层潜力,分析判断油层不正常工作的原因。

② 了解设备能力及工作状况,分析设备是否适应油层生产能力,了解设备利用率,分析判断设备不正常工作的原因。

③ 分析检查措施效果。

3.7.1 抽油机井液面测试与分析

3.7.1.1 静液面、动液面及米采油指数

静液面是关井后环形空间中的液面恢复到静止时的液面,从井口到液面的距离 L_s 称为静液面深度,从油层中部到静液面的距离 H_s 称为静液面高度,如图 3-36 所示。与静液面相对应的井底压力即是油层压力(静压),若井口压力为零时,静压与静液面的关系为:

$$p_e = \rho_o g H_s = \rho_o g(H - L_s) \quad (3-69)$$

动液面是油井生产期间油套管环形空间的液面。同样动液面深度 L_f 表示井口到动液面的距离,动液面高度 H_f 表示油层中部到动液面的距离。井底流压与动液面的关系为:

$$p_{wf} = \rho_o g H_f = \rho_o g(H - L_f) \quad (3-70)$$

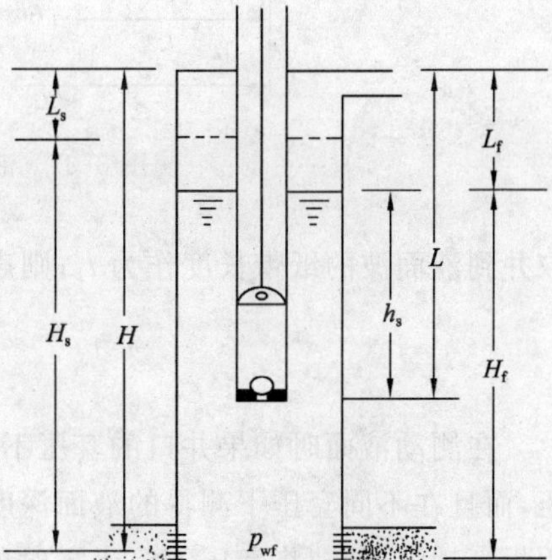

图 3-36 静液面与动液面的位置

h_s 称为沉没度,它表示泵的吸入口沉没在动液面以下的深度,其大小应根据气油比的高低、原油进泵所需要的压头的大小来确定。

油井的采油指数为:

$$J = \frac{Q}{p_e - p_{wf}} = \frac{Q}{\rho_o g(H_s - H_f)} = \frac{Q}{\rho_o g(L_f - L_s)}$$

令 $K = J\rho_o g = \dfrac{Q}{H_s - H_f} = \dfrac{Q}{L_f - L_s}$,则油井的流动方程可表示为:

$$Q = K(H_s - H_f) = K(L_f - L_s) \quad (3-71)$$

式中　Q——油井产量，t/d；
　　　K——米采油指数，t/(d·m)。

米采油指数 K 和采油指数 J 一样，也表示单位生产压差下的原油日产量，只是这时的生产压差是用液柱高度差或液面深度差表示。

3.7.1.2　液面位置的测量

测液面的原理是利用回声仪测量声波从井口传播到液面再返回到井口所用的时间 t，再求出声波在环形空间中传播的速度 v，则液面深度为：

$$L = v\frac{t}{2} \tag{3-72}$$

为了求出声波在环形空间中传播的速度，在距离井口一定深度 L_1 处安装音标，在用回声仪测得的声波曲线纸带上能显示出井口波、音标波和液面波，如图 3-37 所示。

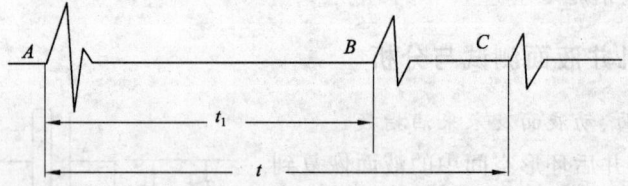

图 3-37　液面与音标声波反射曲线

取井到液面波的纸带长度作为 t_1，则声速为 $v = \dfrac{L_1}{t_1/2}$，将其代入式(3-72)得：

$$L = \frac{L_1}{t_1}t \tag{3-73}$$

在测动液面时如果井口的套压不等于零，则测得的动液面不能真实地反映井底流压，而且在不同套压下测得的液面深度也无法比较油井能量的变化，在这种情况下，要用折算动液面，即将套压不等于零时的动液面，依据流压相等的原理折算成套压等于零时的动液面。设折算动液面深度为 L_{fc}，由于：

$$p_{wf} = p_c + \rho_o g(H - L_f) \times 10^{-6} = \rho_o g(H - L_{fc}) \times 10^{-6}$$

则可求得折算动液面深度为：

$$L_{fc} = L_f - \frac{p_c}{\rho_o g} \times 10^6 \tag{3-74}$$

在抽油机井的生产中，用液面的高低表示油井能量的高低，所以要求定期测量动液面深度，并对动液面进行分析，发现不正常则及时采取措施。

3.7.2　地面示功图分析

示功图是载荷随位移变化的封闭曲线，地面示功图是表示悬点载荷随悬点位移变化的封闭曲线,以悬点位移为横坐标,冲程与实际冲程之比值称为减程比;以悬点载荷为纵坐标,每毫米纵坐标表示的载荷称为力比。用动力仪在悬点处测得的示功图,称为实测示功图。而人工绘制的悬点理论载荷随悬点位移变化的封闭曲线,称为理论示功图。实测示功图虽然是在悬点处测得,但其形状与泵的工作状况有密切的关系,所以也常说是泵的地面示功图。在油田采油实际工作中经常靠分析实测示功图来判断泵的工作状况。

分析实测示功图的步骤为:

① 在实测示功图上绘制理论示功图,并将实测示功图与理论示功图对比分析;
② 与典型示功图对比分析;
③ 结合油井产量、原油粘度等生产资料进行分析。

下面就对理论示功图和典型示功图进行介绍。

3.7.2.1 理论示功图

(1) 理论示功图的构成

如图 3-38 所示,理论示功图是一个在以悬点位移为横坐标,以悬点载荷为纵坐标的直角坐标系中的平行四边形 $ABCD$,其中 AB 为加载线,在 $s_A \leqslant \lambda$ 时,静载荷逐渐从下冲程的静载荷增加到上冲程的静载荷,在此期间,载荷与形变成正比,$P_u = W'_r + W'_l \times s_A/\lambda$,在 B 点悬点加载完毕,载荷增加到 $W'_r + W'_l$,这时固定阀打开。$\lambda \leqslant s_A \leqslant s$ 时的 BC 段为上静载线,在 $s - s_A \leqslant \lambda$ 的 CD 段为卸载线,到达 D 点卸载完毕,载荷减小到 W'_r,游动阀在此时打开。DA 段为下静载线。冲程损失 $\lambda = B'B = D'D$,活塞有效冲程 $s_p = BC = DA$,上冲程载荷变化线 ABC 与基线(即横坐标)之间所夹面积为悬点上冲程做的功,下冲程载荷变化线 CDA 与基线之间所夹面积为悬点下冲程做的负功,在一个冲次中悬点做的净功为平行四边形 $ABCD$ 的面积。

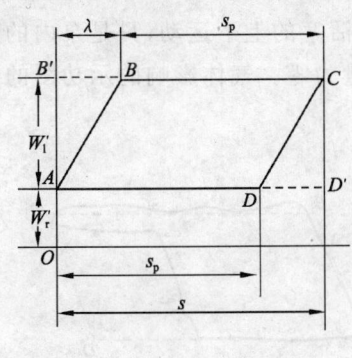

图 3-38 静载荷作用下的理论示功图

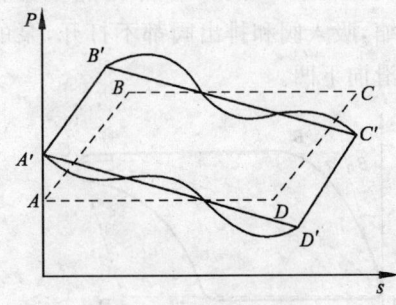

图 3-39 考虑惯性和振动后的理论示功图

(2) 考虑惯性载荷后的理论示功图

考虑惯性载荷时,是把惯性载荷叠加在静载荷上。如不考虑抽油杆柱和液柱的弹性对它们在光杆上引起的惯性载荷的影响,则作用在悬点上的惯性载荷的变化规律与悬点加速度的变化规律是一致的。在上冲程中,前半冲程有一个由大变小的向下作用的惯性载荷(增加悬点载荷);后半冲程作用在悬点上的有一个由小变大的向上的惯性载荷(减小悬点载荷)。在下冲程中,前半冲程作用在悬点的有一个由大变小的向上的惯性载荷(减小悬点载荷);后半冲程则是一个由小变大的向下作用(增加悬点载荷)的惯性载荷。因此,由于惯性载荷的影响使静载荷的理论示功图的平行四边形 $ABCD$ 被扭歪成 $A'B'C'D'$。如图 3-39 所示。

考虑振动时,则把抽油杆振动引起的悬点载荷叠加在四边形 $A'B'C'D'$ 上。由于抽油杆柱的振动发生在粘性液体中,所以为阻尼振动。叠加之后在 $B'C'$ 线和 $D'A'$ 线上就出现逐渐减弱的波浪线。

3.7.2.2 典型示功图

典型示功图是指某一因素影响十分明显,其形状代表了该因素影响下的基本特征的示功图。在实际情况下,虽然有多种因素影响示功图的形状,但总有其主要因素,而示功图的形状能够反映主要因素影响下的特征。

(1) 气体和供液不足对示功图的影响

① 气体影响充不满时的示功图。

有气体影响的示功图如图 3-40 所示,在下冲程末泵底部的余隙中含有一定量的溶解气和压缩的自由气,上冲程开始后,由于这部分气体膨胀使泵内压力不能很快降低,使悬点加载缓慢,吸入阀打开滞后到 B' 点。下冲程开始时,由于气体受压缩使泵内压力不能迅速提高,悬点卸载缓慢,排出阀滞后于 D' 点才打开。气体影响越严重,吸入阀和排出阀打开滞后得越严重,无效冲程 $B'B$ 和 $D'D$ 越长,示功图的"刀把"越明显。而当沉没压力很低,进泵气量特别大时,有效冲程 $B'C$ 段和 $D'A$ 段接近于零,出现所谓的气锁现象,如图 3-40 中的点划线所示,活塞的上下运动,只是泵内的气体在膨胀和压缩,吸入阀和排出阀都不打开,泵的排量为零。气体影响的示功图的特征是卸载线光滑向下凹。

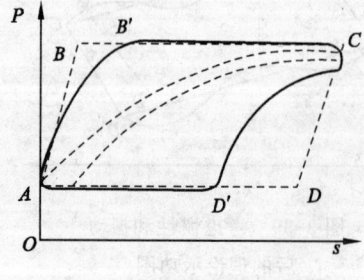
图 3-40 气体影响下的示功图

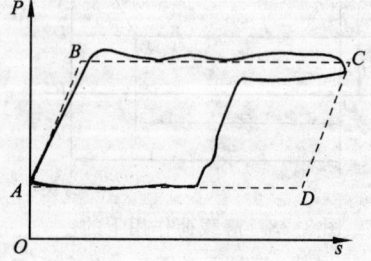
图 3-41 供液不足充不满时的示功图

② 供液不足充不满时的示功图。

如果泵的沉没度过小且原油含气量不大时会使进油速度跟不上活塞向上的移动速度，造成供液不足，液体充不满泵筒。如图 3-41，示功图的特点是下冲程开始后悬点不卸载，当活塞碰到液面时悬点几乎是垂直急剧卸载。卸载线下凹有拐点。由活塞撞击液面产生的冲击载荷常常引起抽油杆柱的振动载荷，使示功图形状极不规则，出现起伏不定的波浪线。出现振动载荷的井，在井口往往能听到减速箱中阵阵哗哗的齿轮撞击声。

(2) 漏失对示功图的影响

① 排出部分漏失。

如图 3-42 所示，上冲程时，随着活塞向上让出体积，泵内压力降低，活塞上下产生压力差，使活塞上面的液体从活塞与衬套间隙及游动阀不严密处漏到活塞下面的泵筒中去。由于漏失到下面的液体对活塞有向上的"顶托"作用，使悬点加载缓慢。随着悬点向上运动的速度加快，"顶托"作用逐渐减小，直到活塞上行速度大于漏失速度时，悬点加载完毕，固定阀滞后于 B' 点才打开。

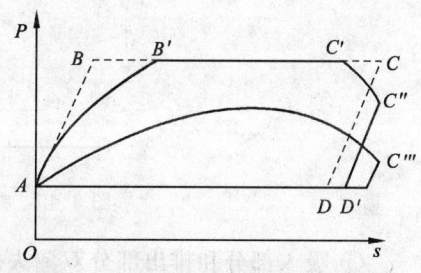

图 3-42 排出部分漏失影响的示功图

当活塞运行到后半冲程，活塞上行速度减慢到低于漏失速度时，又出现漏失液体的"顶托"作用，使悬点提前卸载，固定阀提前于 C' 点就关闭。当悬点运行到上死点时，悬点载荷已降到 C'' 点。

由于排出部分的漏失，使固定阀滞后于 B' 点打开，提前于 C' 点关闭，活塞的有效吸入冲程 $s_p = \overline{B'C'}$。当排出部分漏失严重时，$\overline{B'C'}$ 等于零，固定阀不能打开，活塞的上下运动起不到改变泵内压力的作用，示功图呈细长条形，在下静载线附近，泵的排量为零，如图 3-43 所示。

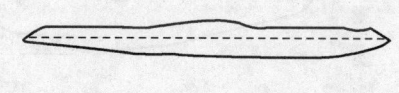

图 3-43 排出部分严重漏失的示功图

② 吸入部分漏失。

下冲程开始后，由于吸入部分（固定阀）漏失，泵中的液体漏回井中，泵内压力上升缓慢，如图 3-44 所示，直到活塞向下移动的速度快于漏失速度，活塞追上了液面，才出现泵内压力升高，悬点卸载完毕，排出阀滞后于 D' 点才打开。当活塞运行到后半冲程，向下移动的速度又慢于漏失的速度时，泵内压力提前降低，排出阀提前于 A' 点就关

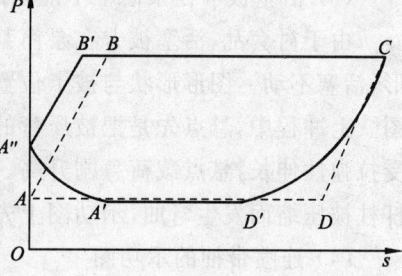

图 3-44 吸入部分漏失影响的示功图

闭,当活塞运行到下死点时,悬点载荷已经增加到 A'' 点。

由于吸入部分漏失,排出阀滞后于 D' 打开,提前于 A' 关闭,使活塞的有效冲程减小仅为 $s_p = D'A'$。漏失越严重,$D'A'$ 越短。当吸入部分严重漏失时,$D'A'$ 等于零,排出阀一直不能打开,示功图呈细长条形,在上静载线附近,如图3-45所示。

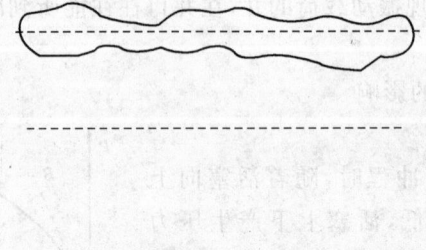

图3-45 吸入部分严重漏失的示功图

③ 吸入部分和排出部分双漏失的示功图。

当吸入部分和排出部分都漏失时,示功图是两种漏失示功图的组合,示功图呈近似的椭圆形,如图3-46所示。

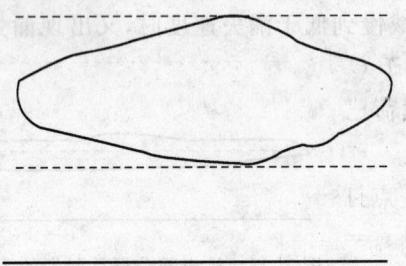

图3-46 吸入部分、排出部分双漏失的示功图　　图3-47 活塞卡在泵筒中部的示功图

(3) 活塞被卡在泵筒中不能动的示功图

由于衬套乱,活塞被卡在泵筒某一位置时,悬点的上下移动只是抽油杆柱发生变形,活塞不动。图形形状与被卡位置有关,图3-47为活塞被卡在泵筒中部的实测示功图。上冲程中,悬点先是把被压弯的抽油杆柱拉直,随着悬点载荷缓慢增加,抽油杆柱受拉弹性伸长,悬点载荷急剧升高。下冲程中,先是抽油杆柱恢复弹性变形,然后抽油杆柱被压缩而发生弯曲,示功图上先急剧卸载后缓慢卸载,呈现两个斜率段。

(4) 连喷带抽的示功图

对于具有一定自喷能力的抽油机井,抽油泵的抽汲只起诱喷和助喷作用。在抽汲过程中,游动阀和固定阀处于同时打开状态,液柱载荷基本加不到悬点上去。示功图的位置和载荷变化的大小取决于喷势的强弱及抽汲液体的粘度。图3-48和图3-49

分别为喷势较强、油稀带喷井的示功图和喷势较弱、油稠带喷井的示功图。

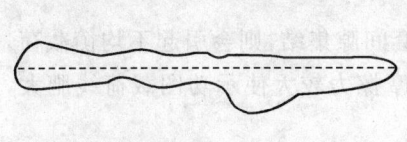 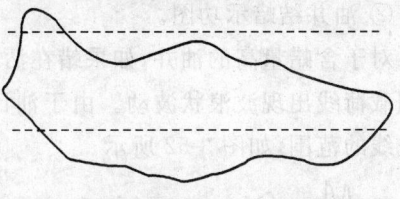

图 3-48 喷势较强、油稀带喷井的示功图　　图 3-49 喷势较弱、油稠带喷井的示功图

(5) 抽油杆柱断或脱扣的示功图

抽油杆柱在某一位置被拉断或在某一个接箍处脱扣断开后,悬点载荷实际上是断脱点以上的抽油杆柱在液体中的重力,但是由于抽油杆柱与液柱有摩擦力,使上、下冲程的载荷线不重合。示功图呈细长条形,其位置的高低取决于断脱点的位置,断脱点越靠上,示功图则越靠下。图 3-50 是抽油杆柱在接近下部断脱的示功图。

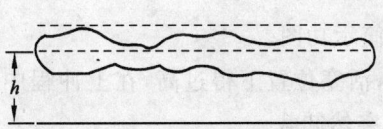

图 3-50 抽油杆断脱的示功图

根据示功图的位置可以求出断脱点深度。由悬点载荷 $P = m_r L_D g b = hC$,可得到断脱点的深度为:

$$L_D = \frac{hC}{m_r g b}\tag{3-75}$$

式中　L_D——断脱点深度,m;
　　　h——示功图中心线至基线的距离,mm;
　　　C——测示功图的动力仪的力比,N/mm;
　　　m_r——每米抽油杆柱的质量,kg/m;
　　　b——抽油杆在液体中的失重系数;
　　　g——重力加速度,9.8 m/s²。

如果断脱位置靠近活塞,示功图的位置在下静载线附近,这种示功图与连喷带抽、喷势较强的示功图和严重漏失的示功图非常相近,可结合油井产量来区分,连喷带抽示功图有产量,并且产量较高,而断脱和严重漏失则没有产量。要区分抽油杆柱在活塞根部断脱与严重漏失两种示功图比较困难,但严重漏失时的活塞也就相当于一段抽油杆了。

(6) 其他情况的示功图

① 油井出砂示功图。

砂子在活塞与衬套间隙中摩擦产生不稳定的载荷,其示功图载荷线呈锯齿状波动，如图3-51所示。

② 油井结蜡示功图。

对于含蜡量高的油井，如果蜡在活塞与衬套间隙集结，则会引起不均衡载荷，使示功图载荷线出现波浪状波动。由于油比较稠，摩擦力较大使示功图载荷线肥大，超出静载线的范围，如图3-52所示。

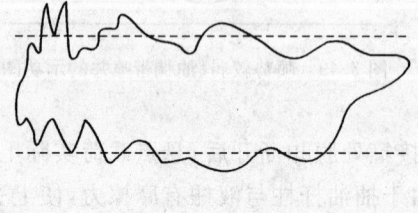 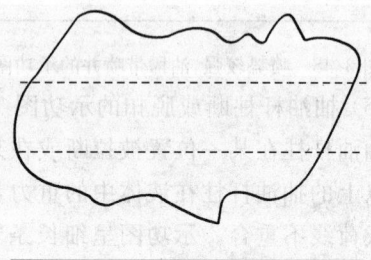

图3-51　出砂井的示功图　　　　图3-52　结蜡井的示功图

③ 上冲程活塞脱出泵筒示功图。

图3-53为防冲距太大，活塞位置下得过高，在上冲程中活塞全部脱出泵筒的示功图。活塞脱出泵筒时，悬点突然卸载。

④ 活塞碰固定阀的示功图。

如果防冲距过小，下冲程近下死点处，活塞碰固定阀，引起载荷急剧减小，经常由于冲击载荷引起抽油杆柱的振动载荷，如图3-54所示。

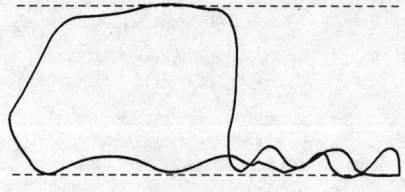 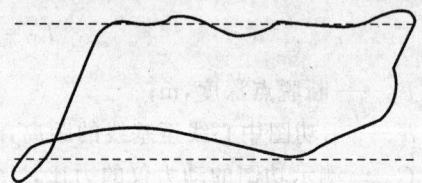

图3-53　活塞脱出泵筒的示功图　　　图3-54　防冲距过小、活塞碰固定阀的示功图

在生产中还经常有许多类型的示功图。由于泵的工作条件比较复杂，和泵的信号经几百米到上千米的抽油杆柱传递到地面，再加上抽油杆柱的振动影响，使地面示功图的形状极不规则，在典型示功图中找不到范例，也判断不出是什么因素影响的。

在20世纪30年代曾用井下动力仪直接测量泵的示功图，以便对泵的工作状况作出正确判断。这样可以消除许多不定因素的影响，大大地简化了示功图的解释工作。但是由于仪器要放在井下，仪器使用量大，工艺比较复杂，成本高，因而没有得到推广。

3.7.3 抽油机井的计算机诊断技术

抽油机井的计算机诊断技术是根据光杆实测载荷和位移，利用数学方法借助于计算机来求得各级抽油杆柱截面和泵上的载荷及位移，从而绘出井下示功图，用于判断和分析抽油设备的工作状况。其中包括：计算各级抽油杆柱顶部断面上的应力；估算泵口压力；判断油井潜能；计算活塞冲程和泵效等。

3.7.3.1 诊断技术的理论基础

诊断技术是把抽油杆柱作为一根井下动态的传导线，其下端的泵作为发送器，上端的动力仪作为接收器，井下泵的工作状况以应力波的形式沿抽油杆柱以声波速度传递到地面。把地面记录的资料经过数学处理，就可以定量地分析泵的工作状况。应力波在抽油杆柱中的传播过程可以用带阻尼的波动方程来描述：

$$\frac{\partial^2 U(x,t)}{\partial t^2} = a^2 \frac{\partial^2 U(x,t)}{\partial x^2} - c \frac{\partial U(x,t)}{\partial t} \tag{3-76}$$

式中 $U(x,t)$——抽油杆柱任一截面(x)处在任意时刻t时的位移；

a——应力波在抽油杆柱中的传播速度；

c——阻尼系数。

将以截断的傅里叶级数表示的悬点动载荷函数$D(t)$及光杆位移函数$U(t)$作为边界条件：

$$D(t) = \frac{\sigma_0}{2} + \sum_{n=1}^{\bar{n}} (\sigma_n \cos n\omega t + \tau_n \sin n\omega t) \tag{3-77}$$

$$U(t) = \frac{v_0}{2} + \sum_{n=1}^{\bar{n}} (v_n \cos n\omega t + \delta_n \sin n\omega t) \tag{3-78}$$

因为方程(3-76)中不包含抽油过程中保持不变的重力项，所以采用从悬点总载荷中减去抽油杆柱重力后得到的动载函数$D(t)$作为力的边界条件。$D(t)$及$U(t)$的傅里叶系数$\sigma_0, \sigma_n, \tau_n$及$v_0, v_n, \delta_n$可分别用下面的公式求得：

$$\sigma_n = \frac{\omega}{\pi} \int_0^T D(t) \cos n\omega t \quad (n=0,1,2,\cdots,\bar{n})$$

$$\tau_n = \frac{\omega}{\pi} \int D(t) \sin n\omega t \quad (n=1,2,\cdots,\bar{n})$$

$$v_n = \frac{\omega}{\pi} \int_0^T U(t) \cos n\omega t \quad (n=0,1,2,\cdots,\bar{n})$$

$$\delta_n = \frac{\omega}{\pi} \int U(t) \sin n\omega t \quad (n=1,2,\cdots,\bar{n})$$

式中 ω——曲柄角速度；

T——抽汲周期。

实际工作中 $D(t)$ 及 $U(t)$ 是以曲线（或数值）形式给出的，所以傅里叶系数可用近似的数值积分来确定。

以式(3-77)、(3-78)作为边界条件，用分离变量法解方程(3-76)可得抽油杆柱任意深度 x 断面的位移随时间的变化关系为：

$$U(x,t) = \frac{\sigma_0}{2EA_r}x + \frac{v_0}{2} + \sum [O_n(x)\cos n\omega t + P_n(x)\sin n\omega t] \qquad (3-79)$$

根据虎克定律有：

$$F(x,t) = EA_r \frac{\partial U(x,t)}{\partial x}$$

则抽油杆柱任意深度 x 断面上的动载荷函数随时间的变化为：

$$F(x,t) = EA_r \left\{ \frac{\sigma_0}{2EA_r} + \sum_{n=1}^{\bar{n}} \left[\frac{\partial O_n(x)}{\partial x}\cos n\omega t + \frac{\partial P_n(x)}{\partial x}\sin n\omega t \right] \right\} \qquad (3-80)$$

式中　E——弹性模量；
　　　A_r——抽油杆截面积。

在 t 时刻 x 断面上的总载荷等于 $F(x,t)$ 加上 x 断面以下的抽油杆柱重力。

3.7.3.2　诊断技术的应用

只要预先给计算机装入诊断程序、井的有关数据、测得的光杆位移及载荷随时间的变化值，就可以计算出抽油杆柱各级断面和泵的示功图，并提供必要的判断和分析结果。目前已有将光杆载荷、位移测量、数据采集、诊断软件和计算机集于一体的便携式有杆泵井诊断仪用于现场。诊断结果可用于判断泵的工作状况。

把地面示功图即悬点载荷与时间的关系用计算机进行数学处理后，由于消除了抽油杆柱的变形、杆柱的粘滞阻力、振动和惯性的影响，将会得到形状简单而又能真实反映泵工作状况的井下示功图。利用深井泵工作的基本概念难于做出定性分析的地面示功图，转换成泵的示功图后不仅能很容易地对影响深井泵工作的各种因素作出定性分析，而且还可以求得柱塞冲程和有效排出冲程，从而可以计算出泵排量和油井产量。

在理想情况（油管锚定、没有气体影响和漏失等）下，泵的示功图为矩形，如图3-55a所示，长边表示柱塞冲程，短边表示液柱载荷。油管未锚定时，泵的示功图将变成平行四边形，如图 3-55b 所示，其长边的长度表示柱塞相对于泵筒的冲程长度。其他影响因素的典型示功图如图所示。

3.7.4　抽油机井生产动态分析——动态控制图的应用

抽油机井生产动态分析的方法很多，在此主要对利用抽油机井的动态控制图对油井生产动态进行分析的方法加以介绍。

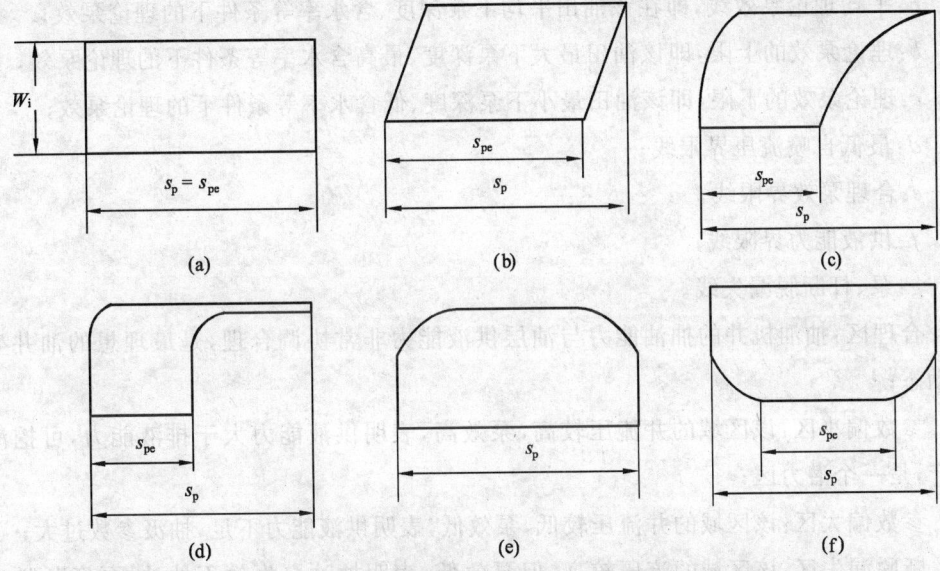

图 3-55 几种典型的井下泵的示功图

(a) 油管锚定,无气体、漏失影响;(b) 油管未锚定,有冲程损失;(c) 气体影响;
(d) 供液不足充不满;(e) 排出部分漏失;(f) 吸入部分漏失

该分析方法把油层供液能力与抽油泵的抽油能力之间的协调关系有机地结合起来进行分析,是一种比较科学实用的分析方法。

3.7.4.1 抽油机井动态控制图的构成

动态控制图的横坐标为抽油机井的泵效,纵坐标为井底流压与原油饱和压力的比值。整个图内有七条线,共划分五个区域,如图 3-56 所示。各线及区域的意义是:

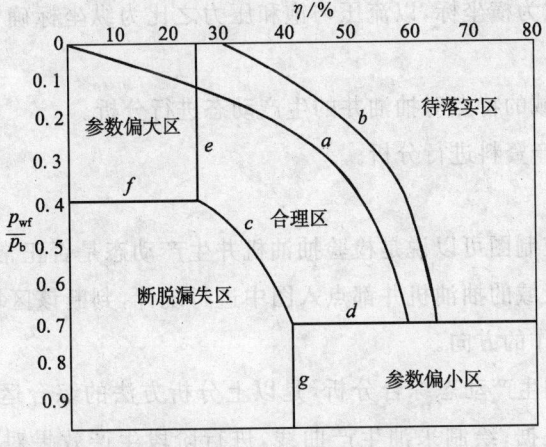

图 3-56 抽油机井动态控制图

a:平均理论泵效线,即在该油田平均下泵深度、含水率等条件下的理论泵效;

b:理论泵效的上限,即该油田最大下泵深度、最高含水率等条件下的理论泵效;

c:理论泵效的下限,即该油田最小下泵深度、低含水率等条件下的理论泵效;

d:最低自喷流压界限线;

e:合理泵效界限线;

f:供液能力界限线;

g:泵、杆断脱漏失线。

合理区:抽油机井的抽油能力与油层供液能力非常协调合理,是最理想的油井生产动态;

参数偏小区:该区域的井流压较高,泵效高,表明供液能力大于排液能力,可挖潜上产,是一个潜力区;

参数偏大区:该区域的井流压较低,泵效低,表明供液能力不足,抽汲参数过大;

断脱漏失区:该区域的流压较高,但泵效低,表明抽油泵失效不抽油,泵杆断脱或漏失,是管理工作(如检泵、作业等)的重点对象;

待落实区:该区域的井流压较低,泵效高,表明资料有问题,需核实录取资料。

3.7.4.2 动态控制图的应用

① 资料整理:从油井《综合记录》中录取油井的动液面深度或流压、产液量、所用泵径、冲程、冲数及下泵深度、产油量及含水率、泵的地面示功图、井口油压、套压、原油的饱和压力等资料。

② 计算泵的理论排量及泵效、井底流压、流压与饱和压力之比。

③ 打点:以泵效为横坐标,以流压与饱和压力之比为纵坐标确定该井的生产动态在哪个区域。

④ 根据不同区域的特点对抽油井的生产动态进行分析。

⑤ 根据其他生产资料进行分析。

⑥ 提出措施。

抽油机井动态控制图可以说是检验抽油机井生产动态是否正常的一个标准,可以把一个单位或一个区域的抽油机井都点入图中进行统计,判断该区域这一批井的潜力大小,找出下一步工作的方向。

关于抽油机井的生产动态综合分析,是以上分析方法的综合运用,包括根据生产综合记录整理生产数据;绘制采油生产曲线,进行阶段生产效果对比,对数据进行分析,提出措施整改意见等步骤。

3.8 地面驱动螺杆泵结构及工作原理

3.8.1 地面驱动螺杆泵的组成

地面驱动井下单螺杆泵采油系统(简称螺杆泵采油系统)由四部分组成(图 3-57)。

(1) 电控部分

电控箱是螺杆泵井的控制部分,控制电动机的启、停。该装置能自动显示、记录螺杆泵井正常生产时的电流、累计运行时间等,有过载、欠载自动保护功能,确保生产井正常生产。

(2) 地面驱动部分

地面驱动装置是螺杆泵采油系统的主要地面设备,是把动力传递给井下泵转子,使转子实现自转和公转,实现抽汲原油的机械装置。从变速形式上分,有无级调速和分级调速两种。机械传动的驱动装置主要由以下几部分组成。

① 减速箱:主要作用是传递动力并实现一级减速。它将电动机的动力由输入轴通过齿轮传递到输出轴,输出轴连接光杆,由光杆通过抽油杆将动力传递到井下螺杆泵转子。减速箱除了具有传递动力的作用外,还将抽油杆的轴向负荷传递到采油树上。

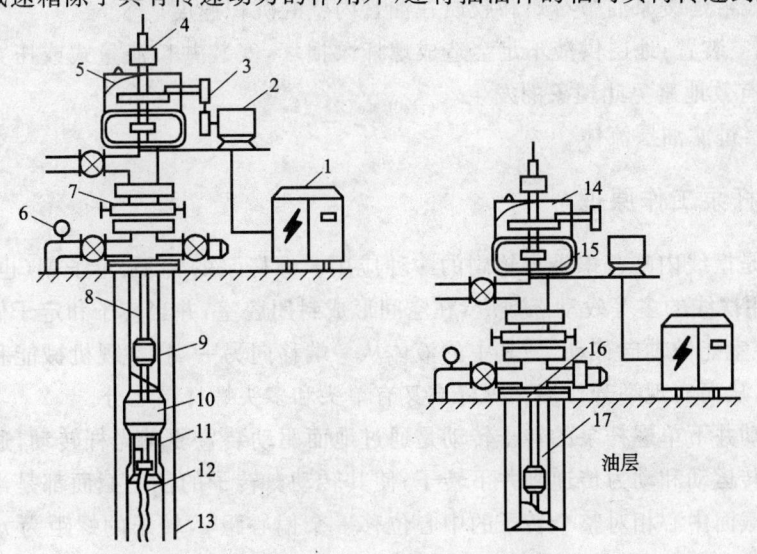

图 3-57 螺杆泵采油示意图

1—电控箱;2—电动机;3—皮带;4—方卡子;5—减速箱;6—压力表;7—专用井口;
8—抽油杆;9—抽油杆扶正器;10—油管扶正器;11—油管;12—螺杆泵;13—套管;
14—定位销;15—油管防脱装置;16—筛管;17—丝堵

②电动机：它是螺杆泵井的动力源，将电能转化为机械能，一般使用防爆型三相异步电动机。

③密封盒：主要作用是防止井液流出，起到密封井口的作用。

④方卡子：主要作用是将减速箱输出轴与光杆连接起来。

(3) 井下泵部分

井下泵部分包括定子和转子。定子是由丁腈橡胶硫化粘接在缸体内形成的。丁腈橡胶衬套的内表面是双螺旋曲面（或多螺旋曲面），定子与螺杆泵转子配合。转子在定子内转动，实现抽汲功能。转子由合金钢调质后，经车铣、剖光、镀铬而成。每一截面都是圆的单螺杆。

(4) 配套工具部分

①专用井口：简化了采油树，使用、维修、保养方便，同时增加了井口强度，减小了地面驱动装置的振动，起到保护光杆和换密封盒时密封井口的作用。

②特殊光杆：强度大，防断裂，光洁度高，有利于井口密封。

③抽油杆扶正器：避免或减缓抽油杆与油管的磨损。

④油管扶正器：减小油管柱振动和磨损。

⑤抽油杆防倒转装置：防止抽油杆倒扣。

⑥油管防脱装置：锚定泵和油管，防止油管脱落。

⑦防蜡器：延缓原油中石蜡和胶质在油管内壁的沉积速度。

⑧防抽空装置：地层供液不足会造成螺杆泵损坏，安装井口流量式或压力式抽空保护装置可有效地避免此现象的发生。

⑨筛管：过滤油层流体。

3.8.2 螺杆泵工作原理

螺杆泵是摆线内啮合螺旋齿轮副的一种应用。螺杆泵的转子、定子副（也称杆-衬套副）是利用摆线的多等效动点效应，在空间形成封闭腔室，并当转子和定子做相对转动时，封闭腔室能做轴向移动，使其中的液体从一端移向另一端，实现机械能和压力能的相互转化，从而实现举升作用。螺杆泵又有单头和多头螺杆泵之分。

地面驱动井下单螺杆泵的转子转动是通过地面驱动装置驱动光杆转动，通过中间抽油杆将旋转运动和动力传递到井下转子，使其转动。转子的任一截面都是半径为 R 的圆。每一截面中心相对整个转子的中心位移一个偏心距 e，转子的螺距为 t，螺杆表面是正弦曲线 $ABCD$ 绕它的轴线转动，并沿着轴线移动形成的，如图 3-58 所示。

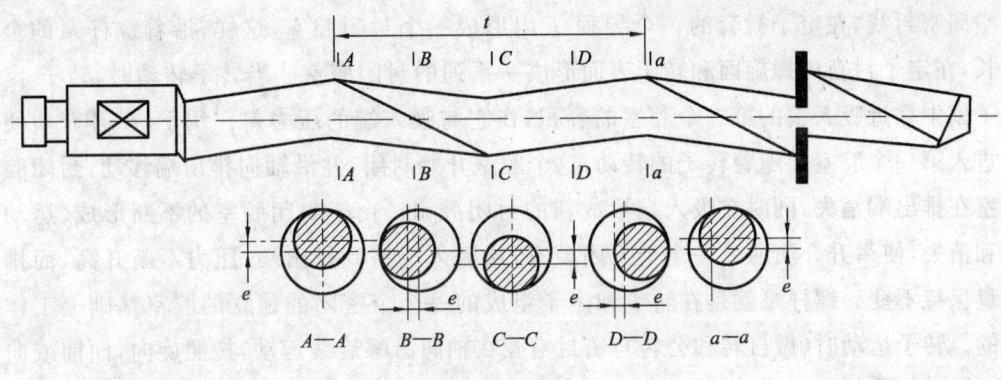

图 3-58 转子

定子衬套内表面是双线螺旋面,其导程为转子螺距的 2 倍。每一断面内轮廓是由两个半径为 R(等于转子截面圆的半径)的半圆和两个直线段组成的。直线段长度等于两个半圆的中心距。因为螺杆圆断面的中心相对它的轴线有一个偏心距 e,而螺杆本身的轴线相对衬套的轴线又有同一个偏心距 e,这样,两个半圆的中心距就等于 $4e$(见图 3-59)。衬套的内螺旋面就由上述的断面轮廓绕它的轴线转动并沿该轴线移动所形成。衬套的内螺旋面和螺杆螺旋面的旋向相同,且内螺旋的导程 T 为螺杆螺距 t 的 2 倍,即 $T=2t$。入口面积和出口面积及腔室中任一横截面面积的总和始终是相等的,液体在泵内没有局部压缩,从而确保连续、均衡、平稳地输送液体。

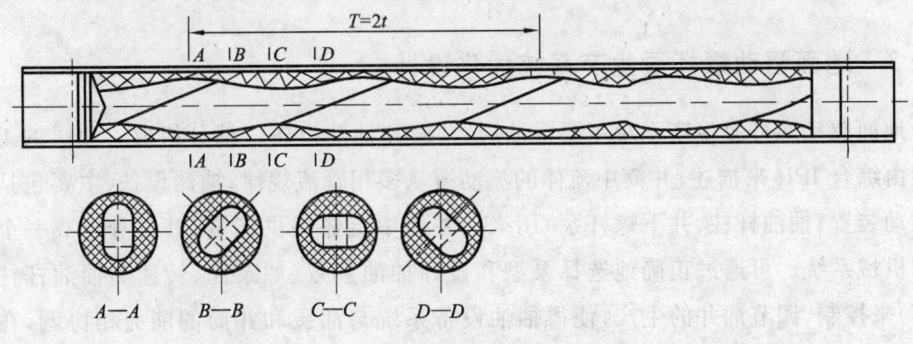

图 3-59 定子

当转子在定子衬套中的位置不同时,它们的接触点是不同的(见图 3-60)。液体完全被封闭,液体封闭的两端的线即为密封线。密封线随着转子的旋转而移动,液体即由吸入侧被送往压出侧。转子螺旋的峰部越多,也就是液力封闭数越多,泵的排出压力就越高。转子截面位于衬套长圆形断面两端时,转子与定子的接触为半圆弧线,而在其他位置时,仅有两点接触。由于转子和定子是连续啮合的,这些接触点就构成了空间密封线,在定子衬套的一个导程 T 内形成一个封闭腔室,这样,沿着螺杆泵的全长,在定子衬套内螺旋面和转子表面形成一系列的封闭腔室。当转子转动时,转子-定子副中靠近吸入端的第一个腔室的容积,在它与吸入端的压力差作用下,举升介质便进入第一个腔室。随着转子的转动,这个腔室开始封闭,并沿轴向排出端移动,封闭腔室在排出端消失,同时在吸入端形成新的封闭腔室。由于封闭腔室的不断形成、运动和消失,使举升介质通过一个个封闭腔室,从吸入端挤到排出端,压力不断升高,而排量保持不变。螺杆泵就是在转子和定子组成的一个个密闭的独立的腔室基础上工作的。转子运动时(做自转和公转),密封空腔在轴向沿螺旋线运动,按照旋向,向前或向后输送液体。螺杆泵是一种容积泵,所以它具有自吸能力,甚至在气、液混输时也能保持自吸能力。

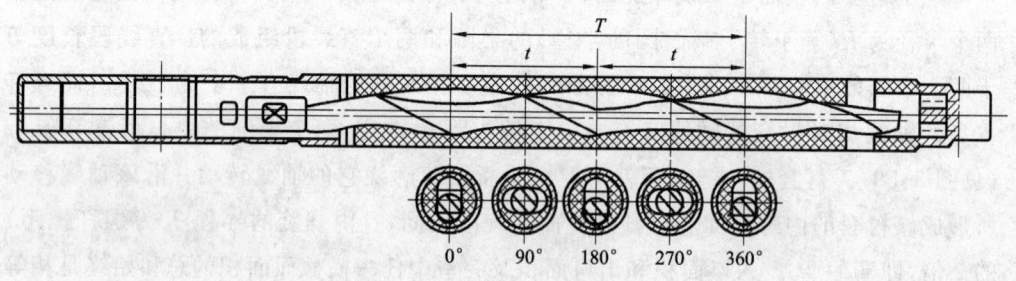

图 3-60　螺杆泵密封腔隔

3.8.3　地面驱动螺杆泵生产系统优化设计

地面驱动螺杆泵生产系统主要由油层、井筒和抽油设备三部分组成。油层的工作特性由综合 IPR 来描述;井筒中流体的流动遵从多相管流规律;抽油设备(主要包括地面驱动装置、抽油杆柱、井下螺杆泵)用来向井筒中流体提供能量,其自身组成一个复杂的机械系统。可通过正确地选择泵型和设计抽油参数(如泵深、转速和抽油杆柱组合等)来控制、调节油井的生产,使得抽油设备系统与油层和井筒的能力相协调,在高效、安全的基础上获得较高的产油量和经济效益。

地面驱动螺杆泵抽油井生产系统优化设计是以整个油井生产系统为研究对象,以各子系统的协调为基础,以油井的生产能力为依据,以油井的产油量(经济效益)为目标,采用节点系统分析方法,进行抽油井的优化设计,充分发挥油层和抽油设备的潜力。

地面驱动螺杆泵生产系统的节点划分如图 3-61 所示,求解点设置在下泵深度处。

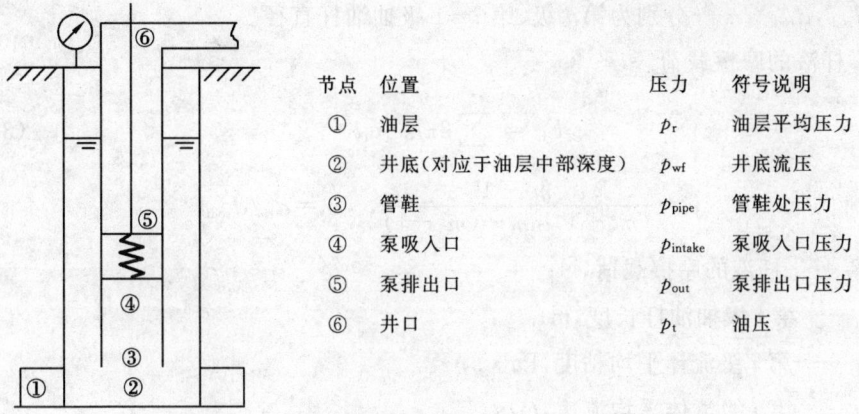

节点	位置	压力	符号说明
①	油层	p_r	油层平均压力
②	井底(对应于油层中部深度)	p_{wf}	井底流压
③	管鞋	p_{pipe}	管鞋处压力
④	泵吸入口	p_{intake}	泵吸入口压力
⑤	泵排出口	p_{out}	泵排出口压力
⑥	井口	p_t	油压

图 3-61 地面驱动螺杆泵生产系统节点划分示意图

3.8.3.1 螺杆泵井抽油杆柱轴向力的计算方法

(1) 杆柱载荷

$$F_{rod} = \sum_{i=1}^{n} G_i l_i, \qquad \sum_{i=1}^{n} l_i = L \tag{3-81}$$

式中 F_{rod}——杆柱顶部载荷,N;

G_i——第 i 级每米抽油杆重力,N/m;

l_i——第 i 级抽油杆柱的长度,m;

n——抽油杆柱级数,自然数;

L——抽油杆柱长度,m。

(2) 液柱载荷

$$F_l = \frac{(p_{out} - p_{intake}) \times \pi \times d^2}{4} - \frac{p_{out} \times \pi \times d_{rod}^2}{4} \tag{3-82}$$

式中 F_l——液柱造成的载荷,N;

p_{out}——泵排出口压力,Pa;

p_{intake}——泵吸入口压力,Pa;

d——螺杆泵截面当量直径,m;

d_{rod}——最下一级抽油杆直径,m。

(3) 多极杆柱接头处的上托力

$$F_{upi-1} = p_i \times \frac{\pi(d_{rodi}^2 - d_{rodi-1}^2)}{4} \tag{3-83}$$

式中 F_{upi-1}——第 $i-1$ 级抽油杆下端上托力,N;

p_i——第 $i-1$ 级抽油杆下端流体的压力,Pa;

d_{rodi}, d_{rodi-1}——分别为第 i 级、第 $i-1$ 级抽油杆直径。

(4) 杆液的摩擦载荷

$$F_{fr} = \sum_{i=1}^{n} 2\pi \mu_i e_i v_i l_i \qquad (3-84)$$

$$e_i = \frac{m^2 - 1}{(m^2+1)\ln m - (m^2-1)}, \quad m = d_{ti}/d_{rodi}$$

式中　F_{fr}——杆液的摩擦载荷, N;

l_i——第 i 级抽油杆长度, m;

μ_i——第 i 级流体平均粘度, Pa·s;

v_i——第 i 级流体平均流速, m/s;

d_{ti}——第 i 级油管内径, m;

d_{rodi}——第 i 级抽油杆直径, m。

3.8.3.2　抽油杆柱扭矩的计算方法

(1) 举升井筒流体的扭矩

$$T_p = 9.55 \frac{P_p}{R} \qquad (3-85)$$

$$P_p = \frac{(p_{out} - p_{intake}) \times Q_{pl}}{\rho_l \times 86.4}$$

式中　T_p——举升井筒流体的扭矩, N·m;

P_p——举升井筒流体时泵所做功的功率, W;

R——泵的转速, r/min;

p_{out}——泵排出口流体压力, Pa;

p_{intake}——泵吸入口流体压力, Pa;

Q_{pl}——油井的产液量, t/d;

ρ_l——产出液的平均密度, kg/m³。

(2) 驱动抽油杆柱的扭矩

$$P_r = \sum_{i=1}^{n} \frac{\pi d_{rodi} \times R}{60} G_i l_i \qquad (3-86)$$

$$T_{r1} = 9.55 \frac{P_r}{R}$$

$$T_{r2} = 0.2 T_{r1}$$

式中　P_r——驱动抽油杆柱的功率, W;

T_{r1}——启动时驱动抽油杆柱的扭矩, N·m;

T_{r2}——正常生产时驱动抽油杆柱的扭矩,N·m。

(3) 杆液的摩擦扭矩

$$T_1 = \sum_{i=1}^{n} \frac{8\pi^2 \mu_i l_i R d_{rodi}^2 d_{ti}^2}{60(d_{ti}^2 - d_{rodi}^2)^2} \tag{3-87}$$

式中　T_1——杆液的摩擦扭矩,N·m。

3.8.3.3　抽油杆柱强度理论

地面驱动螺杆泵生产系统在正常工作条件下,杆柱同时承受轴向力和扭矩的作用,因此在抽油杆柱横截面上各点同时存在剪切应力和拉(压)应力,其方向不同,不能作简单叠加。在这种复杂应力状况下,材料的破坏不仅与剪切应力和拉(压)应力的数值大小有关,而且还与它们的比值有关。

下面采用第四强度理论进行抽油杆柱的强度分析。第四强度理论认为在复杂应力状况下,最大形状改变比能是引起材料破坏的主要原因,只要材料构件内部一点的形状改变比能达到拉伸发生屈服破坏时的形状改变比能,材料就会发生屈服破坏。第四强度理论的强度条件为:

$$\sigma_{xd4} = \sqrt{\frac{1}{2}[(\sigma_1-\sigma_2)^2 + (\sigma_2-\sigma_3)^2 + (\sigma_3-\sigma_1)^2]} \leqslant [\sigma] \tag{3-88}$$

对抽油杆截面的力学分析可知,其危险点为二向应力状态:

$$\sigma_1 = \frac{\sigma}{2} + \sqrt{\left(\frac{\sigma}{2}\right)^2 + \tau^2}$$

$$\sigma_3 = \frac{\sigma}{2} - \sqrt{\left(\frac{\sigma}{2}\right)^2 + \tau^2}$$

$$\sigma_2 = 0$$

所以抽油杆柱的强度条件为:

$$\sigma_{xd4} = \sqrt{\sigma^2 + 3\tau^2} \leqslant [\sigma] \tag{3-89}$$

$$\sigma = \frac{F_i}{A_i}, \quad \tau = \frac{M_i}{W_{ni}}, \quad W_{ni} = \frac{\pi d_{rodi}^3}{16}$$

式中　F_i——抽油杆第 i 截面上的轴向力,N;

　　　A_i——抽油杆第 i 截面面积,m²;

　　　M_i——抽油杆第 i 截面扭矩,N·m;

　　　W_{ni}——抽油杆第 i 截面抗扭截面模量,m³。

3.8.4 螺杆泵采油配套工艺技术

3.8.4.1 油管柱、抽油杆柱防脱及扶正技术

(1) 油管柱防脱技术

因为螺杆泵的转子在定子内顺时针转动,工作负载直接表现为扭矩,转子扭矩作用在定子上,定子扭矩会使上部的正扣油管倒扣造成油管柱脱扣,所以螺杆泵井的油管柱必须实施防脱措施。可靠的防脱措施主要有两种:锚定工具和反扣油管,一般采用锚定工具,与常规油管锚一样。

(2) 抽油杆柱防脱技术

① 抽油杆柱脱扣机理。

a. 负载扭矩过大。螺杆泵采油是依靠细长抽油杆传递能量,因而整个抽油杆柱上储存一定量的弹性变形能,一旦停机或过载停机,抽油杆柱内储存的弹性变形能要释放,从而造成抽油杆柱高速反转,特别是抽油杆柱上部在弹性变形能释放后,在惯性力的作用下,要继续反转,从而会使抽油杆柱螺纹联接处倒扣,造成抽油杆柱脱扣。

b. 停机后油管内液体回流。如果螺杆泵采油井突然停机,而且油井动液面较深,那么停机后,螺杆泵在油管柱内的液力作用下,将驱动转子反转,带动抽油杆柱反转脱扣。

c. 油套环空内的液力作用。对于那些产液能力较强并有一定自喷能力的螺杆泵井(指大排量螺杆泵而言),一旦停机,套压会很高,螺杆泵在油套环空液力的作用下,将驱动转子正向转动,而此时转子将带动抽油杆柱正向转动,转子转动将使整个抽油杆柱的螺纹联接处于倒扣状态,因而会造成抽油杆柱脱扣。

d. 作业施工。作业施工过程中,如果抽油杆联接螺纹上扣扭矩不够,当转子进入定子时,转子正转,从而会使转子上部抽油杆柱螺纹联接不紧处发生脱扣。

② 抽油杆柱防脱措施。

a. 机械防反转装置。在驱动头上安装防反转装置,使抽油杆不能反转,从而防止因抽油杆反转而造成脱扣。该装置采用定向离合器的原理,使抽油杆只能做单向转动。在离合器的外壳体上安装有刹车带。当需要上提抽油杆柱时,可先放开刹车带,将弹性变形能释放出去,确保施工作业安全。

b. 降压制动防反转。该方法采用电器控制原理。停机时,先降压运行一段时间,降低驱动电动机的负载能力,使抽油杆的弹性变形能释放出一部分,然后再停机,从而达到防反转脱扣的目的。

c. 井下回流控制阀。在螺杆泵的吸入口处安装单向阀,使液体只能做举升方向上的单向流动。停机时,油管内的液体不能回流,抽油杆也就不会因液体回流而反转,从而防止因液体回流而造成的抽油杆脱扣。

d. 放气阀防正转脱扣。在井口安装放气阀,当套压大于阀的调定压力时,放气阀自动打开,气体进入油管线;当套压低于阀的调定压力时,阀关闭,从而保证套压始终不至于过高,降低油套环空对泵的液力作用,防止转子在液力作用下正转,实现抽油杆柱防脱。

(3) 油管柱、抽油杆柱扶正技术

① 油管柱扶正技术。

由于螺杆泵转子离心力的作用,定子受到周期性冲击产生振动,为减小或消除定子的振动需要设置扶正器。一般在定子上接头处安装较为适宜,而对于采用反扣油管的油管柱,则需在定子上、下接头处分别安装扶正器。目前扶正器有两种,一种是弹簧式,一种是橡胶式。

② 抽油杆扶正技术。

抽油杆柱在油管内转动,抽油杆柱的转动会引起井口的振动及抽油杆柱与油管柱的摩擦,所以抽油杆柱必须实施扶正,特别是高转速的螺杆泵井。通常在抽油杆柱的上端即光杆附近、抽油杆柱的下端即转子附近以及中下部一定要放置扶正器。另外,在井斜变化大的"狗腿子"位置也应适当地增加扶正器。抽油杆扶正器一般采用抗磨损的尼龙材料制造。

3.8.4.2 解堵工艺技术

冬季温度低而原油含蜡量高、凝固点高,故停机时间较长会造成上部油管内原油凝固而使螺杆泵启动困难或根本无法启动,需要进行解堵。电缆加热解堵是在空心抽油杆内下入活动式加热电缆,通电后电缆产生热量使油管内原油降粘解堵。解堵时电缆车将电缆经井口滑轮下入空心杆(已注满清水)内,当电缆下到结蜡点以下深度时通电,于是电缆放出热量经空心杆传递给油管,从而使油管内原油升温。在加热过程中要定时测量井口油温,当油温达到原油凝固点以上时,起出电缆,启动螺杆泵井,从而达到解堵的目的。

3.8.4.3 故障诊断技术

螺杆泵也同其他采油设备一样,如果管理不当、工况不合理或产品质量有问题,会出现一系列故障。由于螺杆泵采油的特殊性,各类故障的特征反应和诊断方法同其他采油方式有所不同。螺杆泵采油井常见故障有抽油杆断脱、油管脱落、定子橡胶脱落等,经过几年的实践和理论探讨,总结出如下诊断法。

(1) 电流法

电流法是通过测试驱动电动机的工作电流,根据工作电流大小来诊断泵况的方法。电流法可以诊断如表 3-4 所示的各类故障。

(2) 憋压法

憋压法就是通过关闭采油树回压闸门进行憋压,观测井口油压和套压变化诊断井下泵况的方法,见表3-5。

表3-4 电流法诊断

工作电流	工况特征	故障形式
接近电动机空载电流	无排量,油套不连通	抽油杆断脱
	油套连通	油管脱落或油管严重漏失,油管头严重漏失
接近正常运转电流	排量很小(相对泵的理论排量)液面较浅	油管漏,长期运转泵定子橡胶磨损严重,失效
	排量很小(相对泵的理论排量)液面较深	泵严重漏失,举升扬程不够,气影响,油层供液能力极差
接近正常运转电流	排量正常,油压正常	结蜡严重
	排量降低,油压明显升高	输油管线堵
	排量正常(投产初期)	定子橡胶溶胀大,定子不合格
周期性波动	脉动出液	转子不连续运转,泵不合格

表3-5 憋压法诊断

油压、套压	工况特征	故障形式
油压不上升且不同于套压	无排量	抽油杆断脱
油压不上升且接近套压或油压上升异常缓慢且与套压变化规律一致	无排量或很小	油管脱落,油管严重漏失
油压上升缓慢且不同于套压	排量小,泵效低,动液面较深	泵严重漏失,气影响,供液能力极差
油压与套压接近	油套连通	定子橡胶脱落

3.8.4.4 测试技术

螺杆泵采油井的测试主要是指地面工作参数的测试和井下压力的测试。其中地面工作参数的测试包括运行电流、工作转速、系统效率、工作扭矩等。井下压力的测试包括流压和静压。

(1) 地面工作参数的测试

① 电参数测试。电参数测试最常用的是用电流表测试驱动电动机的工作电流,因为工作电流的大小直接反映工作负载的大小,同时根据工作电流的大小也能诊断一些故障。而使用功率仪或电度表能够测量电动机的输入功率,从而能够计算出螺杆泵采油井的系统效率。

② 转速测量。光杆转速决定了螺杆泵的排量,它是螺杆泵采油的主要工作参数,转速主要是应用非接触式的转速表测量。

③ 负载扭矩测量。负载扭矩亦即光杆扭矩,它是分析油井工况和故障诊断的关键依据。它的测量可以用螺杆泵光杆扭矩测试仪直接测量,也可以通过电参数测量的功率法间接得到。

(2) 流压和静压测试

由于螺杆泵井无下井压力计的通道和测试工艺,目前螺杆泵采油井的井下压力测试只能通过液面法折算流压和静压。

习 题

(1) 试述有杆抽油泵采油系统的组成与工作原理。

(2) 试对比普通式和前置式游梁抽油机的结构和应用特点。

(3) 试对比杆式泵和管式泵的结构和应用特点。

(4) 简述异相型游梁式抽油机的特点。

(5) 简述链条式抽油机的组成及特点。

(6) 简述抽油泵的工作原理。

(7) 简要分析抽油机所承受的载荷有哪些。

(8) 简要分析对抽油机悬点所承受的摩擦载荷及对悬点载荷的影响。

(9) 抽油机平衡的判别方法有哪些?并简要地加以比较。

(10) 何谓水力功率、光杆功率?

(11) 试述深井泵抽稠油时,泵径、冲程、冲数、下泵深度的选择原则及理由。

(12) 何谓泵的理论排量和泵效?并分析影响泵效的因素和提高泵效的措施。

(13) 某抽油机井井下泵泵径 56 mm,冲程 1.8 m,冲数 6 r/min,原油密度 870.1 kg/m³,试计算该深井泵的理论排量。

(14) 已知抽油井产液量为 30 t/d,相应的抽汲参数为泵径 56 mm,冲程 3 m,冲次 6 r/min,试求其泵效。

(15) 简要分析静载荷作用下的理论示功图。

(16) 简要分析考虑惯性载荷和振动载荷作用下的理论示功图。

(17) 简要分析气体影响下的典型示功图。

(18) 简要分析充不满影响下的典型示功图。

(19) 简要分析吸入部分漏失的典型示功图。

(20) 简要分析排出部分漏失的典型示功图。

(21) 简述地面驱动螺杆泵采油系统的工作原理。

参 考 文 献

(1) 王鸿勋,张琪.采油工艺原理.北京:石油工业出版社,1989.
(2) K·E·布朗.升举法采油工艺(下卷).北京:石油工业出版社,1987.
(3) H·B·布雷德利.石油工程手册(上册).北京:石油工业出版社,1992.
(4) 万邦烈.采油机械的设计计算.山东东营:中国石油大学出版社,2000.
(5) 吴则中,李景文,赵学胜,等.抽油杆.北京:石油工业出版社,1994.
(6) 崔振华,余国安,安锦高,等.有杆抽油系统.北京:石油工业出版社,1994.
(7) 万仁溥,罗英俊.采油技术手册(修订本),第四分册.北京:石油工业出版社,1993.
(8) Gibbs S G.有杆泵抽油装置设计和分析方法评述.国际石油工程协会论文集(第三册),1982.
(9) 张琪,吴晓东.抽油井计算机诊断技术及其应用.华东石油学院学报,1983,(2).
(10) Gibbs S G. A Method of determining Sucker Rod Pump Performance. U. S. Patent 3343409, Setp. 26,1967.
(11) Gibbs S G, Nolen K B. Well Site Diagnosis of Pumping Problems Using Minicomputers. JPT, Nov, 1973.

第4章 无杆泵采油

本章导学：

了解各种无杆泵采油装置的组成和常见故障排除方法，对各种无杆泵采油的能量转化过程有较清楚的认识；掌握各种无杆泵采油的工作原理。

重点难点：

(1) 电动潜油离心泵的工作原理；
(2) 水力活塞泵采油的工作原理；
(3) 水力射流泵采油的工作原理。

无杆泵采油是用电缆或高压液体将地面能量传输到井下，带动井下机组把原油举升至地面的采油方式。常用的无杆泵包括电动潜油离心泵(简称电潜泵或电泵)、水力活塞泵、水力射流泵(喷射泵)等。

4.1 电潜泵采油

电潜泵采油是用油管把电动机和离心泵一起下入油井内液面以下，地面电源通过变压器、控制屏和潜油电缆将电能输送给井下潜油电动机，电动机带动多级离心泵旋转，将原油举升到地面。电潜泵是目前各油田应用较广泛的一种无杆泵抽油设备。

近年来，国内外电潜泵举升技术发展很快，它具有排量大，适应中高排液量、高凝油、定向井、中低粘度井，地面工艺简单、管理方便等特点，在非自喷高产井或高含水井的举升技术中起重要作用。

4.1.1 电潜泵采油装置及其工作原理

如图4-1所示，电潜泵采油装置由井下部分、地面部分及联系井下和地面的中间部分三部分组成：

① 井下部分主要是电潜泵的机组，它由多级离心泵、保护器、分离器和潜油电动机三个部分组成，起着抽油的主要作用。一般布置是多级离心泵和分离器在上面，保护器在中间，潜油电动机在下面。

② 地面部分由变压器、控制屏、接线盒及辅助设备组成。变压器用以将电网电压变换成保证电动机工作所需的电压(考虑到电缆中的电压降)。控制屏主要用于控制井下电动机的运行。接线盒的作用是连接控制屏到井口之间的电缆,防止天然气直接进入控制屏,使控制屏产生电火花时引起爆炸。辅助设备包括电潜泵运输、安装及操作用的辅助工具和设备。

③ 中间部分由电缆和油管组成。将电流从地面部分传送给井下部分,采用的是特殊结构的电缆(有圆电缆和扁电缆两种)。在油井中利用钢带将电缆和油管柱、泵、保护器外壳固定在一起。

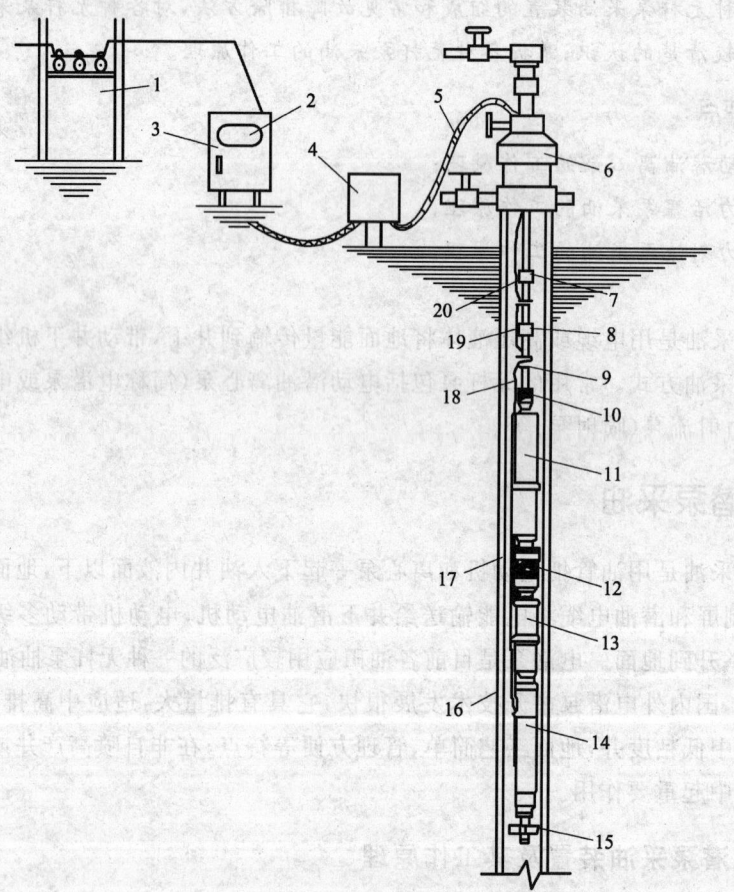

图 4-1 电潜泵采油装置示意图

1—变压器组;2—电流表;3—配电盘;4—接线盒;5—地面电缆;6—井口装置;7—溢流阀;
8—单流阀;9—油管;10—泵头;11—多级离心泵;12—吸入口;13—保护器;14—电动机;15—扶正器;
16—套管;17—电缆护罩;18,20—电缆;19—电缆接头

4.1.1.1 潜油电动机

潜油电动机是一种两极、三相鼠笼式异步感应电动机。其主要结构和工作原理与常用的异步电动机相同。为了适应油井条件,具有以下特点:

① 外廓尺寸细长;

② 转子和定子分节;

③ 保证潜油电动机的严格密封;

④ 润滑油循环系统比较特殊。

4.1.1.2 多级离心泵

(1) 泵的结构

潜油多级离心泵的工作同地面离心泵一样,当充满在叶轮流道内的液体在离心力作用下,从叶轮中心沿叶片间的流道甩向叶轮四周时,液体受叶片的作用,压力和速度同时增加,并经导轮的流道被引向次一级叶轮,这样,逐级流过所有的叶轮和导轮,进一步使液体的压能增加,逐级叠加后就获得一定的扬程,将井液举升到地面。多级离心泵的结构示意图如图 4-2 所示。

潜油多级离心泵和普通的地面离心泵相比较,在结构上具有以下特点:

① 直径小,级数多,长度大;

② 轴向卸载,径向扶正;

③ 泵吸入口装有特殊装置,如油气、油砂分离器;

④ 泵出口上部装有单流阀和泄油阀。

(2) 泵的工作特性

每种类型的潜油多级离心泵都有各自的特性曲线,它是生产厂家以纯水作为流体介质,通过实验绘制的扬程、功率和泵效随排量的变化关系曲线,如图 4-3 所示。

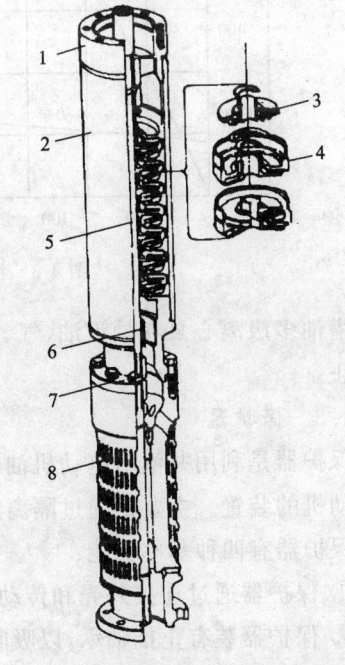

图 4-2 潜油多级离心泵结构示意图
1—上接头;2—壳体;3—叶轮;4—导轮;
5—转轴;6—轴套;7—下接头;8—泵吸入口

由潜油多级离心泵的特性曲线可以看出:泵的扬程随排量的增大而减小;泵轴的输入功率随排量的增大而增大。当排出闸门关闭时,泵的排量为零,此时泵轴的功率一般要比额定功率小得多。因此,在开泵时,为减少电动机的启动负荷,应该把排出闸门关闭。在潜油多级离心泵特性曲线上有一个最高效率点,称为额定工作点,这点的排量和压头值即为铭牌上给出的性能指标。在最高效率点附近有一排量范围,其效率随排量的变化而降低很少,这一排量范围称作最佳排量范围。所以,潜油离心泵在工作时要尽可能在额定工作点附近,且必须在最佳排量范围内工作,这样才能使潜油多级离心泵的工作特性达到最好。

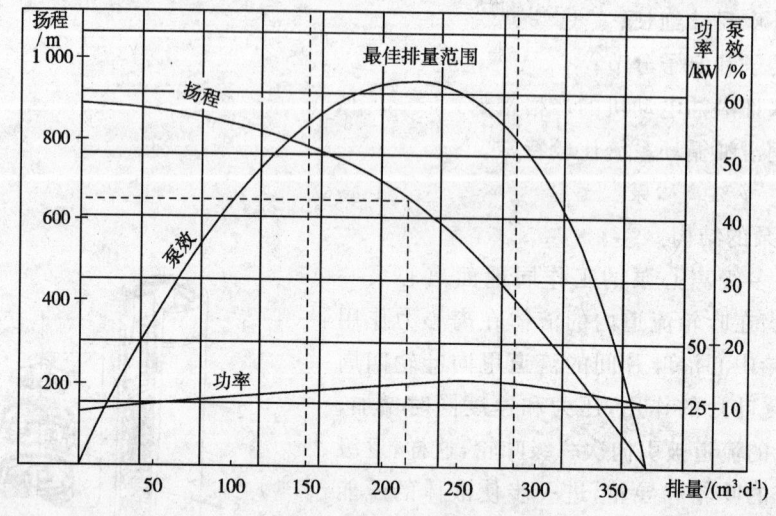

图 4-3　潜油多级离心泵特性曲线图

潜油多级离心泵在抽汲油、气、水三相混合物时,必须对其特性曲线进行粘度和含气校正。

4.1.1.3　保护器

保护器是利用井液与电动机油的密度差异,以防止井液进入电动机造成短路而烧毁电动机的装置。主要是通过隔离腔连接井液与电动机油来完成这一功能。

保护器有四种基本功能:

① 保护器通过连接外壳和传动轴,把泵和电动机连接起来;

② 保护器装有止推轴承,以吸收泵轴的轴向推力;

③ 隔离井液与电动机油,同时使井筒—电动机的压力保持平衡;

④ 允许电动机运行时温度升高造成的电动机油热膨胀以及停机后电动机油的收缩。

目前国内外在电潜泵机组中所使用的保护器种类很多,但从其原理来看,使用比较普遍的有三种,即连通式、沉淀式和胶囊式保护器。

4.1.1.4　油气分离器

油气分离器安装在泵的液体吸入口处,当混气流体进入多级离心泵之前,先通过分离器,把自由气体分离出来防止和减少气体进泵,以保证电潜泵具有良好的工作特性,使多级离心泵能够正常工作。常用的分离器有两种:沉降式分离器和旋转(离心)式分离器。

4.1.1.5 潜油电缆

(1) 潜油电缆的结构

潜油电缆作为从地面向井下机组传输电力的介质,从外形上看,可分为圆电缆和扁电缆两种,主要由导体(三芯独根铜线或三芯多股铜绞线)、绝缘层、护套层,并用钢带铠装而组成,电缆终端有与电动机插配的特殊密封接头——电缆头。

(2) 潜油电缆的性能要求

潜油电缆是电潜泵机组的一个重要组成部分。根据下泵深度,电缆的长度可由几百米到几千米。电缆的工作介质是油、气、水三相混合物,这就要求电缆的护套绝缘材料具有较好的耐油性和较高的气密性。电缆长期工作在温度为 50~120 ℃、压力为 7~20 MPa 的井液中。在冬季电缆野外施工,气温最低达零下 30 ℃,并需要经多次盘绕收放,这就要求电缆的结构紧凑,护套层有足够的横向密封性,在高温、高压下不易变形,在低温下不破裂,材质应满足井下温度相应的抗老化性能要求,保持柔软性和可弯曲性。电缆应有良好的绝缘性能,并能够可靠地传递电动机所需要的电能。

4.1.1.6 控制屏

控制屏主要用于控制井下电动机的运行,它由电动机启动器、过载和欠载保护、手动开关、时间继电器、电流表组成。控制屏的电压范围在 600~4 900 V 之间。控制屏的用途是自动控制电潜泵系统的启动和停机;具有短路、过载、欠载保护功能,以及欠载延时自动启动功能;通过电器仪表随时测量电流和电压,可以跟踪系统运行状况;应用变频控制屏可以灵活调节和控制产量的大小。

4.1.1.7 变压器

变压器用于将交流电的电源电压转变为井下电动机所需要的电压,它是根据电磁感应原理工作的。一般采用三种变压器:单相变压器、三相标准变压器和三相自耦变压器。

4.1.1.8 接线盒

在井口和控制屏之间必须装一个接线盒。接线盒的作用是连接控制屏到井口之间的电缆;将井下电缆芯线内上升至井口的天然气放空,防止天然气直接进入控制屏,使控制屏在产生电火花时引起爆炸。

4.1.2 电潜泵井生产系统设计及设备选择

电潜泵井的工作好坏,与电潜泵井的设计与施工有密切关系。合理选井与设计,可以延长电泵机组的寿命,获得较合理的经济效益。电潜泵油井生产系统设计是以油井生产系统为对象,以油井供液能力(IPR)为依据,以整个系统的协调为基础,把获得规定产量(或给定设备)下的最高效率和最低能耗作为设计目标。

4.1.2.1 电潜泵井生产系统组成

电潜泵油井生产系统是由油层、井筒、井下电泵机组和地面出油管线与分离器等四个子系统组成(如图 4-4 所示),每个子系统都有各自不同的流动规律。要使油井高效率地稳定生产,就必须在生产系统设计时充分利用各子系统协调的油井生产规律。

4.1.2.2 电潜泵井生产系统设计步骤

通常,由于地面出油管线的压力降变化范围不大,可将井口压力作为常数。这样,电潜泵井生产系统可以从井口到油层,在油层、井底、泵的吸入口处和泵的排出口分别设置四个节点,并把泵看作功能节点,以泵两端的压差作为求解节点。求解时分别以井口压力和油藏压力

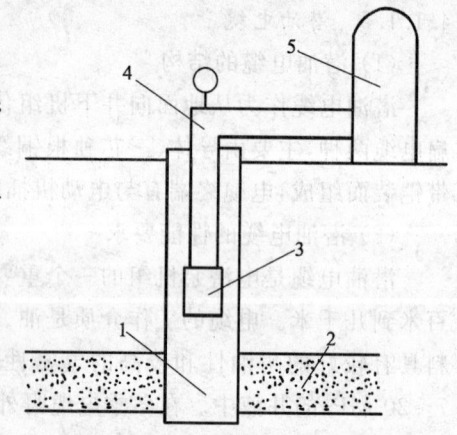

图 4-4　电潜泵节点设置图
1—井底;2—油层;3—泵机组;
4—井口;5—分离器

为起点计算泵的排出压力和入口压力,根据产量选定泵型后,再根据该泵的特性曲线和设计排量求出单级泵的平均扬程、功率和效率。利用泵两端的压差和泵的单级扬程可计算出泵的级数、泵排量、泵效率和功率等。

计算的主要步骤如下:

① 在已知设计产液量的条件下,根据油层的流入动态(IPR 曲线)确定井底流压并计算其压力分布和气液比,以给定的泵入口压力或泵入口气液比确定下泵深度。

② 以井口压力为起点,向下计算井筒压力分布,求出下泵深度处的压力,即为泵出口压力。

③ 泵出口压力与泵入口压力之差即为泵的有效总扬程。

④ 气液混合物从泵入口到出口,由于压力不断增加,泵内气液比不断减小,每一级导叶轮的工作条件也将不同。故在设计时,应将有效总扬程分段,假设分为 n 段,在给定泵的特性曲线的基础上,逐段校核计算排量、扬程和功率。

⑤ 计算各段的级数和泵内增温。

⑥ 计算泵功率、效率、级数和液体增温。

⑦ 计算泵出口温度。

⑧ 计算电潜泵井泵吸入口以上流体温度分布。

⑨ 选择潜油电动机、电缆、变压器和控制柜等设备。

4.1.3　电潜泵井生产管理与分析

电潜泵是重要的机械采油设备。如何管理好电潜泵井,获得较好的抽油效果,延

长机组寿命是从事电潜泵采油的工程技术人员所关注的问题。下面主要介绍电潜泵井的日常管理、生产分析及故障诊断等内容。

4.1.3.1 电潜泵井的日常管理

电潜泵井的日常管理直接影响电潜泵井系统效率的高低及运转寿命的长短,而这两项指标又是电潜泵抽油经济效益的直接反映。电潜泵井投产以后,工作制度是否合理,应取什么资料,注采是否平衡,产量、压力及含水率的变化等情况,都需要详细了解,并根据这些生产数据的变化,进行油井动态分析,以便采取适当的措施,并调整其工作制度,做到生产更为合理。

(1) 电潜泵井应取的资料

在电潜泵井的管理过程中,全面准确地录取各项生产数据,对分析油井生产动态是很重要的。所以在电潜泵井生产中,应取准以下资料:油管压力、套管压力、井底流动压力、地层压力、产量、含水率、总产量和生产气油比、动液面深度、运行电流及电压等,同时,记录油嘴及回压大小,及时收集、分析和保存运行电流卡片。另外还要定期检查机组的对地绝缘电阻和相间直流电阻,并详细记录在机组运行档案上。

(2) 电潜泵井的清蜡及测气

油井在生产过程中,都存在不同程度的结蜡问题,所以,防蜡和清蜡工作也是油井管理的一项重要工作。与其他机械采油方式相比,电潜泵井结蜡问题较轻,这是因为:第一,由于电潜泵机组在井底运转发出一定的热量,使井液温度升高;第二,由于流量比较大,液体流速加快。在油井结蜡后,要及时进行清蜡,以保证其正常生产。

电潜泵井的清蜡包括以下几种方法:

① 刮蜡片清蜡;

② 热流体循环清蜡;

③ 伴热电缆清蜡;

④ 化学清蜡。

热流体循环清蜡和伴热电缆清蜡要求温度控制在电动机及电缆耐温极限以下。

利用化学药剂定期从井口向套管投入,使化学药剂和蜡起化学反应,使蜡溶解达到清蜡的目的。这种清蜡方式已在国内外得到普遍应用,清蜡效果较好,同时,可减轻采油工人的劳动强度,简化地面设备,深受采油工人的欢迎。但不能使用有腐蚀性的药剂,以防止腐蚀离心泵的叶导轮,从而使泵效降低。

以上各种清蜡方式,各具优缺点,可以根据油井实际情况,采取不同的清蜡方式,关键的一点是既要能够保证油井的正常生产,又要能够做到经济合理。对于结蜡比较严重的井,建议最好采用机械清蜡为好。

电潜泵井的测气和自喷井基本一致,主要包括两方面:第一是测量油井的总产气量;第二是测量油井的套管产气量,以便计算电潜泵井分离器的分离效率。其测气方法有低压放空测气和双波纹管测气两种方法。

(3) 设备的正常维护保养

在电潜泵的运转过程中,要使设备能够长期正常运转,除了合理选择电潜泵,使电潜泵在最佳工况下运行外,还必须定期对井下机组进行检查和对地面设备进行正常的维护保养,使地面设备保持长期正常工作,提高电潜泵井的生产时率。

① 定期测量机组的对地绝缘电阻和相间直流电阻。

② 检查和维护控制屏。

③ 检查和维护变压器。

④ 定期检查从电源到变压器、控制屏、接线盒及油井的连接电缆和紧固螺丝。

⑤ 对所有的设备壳体的接地线进行仔细检查,以保证其安全性。

⑥ 对井口电缆密封定期进行检查,以确定它的密封是否可靠,如有漏失,应及时处理。

⑦ 电流记录仪的维护。

4.1.3.2 电潜泵井机组运行电流卡片电流变化的分析

电潜泵运行电流卡片是管理人员管理电潜泵井,分析井下机组工作情况的主要依据之一。它可以直接反映出电潜泵运行是否正常,甚至发生极轻微的故障及异常情况,运行电流卡片都可以显示出来。电流卡片所记录电流的变化与电动机工作电流的变化成直线关系,因此,可以认为电流卡片所记录的电流的变化情况是电动机运行情况的变化,所以电流卡片可以直接反映电潜泵的运行情况。我们研究分析这些电流卡片,对分析电潜泵具有指导意义。下面简要介绍三种典型的电潜泵井机组运行电流卡片。

(1) 正常运行电流卡片(见图4-5)

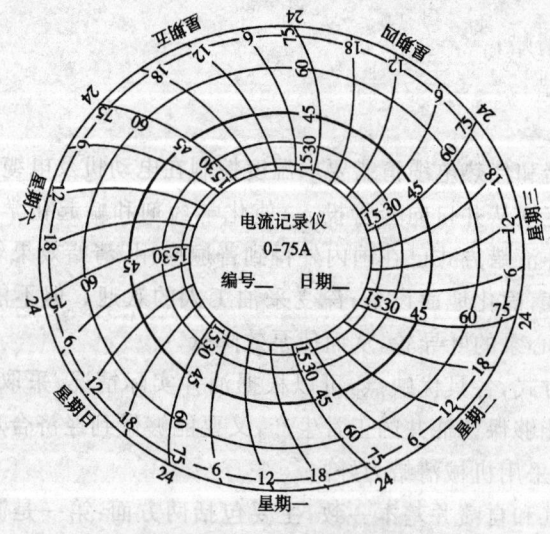

图4-5 正常运行电流卡片

正常运行时,卡片上画出的是一条等于或近似于电动机额定电流值的圆滑、匀称曲线。与此正常运行电流曲线图形有任何偏差都是电泵机组或油井有变化的征兆。

(2) 电源电压波动电流卡片(见图 4-6)

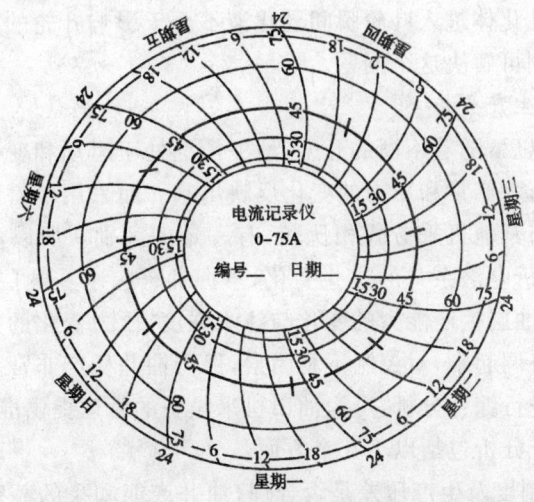

图 4-6　电源电压波动电流卡片

机组运行中工作电流与电压成反比变化。如果电源电压波动,则电流也波动以维持恒负荷。电流曲线上出现"钉子状"突变,就是电压波动的反映。电压波动最常见的原因是主电源系统有周期性重负荷,是其他几种小的电压波动的组合。应避免多负荷同时启动,使其影响减至最小。电流尖峰常在雷电干扰中出现。

(3) 气浸电流卡片(见图 4-7)

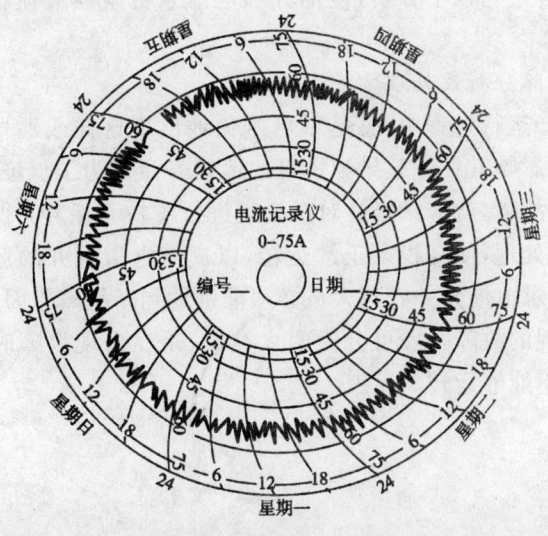

图 4-7　气浸的电流卡片

卡片上的曲线表明机组选型基本符合设计要求,但井液中含有一定程度的气体,受气体影响使产液能力下降。设计时应考虑气体影响,在泵吸入口处安装分离器并在井口安装套管定压放气阀。此种电流曲线也可能是由于泵内输送乳化液而造成的。曲线上的低值表示乳化体进入叶轮瞬间乳化液不至于影响叶轮的正常工作,只是降低了泵效。使用破乳剂可解决这个问题。

4.1.3.3 电潜泵井生产分析

油田投入开发以后,随着不断的开采,地下情况处于运动和变化之中,这些变化又通过生产井的油、气、水产量和压力的变化反映出来。而采用电潜泵抽油以后,油井生产数据的变化规律与其他机采方式相比较,有一定的区别。所以,当采用电潜泵抽油以后,及时掌握和分析电潜泵井的这些变化,掌握油、气、水在油层中的运动规律和分布情况,研究和分析油层生产能力的变化与注水强度、压力变化的关系,使油井的工作制度同地层的情况协调起来,对控制不利因素,保持油井稳产非常重要,通过对大量的电潜泵井各种变化进行综合分析,可为油田机采设备的管理提供准确的资料和依据。

电潜泵井的生产分析包括以下几个方面:

① 油井的工作制度及生产压差是否合理,油井产能和泵的额定流量是否匹配,油井系统效率的高低如何,生产是否平稳并能够发挥各油层的作用;

② 油井的产能是否发生变化,即在电潜泵抽油以后,采油指数的变化情况,找出变化原因,消除不利因素;

③ 井下机组的工作状况、产量是否正常;

④ 采用电潜泵抽油前后的效果分析。

通过对电潜泵井进行以上分析,使油井和电潜泵机组在最佳状态下工作,以取得最好的抽油效果。

4.1.3.4 电潜泵故障分析及处理方法

在电潜泵的生产运行过程中,总是不可避免地出现这样或那样的故障,使电潜泵机组不能正常运转,影响其抽油效果和机组的运转寿命。为了保证电潜泵机组能够长期地正常运转,少出故障,就应该经常对泵机组进行维护和保养,并且在出现故障的情况下,能够尽快给予处理,使其投入正常运转,以提高电潜泵井的运转时率,取得更好的经济效益,这就要求电潜泵井管理人员必须准确地判断故障原因,及时进行处理。

电潜泵井所出现的故障一般可分为两大类:一是在出现故障时泵能够运转;另一种是出现故障时泵不能够运转。见表 4-1。

表 4-1 电潜泵常见故障原因分析及处理

状况	问题	故障原因	处理措施
泵能够运转	泵的流量低或等于零	转向不对	高速相序使泵正转
		地层供液不足或不排液	测动液面,加深泵挂深度,更换小排量机组
		地面管线堵塞	检查阀门及回压,热洗地面管线
		油管结蜡堵塞	进行清蜡
		泵吸入口堵塞	起泵进行处理
		管柱堵塞	整压检查,起泵处理
		泵或分离器轴断	起泵更换及处理
		泵扬程不够	重新选泵,更换机组
	机组运行电流偏高	机组在弯曲井段	上提或下放若干根油管
		电压过高	按需要调整电压值
		井液粘度过大或密度过大	校对粘度和密度,重新选泵,起井更换机组
		井液中含有泥砂或其他杂质	取样化验,严重时可改用其他采油方式
	运行电流不平衡	井下机组出现故障	将电动机引线顺时针调整一个位置,如控制屏上电流顺次移动,则问题在井下电动机或电缆,否则问题在地面
		电源或地面设备出现故障	将变压器初级绕组引线顺次调整一个位置,如果控制屏的电流相应移动,则问题在电源,否则故障点在变压器
泵不能够运转	机组不能启动运转	电源切断或没有联接	检查电源、变压器及保险丝,检查闸刀是否合上
		控制屏控制线路发生故障	检查控制电压是否合适,检查桥式整流电路二极管是否损坏,检查控制保险是否烧坏
		地面电压过低	根据电动机额定电压和电缆压降计算出地面所需电压,调高速变压器挡位至正确值
		电缆或电动机绝缘破坏或断开	测量机组的对地绝缘电阻和相间直流电阻,起泵更换机组
		泵或保护器机械故障	做反向启动试验,起泵进行处理
		油稠粘度大,死油过多,结蜡严重,泥浆未替喷干净	用轻质油或水热洗(温度控制在电动机极限温度下),然后再启动
	过载停机(过载指示灯亮)	过载电流调整不正确	过载电流应调整为额定电流的 120%
		偏载运行	检查三相电流、保险及整个电路
		泵的摩阻增加	检查流量是否正常及含砂量,起井修理
		电动机或电缆绝缘破坏	测量机组的对地绝缘电阻和相间直流电阻,起泵修理
		单流阀漏失	液体发生回流,使油管中产生真空,此时不能启泵,起泵修理
		控制屏线路故障	检查控制屏,起井修理
	欠载停机(欠载指示灯亮)	欠载电流调整不正确	欠载电流应调整为额定电流的 80%
		泵或分离器轴断	检查流量是否正常,整压,起井修理
		控制屏线路发生故障	检查控制屏线路、各接头及元件
		气体影响,引起负荷减小	适当放套管气,起泵更换分离器或加深泵挂
		地层供液不足	测量动液面深度,提高注水量,更换小排量机组

4.2 水力活塞泵采油

水力活塞泵是一种液压传动的无杆抽油设备,其井下部分主要由液马达、泵和滑阀控制机构组成。动力液由地面动力泵加压后经油管或专用动力液管传至井下,通过滑阀控制机构,改变供给液马达的流体流向来驱动液马达做上下往复运动,从而带动抽油泵抽油。水力活塞泵对高气油比、出砂、高凝油、含蜡、稠油、深井、斜井及水平井具有较强的适应性。

4.2.1 水力活塞泵装置的组成和分类

水力活塞泵油井装置包括:水力活塞泵井下机组、井下器具管柱结构和井口。地面流程包括:地面高压泵机组、高压控制管汇、动力液处理装置和计量装置与地面管线。

4.2.1.1 动力液系统及动力液

(1) 动力液系统

动力液系统有多种类型,不同系统的地面流程和设备及处理能力不同,选择时要考虑现有设备、场地和投资等因素。一般按如下方式进行分类:

① 按系统管理的井数分:单井系统、多井集中泵站系统和大型集中泵站系统。

② 按动力液排出方式分:开式动力液和闭式动力液循环系统。

开式动力液系统是让动力液和地层流体在离开井下泵后混合在一起,通过同一通道返出地面。井下结构比闭式动力液系统简单,开采稠油时加热动力液可稀释地层流体,但加入的润滑、防腐、除氧等化学剂要与地层流体混合,损耗较大,需要连续加入。

图 4-8 为开式循环流程采油系统。动力液经地面高压柱塞泵加压后,通过高压控制管汇进入地面油管,通过井口装置进入油井中经油管内下行,进入井下水力活塞泵,驱动井下机组的液马达带动抽油泵工作,抽出的原油与乏动力液在封隔器以上的油套管环形空间混合并返出地面。混合液经分离器进行油气分离,脱气混合液进入动力油罐沉降净化。部分净化的原油继续进入高柱塞泵加压后作为动力液,其余部分液体输至集油站。

闭式动力液系统是动力液和地层流体在整个水力泵系统中不混合在一起。向动力液中加化学剂的成本不高,地面分离设备小,主要用于海洋和城市,但井下另外需要一根动力液返出管,开采稠油时动力液不能起稀释和降粘作用,目前应用较少。

图 4-9 为闭式循环流程采油系统。动力液经地面高压柱塞泵加压后,通过高压控制管汇进入动力液管线,通过井口装置,流经油管驱动井下泵的液马达带动抽油泵工作,抽出的油从封隔器以上的油套管环形空间返出地面进入集油罐。乏动力液则从平行侧管返出,进入动力液处理罐经少许处理后,又进入地面泵中加压反复使用。

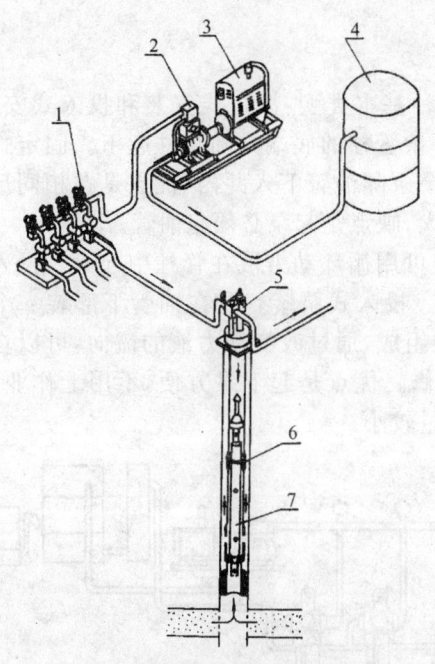 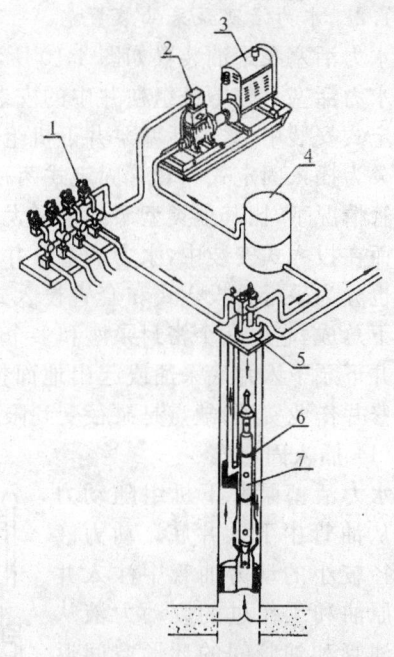

图 4-8 开式循环流程采油系统
1—管汇；2—地面泵；3—发动机；4—动力液罐；
5—井口装置；6—泵工作筒；7—沉没泵

图 4-9 闭式循环流程采油系统
1—管汇；2—地面泵；3—发动机；4—动力液罐；
5—井口装置；6—泵工作筒；7—沉没泵

③ 按动力液流动方向分，有正循环和反循环系统。

正循环系统是将动力液从装泵的油管注入，对于开式动力液系统，动力液和地层流体混合物从未装泵的流动通道返出地面，对于闭式动力液系统，还需一根动力液返出管。这种方式最常用。

反循环系统是动力液从未装泵的流动通道注入，动力液和地层流体从装泵的油管返出地面，主要用于保护套管和降低摩阻。这种系统需要采用一个插锁或摩擦固定装置保持泵在工作时不向上移动，可以采用钢丝和自由投捞作业，自由作业比正循环系统复杂，在水力活塞泵中应用很少，在射流泵中应用较多。

（2）动力液

一般采用油或水作动力液，动力液的质量对水力泵系统的使用寿命和维修成本影响很大。用相对密度为 0.825～0.876 的原油作动力液，要求杂质含量在 15 mg/L 以下。油的润滑性较好，需要的化学剂较少，成本低，油的压力脉冲比水小得多，地面柱塞油泵的维护较少。用水作动力液，要求杂质粒径小于 15 μm，含盐的质量分数小于 1.2%。水对环境污染小，安全性好，但水在井底条件下一般不具备润滑性，易产生腐蚀，水的粘度低使井下泵更易漏失，另外水还需脱氧处理。选择哪种介质作动力液要根据可利用的介质和投资等方面作出决定。

4.2.1.2 水力活塞泵采油装置

水力活塞泵采油装置如图 4-10 所示。

水力活塞泵井下机组在井中的安装有两种基本类型：固定式安装和投入式安装。在固定式安装中，水力活塞泵井下机组装在一条管柱的底端并随管柱起下。固定式安装又分为插入固定式和套管固定式两种。整个泵随油管下入井内，优点是在相同尺寸的套管情况下，比其他类型泵的泵径大、排量大，缺点是起泵必须起油管。

而在投入式安装中，水力活塞泵井下机组可用循环动力液在管柱中起下。投入式安装也分为平行管投入式和套管投入式两种。投入式泵装置是在油管下部装一个泵的井下总成，它由一个密封泵座和多个密封腔组成，通过改变动力液的流向，可以自由地把井下泵下入井底采油或起出地面换泵维修。优点是起下泵方便，不用上作业队，节省修井作业费用；缺点是泵径受到限制，排量较小。

（1）插入固定式

水力活塞泵井下机组随动力油管从油管中下入井底。动力液从直径较小的动力油管中注入井底。原油和工作过的废动力液从动力油管和油管间的环形空间返回地面。所有自由气都从油管和套管间的环形空间导出。如图 4-10a 所示。

（2）套管固定式

水力活塞泵井下机组随动力油管下入井底，并固定在一个套管封隔器上。动力液从动力油管送入井底，原油和废动力液从动力油管和套管间的环形空间返回地面。所有自由气须经水力活塞泵井下机组导出。固定式泵装置是将井下泵固定在油管底部，随油管一起下入井中。泵的外径不受油管内径的限制，它主要用于高产井，换泵需要进行取下油管作业。目前，这种装置已不常用，基本被自由式泵装置取代。如图 4-10b 所示。

（3）平行管投入式

这种型式包括两个平行管柱。水力活塞井下机组从大直径管柱中循环至井底，并

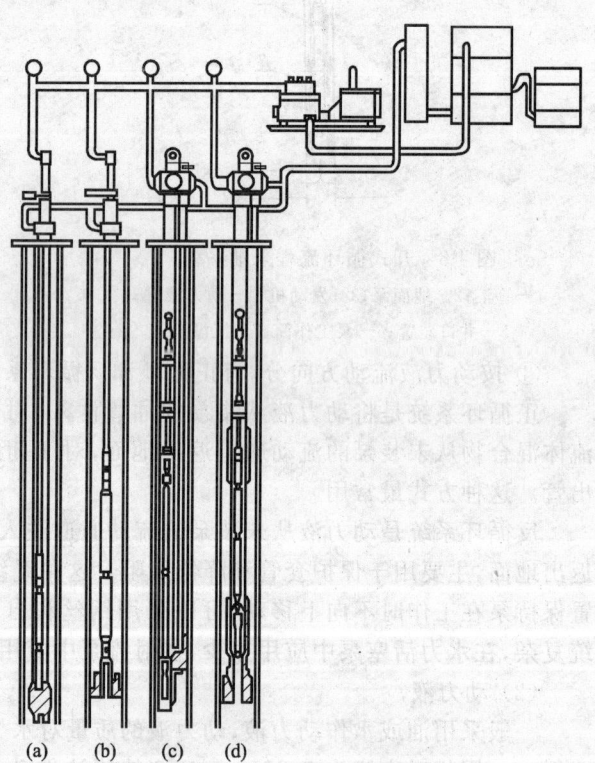

图 4-10 常用的水力活塞泵井下装置
(a) 插入固定式；(b) 套管固定式；
(c) 平行管投入式；(d) 套管投入式

在一个固定阀座上形成密封,上部的密封进入油管内壁的一个专用环箍处。动力液从大直径管柱中进入井下机组的液动机,而原油和废动力液从小直径管柱中排到地面。自由气从套管中导出。如图 4-10c 所示。

（4）套管投入式

这种型式只需将一条管柱下到一个套管封隔器上。水力活塞泵井下机组从管柱中循环至井底并在一个固定阀座上形成密封,上部的密封进入油管内壁的一个专用环箍处。动力液从管柱中送入井底,原油及废动力液从套管中排到地面。自由气必须从水力活塞泵井下机组导出。如图 4-10d 所示。

水力活塞泵采油装置常用的是投入式安装。投入式泵也叫自由泵,由封隔器把井筒上下分隔,沉没泵在油管内液力起下。图 4-11 表示了最简单的投入式泵油井装置。图 4-11a 为安装状态。泵由油管投入,动力液通过四通阀进入油管,同泵一起下行。此时由于封隔器上部压力大于下部压力,坐在泵筒下部的固定阀关闭,油管内的液体由油套管环形空间返出,使泵继续下行,直至进入泵筒。图 4-11b 为工作状态。此时动力液继续源源不断地经四通阀进入油管,并进入泵中,带动泵的液马达工作。泵的液马达则带动抽油泵工作,产生抽汲作用,使固定阀打开,地层液则源源不断地进入泵内,经泵加压后,排到油套管环形空间和乏动力液混合经油套管环形空间返出。在下泵

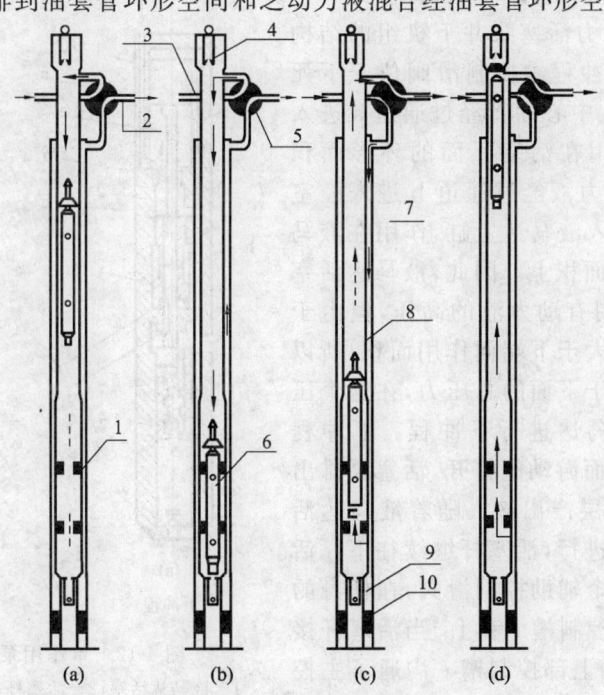

图 4-11　投入式泵的工作原理
1—泵筒；2—出油管线；3—动力管线；4—捕捉器；5—四通阀；
6—沉没机组；7—套管；8—油管；9—固定阀；10—封隔器

和泵工作状态中,四通阀均处于正循环状态,即动力液由油管进,混合液和乏动力液则由套管出。需要起泵时,通常调节井口四通阀,使其成为反循环。图4-11c所示为起泵状态。动力液从套管进入后,沿环形空间向下,在压力的作用下,泵的提升阀关闭,提升皮碗张开,由于压力继续增加,使泵离开固定阀座,随即固定阀关闭,泵在动力液的推动下沿油管内上行,直至井口被捕捉器捉住把泵从油井中取出。

4.2.2 水力活塞泵井下机组工作原理

4.2.2.1 水力活塞泵的结构

井下水力活塞泵机组由液马达、泵和主控制滑阀组成。

① 液马达。将动力液的压能转化为机械能带动泵工作。液马达活塞面积越大,泵的排出压头越高。

② 泵。将液马达传递给它的机械能转化为流体的压能,泵柱塞面积越大,泵的排量越高。泵分为单作用泵和双作用泵。单作用泵仅在上冲程或下冲程时向地面排液,双作用泵在上冲程和下冲程都向地面排液。

③ 主控制滑阀。利用液压差动原理控制液马达和泵柱塞做往复运动的换向控制机构。

4.2.2.2 水力活塞泵的工作原理

图4-12是水力活塞泵井下机组的结构示意图。其中下冲程主控制滑阀位于下死点,高压动力液从中心油管经过通道a进入液马达下缸,作用在活塞下面的环形面积上;同时,高压动力液经过通道b进入腔室c,再由通道d进入液马达上缸,作用在液马达活塞上面的全面积上。因此,液马达活塞上、下两面都作用有动力液的高压,但由于上端面作用面积大于下端面作用面积,所以上面的总压力大于下面的总压力,在这个压力差作用下,液马达进行下冲程。下冲程时,固定阀关闭,而游动阀打开,活塞泵排出被吸入泵内的油层产出液。随着液马达活塞的下冲程继续进行,活塞杆继续往下。活塞杆实际上是一个辅助控制滑阀,在杆身的上部和下部开有控制槽e和f。当活塞杆接近下死点时,它的上部控制槽e沟通了主控制滑阀上、下端的腔室c和g,使高压动力液由控制槽e进入主控制滑阀下端腔室g。由于主控制滑阀下端面的面积大于上端面的面积,下面的总压力必然大于上面的总压

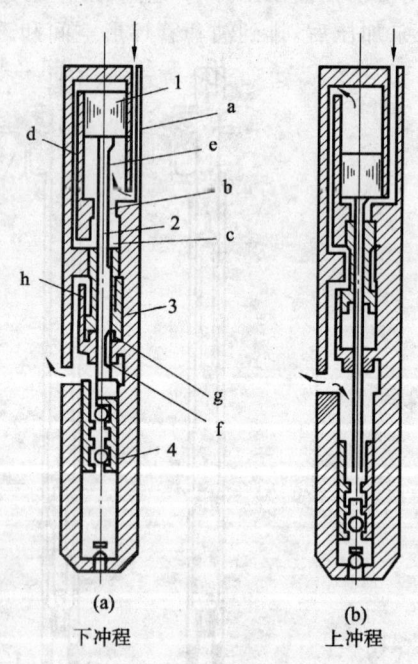

图4-12 单作用泵工作原理
1—液马达活塞;2—活塞杆;3—主控制滑阀;
4—水力活塞泵活塞

力,所以使主控制滑阀推向上死点。

上冲程主控制滑阀位于上死点,高压动力液从中心油管经过通道 a 进入液马达下缸。由于主控制滑阀位于上死点堵塞了通道 b,使高压动力液不能由通道 d 进入液马达上缸。而这时,液马达上缸经过通道 d、主控制滑阀中部的环形空间 h 和抽取的油层产出液相沟通。因此,液马达的上缸充满低压油层产出液,而下缸仍然作用有高压动力液。在压力差的作用下,液马达的活塞进行上冲程。上缸中工作过的乏动力液和抽取的油层产出液相混合后,提升到地面。上冲程时,泵的游动阀关闭,固定阀打开,进行吸油过程。随着上冲程的进行,活塞杆继续往上。当活塞杆接近上死点时,它下部的控制槽 f 使主控制滑阀的下腔室和抽取的原油相沟通。这时,在主控制滑阀上端面作用有高压动力液,下端面作用的是低压的油层产出液。在这个压力差作用下,主控制滑阀就往下运动到下死点。这样,就使液马达重新开始转入下冲程。

4.2.3 水力活塞泵使用范围

对比其他型式的抽油设备,水力活塞泵的一个重要优点是具有较高的效率,而且随着油井动液面的降低,它的效率减小不多。水力活塞泵装置的总效率在中深井和深井一般可达 57%~68%。水力活塞泵的基本工作参数——排量和压头可在大范围内平滑地调节,而且效率没有多大的变化,这也是其他抽油设备所没有的特点。自由安装式水力活塞泵可利用动力液进行起下操作,使起下操作机械化,不仅可以大大减轻繁重的体力劳动,而且可减少停井时间,增加原油产量,延长油管寿命和降低建井的成本。自由安装式水力活塞泵起下只需一个工人即可,而且从 2 000 m 深处用动力液提升到井口,一般只需要 30~60 min;下放只需 25~35 min。水力活塞泵的主要工作部件易于标准化,它的采用便于实现矿场自动化。

水力活塞泵特别适用于下列油井的开采。

(1) 深井和超深井的开采

水力活塞泵在深井和超深井中能高效率地工作,随着油井动液面的降低,排量和效率改变不显著。

(2) 定向井的开采

水力活塞泵在定向井开采中也很有效,甚至在井斜角达 70°的情况下它的工作和起下操作也无多大困难。由于水力活塞泵的地面设备很紧凑,平衡性好,适用于固定式平台或栈桥的海上油井开采。海上油井一般每 8~20 口井成一井组,这样,水力活塞泵的地面设备可集中传动,维护简单,投资少,而且利用特殊的动力液的封闭系统,可解决海上油井开采的安全防火问题。

(3) 小井眼油井的开采

目前已用直径 140 mm 套管代替直径 168 mm 套管,并正在发展直径 114 mm 或更小套管。这样可以加快钻井速度,减少投资。在井眼变小的情况下,水力活塞泵在技术上特别有效。

(4) 稠油的开采

当原油粘度很高时,用有杆泵抽油设备生产有时是不可能的,而用电动潜油泵开采效率低。采用水力活塞泵时,可利用热动力液对原油进行加热,使原油粘度降低,也可采用其他方法降低原油粘度,因此,水力活塞泵开采稠油很有效。

(5) 多蜡井的开采

实践证明,用水力活塞泵开采多蜡井时,发现油管壁上蜡的沉积量很少。这是因为井中原油已在水力活塞井下机组出口处和废动力液混合,降低了单位体积液体的含气量和含蜡量,蜡的影响因而减轻。利用热动力液或往动力液中加入除蜡剂,可以完全消除蜡的影响。

水力活塞泵的缺点是需向井中下放双层油管(指固定插入式和平行管自由式),这一方面增加了设备的金属消耗量和投资,提高了井下修理劳动量和维修费用;另一方面又限制了井下机组的尺寸,使结构复杂化。为了消除这个缺点,可采用套管固定式或套管自由式,即采用单油管柱带封隔器方案。但是,上述方案使用的前提条件是必须保证套管柱的平直和密封性,同时油井的气油比要低或动液面高,允许采用大的沉没度。如这些条件不具备时,可考虑采用双平行油管柱,即平行管自由式,可以减小设备的质量,但它在排量方面受到限制。水力活塞泵在某些油区特别是在开采松散砂岩的油层时需专门准备动力液。在冬季严寒天气时,水力活塞泵的地面设备和管线的操作有一定的困难。水力活塞泵的下泵深度受油管强度的限制。上述缺点在采取相应措施后是可以克服的。

4.2.4 水力活塞泵油井生产系统设计

4.2.4.1 系统、装置类型及泵型选择

(1) 系统选择

由于开式系统简单,操作方便,节省投资,所以一般说来首先考虑开式系统。

采用闭式系统的条件是:无合适的原油作动力液,必须使用水基动力液;建设动力液罐及处理设备的空间有限;海上平台,存在空间限制和地面失火的可能性。

(2) 放气还是泵出气体

如果气油比低,或虽然气油比较高,但泵吸入口压力较高,可采用泵出全部气体的井下装置。

如果气油比较高,泵吸入口压力又较低,且泵效很低时,就应当采用放气的井下装置。

(3) 井下泵安装形式及泵型选择

井下泵的安装形式,首先应考虑套管型投入式泵。如果满足不了需要或受条件限制不能使用时,应采用平行管柱式安装型式。由于起下泵不方便,应尽量不采用固定式或插入式。

应根据设计产液量和下泵深度来选择合适的泵。

4.2.4.2 水力活塞泵生产系统设计步骤

① 确定设计产量,并依据油井流入动态曲线确定设计产液量下的井底流压。

② 从井底向上计算井筒压力分布,由泵的充满程度或泵吸入口压力确定下泵深度。

③ 计算井筒温度和井筒压力分布。

④ 分别计算动力液排量和泵效以及功率和举升效率。

4.2.5 水力活塞泵的工况诊断及故障分析

4.2.5.1 水力活塞泵的工况诊断

目前水力活塞泵工况诊断的方法主要有:

① 直观分析判断法。直观分析判断法能够作出定性分析。但该方法停留在人工观察井口动力液压力变化,凭经验进行工况诊断的水平上,由于各人经验的相互差异,增大了分析诊断结果的误差。

② 压力系统分析法。水力活塞泵的工况可采用压力系统分析法来进行诊断。为了得出比较精确的定量分析数据,需要编程计算,其核心是计算泵吸入压力,进而分析判断泵效、泵深和工作参数是否合理以及油井的生产潜力。

③ 对比分析法。该方法是对水力活塞泵泵内压力分布进行分析,总结出液马达活塞理论运动规律,根据多口油井测试、检泵对比资料,整理得出几种在矿场上常见的典型工况模版,应用计算机作为采集单元,通过在井口测试动力液压力和流量随时间的变化曲线,对比典型工况模版,进行泵的工况诊断分析。

4.2.5.2 水力活塞泵抽油井故障分析

水力活塞泵在正常工作状态下,其主要技术参数均近似于理论技术参数,如工作压力、动力液流量、混合液流量、冲次等。如实测数据与此相等,则抽油井工作基本正常。如实测数据偏离理论数据,就要分析原因,排除故障,以保证正常工作。水力活塞泵抽油井常见故障及其排除方法见表4-2。

表 4-2　水力活塞泵故障及其排除方法

故　障	可能原因	排除方法
抽油泵容积效率明显降低，即实测冲次下的泵排量少于理论冲次下的排量	(1) 吸入阀、排除阀漏失 (2) 排出液和地层液之间的密封损坏 (3) 吸入阀、排出阀的端面不密封	起泵检查，修理或更换，压紧端面
地面泵压力下降，冲次下降或无冲次；动力液消耗量增加，产量减少或不出油	(1) 活塞组产生脱扣现象 (2) 沉没泵机组密封件损坏	起泵检修或更换
沉没机组突然不工作，泵压突然上升憋压	拉杆和阀芯、阀芯和滑阀、滑阀和阀体、活塞和缸套被砂或脏物卡死	起泵检修，清洗或更换零件
泵压、冲次、产量逐渐下降	橡胶密封件损坏，高低压腔连通，产生漏失	起泵检修或更换新泵
泵突然不出油，或抽出量很小，冲次减少，但动力液不降低	地层出砂严重，造成油层被砂堵	冲砂，然后采取防砂措施或控制产液量
在一定冲次下，抽油泵排量稳定下降，地面泵压力有些下降	(1) 吸入阀漏失 (2) 排出阀漏失 (3) 泵缸套磨损或紧固处松动 (4) 沉没泵和泵座密封处漏失 (5) 管道有漏失	(1) 起泵检修或更换 (2) 起泵检修或更换 (3) 起泵检修或更换 (4) 起泵和起泵座检查 (5) 检查管道
多次检泵只能短期正常工作，且出现地面泵压力下降，冲数减少，动力液量增加	泵座密封面损坏	起泵，更换泵座
多次检泵都不能正常工作，地面压力下降，动力液量增加，泵冲数少或不工作	(1) 泵座密封圈损坏 (2) 泵座连接螺纹松动	起泵，更换泵座
沉没泵未能或很难落到泵座上，工作压力与计算压力相差悬殊(过高或过低)	(1) 泵座未清洗干净 (2) 沉没泵装配不好，不正，有偏斜或弯曲 (3) 沉没泵内运动副的间隙过小 (4) 沉没泵锥座与泵座支承孔损坏 (5) 管道有缺陷或连接处不紧密 (6) 油管弯曲或变形	(1) 热油正循环清洗泵座 (2) 起泵检查，重新装配 (3) 起泵和泵座，检查更换损坏件 (4) 重新作业，更换变形油管
反循环起不出泵 (1) 注入动力液量和返出液量一致 (2) 注入动力液多，返出少 (3) 泵压很高，降不下来	(1) 提升皮碗损坏或提升阀损坏 (2) 固定阀漏、不密封或脱扣，固定阀泄油销断 (3) 沉没机组未脱离泵座 (4) 沉没机组和泵座卡死	(1) 用大排量冲或打捞 (2) 打捞机组和固定阀 (3) 打捞沉没机组，捞不上来则需修井

4.3 水力射流泵采油

4.3.1 采油装置构成及工作原理

水力射流泵(简称射流泵,也称为喷射泵)是一种特殊的水力泵。它是利用射流原理将注入井内的高压动力液的能量传递给井下产液的无杆水力采油装置。射流泵采油系统与水力活塞泵采油系统的组成相似,由地面储液罐、高压地面泵和井下射流泵组成。射流泵和水力活塞泵的井下总成可互换使用。射流泵的井下装置类型与水力活塞泵一样,包括固定式装置和自由式装置,但射流泵只能采用开式动力液系统。

射流泵井下无运动部件,对于高温深井、高产井、含砂、含腐蚀性介质、稠油以及高气液比油井具有较强的适应性。

4.3.1.1 射流泵的结构

射流泵是通过地面注入与地层产出的两种流体之间的动量交换实现能量传递来工作的。典型的套管自由式井下射流泵装置如图 4-13 所示。射流泵的主要特点之一是没有运动部件。射流泵的工作元件是喷嘴、喉管和扩散管。

① 喷嘴。其作用相当于射流泵的马达,其流动特性与孔板相似。

② 喉管。一般为一直长圆筒,可以有一定的张角。喉管的作用是使产液和动力液在其中完全混合,交换能量,它实质上是一个混合管。在喷嘴出口和喉管入口之间有一定距离,称为喷嘴—喉管距离,喉管直径要比喷嘴出口直径大,喷嘴和喉管之间的环形面积是产液进入喉管时的吸入面积。

③ 扩散管。其截面积沿流动方向逐渐增大,一般采用一个张角,也可采用多个张角。扩散管是一个将动能转换成压力的能量转换器。

4.3.1.2 射流泵的工作原理

射流泵通过喷嘴将动力液高压势能转变为高速动能;在喉管内,高速动力液与低速产液混合,进行动量交换;通过扩散管将动能转变为静压,使混合物采到地面。

图 4-14 为一台射流泵的工作示意图。如图所示,在动力液压力为 p_1、流速为 q_1 的条件下,动力液被泵送通过过流面积为 A_n 的喷嘴。压力为 p_3、流速为 q_3 的井中流体则被加

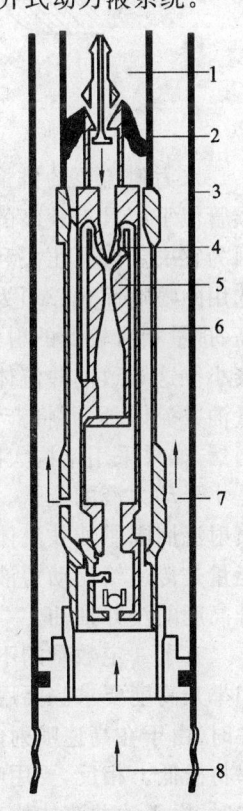

图 4-13 射流泵装置
1—动力液;2—泵筒;3—套管;
4—喷嘴;5—喉管;6—扩散管;
7—混合流体返出口;
8—油井产出流体

速吸入喉管的吸入截面 A_s，在喉管中与动力液混合，形成均匀混合液，在压力 p_2 下离开喉管。在扩散管中，混合液的流速降低，压力增高到泵的排出压力 p_2，这个压力足以将混合液排出地面。

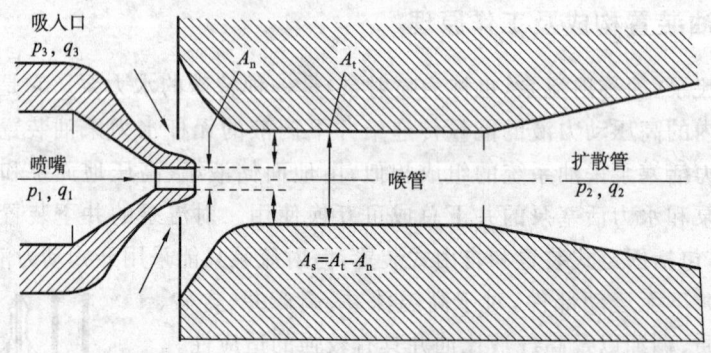

图 4-14　井下射流泵工作示意图

水力射流泵的排量、扬程取决于喷嘴面积与喉管的面积比值。直径较大的喷嘴和喉管似乎应具有较高的排量，然而，重要的变量因素却是喷嘴面积与喉管面积的比值，因为它决定着泵压头和排量之间的协调。对于一个过流面积为 A_j 的喷嘴来说，如果选用的喷嘴面积（A_j）为喉管面积（A_t）的 60%，那么，它们的组合将是一个压头相对较高、排量相对较低的射流泵。此时喷射四周供油井流体进入喉管的环形面积（A_s）相对较小。这导致油井流体的流量低于动力液的流量。并且由于喷嘴的能量是传给低产量油井流体，因而将产生高压头。所以，这种射流泵适用于大举升高度的深井抽油。当然，如果采用结构大的射流泵，也可以获得大的油井流体流量，但油井流体的流量总是小于动力液的流量。相反，如果选配的喷嘴面积（A_j）为喉管面积（A_t）的 20%，那么，喷射流周围供油井流体进入喉管的环形面积（A_s）就大多了。但是，由于喷嘴喷射流的能量是传递给比动力液流量大的油井流体，将产生低的压头。所以这种泵适用于低举升高度的浅井抽油。

有了一定数量的不同面积比的喷嘴-喉管组合，就有可能最好地满足不同的流量和举升高度要求。要用喷嘴-喉管面积比为 20% 的组合开采产量比动力液流量小的油井时，由于在高速喷射的动力液和低速流动的油井流体之间产生高湍流混合损失，效率将极低。相反，要用喷嘴-喉管面积比为 60% 的组合开采产量比动力液流量大的油井时，由于油井流体快速流过相对较小的喉管而产生较大的摩阻损失，效率也将极低。要选择最佳的喷嘴-喉管面积比，就要在混合损失和摩阻损失之间进行协调处理。

4.3.1.3　射流泵的基本方程

（1）面积比 R

射流泵的面积比是指射流泵喷嘴和喉管面积的比值。

（2）流量比 M

指射流泵吸入流量和动力液量的比值。

(3) 压头比 H

指地层液增加的压头和动力液损失的压头的比值。

(4) 喷嘴与喉管直径

根据油井的具体情况进行选泵时,在选定泵的特性曲线上确定最佳流量比和压力比,在此基础上以油井的产液量和动力液流量为依据,求出最佳喷嘴直径及喷嘴与喉管的面积比。喷嘴面积为:

$$A_j = 0.060882 \frac{q_1}{\sqrt{(p_1-p_3)/\gamma_1}} \tag{4-1}$$

由已选定的泵型确定其喷嘴与喉管的面积比 R,再求出喉管面积:

$$A_t = A_j/R \tag{4-2}$$

(5) 泵效 E

地层产出液得到能量与动力液失去能量之比称为射流泵的泵效。

$$E = M \times H \tag{4-3}$$

(6) 气蚀

喷嘴和过流面积决定喉管入口处的环空流道。环空过流面积越小,给定的油井产出流体流过该面积的速度就越高。流体的静压力随其流速增加的平方而下降,在高流速下静压力将下降到流体的蒸气压。这样低的压力将导致蒸气穴的形成,该过程称之为气蚀。对于一个给定的油井产量和泵吸入口压力来讲,将存在一个最小的环空过流面积,以限制流速,防止气蚀。

4.3.1.4 射流泵无量纲特性曲线

作为一种动力泵,射流泵具有与电动潜油离心泵相似的特性曲线,如图 4-15 所示。

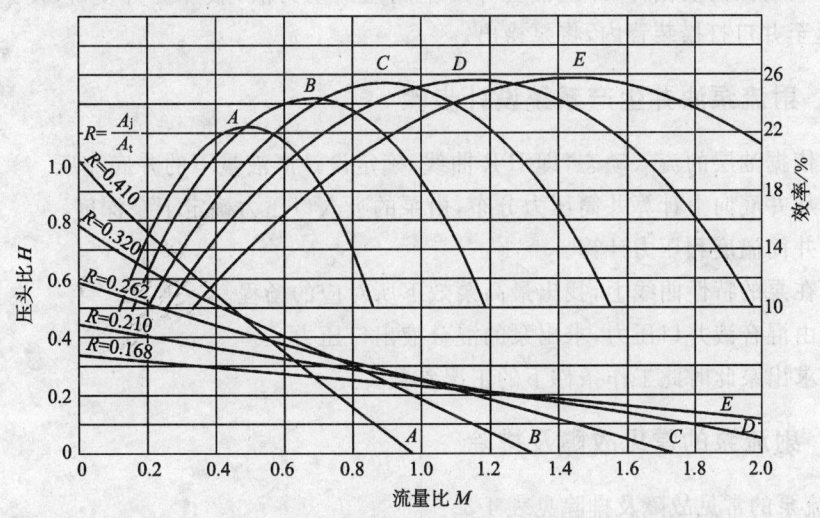

图 4-15 射流泵无量纲特性曲线

图 4-15 表示了 R 取不同值时 M 和 H 的对应关系。同时,曲线上也给出了

每一效率与 M 的对应函数关系。面积比选择范围从高压头、小排量泵到低压头、大排量泵。高压头泵举升能力高,适用于中深井举升。低压头泵适用于浅井生产。最常用的面积比值范围在 0.325 和 0.4 之间,大于 0.4 的面积比值很少用到,只有在开采深井中使用,因为大面积比值的泵常常需要很高的地面工作压力。小于 0.235 的面积比用于浅井,为防止气蚀而需要较大的环空过流面积时使用。从图中可以看出,较高面积比值泵的特性曲线表明在其最大效率区内,无量纲压头比 H 的值较高。由于 H 是度量产出液体中压力升高的尺度,因此较高面积比适用于较深的有效举升高度。但这只能在产出流体的流量明显小于动力液量时才能实现($M<1.0$);面积比值较小的泵产生较小的压头,却可举升比动力液流量要大的油井产量($M>1.0$)。

4.3.1.5 射流泵的使用范围

射流泵有许多优点。① 没有运动部件,适合于举升含腐蚀性物质和含砂的流体;② 结构紧凑,适用于倾斜、水平井;③ 自由投捞作业,维护费用低;④ 产量范围大,控制灵活方便;⑤ 能用于稠油开采,容易对动力液加热;⑥ 能处理高含气流体;⑦ 适用于高温深井;⑧ 对非自喷井,可用于产能测试和钻杆测试。射流泵为了避免气蚀,必须有较高的吸入压力,使射流泵的应用受到限制。但是射流泵泵效较低,所需要的输入功率比水力活塞泵高。

4.3.1.6 射流泵的起下操作

射流泵的起下操作与自由安装式的水力活塞泵相同。下泵时,可将泵从井口投入,利用动力液的正循环,即从油管中注入动力液,将泵压入油管下端的泵座内。起泵时,利用动力液的反循环,即从油套环形空间注入动力液,胀开提升皮碗,使泵离开泵座,上返至井口打捞装置内,将泵捞出。

4.3.2 射流泵油井生产系统设计步骤

① 依据油层的流入动态,即 IPR 曲线,确定设计产液量下的井底流压。
② 从井底向上计算井筒压力分布,由泵的吸入口压力确定下泵深度。
③ 井筒温度和压力计算。
④ 在泵的特性曲线上,找出最高泵效下所对应的扬程。
⑤ 由混合液井口压力,求出泵的混合液出口压力。
⑥ 求出泵此时此工作条件下的工况参数。

4.3.3 射流泵的常见故障及排除

射流泵的常见故障及排除见表 4-3。

表 4-3　射流泵的常见故障及排除

故障症状	原因分析	排除办法
压力增加,泵仍获得动力液	管结和流程阀件遇阻	清除阻碍物或使泵重新就位
	喷嘴部分被堵	起泵并清洗喷嘴
操作压力缓慢增加,动力液流量不变;或动力液流量缓慢下降,操作压力不变	油井缓慢结蜡	投入清蜡棒或注入热油
	喉管或扩散管磨损	起泵维修
压力突然增加,泵没有动力液	喷嘴完全堵死	起泵并清洗喷嘴
压力突然下降,动力液量不变;动力液量增加,而压力不变	井下油管失效	检查油管,若有泄漏,起出油管柱
	泵密封损坏或喷嘴破裂	起泵修理
产量下降,但地面情况正常	喉管或扩散管磨损	提高操作能力,更换喉管或扩散管
	固定阀或泵被堵塞	起泵并检查,打捞固定阀
	气体排放系统泄漏或堵塞	检查气体排放系统
	油井情况变化	下压力计测试并更换喷嘴、喉管
提高操作压力时产量不增加	泵发生气蚀或气量大	降低操作压力并更换大一些的喉管
喉管磨损,由圆形筒磨成方形,失去光泽	冲蚀磨蚀	更换喉管,采用优质喉管;安装较大的喷嘴-喉管组合,以降低流速
新装置不能满足预测产量的需要	油井数据有误	下压力计测试并重新选型
	固定阀或泵堵塞	检查泵和固定阀
	井下管柱泄漏	检查油管,如有泄漏,立即作业修理
泵很难进入工作筒	泵筒内被脏物堵塞	热水正循环洗井
	喷射泵机组弯曲	起泵检查、换泵
寿命短,动力液量先少后多	衬套损坏、密封圈损坏	作业更换泵工作筒
动力液量等于返出液量;动力液量大于返出液量;动力液压力大于15 MPa	提长皮碗损坏	加大排量起泵或打捞泵
	固定阀漏,封隔器漏	更换固定阀或封隔器
	泵被卡死在泵筒内	打捞或作业

习　题

(1) 试分析有杆泵采油与无杆泵采油的主要区别。
(2) 电潜泵采油装置主要由哪几部分组成？并说明其工作原理及作用。
(3) 试述水力活塞泵的工作原理。
(4) 简要分析水力活塞泵井下机组的组成及各部分的主要作用。
(5) 试述水力射流泵的工作原理。
(6) 根据射流泵无量纲特性曲线,如何选择喷嘴与喉管的面积比？

参 考 文 献

(1) H·B·布雷德利.石油工程手册(上册).北京:石油工业出版社,1992.
(2) 万邦烈.采油机械的设计计算.山东东营:中国石油大学出版社,2000.
(3) 王鸿勋,张琪.采油工艺原理.北京:石油工业出版社,1989.
(4) K·E·布朗.升举法采油工艺(下卷).北京:石油工业出版社,1987.
(5) 朱君,徐广天,刘合,等.无杆泵采油技术.北京:石油工业出版社,1999.

第5章 注 水

本章导学：

了解注入水水质的一般要求，掌握注水井吸水能力的分析方法和分层注水技术，能够应用注水指示曲线分析和解决注水井出现的问题。

重点难点：

(1) 影响吸水能力的因素分析；
(2) 分层注水技术；
(3) 注水指示曲线的应用。

注水开发是我国油田常用的保持地层能量的一种方法。通过注水井向油层注水补充能量，保持油层压力，是在依靠天然能量进行采油之后，或在油田开发早期为提高采收率和采油速度而广泛采用的一项重要的开发措施。经过多年的实践，我国各油田在多油层、小断块、低渗透和稠油油藏进行注水开发方面逐步形成了适合油藏特点的配套技术。

5.1 水源、水质及注水系统

5.1.1 水源及水质要求

油田注水要求水源的水量充足、水质稳定。水源的选择既要考虑到水质处理工艺简便，又要满足油田日注水量的要求及设计年限内所需要的总注水量。

5.1.1.1 水源类型

选择注水井水源应遵循以下原则：
① 水量充足，供水量稳定；
② 水质良好或相对良好，水处理工艺相对简单或水处理技术可行；
③ 优先考虑含油污水，以减少环境污染；
④ 应考虑水的二次或多次利用，减少资源浪费。
目前作为注水用的水源主要有：

(1) 地面水源

江、河、湖、泉的地面淡水已被广泛应用于注水。地面水源的特点是,水质随着季节变化很大,含氧量高,携带大量悬浮物和各种微生物。海水资源丰富,但是含氧量和含盐量高,腐蚀性强,悬浮的固体颗粒随季节变化大。通常是先钻一些浅井到海底,使其过滤从而减少水的机械杂质。

(2) 地下水源

地下水源包括浅层地下水和深层地下水。浅层地下水一般产于河流冲积和沉积层中,水量丰富,水质较好。深层地下水的矿化度比地面水的高,水中含有铁、锰等离子。对于含铁较高的水应进行除铁。

这种水源的特点是,水量稳定,水质变化不大,通常无腐蚀性;由于自然过滤,浑浊度不受季节影响;水中含氧稳定,便于处理。

需要注意的是,不同水层的水作注入水时彼此不能产生化学反应而结垢。

(3) 油层采出水

指含油污水。一般偏碱性,硬度较低,含铁少,矿化度高。含油污水必须经过水质处理后才能回注到地下油层或外排。由于这部分水随着油田开发时间延长,采出水量不断增多,已成为油田注水的主要水源。油层采出水既能作为注水的水源,同时污水回注又是环境保护的重要措施。

除上述三种水源之外,还有工业废水等可利用的水源。

5.1.1.2 注入水的水质要求

水质是指对注入水所规定的质量指标,包括注入水中的矿物盐、有机质、气体以及悬浮物的组成及含量等。它是储层对外来注入水适应程度的内在要求。

对水质的要求应根据油藏的孔隙结构与渗透性分级、流体的物理化学性质以及水源的水型并通过实验来确定。SY/T 5329-1994 对水质的推荐标准是:

① 含油量指标。当地层渗透率 $K \leq 0.1\ \mu m^2$ 时,含油量 $\leq 5.0\ mg/L$;当地层渗透率 $K \geq 0.1\ \mu m^2$ 时,含油量 $\leq 10.0\ mg/L$。

② 总含铁量应小于 $0.5\ mg/L$。因三价铁离子能与油层中的氢氧根离子生成不溶于水的氢氧化铁沉淀,而堵塞地层。

③ 溶解氧含量指标。地层水总矿化度 $>5\ 000\ mg/L$ 时,溶解氧质量浓度 $\leq 0.05\ mg/L$;地层水总矿化度 $\leq 5\ 000\ mg/L$ 时,溶解氧质量浓度 $\leq 0.5\ mg/L$。

④ 平均腐蚀率应小于或等于 $0.076\ mm/a$。

⑤ 游离二氧化碳质量浓度应小于或等于 $1.0\ mg/L$。

⑥ 硫化物(指二价硫)质量浓度应小于或等于 $10\ mg/L$,酸碱度 pH 值为 $7 \sim 8$;在清水中不应含硫化物,回注污水中硫化物质量浓度应小于 $2.0\ mg/L$。

此外，该标准还对悬浮物固体含量、颗粒直径、腐生菌含量（TGB）、硫酸盐还原菌含量（SRB）等指标给出了推荐值。

5.1.2 注入水处理工艺

不符合水质要求的水源水，在注入地层之前都需要根据实际情况进行处理。水源不同，水处理的工艺也不同。注入水处理的工艺流程，是根据水源水的清洁程度和处理措施确定的。通常处理来自河床等冲积层的水源、海底的水源及有些地下水层的水源，流程较简单；处理江、河、湖等地面水源，海水及污水，流程较复杂。现场上常用的水处理技术有以下六种：

（1）暴晒

脱氧的作用是除掉水中含有的重碳酸盐类。当水源含有大量的过饱和碳酸盐时，如重碳酸钙、重碳酸镁、重碳酸亚铁等，它们极不稳定，当注入地层后由于温度升高可能产生碳酸盐沉淀而堵塞地层。因此需要预先进行暴晒处理，将碳酸盐沉淀下来。

（2）沉淀

作用是除掉水中悬浮的较大的固体颗粒杂质。地面水源的水总是含有一定数量的机械杂质。因此，水质处理首先是沉淀，以便除去这些杂质。沉淀是让水在沉淀池内有一定的停留时间，使其中所悬浮的大的固体颗粒在自身重力作用下沉淀下来。

为加速水中的悬浮物和非溶性化合物的沉淀，一般在沉淀过程中加入聚凝剂。常用的聚凝剂有硫酸铝、硫酸亚铁、三氯化铁和偏铝酸钠。

（3）过滤

作用是除掉水中悬浮的细小固体颗粒杂质。过滤设备常用过滤池或过滤器，内装石英砂、大理石屑、无烟煤屑及硅藻土等。水从上向下经砂层、砾石支撑层，然后从池底出水管流入澄清池加以澄清。滤料颗粒的大小、形状、组成以及滤料层厚度，对于过滤池的过滤速度、滤污能力、工作周期等有着直接的影响。使用的过滤材料必须具备足够的机械强度，以免冲洗时颗粒过度磨损和破碎而降低滤池的工作周期；过滤的水有足够的化学稳定性；价格低廉等。

（4）杀菌

地面水中多数含有藻类、粪类、铁菌或硫酸盐还原菌，在注入水时必须将这些物质除掉以防止堵塞地层和腐蚀管柱。因此，要进行杀菌。考虑到细菌适应性强，一般使用两种以上的杀菌剂，以免细菌产生抗药性。

常用的杀菌剂有氯化物或其他化合物，如次氯酸、次氯酸盐及氟酸钙。甲醛既能杀菌又有防腐的作用。

(5) 脱氧

脱氧的作用是除掉水中溶解的氧气及其他有害气体。脱氧方法主要有化学脱氧、气体脱氧和真空脱氧三种。氧是造成注水系统腐蚀的最主要、最直接的因素,也是其他水质指标能否达到标准的关键。

(6) 含油污水处理

随着油田开发到了中后期,产出水越来越多。通过将产出水回注地层可以达到如下目的:

① 产出水中含表面活性物质,能提高洗油能力,提高最终采收率;

② 高矿化度产出水回注后,防止粘土膨胀;

③ 产出水回注保护了环境,提高了水的利用率。

产出水又称污水,含有少量油滴状的悬浮烃类,而且这些油滴的直径很小。在管流中油滴处于分散状态,但在大罐中油滴处于聚合状态。

污水回注应解决下列问题:处理后的污水应达到注水水质标准;水在设备和管线中既不产生堵塞性结垢,又不产生严重腐蚀;和地层水不起化学反应生成沉淀,以免堵塞地层。

含油污水处理的目的主要是除去油及悬浮物。除油的基本方法为重力分离法和气体浮选法。气体浮选是通过大量的小直径气泡注入水中,气泡与悬浮在水流中的油滴接触,使它们像泡沫一样上升到水面。一般含油污水处理的过程包括沉降、撇油、凝絮、浮选、过滤,以及加抑垢剂、防腐、杀菌及其他化学药剂等。具体工艺和流程应依据具体情况设计。

5.1.3 注水地面系统

从水源到注水井的注水地面系统通常包括水源泵站、水处理站、注水站、配水间和注水井。水源水经过处理达到油田注水水质标准后,被送到注水站。

5.1.3.1 注水系统主要设备

(1) 注水站

注水站是注水系统的核心,主要作用是将来水升压,以满足注水井对注入压力的要求。站内注水工艺流程主要考虑满足注水水质、计量、操作管理及分层注水等方面的要求。图 5-1 为注水站的流程示意图。其工艺流程为:水源进站→计量→水质处理→储水罐→泵出。

注水站的主要设施有:

① 储水罐。储水罐的主要作用有:

a. 储备作用。为注水泵储备一定水量,防止因停水而造成缺水停泵现象。

b. 缓冲作用。避免因供水管网压力不稳定,影响注水泵正常工作及其他系统的供水量及水质。

c. 分离作用。使水中较大的固体颗粒物质、砂石等沉降于罐底;含油污水中较大颗粒的油滴浮于水面,便于集中回收处理。

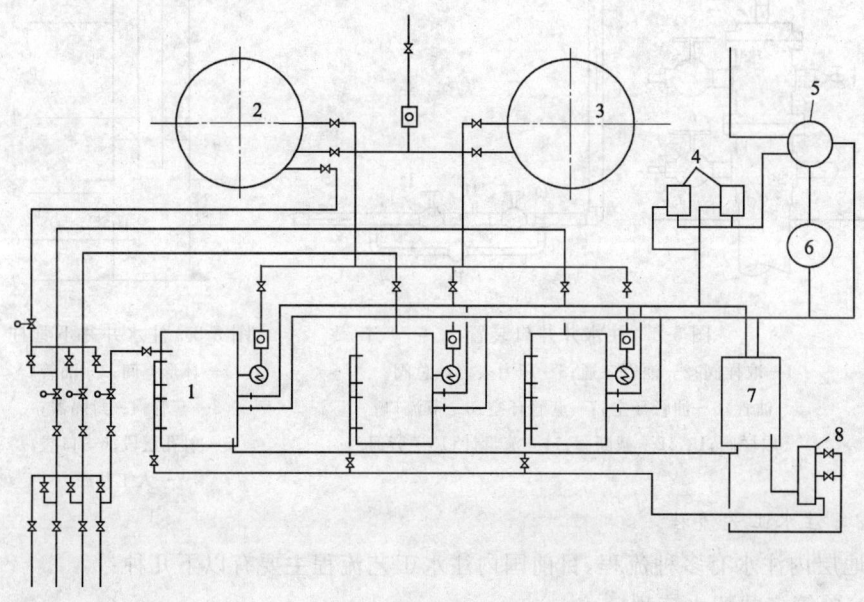

图 5-1 注水站流程示意图

1—注水泵;2,3—储水罐;4—冷却水泵;5—冷却水罐;6—冷却塔;7—润滑油系统;8—缓冲器

② 高压泵组。高压泵组可以是多级离心泵或柱塞泵,用于为注入水提供高压。

③ 流量计和分水器。流量计用于计量水量,分水器用于将高压水向各配水间分配。

(2) 配水间

用来调节、控制和计量一口注水井的注水量。主要设施为分水器、正常注水和旁通备用管汇、压力表和流量计。配水间一般分为单井配水间和多井配水间两种。

(3) 注水井

注入水从地面进入地层的通道,井口装置与自喷井相似,不同点是无清蜡闸门,不装油嘴,同时承压高,如图5-2所示。井口有一套控制设备,其主要作用是:悬挂井内管柱;密封油、套环形空间;控制注水和洗井方式,如正注、反注、合注、正洗、反洗和进行井下作业。除井口装置外,注水井内还要根据注水要求(分注、合注、洗井)配备相应的注水管柱,如图5-3所示。

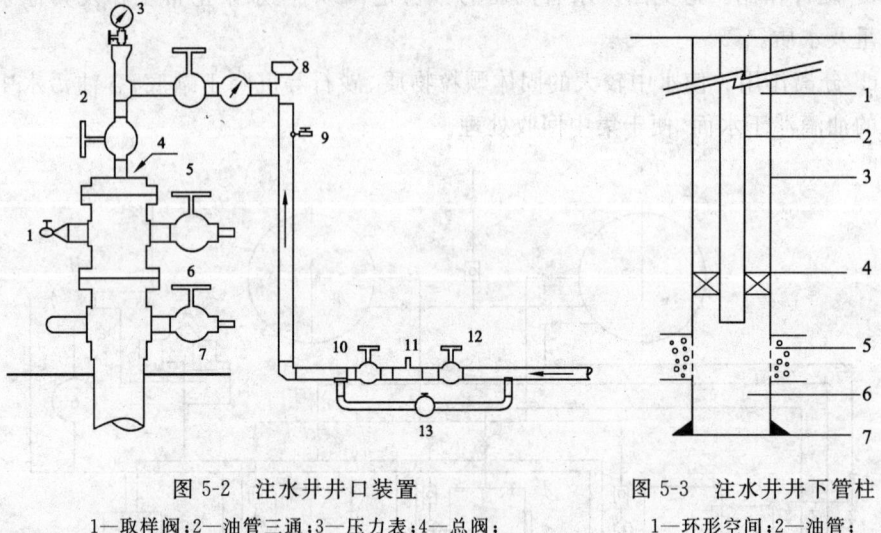

图 5-2 注水井井口装置
1—取样阀；2—油管三通；3—压力表；4—总阀；
5—油管；6—油管环空；7—套管环空；8—节流口；
9—取样阀；10，12—截断阀；11—流量计；13—旁通

图 5-3 注水井井下管柱
1—环形空间；2—油管；
3—套管；4—封隔器；
5—射孔层段；6—口袋；
7—人工井底

5.1.3.2 注水工艺流程

向地层内注水有多种流程，目前国内注水工艺流程主要有以下几种：

（1）单管多井配水流程

如图 5-4 所示。注水站将水经单管配水干线送到多井配水间，分别计量后进注水井。这种流程的特点是配水间可与计量间合建，便于管理，也易于调整管网。该流程适用于油田面积大、注水井多、注水量大的注水开发区块。

（2）单管单井配水流程

如图 5-5 所示。配水间在井场，每条干线辖几十口井，分层测试方便。适用于油田面积大、注水井多、注水量较大的行列注水开发区块。

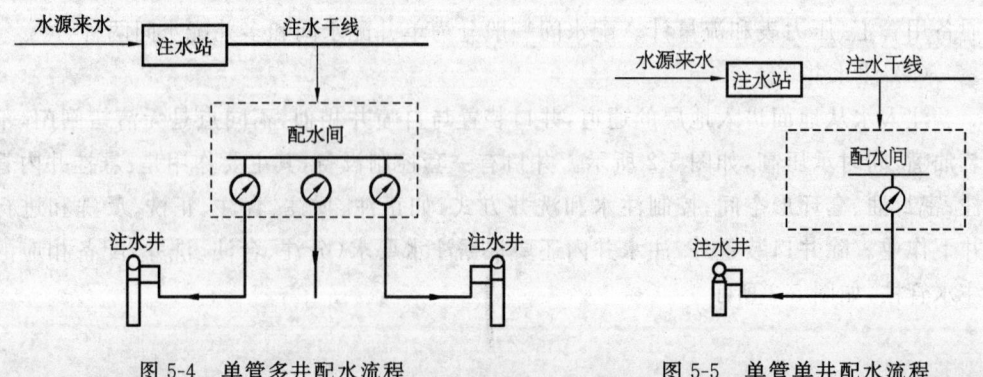

图 5-4 单管多井配水流程　　　　图 5-5 单管单井配水流程

(3) 双管多井配水流程

如图 5-6 所示。该流程从注水站到配水间有两条干线,一条用于注水,另一条用于洗井。该流程适用于单井注水量较小的区块,有利于保持水质;对于洗井次数多和酸化、压裂较多区块,可考虑使用该配水流程。

(4) 分压注水流程

如图 5-7 所示。当多油层油田的油层渗透率差别很大时,需采用压力不同的两套管网,对高、中渗透层和低渗透层实施分压注水。

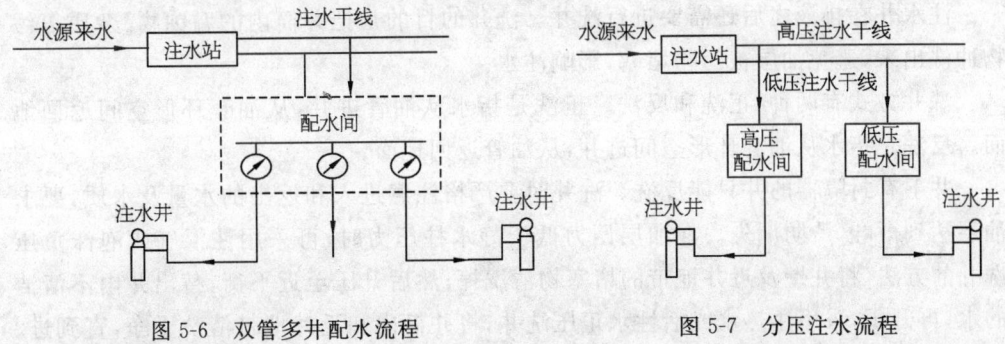

图 5-6 双管多井配水流程　　　　图 5-7 分压注水流程

(5) 增压注水流程

如图 5-8 所示,对于同一区块内少部分低渗透层的注水井,可采取阶梯式增压注水工艺。根据井网半径大小,可使几口井集中增压或单井增压。

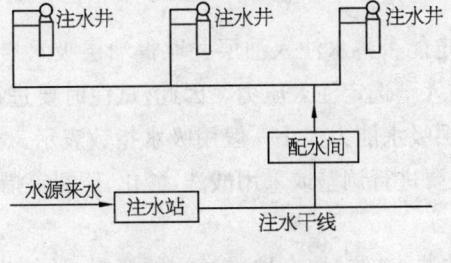

图 5-8 增压注水流程

5.1.4 注水井的投注程序

注水井的投注程序为:排液、洗井、试注、转注。注水井从完钻到正常注水,一般要经过排液、洗井、试注之后才能转入正常注水。我们把从油管注水的井称为正注水井;从油套环形空间注水的井称为反注水井;从油、套管同时注水的井称为合注水井。

5.1.4.1 排液

注水井在投注前,通常要经过排液(也可不排液)。排液的目的在于清除油层内的堵塞物;在井底附近造成适当的低压带,为注水创造有利条件;采出部分弹性油量,减少注水井或注水井附近的能量损失。油层形状不同,排液的目的也不同。对于均质地层,排液的目的主要是清除井底周围油层内部的堵塞物,使井底周围畅通;对于渗透率较低的地层,由于地层的吸水能力差,吸水启动压力高,不易注水,因此排液的目的在于造成一个低压带。

排液时间可根据油层性质和开发方案来决定,排液的强度以不损伤油层结构为原则,含砂量应控制在 0.2% 之内。

5.1.4.2 洗井

注水井在排液之后还需要进行洗井。洗井的目的是把井筒内的腐蚀物、杂质等污物冲洗出来,避免油层被污物堵塞,影响注水。

洗井方式有两种:正洗和反洗。正洗是指水从油管进井,从油套环形空间返回地面。反洗是指水从油套环形空间进井,从油管返回地面。

井下有封隔器的井只能反洗。洗井时要严格注意进入和返出的水量及水质,要求油层达到微吐,严防漏失。在油层压力低于静水柱压力时,可采用注混气或泡沫负压洗井的方法,将井壁及近井地带的堵塞物清洗掉;然后升压至近平衡,替出井内不清洁的水;再升压,采用注热水或活性水正压洗井,将井筒内和近井地带清洗干净,直到进、出口水质一致为止。

为防止粘土颗粒的膨胀和运移,在注水井投注或油井转注前需进行防膨处理。由于钻井或排液生产过程中油层受到损害,因此在投(转)注前需要进行解堵预处理。

5.1.4.3 试注

试注的目的在于确定能否将水注入油层并取得油层吸水启动压力和吸水指数等资料,然后根据所要求的注入量选定注入压力。因此,试注时要进行水井测试,求出注水压力和地层吸水压力。地层吸水能力大小一般用吸水指数表示。如果试注效果好,即可进行转注。如果效果不好,要进行调整或采用酸洗、酸化、压裂等措施,直至合格为止。

5.1.4.4 转注

注水井通过排液、洗井、试注,取全取准试注的资料,并绘出注水指示曲线,再经过配水就可以转为正常注水。

5.2 注水井吸水能力分析

5.2.1 注水井吸水能力的表达

要表示注水井吸水能力的大小,主要采用下面的几个指标。

5.2.1.1 注水井指示曲线

稳定流动条件下注入压力随注水量的变化曲线称为注水井指示曲线,如图 5-9 所示。

在分层注水情况下,分层指示曲线是表示各分层注入压力(经过水嘴后的压力)与分层注水量之间的关系曲线。

5.2.1.2 吸水指数

吸水指数是指单位注水压差下的日注水量,常用 k 表示,单位是 $m^3/(d \cdot MPa)$。

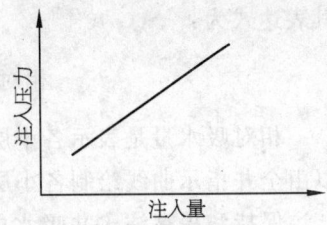

图5-9 注水井指示曲线

$$k = \frac{q}{p_f - p_r} \tag{5-1}$$

式中 p_f——注水井井底流压,MPa;
p_r——注水井静压,MPa;
q——日注水量,m^3/d;
k——吸水指数,$m^3/(d \cdot MPa)$。

吸水指数的大小反映了地层吸水能力的好坏。正常注水时不可能经常关井测压,为了求取吸水指数,常采用测指示曲线的方法,测量在不同流压下的日注水量,然后按下式计算出吸水指数:

$$k = \frac{q_1 - q_2}{p_{f1} - p_{f2}} \tag{5-2}$$

式中 q_1, q_2——分别是井底流压为 p_{f1}, p_{f2} 时的日注水量,m^3/d。

因此,吸水指数在数值上等于注水井指示曲线斜率的倒数。

在进行不同地层吸水能力对比分析时,需采用"比吸水指数"或"每米吸水指数"指标,它是指地层的吸水指数与地层有效厚度的比值。

5.2.1.3 视吸水指数

求吸水指数时,需要先测得注水井的流压数据。在注水井日常管理分析中,为了及时掌握油层吸水能力的变化,常采用视吸水指数。视吸水指数是指日注水量与井口压力的比值,单位仍为 $m^3/(d \cdot MPa)$。即:

$$k_s = \frac{q}{p_t} \tag{5-3}$$

式中 k_s——视吸水指数,$m^3/(d \cdot MPa)$;
p_t——井口压力,MPa。

井口压力很容易测得,因此现场上常用视吸水指数反映吸水能力的大小。

在未进行分层注水的情况下,若采用油管注水,则上式中的井口压力取套管压力;若采用套管注水,则上式中的井口压力采用油管压力。

5.2.1.4 相对吸水量

相对吸水量是指在同一注入压力下,某小层的吸水量占全井总吸水量的百分数。

其表达式为：

$$相对吸水量 = \frac{某小层吸水量}{全井吸水量} \times 100\%$$

相对吸水量是表示各小层相对吸水能力的指标。有了各小层的相对吸水量，就可以由全井指示曲线绘制各小层的分层指示曲线，而不必进行分层测试。

保持和提高注水井吸水能力是完成配注指标、保证注水开发效果的一个重要手段。但许多注水开发的油田，在开发过程中都不同程度地存在注水井吸水能力下降的现象。

5.2.2 影响吸水能力的因素

根据现场资料分析和实验室研究，影响注水井吸水能力下降的因素主要有五个方面。

① 与注水井井下作业及注水井管理操作等有关的因素。主要包括：进行作业时压井液对注水层造成堵塞；酸化、洗井等作业过程中因措施不当等原因造成注水层堵塞等等。

② 与水质有关的因素。主要包括：

a. 注入水与设备和管线的腐蚀产物（如氢氧化铁 $Fe(OH)_3$ 及硫化亚铁 FeS 等）造成的堵塞，以及水在管线内产生垢（$CaCO_3$，$BaSO_4$ 等）造成的堵塞。

b. 注入水中所含的某些微生物（如硫酸盐还原菌等），除了自身堵塞作用外，其代谢产物也会造成堵塞。

c. 注入水中所带的细小泥砂等杂质堵塞油层。

d. 注入水中含有在油层内可能产生沉淀的不稳定盐类。如注入水中所溶解的重碳酸盐，在注水过程中由于温度和压力的变化，可能在油层中生成碳酸盐沉淀，从而堵塞储层孔道，降低储层的吸水能力。

③ 油层中的粘土矿物遇水后发生膨胀。

④ 注水井区地层压力上升。注水井区地层压力上升，减小了注水压差，使注水量下降。

⑤ 细菌堵塞。

5.2.3 改善吸水能力的措施

对于吸水能力差的井，可采用压裂增注、酸化增注、粘土防膨等处理措施，改善注水井的吸水能力。

5.2.3.1 压裂增注

压裂是改善油层吸水能力的常用方法，该方法有普通压裂和分层压裂两种。普通压裂适用于吸水指数低、注水压力高的低渗透地层和污染严重的地层,对于目的层尽可能用封隔器卡开。对于油层较厚、层内岩性差异大或多油层层面差异大的地层,可采用分层压裂的方法改善层间吸水矛盾。

对注水井采取压裂增注措施时,其压裂规模不宜过大,并注意裂缝方位,以免引起水窜。

5.2.3.2 酸化增注

酸化是改善注水井吸水能力的另一主要措施。一方面酸化可用来解除井底堵塞物,另一方面可用来提高中低渗透层的绝对渗透率,其原理与一般酸化处理的原理相同,相关知识可参见本书酸化一章。堵塞的原因不同,采用的解堵方法也不同。

5.2.3.3 粘土防膨

对于含粘土砂岩油藏的开采,如何防止水敏、速敏、酸敏是一个十分重要的问题,是直接关系到能否开发好这类油藏的重要问题。

防止注水过程中的粘土膨胀是一项有效的增注措施,而注防膨剂是防止注水过程中粘土膨胀的有效措施。粘土防膨剂主要包括:

① 无机盐类,如 KCl,NH_4Cl 等。此类药剂虽然能防止不膨型粘土的分散、运移及膨胀型粘土的膨胀,但有效期短。

② 无机物表面活性剂,如铁盐类。此类药剂对施工条件要求严,成本高,有效期短。

③ 离子型表面活性剂,如聚季胺。此类药剂有效期长,成本较低,易于施工。

由于粘土矿物成分和储层岩石的差异,没有一种固定的现成防膨剂通用于各类油层,欲取得理想的防膨效果,必须经过精心的室内筛选。

5.3 分层注水技术

5.3.1 分层吸水能力的测试及分层配水

分层吸水能力可用指示曲线、吸水指数、视吸水指数和相对吸水量等指标表示。分层注水指示曲线是注水层段注入压力与注入量的关系曲线。指示曲线的性质主要取决于油层条件和井下配水工具的工作状况。因此,同一层段在不同时间内指示曲线的变化反映了油层吸水能力的变化及井下工具的工作状况。图 5-10 是某井的分层指示曲线示意图。

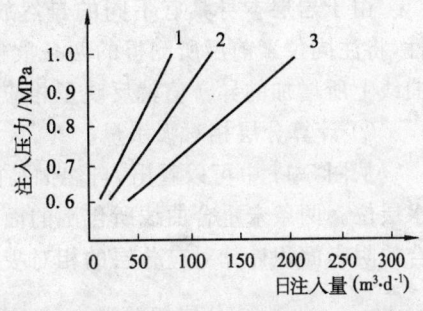

图 5-10 分层指示曲线

目前国内分层吸水能力的测试方法主要有两大类：一类是测定注水井的吸水剖面；另一类是在注水过程中直接进行分层测试。

吸水剖面是指在一定注入压力下沿井筒各射开层段吸水量的大小。测吸水剖面的目的是掌握各层的吸水能力，为全井的分层配水提供依据。吸水剖面是用相对吸水量来反映分层吸水能力的大小。

直接进行分层测试的目的，是为了解油层或注水层段的吸水能力；检查分层配水方案的准确性；作出分层指示曲线；检查封隔器及配水器工作是否正常等。将分层测试结果进行整理，得到注水井的分层指示曲线，从而求得分层吸水指数，以此来反映分层吸水能力的好坏。

5.3.1.1 测吸水剖面以测定各层的相对吸水量

（1）放射性同位素测吸水剖面

① 原理。

利用医用骨质活性炭作固相载体吸附放射性同位素离子的原理，使其与水配制成一定浓度的活化悬浮液，在正常注水条件下注入井内，地层内各小层在吸水的同时也吸入活化悬浮液。由于所选择的固相载体颗粒直径稍大于地层孔隙，悬浮液的水进入地层而固相载体被滤积在井壁上。地层吸收的活化悬浮液越多，对应该层段井壁上滤积的固相载体就越多，此时测得的放射性同位素的强度也就相应增高。因此，地层的吸水量与滤积载体的量及放射性同位素强度三者之间成正比关系。

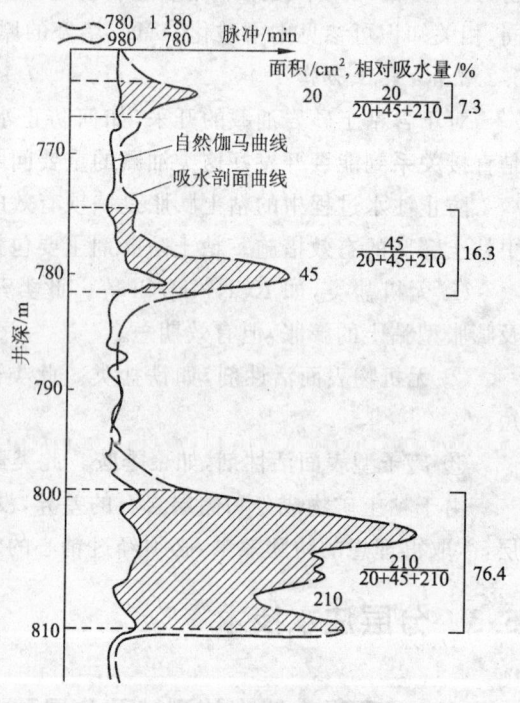

图 5-11 放射性同位素测吸水剖面

由于岩层本身具有不同的自然放射性，将注同位素前后所测得的两条放射性测井曲线进行对比，注同位素以后的放射性曲线上所增加的异常值就反映了相应层位的吸水能力，如图 5-11 所示。

② 计算分层相对吸水量。

从图 5-11 中可以看出，自然伽马曲线与同位素曲线不重合的曲线异常部分即为吸水层位。两条未重合曲线所包围的面积与相对应层段的吸水量成正比，因此可用不重合的阴影面积计算对应分层的相对吸水量。

$$分层相对吸水量 = \frac{该层不重合的阴影面积}{全井不重合的阴影面积} \times 100\%$$

（2）井温法测吸水剖面

注水井中的温度分布及停注后的温度恢复是受各种因素控制的,可以利用这些差别来分析吸水层的位置、厚度,以便为油层开采提供地层的吸水情况。

在讨论井筒中温度变化的大小之前,应当有一条供比较的基线。这条基线是在注水井停注相当长时间后,且井壁上下各处和地层温度达到平衡时,所测出的井温随深度而变化的曲线,称为井温基线。井温基线基本上是一条直线,如图 5-12 中的 A 线所示,它可用下面的方程求出:

$$T_h = T_{avg} + xm \qquad (5-4)$$

式中　T_h——静止条件下,井筒任意深度的温度,℃;

　　　x——从地面算起的深度,m;

　　　T_{avg}——地表常年平均温度,℃;

　　　m——地温梯度,℃/m。

从地面向井中注冷水后,由于井筒及地层受到冷却,井中的温度分布偏离了井温基线 A。偏离程度与注入速度、注入水的地面温度以及累计注入量有关。

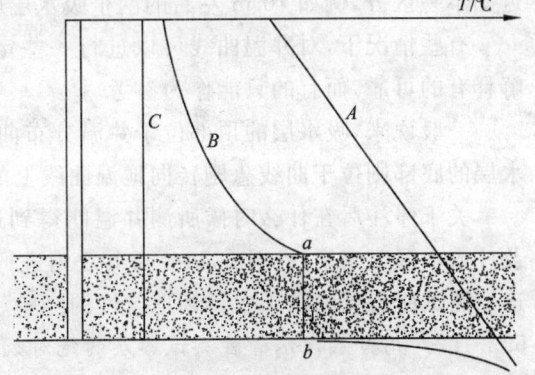

图 5-12　井温法测吸水剖面
A—井温基线;
B—有限注入速度时的井温曲线;
C—无限注入速度时的井温曲线

图中的 B,C 曲线就是在有限注入速度与无限注入速度条件下的井温分布曲线。这两条曲线代表了两种极限情况,说明了注入速度对温度分布曲线的影响。注入速度较低时,水有足够的时间与地层进行换热,则偏离程度小。曲线 C 实际上是得不到的,只是一种极端情况。根据这两条曲线,就可对其他注入速度下的井温分布情况进行粗略估计。

值得注意的是吸水层中的温度分布沿油层厚度基本上是一条直线,如图中的直线 ab 所示。吸水层以下的温度曲线会急剧回升到地温曲线的数值。

停注后的井温分布曲线则随停注后的时间而定,如图 5-13 所示,其中曲线 A 是地温基线,C 是注水过程中的温度分布曲线,B 是停注后若干时间的温度分布曲线。

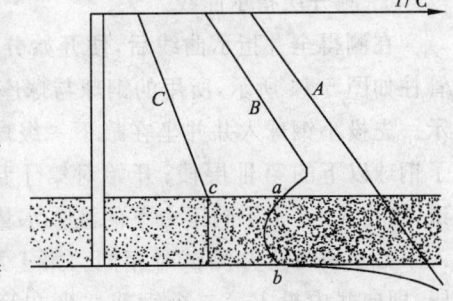

图 5-13　停注后的井温分布曲线

现在来分析曲线 B 的形状。吸水层位以上由于水泥环及地层的传热系数很差,虽然经过长时间的注入,其温度仍然比较接近原始地温。因此吸水层以上井筒周围的温度梯度较大,停注后温度恢复得也较快。但是在吸水层中,由于大量冷水注入地层很远,使地层得到很大的冷却,这样井底附近的径向温度梯度便很低,因此吸水层位的温度恢复很慢。停注后井中温度分布在吸水层处出现很大的温度负异常就是这个原因,这也为鉴别吸收层位提供了重要的依据。

以上讲的是一个吸水层的情况。实际上多数井是多层吸水,这种情况下一方面要看温度计的精度及下入仪器的速度,另外也要看两个吸水层相隔的距离。如果靠得很近则不易区分,例如 10 m 左右的两个吸水层就难以检查出来。

有些情况下,对井温曲线可以进行一些定量的解释。由于井下情况的复杂,这些解释有的可靠,而有的只能作为参考。

一般说来,吸水层的顶部位于井温分布曲线转向垂线的一点(图中的 a 点),而吸水层的底部则位于曲线急剧转向地温曲线上的一点(图中的 b 点)。

关于停注后在什么时候所测井温能得到最清楚的解释,要根据注入量、注入速度及注入水温度来定,一般在 24~48 h 之内进行测试可得出较好结果。每个地区应当从连续测试所得到的结果中得到地区性的经验。

5.3.1.2 用分层注水管柱测试各层的绝对吸水能力

(1) 投球测试法

① 测全井指示曲线。

采用投球法进行分层测试,需要首先测出全井指示曲线。全井指示曲线一般要测 4~5 个点,即由大到小控制注水压力,测 4~5 个不同注入压力及相应的全井注水量。两者的关系曲线即为全井指示曲线。测试压力点的间隔为 0.5~1.0 MPa,每点压力对应的注水时间一般需稳定 30 min 左右。

② 测分层指示曲线。

在测得全井指示曲线后,便开始分层测试。投球测试管柱如图 5-14 所示,所用的钢球与球座的规格如表 5-1 所示。先投小钢球入井并坐在最下一级球座上,这样便堵死了钢球以下的第Ⅲ层段;开始对第Ⅰ层和第Ⅱ层进行测试,测出 4~5 个不同压力下的注入水量,每个控制点的注入压力必须与全井测试时相同。第Ⅰ层和第Ⅱ层测试完毕,即向井中投入第二个钢球并坐在第二级球座上,将第Ⅱ、第Ⅲ层段堵死,对第Ⅰ层进行测试,测出 4~5 个不同压力下的注入水量,同样要求每个控制点的注入压力必须与全井测试时相同。

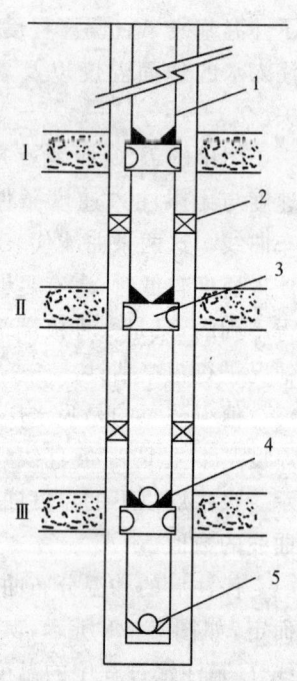

图 5-14 投球测试管柱
1—油管;2—封隔器;3—配水器;
4—球座;5—底部阀

③ 资料的整理。

以图 5-10 中所示的三个层段为例,各层注入水量的计算结果为:

第Ⅰ层注水量＝投第二个球后的注水量

第Ⅱ层注水量＝投第一个球后的注水量－投第二个球后的注水量

第Ⅲ层注水量＝全井注水量－投第一个球后的注水量

测试数据及计算整理的数据见表 5-1。

表 5-1 分层测试成果表

注入压力/MPa	1	0.9	0.8	0.7	0.6
层段	注入水量/(m³·d⁻¹)				
全井	741	671	602	533	465
Ⅰ＋Ⅱ	396	351	313	272	232
Ⅰ	124	110	96	83	69
Ⅱ	272	241	217	189	163
Ⅲ	345	320	289	261	233

将全部测试数据整理后,绘出各分层的注入压力与注水量的关系曲线,即分层指示曲线。

如果井下分为五个层段注水,则需从下到上逐级投入由小直径到大直径的四个球,进行测试。球与球座配合关系见表 5-2。

表 5-2 球座配套

配合级数	钢球直径/mm	球座孔径/mm
一	47.5	45
二	43	40
三	38	35
四	33	30
五	28	25

④ 分层指示曲线的压力校正。

由上述方法测出的指示曲线,是井口注入压力与小层吸水量之间的关系曲线。而各小层的真正注入压力并不是井口注入压力,真正对地层有效的压力要小于测试时测得的井口压力,且在同一注入压力下,由于各小层的水嘴直径不同,压力损失也有所不同。

有效井口压力可用下式计算:

$$p_{ef} = p_t - p_{fr} - p_{cf} - p_v \tag{5-5}$$

式中 p_{ef}——有效压力,Pa;

p_t——实测井口注水压力,Pa;
p_{fr}——注入水在油管中的摩阻,Pa;
p_{cf}——注入水通过水嘴时的压力损失,Pa;
p_v——注入水打开配水器节流阀时所产生的压力损失,Pa。

(2) 浮子式流量计测试法

浮子式流量计是利用与被测试管柱配套的密封及定位装置密封,并定位于被测试层段的配水器上,使注入地层的全部液体流量通过仪器的锥管,冲动锥管里的浮子,使浮子产生与流量成正比的位移,通过记录笔杆与浮子相连的记录笔则在记录纸上记下这一位移;而记录笔与弹簧相连,当液流冲动浮子向下移动使得弹簧被拉长时,笔尖随之下移。当流量减小对浮子的冲击力减小时,浮子在弹簧作用下向上复位,同时,时钟带动装有记录卡片的记录纸筒旋转,这样笔尖就可在记录卡片上画出一定高度的台阶。在不同流量下,画出的台阶的高度也不同,于是便可记录出流量的变化。

5.3.2 分层配水

在非均质多油层注水井中下入封隔器将各油层分隔开,并在各注水层段安装所需要尺寸的配水嘴,在井口保持同一压力的情况下,利用配水嘴的"节流损失"降低井底注入压力,产生不同的注水压差,达到限制高渗透层注水,加强低渗透层注水,保持水线均匀推进,各层注采平衡、压力稳定的目的。为了实现分层配水,必须做好以下几项工作。

5.3.2.1 合理划分水井中注水层段

① 做到油、水井内所划分的层段互相对应;
② 对主要见水层及高渗透层段要进行控制注水;
③ 厚油层中高含水率的小层应划分出来,进行控制注水。

5.3.2.2 分层配水的方法

根据各层的采液量和注采比,确定各层的注水量,根据油层的渗透率等性质、注水井与油井连通的好坏,把小层注水量分配到各口注水井。一般分为限制层、接替层和加强层,见表5-3。

表5-3 注水层与渗透率的关系

水井层 油井层	高渗透层	中渗透层	低渗透层
高渗透层	限制层	限制层	加强层
中渗透层	限制层	接替层	加强层
低渗透层	加强层	加强层	加强层

① 限制层:对高渗透层用小水嘴限制注水量,并限制采油量。例如油、水井单向连通性好,油井已见水的层位以及吸水能力很强的层位。

② 接替层：中等渗透率的层，不限制也不加强。
③ 加强层：对低渗透层用大水嘴提高注水强度。
以上分层控制注水都是利用配水管柱、封隔器及配水嘴来实现的。

5.3.2.3 配水嘴的选择

由分层配水原理可知，分层配水是通过在各注水层位安装相应的不同直径的配水嘴（俗称"水嘴"），利用配水嘴造成的节流损失大小进行注入量的控制。很明显，经过水嘴的嘴损是由水嘴直径及配水量的大小决定的。水嘴直径、配水量及通过水嘴的压力损失三者之间的关系曲线称为嘴损曲线，如图 5-15 所示。利用嘴损曲线，根据配注水量和嘴损值即可查得相对应的配水嘴直径大小。

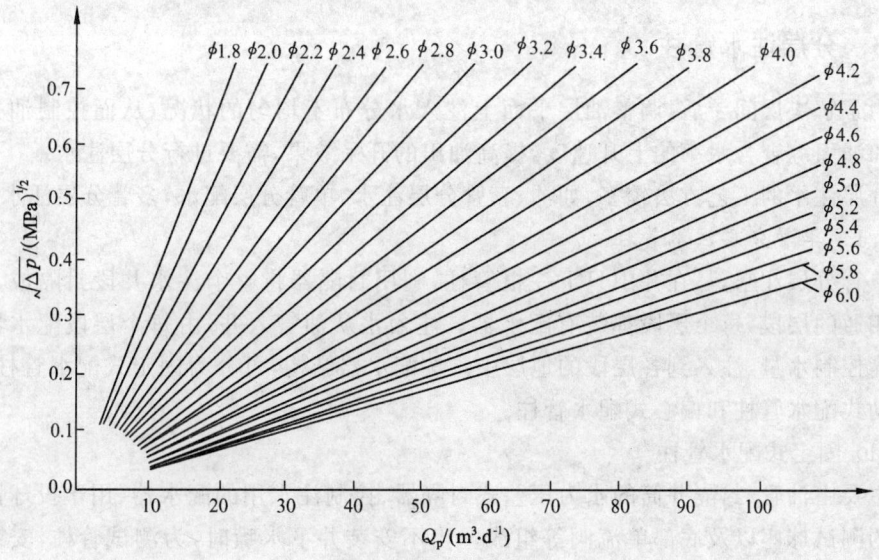

图 5-15　嘴损曲线

（1）新投注水井水嘴选择方法
① 首先进行投球测试；
② 整理出全井指示曲线及分层指示曲线（按实测井口注入压力绘制）；
③ 用各层段的配注量在分层指示曲线上查得各层的配注压力；
④ 用已确定的井口注入压力减去分层井口配注压力即得各分层的井口嘴损值；
⑤ 根据各层的配注量及求出的嘴损值，在相应的嘴损曲线图上可查得应选用的水嘴大小和个数。

（2）带有水嘴井的水嘴的调配
对已下配水管柱进行注水的井，经测试发现水量达不到配注方案要求时，则需要进行调整配水嘴。调整程序如下：
① 根据投球测试资料整理出各分层指示曲线；

② 根据分层配注量的要求,在分层指示曲线上查出相应的配注压力;
③ 根据实际情况确定井口注入压力;
④ 求出水嘴损失;
⑤ 利用嘴损曲线确定水嘴直径。

(3) 配水嘴选择的注意事项

① 选择的配水嘴是否准确与测试资料的准确程度有直接的关系。一般要求连续两次以上的测试资料基本相同,这样调整水嘴才能准确。

② 要经常分析水井的资料和动态,及时掌握油层变化情况,找出变化原因。

③ 每次调整配水嘴必须检查原水嘴与配水管柱,修正实测资料的准确程度。

5.3.3 分层注水管柱

为了解决层间矛盾,调整油层平面上注入水分布不均匀的状况,从而控制油井含水率和油田综合含水率的上升速度,提高油田的开采效果,需要进行分层注水。

分层注水的工艺方法较多,如油、套管分层注水,单管分层配水,多管分层注水等。

5.3.3.1 单管分层注水管柱

单管分层注水,是在井中只下一根管柱,利用封隔器将整个注水井段封隔成几个互不相通的层段,每个层段都装有配水器。注入水从油管入井,由每个层段配水器上的水嘴控制水量,注入到各层段的地层中。按配水器结构,可分为固定式配水管柱、空心活动式配水管柱和偏心式配水管柱。

(1) 固定式配水管柱

主要由油管、封隔井筒的水力压差式封隔器、控制注水用的配水器、用于投球测注水量的测试球座以及底部单流阀等组成。当不安装井下水嘴时,为测试管柱,安装上井下水嘴后成为配水管柱。

要求各级配水器的开启压力必须大于 0.7 MPa,以保证封隔器座封。

固定式配水管柱的主要缺点是,更换水嘴时必须起下油管;因受球座直径的影响,使配注级数受到限制;测分层水量时需要多次投捞测试工具。因此,这类管柱已逐渐被空心及偏心管柱所代替。

(2) 空心活动式配水管柱

空心活动式配水管柱如图 5-16 所示。空心活动式配水管柱是由油管将封隔器、空心活动式配水器及底部球座等井下工具串接而成的。

要求各级配水器的开启压力大于 0.7 MPa;各级空心配水器的芯子直径由上而下从大到小,故应由上而下逐级投送,由上而下逐级打捞。

该管柱的优点是,便于测试;更换配水嘴不需动管柱。缺点是,因受配水器尺寸限制,使用级数受到限制,一般是三级,最多为五级;因调整下一级配水嘴时,必须捞出上一级，故投捞次数多。

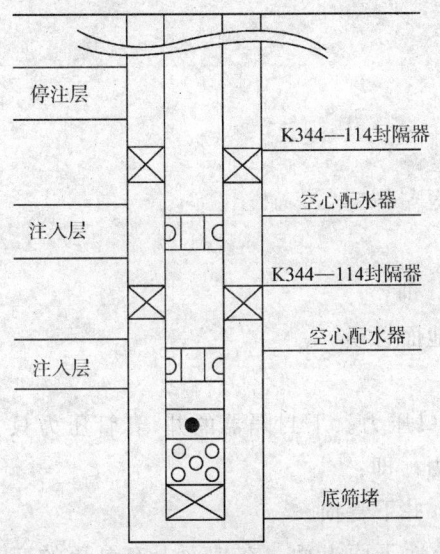

图 5-16 空心活动式配水管柱结构示意图

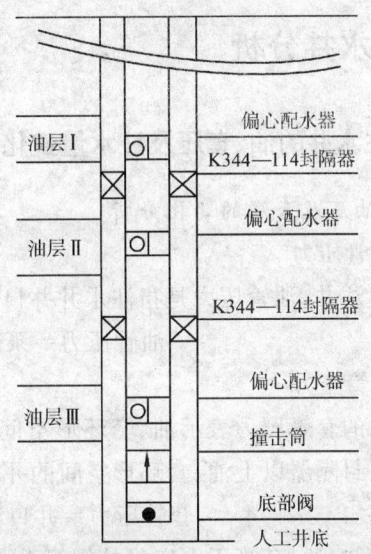

图 5-17 偏心式配水管柱的结构示意图

为了克服以上缺点，进一步发展出现了偏心式配水器，并为油田广泛采用。

（3）偏心式配水管柱

偏心式配水管柱是由水力压差式封隔器、偏心配水器、撞击筒、底部单流阀及油管等组成。可用于深井中分层注水。

该管柱的技术要求：

① 封隔器应按编号顺序下井；

② 各级配水器的堵塞器编号不能混淆，以免数据搞混，资料不清。

偏心式注水器的优点是，可投捞井中任意一级，一口井可以下多级而不受限制。

偏心配水管柱主要由可洗井的压缩式封隔器或扩张式封隔器和偏心配水器等组成，如图 5-17 所示。

5.3.3.2 双管分层注水管柱

双管分层注水管柱如图 5-18 所示。另外还有同心管分层注水管柱、一投三分配水管柱等。可参考相关资料。

分层配水管柱设计的主要依据是各分层指示曲线，它是反映吸水能力的曲线。另一个依据就是配水嘴的嘴

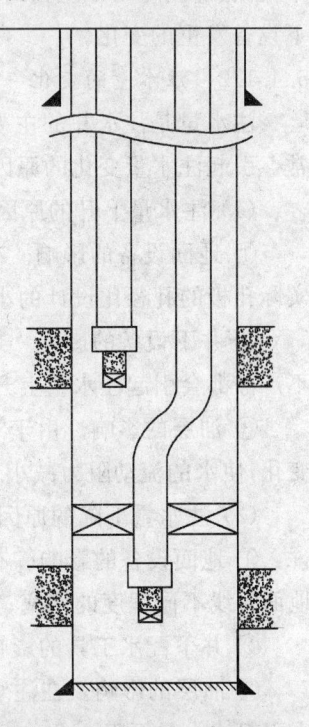

图 5-18 双管分层注水管柱

损曲线,不同结构的配水器的嘴损曲线也不相同。

5.4 注水井分析

5.4.1 注水井的油、套压及注水量变化分析

5.4.1.1 油压及套压的变化分析

(1) 油管压力

对于正注井,油管压力是指注水井井口压力。即:

$$油管压力 = 泵压 - 地面管损$$

(2) 套管压力

正注井的套管压力表示油、套环形空间的井口压力。下封隔器的井,套管压力只表示第一级封隔器以上油、套环形空间的井口压力。即:

$$套管压力 = 井口油压 - 井下管损$$

因此,影响油、套管压力变化的因素分地面及地下两方面。在地面上有泵压的变化、地面管线发生漏失或堵塞等;在井下有封隔器失效、配水嘴被堵或脱落、管外水泥窜槽、底部阀球与球座密封不严等。因此,根据油、套压的变化就可判断地面设备及井下设备发生的变化。

5.4.1.2 注水量的变化

注水量是注水井的主要配注指标。因此,由注水量的变化可分析注水井是否正常。引起注水量变化的原因概括起来有以下几种:

(1) 注水量上升的原因

① 地面设备的影响。有:流量计指针不落零,造成记录数值偏高;地面管线漏失;实际孔板的孔径比设计的小,造成记录的压差偏大;泵压升高造成注水量增加。

② 井下设备的影响。封隔器失效;油管漏失;配水嘴被刺大或脱落;球与球座密封不严等都会引起注水量上升。

③ 油层的影响。由于不断注水,改变了油层的含水饱和度,从而引起相渗透率的变化,使水的流动阻力减小,从而造成油层的吸水能力不断地增加。

(2) 注水量下降的原因

① 地面设备的影响。有:流量计指针的起点落到零以下,使记录的压差数值偏小;地面管线不同程度的堵塞;实际安装的孔板孔径比设计的大,造成记录压差值偏低。

② 井下配水工具的影响。水嘴被堵塞会引起注水量下降。

③ 油层的影响。在注水过程中油层孔道被脏物堵塞;油层压力回升使注水压差变小引起注水量下降。

5.4.2 注水指示曲线分析及应用

如前所述,按实测井口压力绘制的实测指示曲线,不仅反映油层吸水情况,而且还与井下配水工具的工作状况有关。因此,通过对实测指示曲线的形状及斜率变化的情况进行分析,就可以掌握油层吸水能力的变化,进而分析井下配水工具的工作状况,作为分层配水、管好注水井的重要依据。

5.4.2.1 指示曲线的形状

如图 5-19 所示,为分层测试时可能遇到的几种指示曲线的形状。

(1) 直线型的指示曲线

第 1 种为直线递增式,它表示油层吸水量与注入压力成正比关系。如图 5-20 所示,由注水指示曲线上任取两点(注入压力 p_1 和 p_2 及相应的注入量 q_1 和 q_2),用下式可计算出油层的吸水指数 k。

$$k = \frac{q_2 - q_1}{p_2 - p_1} \tag{5-6}$$

式中　k——吸水指数,$m^3/(d \cdot MPa)$;
　　　q_1,q_2——分别为两点的注入量,m^3/d;
　　　p_1,p_2——分别为两点的井口注入压力,MPa。

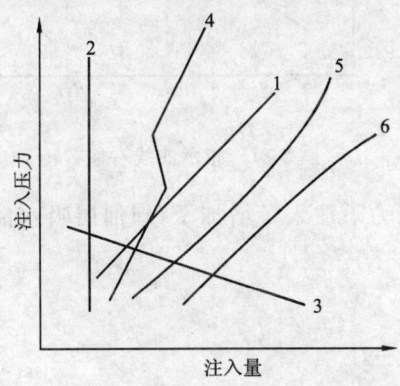
图 5-19　指示曲线的典型形状

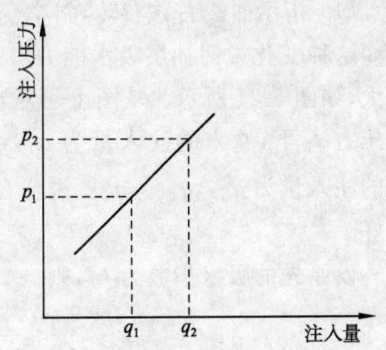
图 5-20　用指示曲线求吸水指数

由上式可以看出,直线斜率的倒数即为吸水指数。

第 2 种为垂直式指示曲线。出现这种曲线的原因有以下几种:油层渗透性较差,虽然泵压增加,但注水量并没有增加;仪表不灵或测试有误差;井下管柱有问题,如水嘴堵死等。

第 3 种为递减式指示曲线,出现的原因是仪表设备等有问题。因此,这种曲线是不正常的,不能用。

(2) 折线型指示曲线

图 5-19 中第 4 种为曲拐式,是因为仪器设备出了问题,不能应用。

第 5 种为上翘式。出现上翘的原因,除了与仪表、设备有关外,还与油层性质有关,即当油层条件差、连通性不好或不连通时,注入水不易扩散,使油层压力逐渐升高时,注入量的增值逐渐减小,造成指示曲线上翘。

第 6 种为折线式,表示在注入压力高到一定程度时,有新油层开始吸水,或是油层产生微小裂缝,致使油层吸水量增大。因此,这种曲线是正常指示曲线。

综上所述,直线式和折线式是常见的,它反映了井下和油层的客观情况。而垂直式、曲拐式、递减式则主要受仪表、设备的影响。因此,不能反映注入时井下及油层的客观情况。

5.4.2.2 用指示曲线分析油层吸水能力的变化

正确的指示曲线可以看出油层吸水能力的大小,因而通过对比不同时间内所测得的指示曲线,就可以了解油层吸水能力的变化。以下就几种典型情况进行简要分析。在图 5-21 至图 5-24 中,Ⅰ 代表先测的曲线,Ⅱ 代表过一段时间所测得的曲线。

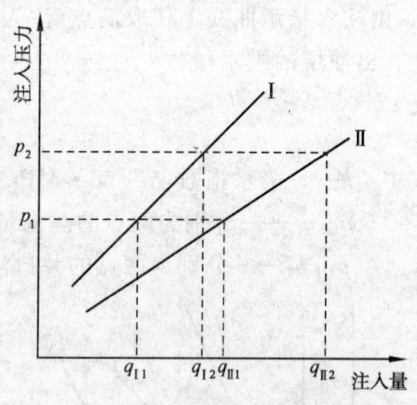

图 5-21 指示曲线右移右转

(1) 指示曲线右移右转,斜率变小

这种变化说明油层吸水能力增强,吸水指数增大,如图 5-21 所示。从图上可看出:在同一注入压力 p_2 下,原来的注入量为 q_{I2},过一段时间后的注入量为 q_{II2},$q_{II2} > q_{I2}$,说明在同一注入压力下注入量增加了,即油层吸水能力变好了。

设原先的吸水指数为 k_1,则

$$k_1 = \frac{q_{I2} - q_{I1}}{p_2 - p_1} = \frac{\Delta q_I}{\Delta p}$$

后来的吸水指数为 k_2,则

$$k_2 = \frac{q_{II2} - q_{II1}}{p_2 - p_1} = \frac{\Delta q_{II}}{\Delta p}$$

因曲线的斜率变小,因此有 $k_2 > k_1$,即吸水指数变大。

产生这种变化的原因可能是油井见水以后,阻力减小,引起吸水能力增大;也可能是采取了增产措施导致吸水指数增大。

(2) 指示曲线左移左转,斜率变大

这种变化说明油层吸水能力下降,吸水指数变小,如图 5-22 所示。

从图中可看出,在同一注入压力 p 下,注入量减少,曲线靠近纵坐标轴,曲线斜率增大了,因此曲线左移说明吸水指数变小了。

产生这种变化的原因可能是地层深部吸水能力变差,注入水不能向深部扩散,或是地层堵塞等。

（3）曲线平行上移

如图 5-23 所示,由于曲线平行上移,斜率未变,故吸水指数未变化,但同一注水量所需的注入压力却增加了,说明曲线平行上移是油层压力增高所导致的。

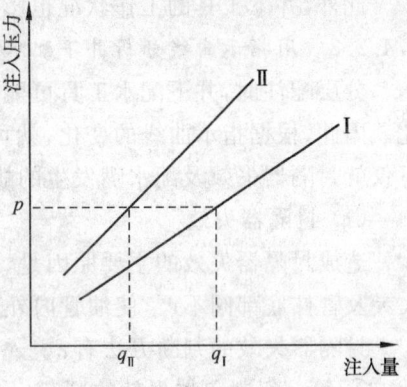

图 5-22 指示曲线左移左转

产生这种变化的原因可能是注水见效(注入水使地层压力升高)或是注采比偏大等。

（4）曲线平行下移

如图 5-24 所示,曲线平行下移,油层吸水指数未变,但同一注水量所需的注入压力却下降了,说明地层压力下降了。

产生这种变化的原因可能是地层亏空,即注采比偏小,注入水量小于采出的液量,从而导致地层压力下降。

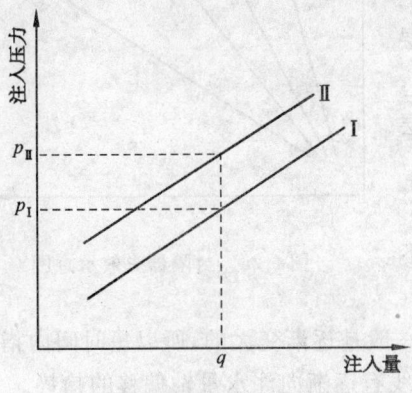

图 5-23　指示曲线平行上移

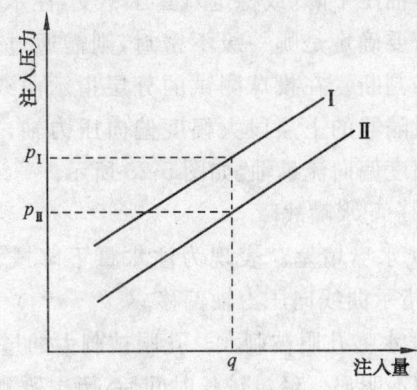

图 5-24　指示曲线平行下移

以上是四种典型曲线的变化情况及产生的原因分析。

严格地说,分析油层吸水能力的变化,必须用有效压力绘制油层真实指示曲线。若用井口实测的压力绘制指示曲线,必须是在同一管柱结构情况下所测得的,而且只能对比吸水能力的相对变化。同一注水井在前、后不同管柱情况下所测得的指示曲线,由于管柱所产生的压力损失不同,因此不能用于对比油层吸水能力的变化;只有校正为有效井口压力并绘制成真实指示曲线后,才能对比分析油层吸水能力的变化。

此外,井下工具的工作状况也影响着指示曲线的变化。

5.4.2.3 用指示曲线分析井下配水工具的工作状况

分层配注时,井下配水工具可能发生各种故障,所测指示曲线也相应发生各种变化。因此,根据指示曲线的变化,就可对井下配水工具的工作状况进行分析判断。以下仅就封隔器失效及配水嘴发生的故障进行分析。

(1) 封隔器失效

造成封隔器失效的主要原因是,封隔器胶皮筒变形或破裂无法密封;配水器弹簧失灵及管柱底部阀不严,使油管内外达不到封隔器胶皮张开所需要的压力差。

封隔器失效的判断方法有:

① 第一级封隔器失效的判断。一般下水力压差式封隔器的注水井,油、套管压差需保持 0.5～0.7 MPa。正注井如果出现油、套管压力平衡或套压随油压变化,注水量增加,则可判断为由于封隔器失效导致上下串通,使吸水能力高的控制层段注水量增加。

第一级封隔器失效后,控制层段的吸水量将上升,导致全井吸水量上升,套压上升,油压下降,油、套压接近平衡。

② 第一级以下的各级封隔器失效的判断。多级封隔器第一级以下某级封隔器不密封,则表现为油压下降(或稳定),套压不变,注水量上升。若要确定是哪一级不密封,则需通过分层测试来判断。在投球测试的分层指示曲线上,失效封隔器的上层段大幅度偏向压力轴,下层段大幅度偏向流量轴,如图 5-25 所示。

(2) 配水嘴故障

① 水嘴堵塞。表现为注水量下降或注不进水,指示曲线向压力轴偏移。

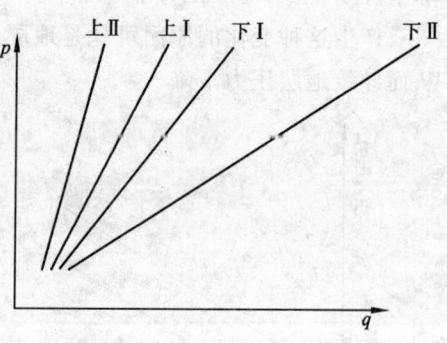

图 5-25 封隔器失效示意图

② 水嘴孔眼被刺大。孔眼被刺大的过程一般是逐渐变大的,所以短时间内指示曲线变化不明显。经过较长时间后,历次所测曲线有逐渐向注水量轴偏移的趋势。

③ 水嘴掉落。表现为全井注水量突然增加,层段指示曲线向注水量轴偏移。

5.4.2.4 井下工具故障与地层吸水能力变化的区别

利用指示曲线分析注水井工作情况时,应将井下工具工作状态与油田生产情况联系起来进行分析。

① 当发现某井注水量下降时,可能由以下原因引起:

a. 地层堵塞:吸水指数逐渐降低;

b. 注水见效:吸水指数不变,地层压力上升;

c. 水嘴堵塞：吸水指数突然降低。
② 某井注水量上升时，可能的原因有：
a. 油井见水，油井中有显示，吸水指数增加；
b. 地层亏空，吸水指数不变，地层压力下降；
c. 水嘴被刺大，吸水指数逐渐增大；
d. 水嘴脱落，吸水指数突然增大。

5.5 注水井调剖与检测

油层是不均质的。注入油层的水，80%～90%的水量常常被厚度不大的高渗透层所吸收，注水层吸水剖面很不均匀，且其不均质性常常随时间推移而加剧。这是因为水对高渗透层的冲刷提高了它的渗透性，从而使它更易于受到注入水的冲刷。因此，注水油层常常局部出现特高渗透性，使注水油层的吸水剖面更不均匀。

为了调整注水井的吸水剖面，提高注入水的波及系数，改善水驱效果，可以向地层中的高渗透层注入堵剂。堵剂凝固或膨胀后，降低高渗透层的渗透率，从而提高注入水在低渗透层位的驱油作用。这种工艺措施称为注水井调剖。

5.5.1 调剖方法

注水井调剖封堵高渗透层的方法有单液法和双液法两种。

5.5.1.1 单液法

这一方法是向油层注入一种液体，该液体进入油层后，依靠自身发生反应后变成的物质可封堵高渗透层，降低渗透率，实现堵水。单液法可使用下列堵剂：

(1) 石灰乳

石灰乳是氢氧化钙在水中的悬浮体。由于氢氧化钙的颗粒直径较大（大于10^{-5} cm），所以它特别适合于封堵裂缝性的高渗透层。而氢氧化钙可与盐酸反应生成可溶于水的氯化钙：

$$Ca(OH)_2 + 2HCl = CaCl_2 + 2H_2O$$

因此在不需要封堵时，可随时用盐酸解除。

(2) 硅酸溶胶

硅酸溶胶是一种典型的单液法堵剂，处理时只将一种硅酸溶胶液体注入油层。经过一定时间后，硅酸溶胶即可胶凝变成硅酸凝胶，将高渗透层堵住。

硅酸溶胶是由水玻璃和活化剂反应生成的。水玻璃又名硅酸钠；活化剂是指那些可使水玻璃先变成溶胶而随后变成凝胶的物质，如盐酸、硝酸、硫酸、氯化铵、碳酸铵等无机活化剂及甲酸、乙酸、乙酸铵、甲酸乙酯等有机活化剂。单液法用的硅酸溶胶通常

用盐酸作活化剂,它与水玻璃反应如下:

$$Na_2O \cdot mSiO_2 + 2HCl = mSiO_2 \cdot H_2O + 2NaCl$$

此外,还可以使用铬冻胶、硫酸、水包稠油等作为堵剂。

5.5.1.2 双液法

这一方法是向油层注入由隔离液隔开的两种可反应(或作用)的液体。若两种液体中的物质可发生反应,则把两种液体分别叫作第一反应液和第二反应液。当将这两种液体向油层内部推至一定距离后,隔离液将变薄以至不起隔离作用,两种液体就可发生反应(或作用),产生封堵地层的物质。由于高渗透层吸入更多堵剂,故封堵主要发生在高渗透层,从而达到调剖的目的。双液法可使用下列堵剂:

(1) 沉淀型堵剂

这类堵剂主要是无机堵剂,是由两种反应液在地层中反应生成沉淀,从而起到封堵高吸水层的目的。

(2) 凝胶型堵剂

这类堵剂由水玻璃和它的活化剂组成。例如以水玻璃作第一反应液,以硫酸铵作第二反应液,中间以隔离液(如水)隔开。两种工作液在地层相遇后发生的反应为:

$$Na_2O \cdot mSiO_2 + (NH_4)_2SO_4 + 2H_2O = mSiO_2 \cdot H_2O + Na_2SO_4 + 2NH_4OH$$

其中 $mSiO_2 \cdot H_2O$ 可由溶胶转为凝胶。反应所产生的凝胶可封堵高渗透层。

(3) 冻胶型堵剂

这类堵剂由聚合物和它的交联剂组成。如 HPAM 溶液和 $KCr(SO_4)_2$ 溶液相遇后形成铬冻胶;HPAM 溶液和 CH_2O 溶液相遇后形成醛冻胶;PAM 溶液和 $ZrOCl_2$ 溶液相遇后形成锆冻胶。

(4) 胶体分散体型堵剂

泡沫和乳状液属这类堵剂。例如当用泡沫封堵高渗透层时,可向油层先后注入起泡剂水溶液和气体,它们在油层相遇后产生泡沫。通过泡沫中气泡的气阻效应的叠加,使高渗透层产生封堵。

5.5.2 示踪剂检测

为了了解和掌握地层中有无裂缝或高渗透层,评价调剖及堵水的效果,矿场上常使用示踪剂进行检测。示踪剂是指能随流体在地层中流动的、低浓度下易于被检测的易溶物质,将这种物质溶于注入水后随着注入水进入地层,通过检测示踪剂的含量可以确定注入水在地层中的流动方向、渗流速度等情况。

5.5.2.1 常用示踪剂

最常用的示踪剂有放射性示踪剂和化学示踪剂两大类。

常用的放射性示踪剂有氚水、氚化氢、氚化丁醇等。此类示踪剂易被检测出,用量少,易防护,不影响自然伽马测井,而且价格低廉。

常用的化学示踪剂有硫氰酸铵、硝酸铵、溴化钠、碘化钠等。此类示踪剂使用其中的阴离子,在地层表面吸附量少,并易被分光度仪检测出。但化学示踪剂的用量大,成本高,注入前需要进行大量的室内评价工作。由于用量大造成工艺复杂、施工困难,且易在地层中扩散和吸附,因此使得解释较困难,影响测试结果。

5.5.2.2 示踪剂的作用

示踪剂的作用主要有:

① 确认是否有断层;

② 认识流体阻挡层的边界;

③ 获得突破点处的体积波及系数;

④ 认识井网平衡;

⑤ 鉴别可疑注水井;

⑥ 划定流体定向流动趋势;

⑦ 区分是锥进还是窜槽。

习 题

(1) 简述注入水水源有哪些类型。

(2) 简述注入水水质有哪些要求。

(3) 简述注水系统的主要设备以及各设备的作用。

(4) 简述注水井的投注程序。

(5) 什么是注水井指示曲线?

(6) 什么是吸水指数?

(7) 影响吸水能力的因素有哪些?

(8) 简述改善吸水能力的措施有哪些。

(9) 什么是吸水剖面?

(10) 简述测定相对吸水量的方法有哪些。

(11) 简述分层注水的工艺方法有哪些。

(12) 试述如何应用注水指示曲线来分析注水井的吸水能力。

（13）简述注水井调剖封堵高渗透层的方法有哪些。

（14）简述示踪剂的作用。

参 考 文 献

（1）张琪.采油工程原理与设计.山东东营：中国石油大学出版社，2000.

（2）王鸿勋，张琪.采油工艺原理.北京：石油工业出版社，1989.

（3）万仁溥，罗英俊.采油技术手册（第二册）.石油工业出版社，1992.

（4）赵福麟.采油化学.山东东营：中国石油大学出版社，1989.

第6章 压裂、酸化技术

本章导学：

掌握压裂、酸化增产增注的基本原理，熟悉油田常用的压裂液、支撑剂的性能与特征。掌握压裂设计的一般方法和步骤，掌握不同酸液及添加剂的特点，掌握砂岩和碳酸盐岩地层酸化的一般方法。

重点难点：

(1) 压裂、酸化增产增注原理；
(2) 砂岩地层、碳酸盐岩地层酸处理技术。

水力压裂是油气井增产、注水井增注的一项重要技术措施，广泛用于低渗透油气藏的增产改造。近年来，在中、高渗透油气藏的增产改造中也取得了很好的效果。酸化是油气井解除污染、增加产量的另一项重要技术措施，在砂岩地层和碳酸盐岩地层改造中发挥着重要的作用。

6.1 水力压裂技术

6.1.1 增产原理

水力压裂是指利用地面高压泵组，将高粘液体以大大超过地层吸收能力的排量注入井中，在井底憋起高压，当此压力大于井壁附近的地应力和地层岩石抗张强度时，就会在井底附近地层产生裂缝。继续注入带有支撑剂的携砂液，裂缝向前延伸并填以支撑剂，关井后裂缝闭合在支撑剂上，从而在井底附近地层内形成具有一定几何尺寸和导流能力的填砂裂缝，使井达到增产增注的目的。

导流能力是指形成的填砂裂缝宽度与缝中渗透率的乘积 $W_f K_f$，代表填砂裂缝让流体通过的能力。

水力压裂增产的原理为：

① 形成的填砂裂缝的导流能力比原地层系数大得多，可大几倍到几十倍，大大增加了地层到井筒的连通能力；

② 由原来渗流阻力大的径向流渗流方式转变为双线性渗流方式,增大了渗流截面,减小了渗流阻力;

③ 可能沟通独立的透镜体或天然裂缝系统,增加新的油源;

④ 裂缝穿透井底附近地层的污染堵塞带,解除堵塞,因而可以显著增加产量,如图 6-1 所示。

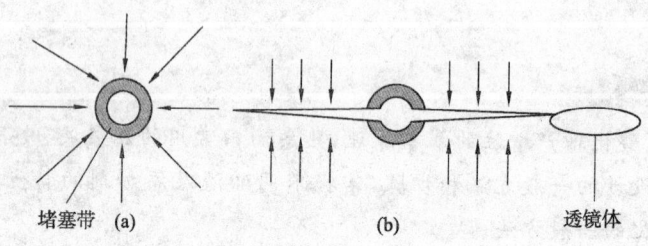

图 6-1 压裂增产原理示意图

6.1.2 造缝机理

在水力压裂中,了解造缝的形成条件、裂缝的形态(垂直或水平)、方位等,对有效地发挥压裂在增产、增注中的作用都是很重要的。在区块整体压裂改造和单井压裂设计中,了解裂缝的方位对确定合理的井网方向和裂缝几何参数尤为重要,这是因为有利的裂缝方位和几何参数不仅可以提高开采速度,而且还可以提高最终采收率,相反,则可能会出现生产井过早水窜,降低最终采收率。

6.1.2.1 裂缝起裂和延伸

造缝条件及裂缝的形态、方位等与井底附近地层的地应力及其分布、岩石的力学性质、压裂液的渗滤性质及注入方式有密切关系。图6-2是压裂施工过程中井底压力随时间的变化曲线。图中 p_F 是地层破裂压力, p_E 是裂缝延伸压力, p_s 是地层压力。

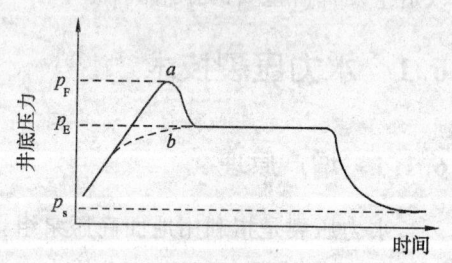

图 6-2 压裂过程中井底压力变化曲线
a—致密岩石;b—微缝高渗岩石

在致密地层内,当井底压力达到破裂压力 p_F 后,地层发生破裂(图 6-2a),然后在较低的延伸压力 p_E 下,裂缝向前延伸。对高渗或微裂缝发育地层,压裂过程中无明显的破裂显示,破裂压力与延伸压力相近(图 6-2b)。

6.1.2.2 裂缝形态

一般情况下,地层中的岩石处于压应力状态,作用在地下岩石某单元体上的应力为垂向主应力 σ_z 和水平主应力 σ_H (σ_H 又可分为两个相互垂直的主应力 σ_x,σ_y)。

作用在单元体上的垂向应力来自上覆层的岩石重力,它的大小可以根据密度测井资料计算,一般为:

$$\sigma_z = \int_0^H \rho_s g \mathrm{d}z \tag{6-1}$$

式中 σ_z——垂向主应力，Pa；

H——地层垂深，m；

g——重力加速度，9.81 m/s^2；

ρ_s——上覆层岩石密度，kg/m^3。

由于油气层中有一定的孔隙压力 p_s（即油藏压力或流体压力），故有效垂向主应力可表示为：

$$\bar{\sigma}_z = \sigma_z - p_s \tag{6-2}$$

如果岩石处于弹性状态，考虑到构造应力等因素的影响，可以得到最大、最小水平主应力为：

$$\sigma_{H\max} = \frac{1}{2}\left[\frac{\zeta_1 E}{1-v} - \frac{2v(\sigma_z - \alpha p_s)}{1-v} + \frac{\zeta_2 E}{1+v}\right] + \alpha p_s$$

$$\sigma_{H\min} = \frac{1}{2}\left[\frac{\zeta_1 E}{1-v} - \frac{2v(\sigma_z - \alpha p_s)}{1-v} - \frac{\zeta_2 E}{1+v}\right] + \alpha p_s \tag{6-3}$$

式中 $\sigma_{H\max}, \sigma_{H\min}$——最大、最小水平主应力，Pa；

ζ_1, ζ_2——水平应力构造系数，可由室内测试结果推算，无因次；

v——泊松比，无因次；

E——岩石弹性模量，Pa；

α——毕奥特（Biot）常数，无因次。

在天然裂缝不发育的地层，裂缝形态（垂直缝或水平缝）取决于其三向应力状态。根据最小主应力原理，裂缝总是产生于强度最弱、阻力最小的方向，即裂缝平面垂直于最小主应力轴方向。当 σ_z 最小时，形成水平裂缝；当 σ_z 最大时，形成垂直裂缝。若 $\sigma_z > \sigma_x > \sigma_y$，裂缝面垂直于 σ_y 方向；若 $\sigma_z > \sigma_y > \sigma_x$，裂缝面垂直于 σ_x 方向，如图 6-3 所示。

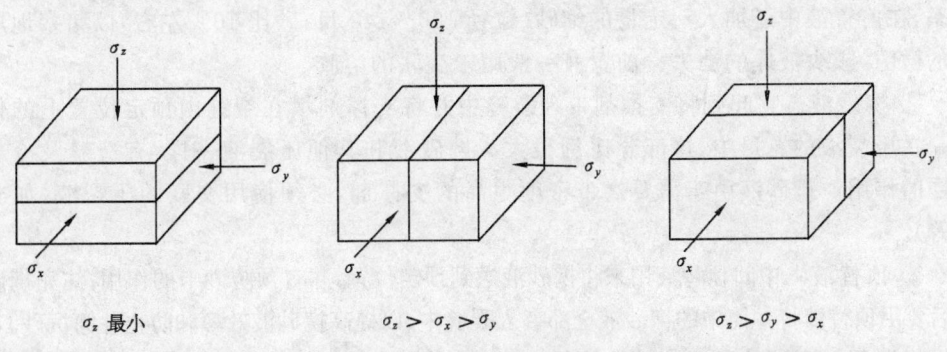

图 6-3 裂缝形态示意图

6.1.2.3 破裂压力梯度

为了便于比较与预测各油田(油井)的破裂压力,常使用破裂梯度 β 来表示,它是指地层破裂压力与地层深度的比值。

各油田的破裂梯度值都是根据大量压裂施工资料统计出来的,破裂梯度值一般在下列范围:

$$\beta=(15\sim18)\sim(22\sim25) \tag{6-4}$$

可以用各地区的破裂梯度的大小估计裂缝的形态,一般认为 β 小于 15～18 时形成垂直裂缝,而大于 23 时则是水平裂缝。因此深地层出现的多为垂直裂缝,而浅地层出现水平裂缝的几率大。这是由于浅地层的垂向应力相对比较小,近地表地层中构造运动也较多,水平应力大于垂向应力的几率也大,所以浅地层出现水平裂缝。但是,浅地层也可能出现垂直裂缝。有时会碰到破裂梯度特高的地层,这种情况可能是由于构造关系或岩石抗张强度特大的缘故。井底附近地层严重堵塞时也可能导致很高的破裂梯度,这种情况是不正常的。如果地层破裂压力过高,难以进行正常施工,可进行预处理以降低破裂压力。这些方法的实质是降低井底附近地层的应力,如高效射孔、密集射孔、水力喷砂射孔及小规模酸化等措施。实践证明这些方法是有效的。

6.1.3 压裂液

影响压裂施工成败的诸因素中,压裂液性能的好坏是其中的主要因素之一。对于大型压裂来说,这个因素更为突出。这是因为压裂施工的每个环节都与压裂液的类型和性能有关。

6.1.3.1 压裂液组成

根据压裂过程中注入井内的压裂液的作用不同,压裂液可分为:

① 前置液。它的作用是破裂地层并造成一定几何尺寸的裂缝,以备后面的携砂液进入。在温度较高的地层里,它还可起一定的降温作用。有时为了提高前置液的工作效率,在前置液中还加入一定量的细砂(粒径 100～140 目,砂比 10%左右)以堵塞地层中的微隙,减少液体的滤失。前置液一般用未交联的溶胶。

② 携砂液。它起到将支撑剂带入裂缝中并将支撑剂填在裂缝内预定位置上的作用。在压裂液的总量中,这部分比例很大。携砂液和其他压裂液一样,有造缝及冷却地层的作用。携砂液由于需要携带密度很高的支撑剂,必须使用交联的压裂液(如冻胶等)。

③ 顶替液。中间顶替液用来将携砂液送到预定位置,并有预防砂卡的作用;注完携砂液后要用顶替液将井筒中的携砂液全部替入裂缝中,以提高携砂液效率和防止井筒沉砂。

根据压裂不同阶段对液体性能的要求,压裂液在一次施工中可能使用一种以上性能不同的液体,其中还加有不同使用目的的添加剂。对于占总液量绝大多数的前置液及携砂液,都应具备一定的造缝能力并使裂缝壁面及填砂裂缝有足够的导流能力。所以,为了获得好的水力压裂的效果,对压裂液的性能要求为:

① 滤失少。这是造长缝、宽缝的重要条件。

② 悬砂能力强。压裂液的悬砂能力主要取决于粘度。较高的粘度对支撑剂在缝中的分布是非常有利的。

③ 摩阻低。压裂液在管道中的摩阻愈小,则在设备功率一定的条件下,用于造缝的有效功率也就愈大。摩阻过高会导致井口施工压力过高,从而降低排量甚至限制压裂施工。

④ 稳定性。压裂液应具备热稳定性,不能由于温度的升高而使粘度有较大的降低。液体还应有抗机械剪切的稳定性,不因流速的增加而发生大幅度的降解。

⑤ 配伍性。压裂液进入油层后与各种岩石矿物及流体相接触,不应产生不利于油气渗流的物理-化学反应。

⑥ 低残渣。要尽量降低压裂液中水不溶物(残渣)的数量以免降低油气层和填砂裂缝的渗透率。

⑦ 易返排。施工结束后大部分注入液体应能返排出井外,以减少压裂液的损害,排液愈完全,增产效果愈好。

⑧ 货源广、便于配制、价钱便宜。随着大型压裂的发展,压裂液的需用量很大,是压裂施工费用的主要组成部分。

6.1.3.2 压裂液类型

目前常用的压裂液有水基、酸基、油基压裂液,乳状及泡沫压裂液等。近年来发展了以降低对地层和裂缝伤害为目标的清洁压裂液。

(1) 水基压裂液

水基压裂液是用水溶胀性聚合物(称为成胶剂)经交链剂交链后形成的冻胶。常用的成胶剂有植物胶(胍胶、田菁、皂仁等)、纤维素衍生物(羟乙基纤维素、羧甲基羟乙基纤维素等)以及合成聚合物(聚丙烯酰胺、聚乙烯醇等),交链剂(交联剂)有硼酸盐,钛、锆等有机金属盐等。在施工结束后,为了使冻胶破胶还需要加入破胶剂,常用的破胶剂有过硫酸铵、高锰酸钾和酶等。

(2) 油基压裂液

对于水敏性地层,使用水基压裂液会导致地层粘土膨胀影响压裂效果,因此,常使用油基压裂液。矿场原油或炼厂粘性成品油均可作油基压裂液,但其悬砂能力差,性能达不到要求。目前多用稠化油,基液为原油、汽油、柴油、煤油或凝析油,稠化剂为脂肪酸皂(如脂肪酸铝皂、磷酸酯铝盐等),矿场最高砂比可达30%(体积分数)。稠化油压裂液遇地层水后自动破胶,所以无需加入破胶剂。

油基压裂液虽然适用于水敏性地层,但由于价格昂贵、施工困难和易燃等问题,其应用受到一定限制。

(3) 泡沫压裂液

泡沫压裂液是近十年内发展起来的,用于低压低渗油气层改造的新型压裂液。其最大特点是易于返排、滤失少以及摩阻低等。基液多用淡水、盐水、聚合物水溶液;气相为二氧化碳、氮气、天然气;发泡剂用非离子型活性剂。泡沫干度为65%~85%,低于65%则粘度太低,超过92%则不稳定。

泡沫压裂液也具有不利因素:

① 由于井筒气-液柱的压降低,压裂过程中需要较高的注入压力,因而对深度大于2 000 m以上的油气层实施泡沫压裂是困难的。

② 使用泡沫压裂液的砂比不能过高,在需要注入高砂比压裂液的情况下,可先用泡沫压裂液将低砂比的支撑剂带入,然后再泵入可携带高砂比支撑剂的常规压裂液。

(4) 清洁压裂液

近年发展起来的表面活性剂压裂液,也称之为清洁压裂液,是一种新型的压裂液体系,它不含任何聚合物,解决了压裂液对地层的污染问题,因此,也叫无伤害(零污染)压裂液。这种表面活性剂压裂液不需要破胶剂、破乳剂、防腐剂等化学添加剂。目前使用的常规压裂液的增稠剂均为高分子,相对分子质量均在1 000万以上,而表面活性剂压裂液的相对分子质量只有几百,和其他的聚合物、植物胶相比,表面活性剂压裂液的增稠剂属于小分子范畴。表面活性剂压裂液由于是小分子,且在水中完全溶解,不含有固相成分,在裂缝中难以形成滤饼,不会对地层的渗透率和裂缝导流能力造成伤害。

目前应用的其他压裂液还有聚合物乳状液、酸基压裂液和醇基压裂液等,它们都有各自的适用条件和特点,但在矿场上应用很少。

6.1.3.3 压裂液滤失性

压裂过程中,压裂液向地层的滤失是不可避免的。由于压裂液的滤失使得压裂液效率降低,造缝体积减小,因此研究压裂液的滤失特性对于裂缝几何参数的计算和对地层损害的认识都是必不可少的。压裂液滤失到地层受三种因素控制,即压裂液的粘度、油藏岩石和流体的压缩性及压裂液的造壁性。

(1) 受压裂液粘度控制的滤失系数 C_I

当压裂液粘度大大超过油藏流体的粘度时,压裂液的滤失速度主要取决于压裂液的粘度,由达西方程可以导出滤失系数 C_I 为:

$$C_I = 5.4 \times 10^{-3} \left(\frac{K \cdot \Delta p \phi}{\mu_f} \right)^{1/2} \tag{6-5}$$

滤失速度为:

$$v = \frac{C_I}{\sqrt{t}} \tag{6-6}$$

式中　C_I——受压裂液粘度控制的滤失系数，$m/\sqrt{min}$；

　　　K——垂直于裂缝壁面的渗透率，μm^2；

　　　Δp——裂缝内外压力差，kPa；

　　　μ_f——裂缝内压裂液粘度，$mPa \cdot s$；

　　　ϕ——地层孔隙度，小数；

　　　v——滤失速度，m/min；

　　　t——滤失时间，min。

(2) 受储层岩石和流体压缩性控制的滤失系数 C_{II}

当压裂液粘度接近于油藏流体粘度时，控制压裂液滤失的是储层岩石和流体的压缩性。这是因为储层岩石和流体受到压缩，让出一部分空间压裂液才得以滤失进去。由体积平衡方程可得到 C_{II} 表达式：

$$C_{II} = 4.3 \times 10^{-3} \Delta p \left(\frac{KC_f \phi}{\mu_f}\right)^{1/2} \tag{6-7}$$

式中　C_f——油藏综合压缩系数，$(kPa)^{-1}$。

(3) 具有造壁性的压裂液滤失系数 C_{III}

添加有防滤失剂（如硅粉或沥青粉等）的压裂液施工过程中将会在裂缝壁面上形成滤饼，它会有效地降低滤失速度，此时压裂液的滤失速度将受造壁性控制。滤失系数 C_{III} 一般由实验方法测定。

(4) 综合滤失系数 C

压裂液的滤失虽然根据机理可以分为三种情况，但实际压裂过程中，压裂液的滤失同时受三种机理控制。综合滤失系数 C 如下：

$$\frac{1}{C} = \frac{1}{C_I} + \frac{1}{C_{II}} + \frac{1}{C_{III}} \tag{6-8}$$

综合滤失系数 C 的另一种确定方法是考虑到 C_I，C_{II} 和 C_{III} 分别是由不同的压力降控制的，即 C_I 是由滤失带压力差 Δp_1 控制的，C_{II} 是由压缩带压力差 Δp_2 控制的，C_{III} 是由滤饼内外压力差 Δp_3 控制的，根据分压降公式可以得到综合滤失系数的另一表达式：

$$C = \frac{2C_I C_{II} C_{III}}{C_I C_{III} + \sqrt{C_I^2 C_{III}^2 + 4C_{II}^2(C_I^2 + C_{III}^2)}} \tag{6-9}$$

综合滤失系数 C 是压裂设计中的重要参数，也是评价压裂液性能的重要指标。目前比较好的压裂液在油层及裂缝中的流动条件下，综合滤失系数 C 可达 10^{-4} $m/\sqrt{min}$。

6.1.3.4　压裂液流变性

目前使用的压裂液，除了水、活性水、油（低粘油或成品油）外，凡是使用各种高分子聚合物增稠或交链的油基或水基压裂液，在其流动特性上均有程度不同的非牛顿液体的性质。

各类压裂液的流变曲线如下：

(1) 牛顿压裂液

剪切应力 τ 与剪切速率 $\dot{D}$ 成正比关系：

$$\tau = \mu \dot{D} \qquad (6\text{-}10)$$

比例常数 μ（粘度）不随剪切速率的改变而变化，如图 6-4 中的曲线 A 所示，是一通过原点的直线。式(6-10)是牛顿流体的本构方程，其特点是在剪切应力 τ 和剪切速率 $\dot{D}$ 之间，只有一个参数 μ。压裂液中的未经稠化的水、油等均属于此类流体。

(2) 假塑型压裂液

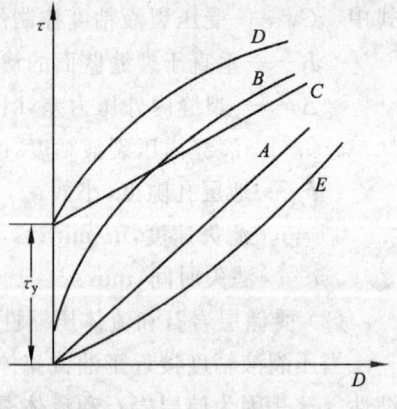

图 6-4 压裂液流变曲线

假塑型流体也称为幂律流体，图 6-4 中的曲线 B 是假塑型流体的剪切应力与剪切速率关系曲线。随剪切速率的增加，其斜率变小，说明压裂液结构被破坏，粘度随之降低。有一个经验方程描述这种流体的流变特性：

$$\tau = k\dot{D}^n \quad (n<1) \qquad (6\text{-}11)$$

式中 k——稠度系数，$Pa \cdot s^n$；

n——流态指数，无因次。

把式(6-11)写成下列形式：

$$\tau = (k\dot{D}^{n-1}) \cdot \dot{D} \qquad (6\text{-}12)$$

与式(6-11)相比较，得到：

$$\mu_a = k\dot{D}^{n-1} \qquad (6\text{-}13)$$

式中 μ_a——视粘度，$Pa \cdot s$。

假塑型流体的"粘度"不是定值，在一定温度下，视粘度随 $k,n,\dot{D}$ 的改变而变化。

目前多数水基冻胶压裂液在一定的剪切速率范围内均可近似看作是幂律流体，这种液体无论在圆管或裂缝中的流动，都可粗略地取用相同的 n,k 值。

(3) 其他流动类型的压裂液

① 宾汉型流体。

这种流体具有屈服值，加上一定的压力后，流体才从静止状态开始流动，然后像牛顿流体一样，剪切应力与剪切速率呈线性关系(图 6-4 中 C)，直线的斜率是粘度 μ，截距 τ_y 是屈服值。沥青、某些乳状液、泥浆等具有这种流变性。宾汉型流体的流动方程是：

$$\tau - \tau_y = \mu \dot{D} \qquad (6\text{-}14)$$

式中 τ_y——屈服值。

② 屈服假塑型流体。

这种流体是带有屈服值的假塑型流体(图 6-4 中 D),其流变方程为:

$$\tau - \tau_y = k\dot{D}^n \tag{6-15}$$

③ 胀流型流体。

这种流体与幂律流体的流动方程的区别在于其流态指数 n 大于 1(图 6-4 中 E):

$$\tau = k\dot{D} \quad (n>1) \tag{6-16}$$

这种类型的液体在压裂液中不多见。

用合成高分子聚合物(如部分水解聚丙烯酰胺)制备的压裂液具有不同程度的粘弹性:温度高、流速低时以粘性为主,温度低而流速高时则以弹性为主。目前对粘弹性液体的流动行为了解得还不够。

6.1.4 支撑剂

水力压裂的目标是在油气层内形成足够长度的高导流能力填砂裂缝,所以,水力压裂工程中的各个环节都是围绕这一目标,并以此选择支撑剂类型、粒径和携砂液性能,以及施工工序等。

6.1.4.1 支撑剂的要求

(1) 粒径均匀,密度小

一般的,水力压裂所用支撑剂的粒径并不是单一的,而是有一定的变化范围。如果支撑剂分选程度差,在生产过程中,细砂会运移到大粒径砂所形成的孔隙中,堵塞渗流通道,影响填砂裂缝导流能力,所以对支撑剂的粒径大小和分选程度是有一定要求的。以国内矿场常用的 20/40 目支撑剂为例,最少有 90% 的砂子经过筛析后位于 20~40 目之间,同时要求大于第一个筛号的砂子的量小于 0.1%,而小于最后一个筛号的砂子的量不能大于 1%。

比较理想的支撑剂要求密度小,最好小于 2 000 kg/m³,以便于携砂液携带至裂缝中。

(2) 强度大,破碎率小

支撑剂的强度是其性能的重要指标。由于支撑剂的组成和生产制作方法不同,其强度的差异也很大,如石英砂的强度为 21.0~35.0 MPa,陶粒的强度可达 105.0 MPa。水力压裂结束后,裂缝的闭合压力作用于裂缝中的支撑剂上,当支撑剂强度比缝壁面地层岩石的强度大时,支撑剂有可能嵌入地层里;缝壁面地层岩石比支撑剂强度大,且闭合压力又大于支撑剂强度时,支撑剂易被压碎,这两种情况都会导致裂缝闭合或渗透率很低。所以为了保证填砂裂缝的导流能力,在不同闭合压力下,对各种目数的支撑剂的强度和破碎率有一定要求。

(3) 圆球度高

支撑剂的圆度表示颗粒棱角的相对锐度,球度是指砂粒与球形相近的程度。圆度和球度常用目测法确定,一般在10到20倍的显微镜下或采用显微照相技术拍照,然后再与标准的圆度、球度图版对比,确定砂粒的圆球度。使用圆球度不好的支撑剂,其填砂裂缝的渗透率差且棱角易破碎,粉碎形成的小颗粒会堵塞孔隙,降低其渗透性。

(4) 杂质含量少

支撑剂中的杂质对裂缝的导流能力是有害的。天然石英砂,其杂质主要是碳酸盐、长石、铁的氧化物及粘土等矿物质。一般用水洗、酸洗(盐酸、土酸)消除杂质,处理后的石英砂强度和导流能力都会提高。

(5) 来源广,价格低廉

6.1.4.2 支撑剂的类型

支撑剂按其力学性质分为两大类:脆性支撑剂,如石英砂、玻璃球等,特点是硬度大,变形小,在高闭合压力下易破碎;韧性支撑剂,如核桃壳、铝球等,特点是变形大,承压面积随之加大,在高闭合压力下不易破碎。目前矿场上常用的支撑剂有两种:一是天然砂和陶粒;二是人造支撑剂。此外,在压裂中曾经使用过核桃壳、铝球、玻璃珠等支撑剂,由于强度、货源和价格等方面的原因,现多已被淘汰。

(1) 天然砂

自从世界上第一口压裂井使用支撑剂以来,天然砂已广泛用于浅层或中深层(1 500 m)的压裂,而且都有较高的成功率。高质量的石英砂往往都是古代的风成砂丘在风力的搬运和筛选下沉砂而成,因此石英含量高,粒径均匀,圆球度也好。另外,石英砂资源很丰富,价格也便宜。世界上有多处开采质量较高的石英砂,如美国的Ottwa砂、北部白砂,我国的兰州砂、通辽砂等。

天然砂的主要矿物成分是粗晶石英,没有晶体解理,但在高闭合压力下会破碎成小碎片,虽然仍能保持一定的导流能力,但效果已大大下降,所以在深井中应慎重使用。石英砂的最高使用应力为 21.0~35.0 MPa。

(2) 人造支撑剂(陶粒)

最常用的人造支撑剂是烧结铝矾土,即陶粒。它的矿物成分是氧化铝、硅酸盐和铁、钛氧化物;形状不规则,圆度为 0.65,密度为 3 800 kg/m³,强度很高,在 70.0 MPa 的闭合压力下,陶粒所提供的导流能力约比天然砂的高一个数量级,因此它能适用于深井高闭合压力的油气层压裂。陶粒在强度上也有低、中、高之分,低强度适用的闭合压力为 56.0 MPa,中强度约为 70.0~84.0 MPa,高强度达 105.0 MPa。

陶粒的强度很大,但密度也很高,给压裂施工带来一定的困难,特别在深井条件下由于高温和剪切作用,对压裂液性能的要求很高。为此,近年来研制了一种具有空心或多孔的陶粒,其空心体积约为 30%,视密度接近于砂粒。试验表明:这种多孔或空心陶粒的强度与实心陶粒相当,因而实现了低密度、高强度的要求。但由于空心陶粒的制作比较困难,目前现场还没有广泛使用。

(3) 树脂包层支撑剂

树脂包层支撑剂是中等强度、低密度或高密度,能承受 56.0~70.0 MPa 的闭合压力,适用于低强度天然砂和高强度陶粒之间强度要求的支撑剂。其密度小,便于携砂与铺砂。它的制作方法是用树脂把砂粒包裹起来,树脂薄膜的厚度约为 0.025 4 mm,约占总质量的 5% 以下。树脂包层支撑剂可分为固化砂与预固化砂,固化砂在地层的温度和压力下固结,这对于防止地层出砂和压裂后裂缝的吐砂有一定的效果;预固化砂则在地面上已形成完好的树脂薄膜包裹砂粒,像普通砂一样随携砂液进入裂缝。

树脂包层支撑剂具有如下优点:

① 增加了砂粒间的接触面积,从而提高了抵抗闭合压力的能力。

② 树脂薄膜可将压碎的砂粒小块、粉砂包裹起来,减少了微粒间的运移与堵塞孔道的机会,从而改善了填砂裂缝导流能力。

③ 树脂包层砂总的体积密度比中强度与高强度陶粒要低很多,便于悬浮,因而降低了对携砂液的要求。

④ 树脂包层支撑剂具有可变形的特点,使其接触面积有所增加,可防止支撑剂在软地层的嵌入。

6.1.4.3 支撑剂在裂缝内的分布

支撑剂在裂缝内的分布状况,决定了压裂后填砂裂缝的导流能力和增产效果。为使压裂后能最大限度地发挥油层的潜力和裂缝的作用,设计的裂缝导流能力需要按一定的规律变化。根据裂缝内的渗流特性,靠近井筒处的导流能力应该最大,而在缝端最小,以便减少裂缝内的渗流阻力。支撑剂在裂缝内的分布规律随裂缝类型(水平、垂直缝)和携砂液性能而异。由于国内大部分油田压裂形成的裂缝为垂直缝,这里主要介绍高粘压裂液垂直裂缝内支撑剂的分布规律和低粘压裂液垂直裂缝内支撑剂的分布规律。

(1) 全悬浮型支撑剂分布

高粘压裂液是指压裂液粘度足以把支撑剂完全悬浮起来,在整个施工过程中没有支撑剂的沉降,停泵后支撑剂充满整个裂缝内,因而携砂液到达的位置就是支撑裂缝的位置。这种压裂液称为全悬浮型压裂液。

全悬浮型支撑剂分布在裂缝内的砂浓度比较均匀,裂缝内的砂浓度(也称为裂缝内砂比)是指单位体积裂缝内所含支撑剂的质量,裂缝闭合后的砂浓度(也称铺砂浓度)指单位面积裂缝上所铺的支撑剂质量。地面砂比有两种不同的定义方法:一种是单位体积混砂液中所含的支撑剂质量;另一种是支撑剂体积与压裂液体积之比。两者可以通过简单的关系式转换。

使用完全悬浮液体作为携砂液体,适合于低渗透地层,在这里并不需要很高的填砂裂缝导流能力就能有很好的增产效果。虽然有时这种悬浮填砂受缝宽的限制,其导流能力小于沉降加砂缝的导流能力,但它的支撑面积很大,能最大限度地将压开的面积全部支撑起来,因而具有很大的优越性。在一定条件下,如果沉降出来的是砂堤,虽然缝较宽,但沉砂缝往往由于填砂缝较短,填砂缝高也比悬浮式的小,这样就需要具体地加以比较,才能择优采用。

(2) 沉降型支撑剂分布

矿场实际使用的压裂液,由于剪切和温度等的降解作用,在裂缝内的携砂性能并不能达到全悬浮,在裂缝延伸过程中,部分支撑剂随携砂液一起向缝端运动,另一部分则可能沉降下来。

携带支撑剂的液体进入裂缝后,固体颗粒主要受到水平方向液体携带力、垂直向下的重力以及向上的浮力的作用,当颗粒相对于携带液有沉降运动时,还会受到粘滞阻力作用。使用低粘压裂液作为携砂液时,由于颗粒的重力大于浮力与阻力,所以具有很大的沉降倾向,沉在缝底形成砂堤。砂堤减少了携砂液的过水流断面,使流速提高。液体的流速逐渐达到使颗粒处于悬浮状态的能力,此时颗粒停止沉降,这种状态称为平衡状态。平衡时的流速称为平衡流速。平衡流速可以定义为携带颗粒最小的流速,在此流速下,颗粒的沉积与卷起处于动平衡状态。

在平衡状态下,垂直裂缝中颗粒的垂直剖面上存在着浓度差别,可以分为四个区域,如图 6-5 所示。区域Ⅰ是沉降下来的的砂堤,在平衡状态下砂堤的高度为平衡高度;区域Ⅱ是在砂堤面上的颗粒滚流区;区域Ⅲ则是悬浮区,虽然颗粒都处于悬浮状态,但不是均匀的,存在浓度梯度;最上面的区域Ⅳ是无砂区。

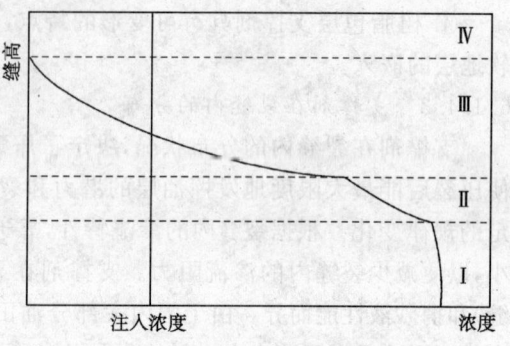

图 6-5 颗粒在缝高上的浓度分布

在平衡状态下增加地面排量,则Ⅰ,Ⅱ与Ⅳ区均将变薄,Ⅲ区则变厚,如果流速足够大,Ⅰ区可能完全消失。再进一步增加排量,缝内的浓度梯度剖面消失,成为均质的悬浮流。

实际上,由于砂子粒径不是均一的,流速在裂缝中是变化的,粘度也不能保持恒定,这样就出现了复杂的布砂现象。有的砂沉下来了,有的砂还被携带着往远处流动,直到流速低于该粒径的平衡流速。这种复杂条件下的沉砂规律,可用数值方法在计算机上计算。

6.1.4.4 支撑剂的选择

支撑剂的选择主要是指选择其类型和粒径,目的是为了达到一定的裂缝导流能力。由于压裂井的产量主要取决于裂缝长度和导流能力,所以在选择支撑剂和设计压裂规模时,应立足于油层条件,要最大限度地发挥油层潜力,提高单井产量。研究表明:对于低渗透地层,水力压裂应以增加裂缝长度为主,但为了有效地利用裂缝也需要有足够的导流能力;对于中高渗透地层,水力压裂应以增加裂缝导流能力为主。

影响支撑剂选择的因素有:

(1) 支撑剂的强度

选用支撑剂首先要考虑其强度。如果支撑剂的强度不能抵抗闭合压力,它将被压碎并导致裂缝导流能力的下降。一般的,对浅地层使用石英砂;对于深层且闭合压力较大时多使用陶粒;对中等深度(2 000 m 左右)的地层一般用石英砂,尾随部分陶粒。

(2) 粒径及其分布

虽然大粒径支撑剂在低闭合压力下可得到高渗透的填砂裂缝,但还要视地层条件而定,对于疏松或可能出砂的地层,要根据地层出砂的粒径分布中值确定支撑剂粒径,以防止地层砂进入裂缝堵塞孔道。由于粒径愈大,所能承受的闭合压力愈低,所以在深井中受到破碎及铺砂等诸因素限制,也不宜使用粗粒径砂。

(3) 支撑剂类型

不同类型支撑剂在不同闭合压力和铺砂浓度条件下,支撑裂缝导流能力相差很大,图 6-6 是石英砂和陶粒在铺砂浓度分别为 4.87 kg/m² 和 9.75 kg/m² 时的导流能力随闭合压力变化的关系曲线图。从图中可以看到:在低闭合压力下,陶粒和石英砂支撑裂缝的导流能力相近,在高闭合压力下,陶粒要比石英砂所支撑裂缝的导流能力大一个数量级。同时也可以看到铺砂浓度愈大,导流能力也愈大,这也是为什么要提高施工砂比的依据之一。

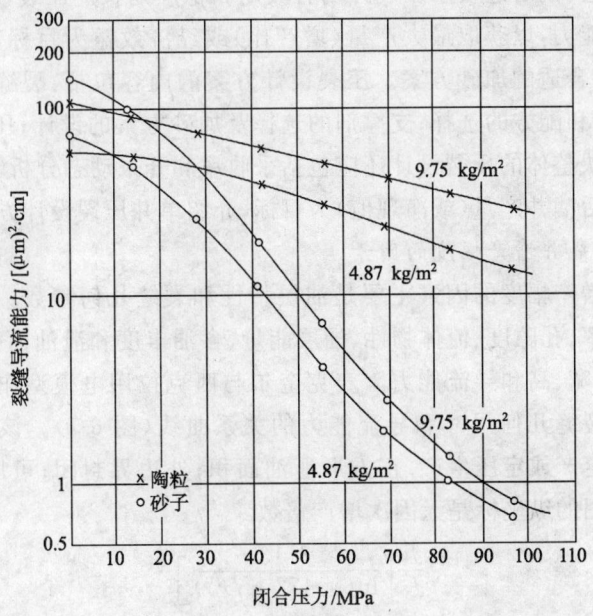

图 6-6　石英砂与陶粒的导流能力对比图

(4) 其他因素

支撑剂的嵌入是影响裂缝导流能力的一个因素,颗粒在高闭合压力下嵌入到岩石中,由于增加了抗压面积,有可能提高它的抵抗闭合压力的能力,但由于嵌入而使裂缝变窄,从而降低了导流能力。

其他如支撑剂的质量、密度以及颗粒圆球度等也都会影响裂缝的导流能力。

6.1.5 压裂设计

压裂设计书是压裂施工的指导性文件,它能根据地层条件和设备能力优选出经济可行的增产方案。由于地下条件的复杂性以及受目前理论研究的水平所限,压裂设计结果(效果预测和参数优选)与实际情况还有一定的差别。随着压裂设计理论水平的不断提高,以及对地层破裂机理和流体在裂缝中流动规律认识的进一步深入,压裂设计方案对压裂井施工的指导意义会逐步改善。

压裂设计的基础是对压裂层的正确认识,包括油藏压力、渗透性、水敏性、油藏流体物性以及岩石抗张强度等,并以它们为基础设计裂缝几何参数,确定压裂规模以及压裂液与支撑剂类型等。施工加砂方案设计及排量等受压裂设备能力的限制,特别是深井破裂压力高,要求有较高的施工压力,对设备的要求很高。

压裂设计的原则是最大限度地发挥油层潜能和裂缝的作用,使压裂后油气井和注入井达到最佳状态,同时还要求压裂井的有效期和稳产期长。压裂设计的方法是根据油层特性和设备能力,以获取最大产量(增产比)或经济效益为目标,在优选裂缝几何参数基础上,设计合适的加砂方案。压裂设计方案的内容包括:裂缝几何参数优选及设计;压裂液类型和配方的选择;支撑剂的选择及加砂方案的设计;压裂效果预测和经济分析等。对区块整体的压裂设计还应包括采收率和开采动态分析等内容。

这里以压裂后油井产量(或净现值)为目标,介绍单井压裂设计方法。

6.1.5.1 影响压裂井增产幅度的因素

影响压裂井增产幅度的因素主要是油层特性和裂缝几何参数。油层特性主要是指压裂层的渗透率、孔隙度、流体物性、油层能量、含油丰度和泄油面积等;裂缝参数是指填砂裂缝的长、宽、高和导流能力。麦克奎尔与西克拉用电模型作出了垂直裂缝条件下增产倍数与裂缝几何尺寸和导流能力的关系曲线(图6-7)。该曲线基于以下假设:拟稳定流动;定产或定压生产;正方形泄油面积;外边界封闭;可压缩流体;裂缝穿过整个产层。该图的纵坐标是无因次增产倍数:

$$\frac{J_f}{J_0}\left[\frac{7.13}{\ln(0.472\ r_e/r_w)}\right]$$

式中 J_0,J_f——压裂前后油井的采油指数;

r_e,r_w——油井供液半径和井筒半径。

横坐标为相对导流能力:

$$\frac{K_f W_f}{K} \sqrt{\frac{40}{A \times 2.471 \times 10^{-4}}}$$

式中 $K_f W_f$ ——裂缝导流能力,$\mu m^2 \cdot m$;
　　　K——地层渗透率,μm^2;
　　　A——井控面积(泄油面积),m^2。

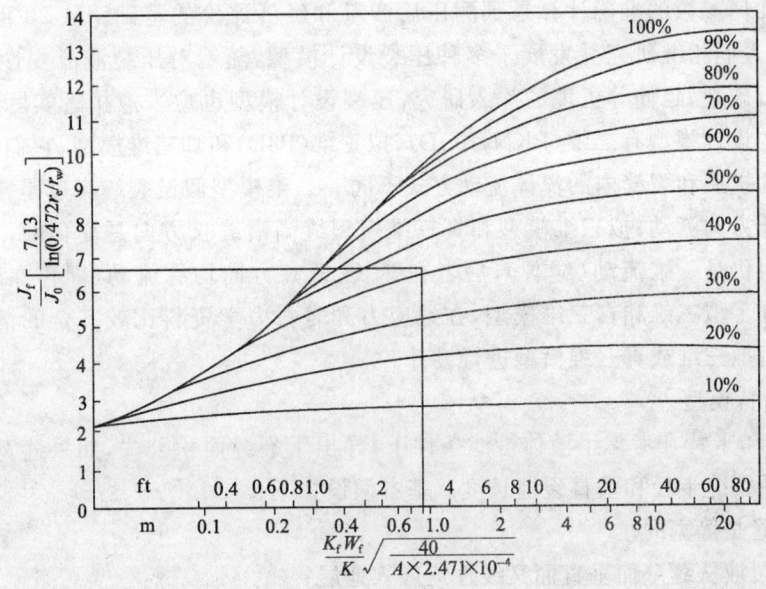

图 6-7　麦克奎尔-西克拉垂直裂缝增产倍数曲线

横坐标根号内的数字是当井控面积不是 40 英亩(0.162 km^2)时的修正系数;纵坐标括号内的数字是当井径不是 6 in(15.24 cm)时的修正系数。曲线上的数字是缝长(单翼)与供油半径的比(称为裂缝的穿透比)。可以把横坐标上的数值看成裂缝与油层导流能力的比值,在同样情况下,裂缝导流能力愈高,则增产倍数也愈高,造缝愈长,倍数也愈高。从曲线的变化趋势上看,在横坐标上以 0.4 $\mu m^2 \cdot m$ 为界,在它的左边要提高增产倍数,则应以增加裂缝导流能力为主。以裂缝长度为供油半径的 50% 这条曲线为例,相对导流能力从 0.1 提高到 0.4,增产倍数则从 3 倍提高到 6 倍多。此时增加缝长对增产倍数并不起多大的作用。在 0.4 的左边,曲线趋于平缓,增产主要靠增加缝的长度,进一步提高裂缝的导流能力基本上不能增加增产倍数。从增长倍数曲线可以得到如下结论:

① 在低渗油藏中,增加裂缝长度比增加裂缝导流能力对增产更有利。因为对于低渗油层容易得到高的导流能力,要提高增产倍数,应以加大裂缝长度为主,这是当前在

压裂特低渗透层时,强调增加裂缝长度的依据。而对于高渗地层正好相反,应以增加导流能力为主。

② 对一定的裂缝长度,存在一个最佳的裂缝导流能力。因为对一定的油层条件,油层的供液能力是有限的,所要求的渗流条件(导流能力)也是有限的,过分追求高导流能力是不必要的。

6.1.5.2 裂缝几何参数计算模型

裂缝几何参数的准确计算是预测压后产量和经济评价的基础。从 20 世纪 50 年代中期起,人们相继研究并发展了多种压裂设计模型,随着对压裂液流变性,固-液两相流和岩石破裂、延伸等机理的深入研究,压裂设计模型也愈来愈接近实际。目前矿场上使用的设计模型有二维(PKN,KGD)、拟三维(P3D)和真三维模型,它们的主要差别是裂缝的扩展和裂缝内的流体流动方式不同。二维模型假设裂缝高度是常数,即流体仅沿缝长方向流动;拟三维模型和真三维模型缝高沿缝长方向是变化的,不同的是前者裂缝内仍是一维流动(缝长),后者在缝长、缝高方向均有流动(即存在压力降)。国内已研制了拟三维和真三维模型,在地应力和岩石力学资料比较齐全的情况下,应尽可能选用拟三维或真三维模型进行设计。

(1) 卡特模型

1957 年,卡特在考虑了液体渗滤条件下,导出了裂缝面积公式,如果缝宽已知,则可求出水平裂缝半径和垂直裂缝长度。基本假设如下:

① 裂缝是等宽的;
② 压裂液从缝壁面垂直而又线性地渗入地层;
③ 缝壁上某点的滤失速度取决于此点暴露于液体中的时间;
④ 缝壁上各点的速度函数是相同的;
⑤ 裂缝内各点压力相等,等于井底延伸压力。

基本方程:

$$A(t)=\frac{QW}{4\pi C^2}\left[e^{x^2}\cdot erfc(x)+\frac{2x}{\sqrt{\pi}}-1\right]$$

$$x=\frac{2C\sqrt{\pi t}}{W} \tag{6-17}$$

$erfc(x)$ 是 x 的误差补偿函数,可查表(数学手册),或用下式近似计算:

$$e^{x^2}erfc(x)=0.254\,829\,592Y-0.284\,496\,736Y^2+1.421\,437\,41Y^3-$$
$$1.453\,152\,027Y^4+1.061\,404\,29Y^5$$

$$Y=\frac{1}{1+0.327\,591\,1x} \tag{6-18}$$

式中 $A(t)$——裂缝单面面积,m^2;

Q——排量,m³/min;

W——平均缝宽,m;

C——综合滤失系数,m/$\sqrt{\min}$;

t——施工时间,min。

如已知缝高 H,假设裂缝是对称于井轴的两条,则缝长 L(m)为:

$$L = \frac{A}{2H} \tag{6-19}$$

对于水平裂缝,裂缝半径 R(m)为:

$$R = \sqrt{\frac{A}{\pi}} \tag{6-20}$$

(2) PKN 模型

PKN 模型是目前应用较多的二维设计模型,其基本假设如下:

① 岩石是弹性、脆性材料,当作用于岩石上的张应力大于某个极限值后,岩石张开破裂。

② 缝高在整个缝长方向上不变,即在上、下层受阻;造缝段全部射孔,一开始就压开整个地层。

③ 裂缝断面为椭圆形,最大缝宽在裂缝中部(图 6-8)。

④ 缝内流体流动为层流。

⑤ 缝端部压力等于垂直于裂缝壁面的总应力。

⑥ 不考虑压裂液滤失于地层。

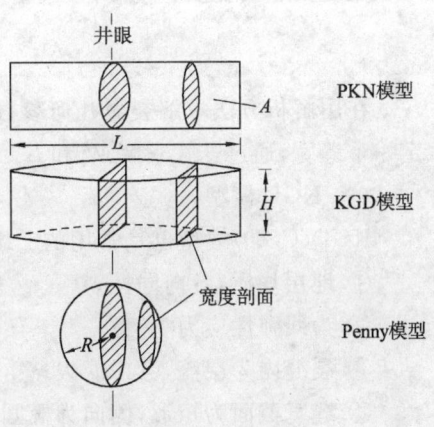

图 6-8 PKN,KGD 模型裂缝示意图

牛顿液体条件下,裂缝内的压力分布和缝宽公式为:

$$p_f(x) - p_c = \alpha \left[\left(\frac{1}{60}\right) \frac{\mu Q L E^3}{H^4 (1-v^2)^3} \right]^{1/4} \tag{6-21}$$

$$W_{max}(x) = 2\alpha \left[\left(\frac{1}{60}\right) \frac{(1-v^2) Q \mu L}{E} \right]^{1/4} \tag{6-22}$$

式中 W_{max}——牛顿液体层流条件下裂缝的最大缝宽,m;

μ——压裂液粘度,Pa·s;

Q——排量,m³/min;

L——裂缝半长,m。

v——岩石泊松比,无因次;

E——岩石弹性模量,Pa;

H——裂缝高度，m；
$p_f(x)$——裂缝内 x 点的压力，Pa；
p_c——裂缝闭合压力，Pa。

当 Q 取地面总排量时，$\alpha=1.5$，而当 Q 取地面排量之半时，$\alpha=1.26$。

对于非牛顿液体，裂缝最大缝宽为：

$$W_{max}=\left[\left(\frac{128}{3\pi}\right)(n+1)\left(\frac{2n+1}{n}\right)^n(1-v^2)\left(\frac{1}{60}\right)^n\left(\frac{Q^n k_f L H^{1-n}}{E'}\right)\right]^{\frac{1}{2n+2}} \quad (6-23)$$

$$E'=E(1-v^2)$$

式中 k_f——缝内压裂液稠度系数，$Pa \cdot s^n$。

裂缝的平均宽度：

$$\overline{W}=\frac{\pi}{4}W_{max} \quad (6-24)$$

在用解析方法求解裂缝几何参数时，常把 PKN 缝宽公式与卡特面积公式联立，给定一个缝宽，通过迭代求解 W 和 L。

（3）KGD 模型

KGD(CGD)模型也是常用的二维压裂设计模型之一，其假设条件为：
① 地层均质，各向同性；
② 为线弹性应力-应变；
③ 裂缝内为层流，考虑滤失；
④ 缝宽截面为矩形，侧向为椭圆形（图 6-8）。

基本方程：

$$W_{max}=\left[\frac{84(1-v)}{\pi}\left(\frac{1}{60}\right)\frac{\mu Q L^2 \overline{p}}{GHp_w}\right]^{\frac{1}{4}} \quad (6-25)$$

$$L=\frac{Q}{32\pi HC^2}(\pi W_{max}+8S_p)\left[\frac{2\alpha_L}{\sqrt{\pi}}-1+e^{\alpha_L}erfc(\alpha_L)\right] \quad (6-26)$$

$$\alpha_L=\frac{8C\sqrt{\pi t}}{\pi W_{max}+8S_p}$$

式中 W_{max}——井底最大缝宽，m；
Q——排量，m^3/min；
L——单翼缝长，m；
$\overline{p}$——裂缝内平均压力，Pa；
p_w——井底压力，Pa；
μ——裂缝内压裂液粘度，$Pa \cdot s$；
S_p——初滤失系数，$m/\sqrt{min}$。

6.1.5.3 压裂效果预测

压裂后油气井产能预测是进行压裂优化设计的基础。效果预测有增产倍数预测和产量预测两种。对于垂直缝的增产倍数,一般可用麦克奎尔-西克拉增产倍数曲线确定;水平缝可用解析公式计算。产量、压裂的有效期和累积增产量等的预测可采用典型曲线拟合和数值模拟方法。

(1) 增产倍数计算

增产倍数可以认为是压裂前后油气井采油指数的比值,它与油层和裂缝参数有关。对于垂直缝压裂井,压裂后的增产倍数可用麦克奎尔-西克拉增产倍数曲线(图 6-7)确定,其中裂缝参数 L_f,K_f 和 W_f 可由压裂设计和支撑剂导流能力实验值确定,地层参数(r_e,r_w,K 及 A)可由试井和开发数据确定。在这些参数一定后,可查图求出增产倍数(J/J_0)。

对于水平缝压裂井,压裂前后的压力分布如图 6-9,其中实线是压前的压力分布,虚线是压后的压力分布。水平缝压裂井增产倍数:

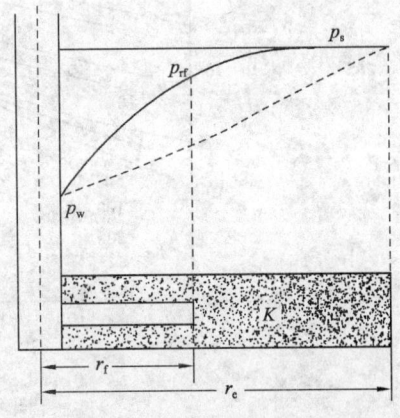

图 6-9 水平缝压裂前后油层中压力分布

$$PR = \left(\frac{K_f W_f}{Kh}\right)\left[\frac{\left(1+\frac{Kh}{K_f W_f}\right)\ln(r_e/r_w)}{\left(1+\frac{K_f W_f}{Kh}\right)\ln(r_e/r_w)+\ln(r_f/r_w)}\right]$$

(6-27)

式中 K_f——裂缝区内的平均渗透率;

K——油层渗透率;

h——油层厚度。

所有变量单位一致即可。

(2) Agarwal 典型曲线预测压裂井产量

用增产倍数法预测压裂井产量虽然简单,但它仅适用于稳定和拟稳定生产阶段,而对低渗透地层进行压裂后很长时间内油层都是不稳定流,在这种情况下用增产倍数法预测的结果将会有很大的误差。1979 年 Agarwal 用数值模拟方法预测了压裂井压后产量随时间的变化,并绘制了计算图版,由此曲线(图 6-10)可以预测压裂井的产量。

基本假设:

① 油层流体微可压缩,且粘度为常数;

② 导流能力为常数;

③ 不存在井筒存储和井筒附近的油层损害;

④ 边界影响可忽略；
⑤ 忽略气体紊流影响。

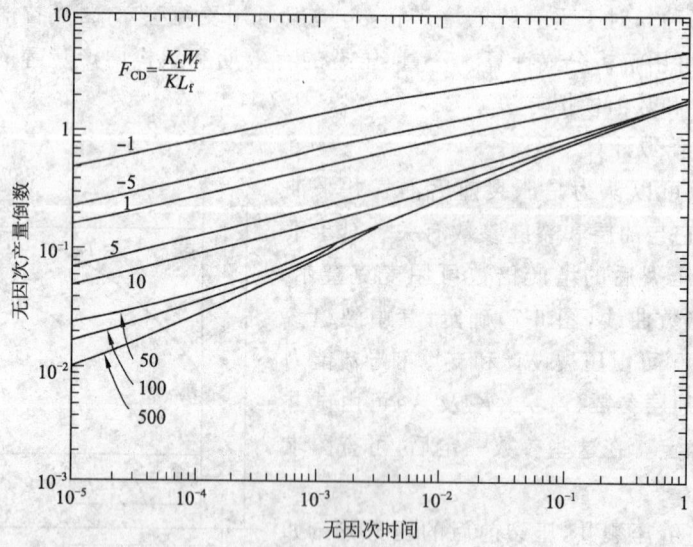

图 6-10　Agarwal 曲线

无因次时间：

$$t_{Dxf} = \frac{0.03561 Kt}{\phi \mu C_t L_f} \tag{6-28}$$

无因次产量倒数：

$$\frac{1}{q_D} = \frac{535.68 Kh \Delta p}{q \mu B} \quad (油) \tag{6-29}$$

$$\frac{1}{q_D} = \frac{1371.76 Kh[\Delta(p^2)]}{q \mu Z T} \quad (气) \tag{6-30}$$

无因次导流能力：

$$F_{CD} = \frac{K_f W_f}{K L_f} \tag{6-31}$$

式中　F_{CD}——无因次导流能力，无因次；

$K_f W_f$——裂缝导流能力，$\mu m^2 \cdot m$；

$K L_f$——储层渗透率×裂缝半长，$\mu m^2 \cdot m$；

K——储层渗透率，μm^2；

t——生产时间，s；

ϕ——储层孔隙度，小数；

μ——储层流体粘度，$mPa \cdot s$；

C_t——综合压缩系数,MPa^{-1};
L_f——裂缝半长,m;
h——油气层厚度,m;
Δp——生产压差,MPa;
q——油、气井日产量,m^3/d;
B——原油体积系数,小数;
T——油层温度,K;
Z——天然气压缩因子。

预测方法:由地层参数和裂缝参数计算给定生产时间的无因次时间,由 F_{CD} 和 t_{Dxf} 查曲线确定 $1/q_D$,再由式(6-29)和式(6-30)计算油井或气井产量。

用典型曲线方法预测油、气井产量虽然比较直观,但操作起来比较繁琐,特别是当 F_{CD} 介于曲线上两者之间时用内插法会产生一定的误差,另外,当无因次时间大于 1 以后无法用查图方法来预测。针对这些问题可以采用如下方法:一是把 Agarwal 曲线回归成多项式,二是直接用数值模拟方法预测。

6.2 酸处理技术

酸化是油气井增产、注入井增注的又一项有效的技术措施。其原理是通过酸液对岩石胶结物或地层孔隙、裂缝内堵塞物(粘土、钻井泥浆、完井液)等的溶解和溶蚀作用,恢复或提高地层孔隙和裂缝的渗透性。酸化按照工艺可分为酸洗、基质酸化和压裂酸化(也称酸压)。酸洗是将少量酸液注入井筒内,清除井筒孔眼中酸溶性颗粒和钻屑及结垢等,并疏通射孔孔眼;基质酸化是在低于岩石破裂压力下将酸注入地层,依靠酸液的溶蚀作用恢复或提高井筒附近较大范围内油层的渗透性;酸压(酸化压裂)是在高于岩石破裂压力下将酸注入地层,在地层内形成裂缝,通过酸液对裂缝壁面物质的不均匀溶蚀形成具高导流能力的裂缝。

6.2.1 酸液及添加剂

酸液及添加剂的合理使用,对酸化增产效果起着重要作用。随着酸化工艺的发展,国内外现场使用的酸液和添加剂类型越来越多。

6.2.1.1 常用酸液种类及性能

碳酸盐岩油气层的酸化主要用盐酸,有时也用甲酸、醋酸、多组分酸(盐酸与甲酸或醋酸等的混合酸液)和氨基磺酸等酸液。为了延缓酸的反应速度,有时也采用油酸乳化液、稠化盐酸液、泡沫盐酸液等。

(1) 盐酸

我国的工业盐酸是以电解食盐得到的氯气和氢气为原料,用合成法制得氯化氢气,再溶解于水得氯化氢水溶液即盐酸液。纯盐酸是无色透明液体,当含有 $FeCl_3$ 等杂质时,略带黄色,有刺激臭味。盐酸是一种强酸,它与许多金属、金属氧化物、盐类和碱类都能发生化学反应。由于盐酸对碳酸盐岩的溶蚀力强,反应生成的氯化钙、氯化镁盐类能全部溶解于残酸水,不会产生化学沉淀;酸压时对裂缝壁面的不均匀溶蚀程度高,裂缝导流能力大;成本较低。因此,目前大多数酸处理措施仍使用盐酸,特别是28%左右的高浓度盐酸。

高浓度盐酸处理的好处是:

① 酸岩反应速度相对变慢,有效作用范围增大;

② 单位体积盐酸可产生较多的 CO_2,利于废酸的排出;

③ 单位体积盐酸可产生较多氯化钙、氯化镁,提高了废酸的粘度,控制了酸岩反应速度,并有利于悬浮、携带固体颗粒从地层中排出;

④ 受到地层水稀释的影响较小。

盐酸处理的主要缺点是:与石灰岩反应速度快,特别是高温深井,由于地层温度高,盐酸与地层作用太快,因而处理不到地层深部;此外,盐酸会使金属坑蚀成许多麻点斑痕,腐蚀严重。H_2S 含量较高的井,盐酸处理易引起钢材的氢脆断裂。为此,碳酸盐地层的酸化也试用了其他种类的酸液。

(2) 甲酸和乙酸

甲酸又名蚁酸($HCOOH$),无色透明液体,易溶于水,溶点为 8.4 ℃。我国工业甲酸的浓度(质量分数,后同)为 90% 以上。乙酸又名醋酸(CH_3COOH),无色透明液体,极易溶于水,溶点为 16.6 ℃。我国工业乙酸的浓度为 98% 以上。因为乙酸在低温时会凝成像冰一样的固态,故俗称为冰醋酸。

甲酸和乙酸都是有机弱酸,它们在水中有一小部分离解为氢离子和羧酸根离子,且离解常数很低(甲酸离解常数为 2.1×10^{-4},乙酸离解常数为 1.8×10^{-5},而盐酸接近于无穷大),它们的反应速度比同浓度的盐酸要慢几倍到十几倍。所以,只有在高温深井中,盐酸液的缓速和缓蚀问题无法解决时,才使用它们来酸化碳酸盐岩层。甲酸比乙酸的溶蚀能力强,价格便宜,如果使用,最好用甲酸。

甲酸或乙酸与碳酸盐作用生成的盐类,在水中的溶解度较小。所以,酸处理时采用的浓度不能太高,以防生成甲酸或乙酸钙镁盐沉淀堵塞渗流通道。一般甲酸液的浓度不超过 10%,乙酸液的浓度不超过 15%。

(3) 多组分酸

多组分酸是一种或几种有机酸与盐酸的混合物。20 世纪 60 年代初,国外一度采用这种多组分酸来缓速,取得了显著效果。

酸岩反应速度依据氢离子浓度而定。因此当盐酸中混掺有离解常数小的有机酸（甲酸、乙酸、氯乙酸等）时，溶液中的氢离子数主要由盐酸的氢离子数决定。通过同离子效应，可极大地降低有机酸的电离程度，因此当盐酸活性耗完前，甲酸或乙酸等有机酸几乎不离解，盐酸活性耗完后，有机酸才离解起溶蚀作用。所以，盐酸在井壁附近起溶蚀作用，有机酸在地层较远处起溶蚀作用，混合酸液的反应时间近似等于盐酸和有机酸反应时间之和，因此可以得到较大的有效酸化处理范围。

（4）乳化酸

乳化酸即为油包酸型乳化液（简称油酸乳化液），其外相为原油。为了降低乳化液的粘度亦可在原油中混合柴油、煤油、汽油等石油馏分，或者用柴油、煤油等轻馏分作外相。其内相一般为15%～31%浓度的盐酸，或根据需要用有机酸、土酸等。

为了配制油包酸型乳化液，需选用"HLB值"（亲水亲油平衡值）为3～6的表面活性剂作为w/o型乳化剂。如：酰胺类（烷基酰胺）、胺盐类（12烷基苯磺酸胺）、酯类（山梨糖醇酐油酸酯——span80）等。乳化剂吸附在油和酸水的相界面上形成有韧性的薄膜，可防止酸滴发生聚结而破乳。有些原油本身含有表面活性剂（烷基磺酸盐等），当它们与酸水混合时，不另加乳化剂，经过搅拌也会形成油包酸型乳化液。

对油酸乳化液总的要求是：在地面条件下稳定（不易破乳）和在地层条件下不稳定（能破乳）。所以乳化剂及其用量、油酸体积比例，应根据当地的具体条件，通过实验的方法确定。目前国内外乳化剂的用量一般为0.1%～1%不等；油酸体积比为1∶9～1∶1不等。

由于油酸乳化液的粘度较高，因此用油酸乳化液压裂时，能形成较宽的裂缝。这样就减少了裂缝的面容比，有利于延缓酸岩的反应速度。更主要的是，油酸乳化液进入油气层后，被油膜所包围的酸滴不会立即与岩石接触。只有当油酸乳化液进入油气层一定时间后，因吸收地层热量，温度升高而破乳。或者当油酸乳化液中的酸滴通过窄小直径的孔道时，油膜被挤破而破乳。破乳后油和酸分开，酸才能溶蚀岩石裂缝壁面。因此，油酸乳化液可把活性酸携带到油气层深部，扩大了酸处理的范围。

油酸乳化液除了具有缓速作用外，由于在油酸乳化液的稳定期间，酸液并不与井下金属设备直接接触，因而可很好地解决防腐问题。现场在配制油酸乳化液时，为了保险，一般仍在酸液中加入适量的缓蚀剂。

油酸乳化液作为高温深井的缓速缓蚀酸，在国内外都被采用。它存在的主要问题是摩阻较大，从而施工注入排量受到限制。为此，施工时可用"水环"法降低油管摩阻，以提高排量。此外，如何提高乳化液的稳定性，寻找在高温下能稳定而用量少的乳化剂；如何使油酸液在油气层中最终完全破乳降粘，以利于排液；如何寻找内相和外相用量的合理配方等，这些问题仍有待于进一步研究。

(5) 稠化酸

稠化酸是指在盐酸中加入增稠剂(或称胶凝剂),使酸液粘度增加。这样降低了氢离子向岩石壁面的传递速度;同时,由于胶凝剂的网状分子结构束缚了氢离子的活动,从而起到缓速的作用。高粘度的稠化酸与低粘度的盐酸溶液相比,酸压时还具有能压成宽裂缝、滤失量小、摩阻低、悬浮固体微粒的性能好等特性。

酸液的增稠剂有:含有半乳甘露聚糖的天然高分子聚合物,如胍胶、刺梧桐树胶等;有工业合成的高分子聚合物,如聚丙烯酰胺、纤维素衍生物等。

国外实用的稠化酸,聚合物与酸液的质量比约为 $1:10 \sim 1:125$。用该方法配成的稠化酸的粘度为 $50 \sim 500$ mPa·s,加入的聚合物越多,粘度越高。

通过试验可以确定按不同比例配成的稠化酸的稳定性和时间与温度之间的关系。因此可选择恰当的比例预先配置,然后在一定温度和确信不会破胶的时间内,运往井场挤入地层。稠化酸在地层温度条件下,经过一定时间,即自动破胶,便于返排。若在实际施工中,需要配置超过 500 mPa·s 的特高粘度酸液,则可在上述方法配制成的稠化酸中,加入为原酸质量 $0.1\% \sim 0.8\%$ 的醛类化合物作为交联剂,如甲醛、乙醛、丙醛、2-羟基丁醛、戊醛等。加入醛类化合物后,稠化酸的粘度甚至可达数万 mPa·s,因而可使配制稠化酸所需的聚合物用量减少,成本也就可以降低了。

由于目前的这些增稠剂只能在低温下(338 K)使用,在地层温度较高时,它们会很快在酸液中降解,从而使稠化酸变稀。此外,由于它的处理成本较高,所以在国外也较少采用。

(6) 泡沫酸

近来用于水敏性油气层、低渗透碳酸盐岩油气层的泡沫酸发展得很快。泡沫酸是用少量泡沫剂将气体(一般用氮气)分散于酸液中所制成。气体的体积分数(泡沫干度)约为 $65\% \sim 85\%$,酸液的体积分数为 $15\% \sim 35\%$,表面活性剂的体积分数为 $0.5\% \sim 1.0\%$。表面活性剂要与缓蚀剂有较好的配伍性。在天然裂缝发育的地层里,常以稠化水为其前置液以减少酸液的滤失。

泡沫酸在酸压中由于滤失量低而相对增加了酸液的溶蚀能力。泡沫酸的排液能力大,减少了对油气层的损害,再加上它的粘度高,在排液中可携带出对导流能力有害的微粒。由于泡沫酸在降低粘土之不利影响方面的作用,使它得到广泛应用。

(7) 土酸

对于碳酸盐岩地层往往使用盐酸酸化就能达到目的,而对于砂岩地层,由于岩层中泥质含量高,碳酸盐含量少,油井泥浆堵塞较为严重而泥饼中碳酸盐含量又较低,在这种情况下,用普通盐酸处理常常得不到预期的效果。对于这类生产井或注入井多采用 $10\% \sim 15\%$ 浓度的盐酸和 $3\% \sim 8\%$ 浓度的氢氟酸与添加剂所组成的混合酸液进行处理。这种混合酸液通常称为土酸。

土酸中的氢氟酸(HF)是一种强酸,我国工业氢氟酸的浓度一般为40%,相对密度为1.11~1.13。氢氟酸对砂岩中的一切成分(石英、粘土、碳酸盐等)都有溶蚀能力,但不能单独用氢氟酸,而要和盐酸混合配制成土酸使用,这是由于氢氟酸与碳酸钙和钙长石(硅酸钙铝)等反应生成氟化钙沉淀堵塞地层。

6.2.1.2 酸液添加剂

酸化时要在酸液中加入某些物质,以改善酸液性能和防止酸液在油气层中产生有害影响,这些物质统称为添加剂。常用的添加剂种类有:缓蚀剂、表面活性剂、稳定剂、缓速剂,有时还加入增粘剂、减阻剂、暂时堵塞剂及破乳剂等。

(1) 缓蚀剂

缓蚀剂的作用主要在于减缓局部的电池的腐蚀作用。其机理有三个方面:① 抑制阴极腐蚀;② 抑制阳极腐蚀;③ 在金属表面形成一层保护膜。缓蚀剂的类型不同,起主导作用的方面也不一样。国内外使用的盐酸缓蚀剂分为两大类:无机缓蚀剂,如含砷化合物(亚砷酸钠、三氯化砷等);有机缓蚀剂,如胺类(苯胺、松香胺)、醛类(甲醛)、喹啉衍生物、烷基吡啶、炔醇类化合物等。有机缓蚀剂比无机缓蚀剂的缓蚀效能高,有机和无机组成的复合缓蚀剂缓蚀效果最好,例如炔醇类化合物和碘化物(碘化钾、碘化钠)混合成的复合缓蚀剂,能在120 ℃高温条件下,对28%盐酸起较好的缓蚀作用。

(2) 表面活性剂

酸液中加入表面活性剂,可以降低酸液的表面张力,减少注酸和排出残酸时的毛细管阻力,防止在地层中形成油水乳状物,便于残酸的排出。一般较多地采用阴离子型和非离子型表面活性剂,如阴离子型的烷基碘酸钠(AS)、烷基苯磺酸钠(ABS)和非离子型聚氧乙烯辛基苯酚醚(OP)等。其用量为0.1%~1%。如证实油层酸化时油层内确有乳化物生成时,可于酸中加入破乳剂,如有机胺盐类,或季铵盐类和聚氧乙烯烷基酚类活性剂。

(3) 稳定剂

酸液与金属设备及井下管柱接触,溶解铁垢和腐蚀铁金属,使酸液含铁量增多。为防止氢氧化铁沉淀,避免发生地层堵塞现象而加入的某些化学物质,称为稳定剂。常用的稳定剂有醋酸、柠檬酸,有时用乙二胺四醋酸(EDTA)及氮川三乙酸钠盐(NTA)等。

(4) 增粘剂和减阻剂

高粘度酸液能延缓酸岩反应速度,增大活性酸的有效作用范围。常用的增粘剂为部分水解聚丙烯酰胺、羟乙基纤维素和胍胶等,一般能于150 ℃内使盐酸增粘几mPa·s至十几mPa·s,长时间保持良好的粘温性能。上述增粘剂同时也是很有效的减阻剂,可使稠化酸的摩阻损失低于水。

(5) 暂时堵塞剂

将一定数量的暂时堵塞剂加入酸液中,随酸液流入高渗透层段,可将高渗透层段的孔道暂时堵塞起来,使以后泵注的酸液进入低渗透层段起溶蚀作用。常用的有膨胀性聚合物,如聚乙烯、聚甲醛、聚丙烯酰胺等。

6.2.2 碳酸盐岩地层的盐酸处理

碳酸盐岩储集层是重要的储集层类型之一。随着世界各国石油及天然气勘探与开发工作的发展,碳酸盐岩油气田的储量和产量急剧增长,据统计,到目前为止,碳酸盐岩中的油气储量已超过世界油气总储量的一半,而产量已达到总产量的60%以上。

碳酸盐岩地层的主要矿物成分是方解石$CaCO_3$和白云石$CaMg(CO_3)_2$,其中方解石含量高于50%的称为石灰岩,白云石含量高于50%的称为白云岩。碳酸盐岩的储集空间分为孔隙和裂缝两种类型。根据孔隙和裂缝在地层中的主次关系又可把碳酸盐岩油气层分为三类:孔隙性碳酸盐岩油气层、孔隙-裂缝性碳酸盐岩油气层(孔隙是主要储集空间,裂缝是渗流通道)和裂缝性碳酸盐岩油气层。碳酸盐岩油气层酸处理,就是要解除孔隙、裂缝中的堵塞物质,或扩大沟通油气层原有的孔隙和裂缝,提高油气层的渗流性。

6.2.2.1 盐酸与碳酸盐岩的化学反应

碳酸盐岩油气层的酸化常用盐酸,其化学反应如下:

$$2HCl + CaCO_3 \longrightarrow CaCl_2 + H_2O + CO_2 \uparrow$$

$$4HCl + MgCa(CO_3)_2 \longrightarrow CaCl_2 + MgCl_2 + 2H_2O + 2CO_2 \uparrow$$

盐酸与碳酸盐岩反应时,所产生的反应物如氯化钙、氯化镁全部溶于残酸中。二氧化碳气体在油藏压力和温度下,小部分溶解到液体中,大部分呈游离状态的微小气泡,分散在残酸溶液中,有助于残酸溶液从油气层中排出。

盐酸的浓度越高,其溶蚀能力越强,溶解一定体积的碳酸盐岩石所需要的浓酸体积越少,残酸溶液也越少,易于从油气层中排出。在解决酸化中的腐蚀问题时,使用高浓度盐酸的酸化效果较好。另外,高浓度盐酸活性耗完时间相对长,酸液渗入油气层的深度也较大,酸化效果好。

盐酸溶蚀碳酸盐岩的过程,就是盐酸被消耗的过程,这一过程进行得快慢可用酸岩反应速度表示。酸岩反应速度与酸化效果有密切的关系。在数值上酸岩反应速度可用单位时间内酸浓度降低值表示,也可用单位时间内岩石单位反应面积的溶蚀量来表示。

6.2.2.2 影响酸岩反应速度的因素

盐酸的优点是溶蚀能力强,价格较低,但其与碳酸盐岩的反应速度快,活性酸的作用范围小。酸液在压裂裂缝中流动,仅需要几分钟到十几分钟,酸的活性就基本消耗完,活性酸的穿入深度一般只有十几米,最多几十米;盐酸在微小孔道中的流动,一般仅几十秒,最多不过 1~2 min 酸的活性就耗尽,活性酸的穿入深度仅为几十厘米,因此,如何延缓盐酸在地层中的反应速度是酸化工作中的重要课题。为此,需要研究影响盐酸与碳酸盐岩反应速度的因素。

(1) 酸岩复相反应速度表达式

如前所述,酸岩复相反应速度主要取决于 H^+ 的传质速度,所以,可以用表示离子传质速度的菲克定律,导出表示酸岩反应速度和扩散边界层内离子浓度梯度的关系式:

$$\frac{\partial C}{\partial t}=KC^n=D_{H^+}\cdot\frac{S}{V}\cdot\frac{\partial C}{\partial y} \quad (6-32)$$

式中　C——瞬间反应酸浓度,mol/L;

$\frac{\partial C}{\partial t}$——酸岩瞬间的反应速度,mol/(L·s);

n——反应级数,无因次;

K——比例系数,称为反应速度常数,$(mol/L)^{1-n}\cdot s^{-1}$;

$\frac{\partial C}{\partial y}$——边界层内,垂直于岩面方向的酸液浓度梯度,mol/(L·cm);

$\frac{S}{V}$——岩石反应表面积与酸液体积之比,简称面容比,cm^2/cm^3;

D_{H^+}——H^+ 的传质系数,cm^2/s。

式(6-32)表明,酸岩反应速度与酸岩系统的面容比、H^+ 的传质系数和垂直于边界层方向的酸浓度梯度有关,因此,凡是影响这些参数的因素都会影响酸岩反应速度。

(2) 影响酸岩复相反应速度的因素分析

由于盐酸与碳酸盐岩地层的反应比较复杂,涉及很多化学动力学基础理论,目前研究还不够,下面结合实验结果给出一些定性概念。

① 面容比。

当其他条件不变时,面容比越大,单位体积酸液中的 H^+ 传递到岩石表面的数量就越多,反应速度也越快。

② 酸液的流速。

酸岩的反应速度随酸液流动速度的增加而加快,这是因为随流速的增加,酸液的流动可能会由层流变为紊流,从而导致 H^+ 的传质速度显著增加,反应速度也相应增加。但是,随着酸液流速的增加,酸岩反应速度的增加小于流速增加的倍比,即酸液来不及反应完已经流入地层深处,所以提高注酸排量可以增加活性酸的有效作用范围,但排量过大会导致施工压力大于地层破裂压力,酸液沿裂缝流动,影响井筒周围的酸化解堵效果。

③ 酸液的类型。

不同类型的酸液，其离解程度相差很大，离解的 H^+ 数量也相差很大，如盐酸在 18 ℃、0.1 当量浓度下，离解度为 29％，而在相同条件下醋酸的离解度仅为 1.3％，因此反应速度也不同。

酸岩反应速度与酸溶液内部的氢离子浓度近似成正比，采用强酸时反应速度快，采用弱酸时反应速度慢。

④ 盐酸浓度。

盐酸浓度在 24％～25％之前，随盐酸浓度的增加，反应速度也增加，超过这个范围后，随盐酸浓度的增加，反应速度反而降低。这是由于 HCl 的电离度下降幅度超过 HCl 分子数目增加的幅度所造成的，因此在酸化处理时常使用高浓度盐酸。

⑤ 温度。

温度升高，H^+ 的热运动加剧，H^+ 传质速度加快，酸岩反应的速度也随之加快。

⑥ 压力。

反应速度随压力增加而减慢。

其他的影响因素，如岩石的化学组分、物理化学性质、酸液粘度等都影响盐酸的反应速度。碳酸盐岩的泥质含量越高，反应速度相对越慢，碳酸盐岩油层面上粘有油膜，可减慢酸岩反应速度。增大酸液粘度如稠化盐酸，由于限制了 H^+ 的传质速度，也会使反应速度减慢。

通过上述分析可以看出：降低面容比，提高酸液流速，使用稠化盐酸、高浓度盐酸和多组分酸，以及降低井底温度，均影响酸岩反应速度，有利于提高酸化效果。

6.2.3　砂岩油气层的土酸处理

砂岩油气层通常采用水力压裂增产措施，但对于胶结物较多或堵塞严重的砂岩油气层，也常采用以解堵为目的的常规酸化处理。砂岩是由砂粒和粒间胶结物所组成，砂粒主要是石英和长石，胶结物主要为硅酸盐类（如粘土）和碳酸盐类物质。砂岩的油气储集空间和渗透通道就是砂粒与砂粒之间未被胶结物完全充填的孔隙。砂岩油气层的酸处理，就是通过酸液溶解砂粒之间的胶结物和部分砂粒，或孔隙中的泥质堵塞物，或其他酸溶性堵塞物，以恢复、提高井底附近地层的渗透率。

6.2.3.1　砂岩地层土酸处理原理

一般的，砂岩油气层骨架由硅酸盐颗粒、石英、长石、燧石及云母构成，骨架是原先沉积的砂粒，在原生孔隙空间沉淀的次生矿物是颗粒胶结物及自生粘土，这意味着岩石初期形成后粘土即沉淀于孔隙空间，这些新沉淀的粘土以孔隙镶嵌或孔隙充填的形式出现。

从矿物学观点看，影响砂岩反应性的因素有两个：一是化学组成，二是表面积。表

6-1、表 6-2 中列出了砂岩矿物的表面积、溶解度及化学组成。

表 6-1　砂岩矿物的表面积及溶解度

矿物	表面积	溶解度	
		盐酸	土酸
石英	低	不溶解	很低
燧石	低至中等	不溶解	低至中等
长石	低至中等	不溶解	低至中等
云母	低	不溶解	低至中等
高岭石	高	不溶解	高溶解
伊利石	高	不溶解	高溶解
蒙脱石	高	不溶解	高溶解
绿泥石	高	低至中等	高溶解
方解石	低至中等	高溶解	高溶解
白云石	低至中等	高溶解	高溶解
铁白云石	低至中等	高溶解	高溶解
菱铁矿	低至中等	高溶解	高溶解

表 6-2　典型砂岩矿物的化学组成

矿物		化学组成
石英		SiO_2
长石类	正长石	Si_3Al_8Na
	微斜长石	Si_3Al_8K
	钠长石	$Si_{2-3}Al_{1-2}O_8(Na,Ca)$
	斜长石	$(AlSi_3O_{10})K(Mg,Fe)_3(OH)_2$
云母类	黑云母	$(AlSi_3O_{10})KAl_2(OH)_2$
	白云母	$Al_4(Si_4O_{10})(OH)_8$
粘土类	高岭石	$Si_{4-x}Al_xO_{10}(OH)_2K_xAl_2$
	伊利石	$(1/2Ca,Na)_{0.7}(Al,Mg,Fe)_4$
	蒙脱石	$(Si,Al)_8O_{20}(OH)_4 \cdot nH_2O$
	绿泥石	$(AlSi_3O_{10})Mg_5(Al,Fe)(OH)_8$
碳酸盐类	方解石	$CaCO_3$
	白云石	$CaMg(CO_3)_2$
	铁白云石	$Ca(Fe,Mg)(CO_3)_2$
硫酸盐类	石膏	$CaSO_4 \cdot 2H_2O$
	硬石膏	$CaSO_4$
其他	盐类	$NaCl$
	氧化铁	FeO, Fe_2O_3, Fe_3O_4

从砂岩矿物组成和溶解度可以看到，对砂岩地层仅仅使用盐酸是达不到处理目的的，一般都用盐酸和氢氟酸混合的土酸作为处理液。盐酸的作用除了溶解碳酸盐类矿物，使 HF 进入地层深处外，还可以使酸液保持一定的 pH 值，不致于产生沉淀物。其

酸化原理如下：

① 氢氟酸与硅酸盐类以及碳酸盐类反应时，其生成物中有气态物质和可溶性物质，也会生成不溶于残酸液的沉淀，其反应如下：

$$2HF+CaCO_3=CaF_2\downarrow +CO_2\uparrow +H_2O$$

$$16HF+CaAl_2Si_2O_8=CaF_2\downarrow +2AlF_3+2SiF_4\uparrow +8H_2O$$

在上述反应中生成的 CaF_2，当酸液浓度高时，处于溶解状态，当酸液浓度降低后，即会沉淀。酸液中包含有 HCl 时，依靠 HCl 维持酸液在较低的 pH 值，以提高 CaF_2 的溶解度。

氢氟酸与石英的反应为：

$$6HF+SiO_2=H_2SiF_6+2H_2O$$

反应生成的氟硅酸（H_2SiF_6）在水中可解离为 H^+ 和 SiF_6^{2-}，而后者又能和地层水中的 Ca^{2+}，Na^+，K^+，NH_4^+ 等离子相结合。生成的 $CaSiF_6$，$(NH_4)_2SiF_6$ 易溶于水，而 Na_2SiF_6 及 K_2SiF_6 均为不溶物质会堵塞地层。因此在酸处理过程中，应先将地层水顶替走，避免与氢氟酸接触，处理时一般用盐酸作为预冲洗液来实现这一目的。

② 氢氟酸与砂岩中各种成分的反应速度各不相同。氢氟酸与碳酸盐的反应速度最快，其次是硅酸盐（粘土），最慢是石英。因此当氢氟酸进入砂岩油气层后，大部分氢氟酸首先消耗在与碳酸盐的反应上，不仅浪费了大量价格昂贵的氢氟酸，并且妨碍了它与泥质成分的反应。但是盐酸和碳酸盐的反应速度比氢氟酸与碳酸盐的反应速度还要快，因此土酸中的盐酸成分可先把碳酸盐类溶解掉，从而能充分发挥氢氟酸溶蚀粘土和石英成分的作用。

总之，依靠土酸液中的盐酸成分溶蚀碳酸盐类物质，并维持酸液较低的 pH 值，依靠氢氟酸成分溶蚀泥质成分和部分石英颗粒，从而达到清除井壁的泥饼及地层中的粘土堵塞，恢复和增加近井地带的渗透率的目的。

6.2.3.2 土酸处理设计

由于油气层岩石成分和性质各不相同，实际处理时，所用酸量、土酸溶液的成分应根据岩石成分和性质而定。据多年的实践发现，由 10%～15% 的盐酸及 3%～8% 的氢氟酸混合成的土酸足以溶解组成砂岩油层的主要矿物。其中当泥质含量较高时，氢氟酸浓度取上限，盐酸浓度取下限；当碳酸盐含量较高时，则盐酸浓度取上限，氢氟酸浓度取下限。有些油田配制的土酸，氢氟酸浓度超过盐酸浓度（如 6%HF+3%HCl），现场常称这种土酸溶液为逆土酸。

(1) 土酸酸化设计步骤

① 确信处理井是由于油气层损害造成的低产或低注入量时，主要采用试井分析确定表皮系数，结合钻井和生产过程确定储层损害的类型、原因、位置及范围。

② 选择适宜的处理液配方，包括能清除损害、不形成二次沉淀的酸液及添加剂等，

这需要根据室内岩心实验确定。

③ 确定注入压力或注入排量,以便在低于破裂压力下施工。

当施工压力大于地层破裂压力时,对于单油气层,酸液将沿着裂缝流动,而对于井筒周围大部分的损害带起不到解堵的作用,同时由于砂岩油气层碳酸盐含量低,在不加砂条件下,施工结束后裂缝将闭合,酸化的效果肯定不理想。对于多油层非均质油藏,如果施工压力过高,导致低渗透层内产生裂缝,绝大部分酸液进入低渗透层裂缝,而对要处理的高渗透层(在钻井过程中泥浆的损害往往很大)进入的酸液却很少,因而酸化效果也不会好。所以必须控制施工排量或施工压力。

④ 确定处理液量。酸液经过砂岩地层以均匀和稳定的方式渗流,但是由于HF与长石、粘土及其他化学组成不明确的矿物和分布广泛的硅酸盐反应是很复杂的,很难用准确的化学反应动力学方法来模拟,所以土酸处理用液量的确定一般采用经验方法。

砂岩地层的土酸处理液一般都由三部分组成:前置液(预冲洗液)、酸化液和替置液(后冲洗液)。

a. 前置液预冲洗量。预冲洗液的作用是避免地层水与HF接触,防止HF与碳酸盐反应生成沉淀,以提高HF的酸化效果。预冲洗液一般根据地层碳酸盐和粘土含量以及地层的渗透率大小,使用5%~15%的盐酸或5%~10%的醋酸。冲洗液量可以根据损害半径来确定。

若径向驱替地层内液体至损害半径处,则需要的液量为:

$$V_P = \pi \phi (r_s^2 - r_w^2) \times h \tag{6-33}$$

在径向距离r_s内溶解所有可溶于HCl的物质需要的液量为:

$$V_{HCl} = \frac{\pi (1-\phi) X_{HCl} (r_s^2 - r_w^2) h}{\beta} \tag{6-34}$$

式中 V_P——损害区内孔隙体积,即最少的预冲洗液量,m^3;

r_s——污染区半径,m;

ϕ——地层孔隙度,小数;

V_{HCl}——所需的盐酸量,m^3;

X_{HCl}——损害区内溶于HCl物质的体积分数,小数;

β——酸的溶解能力(单位体积酸溶解的岩石体积),m^3/m^3。

对于碳酸盐含量很少的砂岩地层,少量的盐酸液量预冲洗是可行的,而且在土酸处理前使用盐酸预处理对防止沉淀和提高HF的效率非常重要。

b. 土酸液量。正如前文所述,土酸用量的确定很难精确,一般都用经验方法确定某一油层的用酸量。如我国华北某油田,通常用量为每米油层厚度0.6~1.75 m^3,国外通常为1.55~2.484 m^3。对于低渗透、浅堵塞地层取下限,对于高渗透、堵塞范围大的地层取上限。土酸的用量和氢氟酸的浓度都应有所控制,若用量过多,氢氟酸浓度过大(超过 8%)时,一则氢氟酸价格昂贵,二则由于大量溶解胶结物,有可能使砂粒脱落,破坏砂岩的结构,引起地层出砂。

应注意的是,土酸用量一般不宜超过预处理的盐酸用量,反应时间一般不超过 8～12 h,地层温度高时,可缩短为 6～8 h,最好根据岩心模拟试验确定。

c. 后冲洗液量。后冲洗液的作用在于将正规处理酸液驱离井筒半径 12～15 倍以外,否则,残酸中的反应产物沉淀会降低产量。根据这一原则可以使用式(6-33)计算后冲洗液量。

推荐的后冲洗液有:对于油井,使用 NH_4Cl,或 5%～7.5% 的 HCl 和柴油;对于气井,使用 NH_4Cl、5%～7.5% 的 HCl 或氮气。

(2) 提高土酸处理效果的方法

影响土酸处理效果的因素包括:在高温油气层内由于 HF 的急剧消耗,导致处理的范围很小;土酸的高溶解能力可能局部破坏岩石的结构造成出砂;反应后脱落下来的石英和粘土等颗粒随液流运移,堵塞地层。

目前为提高酸处理效果使用最多的方法是就地产生氢氟酸,以使氢氟酸处理地层深处的粘土。一种方法是同时将氟化铵水溶液与有机脂(乙酸甲脂)注入地层,一定时间后有机脂水解生成有机酸(甲酸),有机酸与氟化铵作用生成氢氟酸。此方法在 54～93 ℃(327～366 K)都可以使用,可以产生浓度高达 3.5% 的氢氟酸溶液。

第二种方法是利用粘土矿物的离子交换性质,在粘土颗粒上就地产生氢氟酸(自生土酸)。其做法是先向地层中注入盐酸溶液,它与粘土接触后,使粘土成为酸性的氢粘土。然后使氟化铵溶液流经氢粘土,氟离子与粘土上的氢离子结合,在粘土矿物上生成氢氟酸,并立即与粘土反应。这种办法需交替顺序地注入酸溶液与氟化铵溶液。根据报道,这两种方法在矿场上均见到了一定的效果。

6.2.4 酸化压裂技术

用酸液作为压裂液,不加支撑剂的压裂称为酸化压裂(简称酸压)。酸压过程中一方面靠水力作用形成裂缝,另一方面靠酸液的溶蚀作用把裂缝的壁面溶蚀成凹凸不平的表面。停泵卸压后,裂缝壁面不能完全闭合,具有较高的导流能力,可达到提高地层渗透性的目的。

酸压和水力压裂增产的基本原理和目的都是相同的,都是为了产生有足够长度和导流能力的裂缝,减少油气水渗流阻力。主要差别在于如何实现其导流性。对于水力压裂,裂缝内的支撑剂阻止停泵后裂缝闭合,而酸压一般不使用支撑剂,主要是依靠酸液对裂缝壁面的不均匀刻蚀产生一定的导流能力。因此,酸化压裂应用通常局限于碳酸盐岩地层,很少用于砂岩地层。因为即使是氢氟酸也不能使地层刻蚀到具有足够导流能力的裂缝。但是,在某些含有碳酸盐充填天然裂缝的砂岩地层中,使用酸化压裂也可以获得很好的增产效果。

与水力压裂类似,酸压效果最终也体现在所产生裂缝的有效长度和导流能力上。对于酸压,有效的裂缝长度是受酸液的滤失特性、酸岩反应速度及裂缝内的流速控制的,导流能力取决于酸液对地层岩石矿物的溶解量以及不均匀刻蚀的程度。由于储层矿物分布的非均质性和裂缝内酸浓度的变化,导致酸液对裂缝壁面的溶解也是非均匀的,因此酸压后能保持较高的裂缝导流能力。

6.2.5 酸处理工艺

酸处理效果与许多因素有关,诸如选井选层、选用适宜的酸化技术、合理地选择酸化工艺参数及施工质量等。为了提高酸处理的效果,应在酸化机理的指导下,做好各个环节的工作。

6.2.5.1 酸处理井层的选择

一般地说,为了能够得到较好的处理效果,在选井选层方面应考虑以下几点:

① 应优先选择在钻井过程中油气显示好,而试油效果差的井层。

② 应优先选择邻井高产而本井低产的井层。

③ 对于多产层的井,一般应进行选择性(分层)处理,首先处理低渗透地层。对于生产历史较长的老井,应临时堵塞开采程度高、油藏压力已衰减的层位,选择处理开采程度低的层位。

④ 靠近油气或油水边界的井,或存在气水夹层的井,应慎重对待,一般只进行常规酸化,不宜进行酸压。

⑤ 对套管破裂变形,管外窜槽等井况不适宜酸处理的井,应先进行修复,待井况改善后再处理。

在考虑具体井的酸化方式和酸化规模时,应对油井的静态资料和动态资料进行综合分析研究。例如,位于断层附近、鼻状凸起、扭曲、长轴等岩层受构造力较强,裂缝较发育的构造部位,岩性条件较好,电测曲线解释为具有渗透层的特征,在钻井过程中有井涌井喷、放空等良好油气显示的井,一般只要进行常规解堵酸化,均能获得显著效果。反之,对于位于岩层受构造力较弱,裂缝不发育,岩性致密,在电测曲线上渗透层段特征不明显,钻井中油气显示不好的井,必须进行酸压人工造缝,沟通远离井底的缝洞系统才能获得较好的处理效果。

近几年来,国内有些油气田已采用不稳定试井关井测压力恢复曲线的方法,来作为确定酸化方式和酸化规模的主要依据。该方法根据"裂缝-孔隙双重介质"渗滤理论,应用关井压力恢复曲线的形状,来判断井底附近有无裂缝及裂缝距井底距离的远近等,依此可以确定是否适宜酸化,或应采用常规酸化还是压裂酸化。

6.2.5.2 酸处理方式

酸处理方式分常规酸化(又称孔隙酸化)与酸压两种。

在低于地层破裂压力,不压开裂缝的情况下,把酸液挤入地层,这种酸处理方式称为常规酸化。因为常规酸化主要起解除井底附近地层的堵塞作用,所以亦称为解堵酸化。解堵酸化就是在新井完成或修井后,以解除泥浆堵塞恢复地层的渗透性,使之正常投产的一种酸处理措施。

由于泥浆的浸入范围很小,以解除近井地带堵塞为目的的常规酸化所采用的酸量一般都不会很大,常在 10 m³ 以内,多则 30 m³ 左右。

考虑到泥浆可能会均匀分布在井底附近的孔隙、裂隙内,为了较好地解除整个油(气)层面上的堵塞,应该使酸液能均匀地进入地层的纵向各层段,避免沿高渗透层段突入。为此,除了有时采用分层酸化或使用暂时堵塞剂封堵高渗透层以外,要求注酸泵压控制在地层初始吸收压力以上,而又在地层破裂压力以下,不宜过高以免压开裂缝不能很好地清除堵塞。

由于常规酸化不压开裂缝,因此面容比很大,酸岩反应速度很快,导致酸的有效作用范围很小。对于堵塞范围较大的油气层,以及低产的原因是由于油井位于低渗透区的油气层,采用常规酸化往往不能指望有较大的效果,应考虑采用水力压裂或酸压措施。

酸压是在高于地层破裂压力条件下进行的酸化作业。酸压一般应用于碳酸盐岩地层,其核心问题是提高酸液的有效作用距离和裂缝的导流能力。

6.2.5.3 酸处理井的排液

酸化施工结束后,停留在地层中的残酸水由于其活性已基本消失,不能继续溶蚀岩石,而且随着 pH 值增高,原来不会沉淀的金属离子相继产生金属氢氧化物沉淀。为了防止生成沉淀堵塞地层孔隙,影响酸处理效果,一般说来应缩短反应时间,限定残酸水的剩余浓度,残酸剩余浓度超过限定值就将残酸尽可能快速排出。为此,应在酸化前做好排液和投产的准备工作,施工结束后立即进行排液。

残酸流到井底后,如果剩余压力(井底压力)大于井筒液柱压力,靠天然能量即可自喷。对于这类井,可依靠地层能量进行放喷排液。如果剩余压力低于井筒液柱压力,就要用人工方法将残酸从井筒排至地面。目前常用的人工排液法可分为两大类:一类是以降低液柱高度或密度的抽汲、气举法;另一类是以助喷为主的增注液体二氧化碳或液氮法。

(1) 放喷、抽汲、气举排液。

① 放喷。

油气井如果位于裂缝发育地带,有广阔的供油、气区且地层能量充足,往往一经解堵或沟通裂缝后,一开井就可连续自喷。对于这类井,应本着既要尽快排净残酸,又要少消耗能量的原则,选择合适的油嘴,适当控制回压进行放喷。究竟用多大的油嘴,一般是根据油、气和残酸的多少以及压力的变化情况,由大到小进行倒换。

② 抽汲。

抽汲就是不断排出井内液体,从而降低井内液柱高度,亦即降低井筒中液柱的压力,促使残酸流入井底的方法。伴随残酸流入井底的地层流体(原油及天然气)数量增多后,井筒内液柱混气程度将逐渐增高,井筒流体密度亦相应下降。在这种情况下,通过多次抽汲、激动和诱喷,有时可将油、气诱喷。若诱喷成功,则可自喷排液,否则应继续进行抽汲。抽汲的主要问题是:效率低、速度慢,不能及时快速排出残酸,除非能很快转为自喷,否则对酸化效果有影响。

③ 气举。

气举排液就是用高压压风机将高压压缩空气或用邻井的高压天然气,从环形空间注入井内,压迫套管液面下降,当液面下降到油管管鞋时,气体进入油管,使液柱混气并喷至地面。如果井较深,液柱压力超过压风机的最大工作压力(额定工作压力)时,压缩气体则不能通过油管管鞋进入油管。此时,可采用安装有气举阀的管柱以完成深井酸化气举排液作业。气举的主要问题是:需要有高压压风机或高压天然气源,另外这种方法要控制得当,否则由于产生较大的压力波动,对疏松地层容易引起出砂。

(2) 增注液态 CO_2 及氮气助喷排液

CO_2 在标准状况是无色、无味的气体。在不同温度、压力下发生相态变化。从 CO_2 的平衡图(图6-11)可知:当温度约在304 K(相应压力为7.4 MPa,图中 A 点),不管加多大压力,CO_2 始终保持气态,而不会转为液态。而当压力低于 0.531 MPa 时,液体 CO_2 不能存在,这时 CO_2 只能是固态或气态(图中 B 点)。

由此可见,温度是影响转化的主要因素,只要把 CO_2 控制在 304 K 以下,适当提高压力,即可使它保持液体状态。

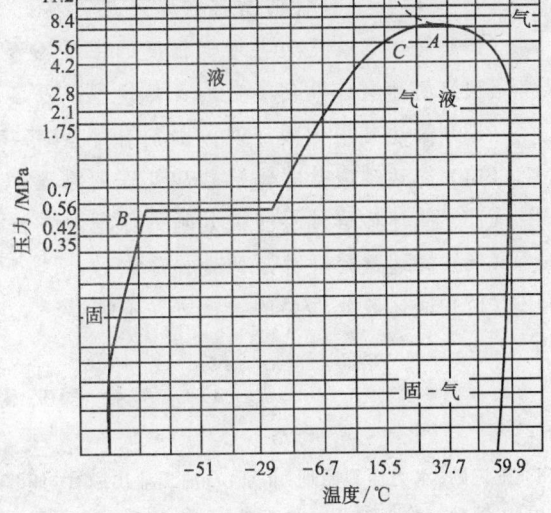

图 6-11 不同温度、压力下的相态变化图

由于 CO_2 有上述物理化学性质,已用于压裂酸化增产措施中。我国有自制的 CO_2 车和 CO_2 瓶。CO_2 厂将液态的 CO_2 灌入到车装罐或 CO_2 瓶里,储运中保持压力在 6.0 MPa 以上,并严格将温度控制在常温 20 ℃以下(图中 C 点),即可保持液态安全地送到施工现场。

酸化施工时,用泵注法将液态 CO_2 在高压下同酸液混合挤入地层,混合的比例根据货源情况及油井实际情况而定。当液体 CO_2 进入地层后,由于温度不断升高(超过31 ℃),而施工后压力不断下降,液态 CO_2 就转变为气态(气化)。放喷时气态 CO_2 体积不断膨胀,这种膨胀能量将挤推和携带残酸,往往无需抽汲即可排净残酸。同时 CO_2 还有缓速等多种效能,在现场施工中见到较好结果。

氮气也有类似的助排效果。

习 题

(1) 简述水力压裂的基本概念。

(2) 什么是裂缝导流能力,有什么含义?

(3) 水力压裂增产增注的原理是什么?

(4) 简述常见的裂缝形态,并说明为什么会形成不同的裂缝形态。

(5) 什么是地层破裂压力梯度?如何应用地层破裂压力梯度来预测裂缝形态?

(6) 简述压裂液的各个组成部分以及各个部分的作用。

(7) 简述常见压裂液的类型以及各种类型压裂液的应用范围。

(8) 简述支撑剂的类型、支撑剂的性能要求。

(9) 简述压裂设计的基础和原则。

(10) 简述影响压裂井增产幅度的主要因素。

(11) 简述裂缝几何参数的计算模型以及各种模型的特点。

(13) 简述常用的酸液及添加剂有哪些,各有什么特点。

(14) 简述碳酸盐岩地层盐酸处理的原理和方法。

(15) 简述砂岩地层土酸处理的原理和方法。

(16) 简述酸处理井层的选择原则。

(17) 试述酸处理井的排液方法有哪些。

参 考 文 献

(1) 王鸿勋.水力压裂原理.北京:石油工业出版社,1987.

(2) 王鸿勋,张琪.采油工艺原理.北京:石油工业出版社,1990.

(3) J L Gidley.水力压裂技术新发展.蒋阗,单文文,朱光明,等译.北京:石油工业出版社,1995.

(4) Michael J Economides,Kenneth G Nolte.油藏增产指施(第三版).张保平,蒋阗,刘立云,等译.北京:石油工业出版社,2002.

(5) 朱恩灵.试油工艺技术.北京:石油工业出版社,1987.

(6) 何艳青,王鸿勋. 用数值模拟方法预测压裂井产量. 石油大学学报(自然科学版),1990,14(5).

(7) 张士诚. 水力裂缝参数对采收率影响的研究. 低渗透油田开发技术座谈会论文集. 北京:石油工业出版社,1994.

(8) 杨能宇,张士诚,王鸿勋. 整体压裂水力裂缝参数对采收率的影响. 石油学报,1995,16(3).

(9) L K Britt. Optimized Oilwell Fracturing of Moderato-Permeability Reservoirs. SPE 14371,1985.

(10) D N Mechan, R N Norne, K Axiz. Effects of Reservoir Heterogeneity and Fracture Azimuth on Optimization of Fracture length and well spacing. SPE 17606,1988.

(11) C L Bargas, J L Yanosik. The Effects of Vertical Fractures on Areal Sweep Efficiency in Adverse Mobility Ratio Floods. SPE 17609,1988.

(12) V Y Konoplyor, A F RaZovsky. Numerical Simulation of Oil Displacement in Pattern Floods with Fractured wells. SPE 22933,1991.

(13) 温庆志,张士诚. 改进的水平缝四点井网整体压裂数值模拟. 石油大学学报(自然科学版),2005,29(6).

(14) 温庆志,张士诚,李林地. 低渗透油藏支撑裂缝长期导流能力实验研究. 油气地质与采收率,2006,13(2).

第7章 复杂条件下的开采技术

本章导学：

了解油井会出现哪些复杂情况，明确不同的复杂情况应采取的对策。熟悉常用的防砂清砂方法，熟悉油井结蜡的原因及防蜡的方法；熟悉常用的油井封堵水技术。掌握稠油、高凝油开采的一般方法。

重点难点：

(1) 油井防砂方法；
(2) 油井防蜡清蜡方法；
(3) 油井封堵水技术；
(4) 稠油、高凝油开采技术。

随着石油消费的日益增加，极大地促进了石油开采技术的进步。人们对石油的开发不再局限于开采条件好的油藏，各种复杂条件下的油藏也得到了进一步的开发和利用。出砂、结蜡、出水、高凝油及稠油、低渗透是油田生产中经常遇到的难题，对这些问题，需要采取相应的技术才能提高开发的效果。

7.1 油井出砂处理技术

油层出砂是砂岩油层开采过程中的常见问题之一。出砂会对油井生产造成极大的危害，主要表现为：砂埋油层或井筒砂堵造成油井停产；出砂使地面和井下设备严重磨蚀、砂卡；冲砂检泵、地面清罐等维修工作量剧增；出砂严重时还会引起井壁坍塌而损坏套管。这些危害既增加了原油生产成本，又增加了油田管理难度。

7.1.1 油层出砂原因

油层出砂是由于井底附近地带的岩层结构破坏所引起的，它是各种因素综合作用的结果，这些因素可以归结为两个方面，即地质条件和开采因素，其中地质条件是内因，开采因素是外因。

7.1.1.1 砂岩油层的地质条件

(1) 应力状态

砂岩油层在钻井前处于应力平衡状态。垂向应力大小取决于油层埋藏深度和上覆岩石的密度;水平应力大小除了与油层埋藏深度有关外,还与油层构造形成条件及岩石力学性质和油层孔隙中的压力有关。钻开油层后,井壁附近岩石的原始应力平衡状态遭到破坏,造成井壁附近岩石的应力集中,并造成油井出砂。在其他条件相同的情况下,油层埋藏越深,岩石的垂向应力越大,井壁的水平应力相应增加,所以井壁附近的岩石就越容易变形和破坏,从而引起在采油过程中油层出砂,甚至井壁坍塌。

(2) 岩石的胶结状态

油层出砂与油层岩石胶结物的种类、数量和胶结方式有着密切的关系。通常油层砂岩的胶结物主要有粘土、碳酸盐、硅质和铁质,以硅质和铁质胶结物的胶结强度最大,碳酸盐胶结物次之,粘土胶结物最差。对于同一类型的胶结物,其数量越多,胶结强度越大。

油层砂岩的胶结方式主要有三种(图 7-1),一是基底胶结,砂岩颗粒完全浸没在胶结物中,彼此互不接触或接触很少,其胶结强度为最大,但由于其孔隙度和渗透率均很低,很难成为好的储油层;二是接触胶结,胶结物的数量不多,仅存在于岩石颗粒接触处,其胶结强度最低;三是孔隙胶结,胶结物的数量介于基底胶结和接触胶结之间,胶结物不仅存在于岩石颗粒接触处,还充填于部分孔隙中,其胶结强度也处于基底胶结和接触胶结之间。

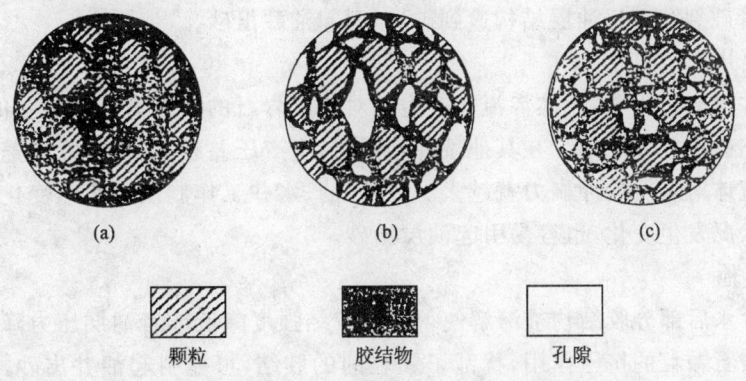

图 7-1 油层砂岩胶结方式示意图
(a) 基底胶结;(b) 接触胶结;(c) 孔隙胶结

容易出砂的油层岩石主要以接触胶结方式为主,其胶结物数量少,而且其中往往含有较多的粘土胶结物。

(3) 渗透率的影响

渗透率的高低是油层岩石颗粒组成、孔隙结构和孔隙度等岩石物理属性的综合反映。实验和生产实践证明，当其他条件相同时，油层的渗透率越高，其胶结强度越低，油层越容易出砂。图 7-2 是老君庙油田 926 井的岩石强度与渗透率关系曲线。

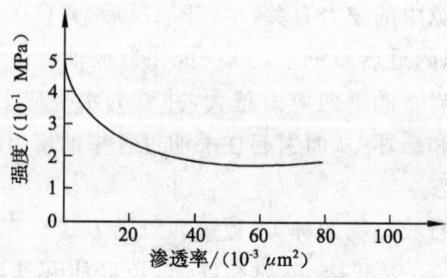

图 7-2　老君庙油田 926 井岩石强度与渗透率关系曲线

7.1.1.2　开采因素

(1) 固井质量

由于固井质量差，使得套管外水泥环和井壁岩石没有粘在一起，在生产中形成高、低压层的串通，使井壁岩石不断受到冲刷，粘土夹层膨胀，岩石胶结遭到破坏，因而导致油井出砂。

(2) 射孔密度

射孔完井是目前各油田普遍采用的连通油流通道的方法，如果射孔密度过大，有可能使套管破裂和砂岩油层结构遭到破坏，引起油井出砂。

(3) 油井工作制度

在油井生产过程中，流体渗流而产生的对油层岩石的冲刷力和对颗粒的拖曳力是疏松油层出砂的重要原因。在其他条件相同时，生产压差越大，流体渗流速度越高，则井壁附近流体对岩石的冲刷力就越大。另外，油、水井工作制度的突然变化，使得油层岩石受力状况发生变化，也容易引起油层出砂。

(4) 其他

油层含水后部分胶结物被溶解使得岩石胶结强度降低或者油层压力降低，增加了地应力对岩石颗粒的挤压作用，扰乱了颗粒间的胶结，可能引起油井出砂。不适当的措施如压裂和酸化等，降低了油层岩石胶结强度，使得油层变得疏松而出砂。

总之，不适于易出砂油藏的工程措施、不合理的油井工作制度及工作制度的突然变化、频繁而低质量的修井作业、设计不良的措施和不科学的生产管理等都可能造成油气井出砂。这些都应当尽可能避免。

7.1.2 防砂方法

综合上述油气层的出砂原因,为防止油井出砂,一方面要针对油层及油井的条件,正确选择固井、完井方式,制定合理的开采措施,提高管理水平;另一方面,要根据油层、油井及出砂的具体情况采用防砂方法。

7.1.2.1 制定合理的开采措施

① 制定合理的油井工作制度,通过生产试验使所确定的生产压差不会造成油井大量出砂。控制生产压差基本上就是控制产液量,限制油层中的渗流速度,从而减小流体对油层砂岩颗粒的冲刷力。对于受生产压差限制而无法满足采油速度的油层,要在采取必要的防砂措施之后提高生产压差,否则将无法保证油井正常生产。

② 加强出砂层油水井的管理,开、关操作要求平稳,防止因生产压差的突然增大而引起油层大量出砂。对易出砂的油井应避免强烈抽汲的诱流措施。

③ 对胶结疏松的油层,酸化、压裂等措施要求慎重,以不破坏油层结构为前提。

④ 根据油层条件和开采工艺要求,正确选择完井方法和改善完井工艺。

7.1.2.2 采取合理的防砂工艺方法

(1) 机械防砂

机械防砂可分两类:一类是下入防砂管柱挡砂,如割缝衬管、绕丝筛管、胶结滤砂管、双层或多层筛管等。这类方法工艺简单,具有一定的防砂效果,但由于防砂管柱的缝隙或孔隙易被油层细砂所堵塞,一般效果差、寿命短。另一类是下入防砂管柱加充填物,充填物的种类很多,如砾石、果壳、果核、塑料颗粒、玻璃球或陶粒等。这种防砂方法能有效地将油层砂限制在油层中,并使油层保持稳定的力学结构,防砂效果好,寿命长。

机械防砂对油层的适应能力强,成功率高,成本低,目前应用十分广泛。

(2) 化学防砂

化学防砂大致可分三类:一是人工胶结砂层。人工胶结砂层防砂方法是指从地面向油层挤入液体胶结剂及增孔剂,然后使胶结剂固化,在油气层层面附近形成具有一定胶结强度及渗透性的胶结砂层,达到防砂目的的方法,目前使用广泛的有酚醛树脂溶液及酚醛溶液地下合成等方法。二是人工井壁。人工井壁防砂方法通常是指从地面将支撑剂和未固化的胶结剂按一定比例拌和均匀,用液体携至井下挤入油层出砂部位,在套管外形成具有一定强度和渗透性的壁面,可阻止油层砂粒流入井内而又不影响油井生产的工艺措施。如水泥砂浆、树脂核桃壳、树脂砂浆、预涂层砾石人工井壁等。三是其他化学固砂法。这类方法制约条件较多,使用不广泛。

化学防砂方法适用于渗透率相对均匀的薄层段,在粉细砂岩油层中的防砂效果优于机械防砂。但其对油层渗透率有一定的损害,成功率也不如机械防砂,还存在老化现象、相对成本较高等缺点,应用程度不如机械防砂。

(3) 焦化防砂

焦化防砂的原理是向油层提供热能,促使原油在砂粒表面焦化,形成具有胶结力的焦化薄层。主要有注热空气固砂和短期火烧油层固砂两种方法。

7.1.2.3　几种重要的防砂方法

(1) 砾石充填防砂方法

砾石充填防砂方法是应用较早的防砂方法,近年来在理论研究、工艺及设备上都取得了很大进步。

砾石充填防砂方法是指将割缝衬管或绕丝筛管下入井内防砂层段处,用一定质量的流体携带地面选好的具有一定粒度的砾石,充填于管和油层之间,形成一定厚度的砾石层,以阻止油层砂粒流入井内的防砂方法。砾石粒径根据油层砂的粒度进行选择,预期将油层流体携带的砂粒阻挡于砾石层之外,通过自然选择在砾石层外形成一个由粗到细的砂拱,既有良好的流通能力,又能有效地阻止油层出砂。常用的砾石充填方式有两种,即用于裸眼完井的裸眼砾石充填和用于射孔完井的套管内砾石充填(图 7-3)。

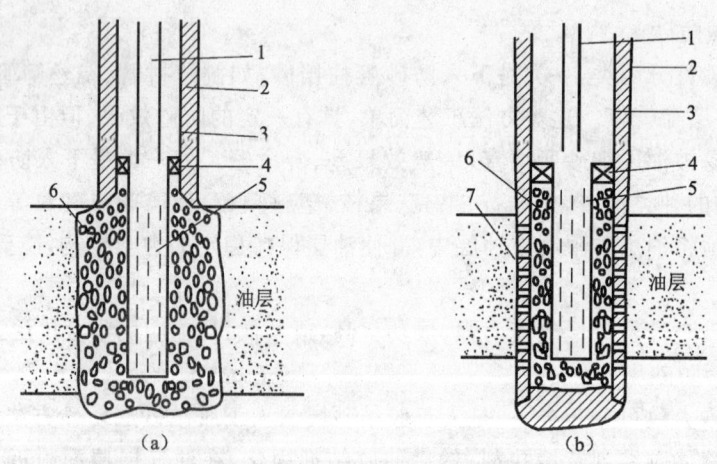

图 7-3　砾石充填防砂示意图
(a) 裸眼砾石充填;(b) 套管内砾石充填
1—油管;2—水泥环;3—套管;4—封隔器;5—衬管;6—砾石;7—射孔孔眼

裸眼砾石充填的渗滤面积大,砾石层厚,防砂效果较好,对油层产能的影响小。但它常用于油井先期防砂,工艺较复杂,且对油层结构要求有一定的强度,对油层条件要求高(如单一油层,厚度大,无气、水夹层等)。因而大多数油井采用套管射孔完井再进行套管内砾石充填防砂方法。

(2) 化学防砂方法

① 水泥砂浆人工井壁。

水泥砂浆人工井壁是以水泥为胶结剂、石英砂为支撑剂,按比例混合均匀,拌以适量的水,用油携至井下,挤入套管外,堆积于出砂部位,凝固后形成具有一定强度和渗透性的人工井壁,防止油气层出砂的方法。该方法是油井后期防砂方法,渗透率较高,原材料来源广泛,施工简单,但用油量较大,胶结后抗折强度小于 1 MPa,有效期较短。

② 树脂核桃壳人工井壁。

树脂核桃壳人工井壁是以酚醛树脂为胶结剂,粉碎成一定颗粒的核桃壳为支撑剂,按一定比例拌和均匀,使每个核桃壳颗粒表面都涂有一层树脂,并加入少量柴油浸润,然后用油或活性水携至井下,挤入射孔层段套管外堆积于出砂层位,在固化剂的作用下经一定时间的反应树脂固结,形成具有一定强度和渗透性的人工井壁,防止油气层出砂的方法。该方法适用于油水井早期防砂,胶结后人工井壁渗透率较高,强度较大,具有较好的防砂效果,但原材料来源困难。

③ 树脂砂浆人工井壁。

树脂砂浆人工井壁是以树脂为胶结剂,石英砂为支撑剂,按比例混和均匀,使石英砂表面涂敷一层均匀的树脂薄膜,并加入少量的柴油浸润,然后用油携至井下挤入套管外出砂层位,凝固后形成具有一定强度和渗透性的人工井壁,防止油气层出砂的方法。该方法是油水井后期防砂方法,适用于吸收能力较高的油、水层,其适应性较强,不受井深限制,但施工中现场拌和劳动量大,加携砂液困难。

④ 预涂层砾石人工井壁。

预涂层砾石人工井壁是指在石英砂外表面,通过物理化学方法均匀涂敷一层树脂,在常温下干固,形成不发生粘连的稳定颗粒,将这种预涂层砾石使用携砂液携带至油井的出砂层位,在一定的条件下(挤入固化剂并受温度的作用)砾石表面的树脂软化粘连并固结,形成具有良好渗透性和强度的人工井壁,以防止油气层出砂的方法。该方法适用于吸收能力较大,温度高于 60 ℃的油层防砂,施工简单,成功率高,胶结后的砾石抗折强度可达 5 MPa 左右,渗透率可保持在原始值的 90% 以上,是目前较好的化学防砂方法。

⑤ 酚醛树脂胶结砂层。

酚醛树脂胶结砂层是以苯酚、甲醛为主料,以碱性物质为催化剂,按比例混合,经加温熬制成树脂(粘度控制在 300 mPa·s 左右),将此树脂溶液挤入砂岩油层,以柴油增孔,再挤入盐酸作固化剂,在油层温度下反应固化,将疏松砂岩胶结,防止油、水井出砂的方法。该方法适用于油水井早期防砂,胶结后砂岩抗折强度在 0.8 MPa 左右,渗透率可保持在原来的 50% 左右,耐温 100 ℃,耐水、油、盐酸等介质,不耐土酸浸蚀,施工较易掌握,但成本较高,施工作业时间长。

⑥ 酚醛溶液地下合成防砂。

酚醛溶液地下合成防砂是将加有催化剂的苯酚与甲醛,按比例配料搅拌均匀,并以柴油为增孔剂,将酚醛溶液挤入出砂层后,在油层温度下逐渐形成树脂并沉积于砂粒表面,固化后将油层砂胶结牢固,而柴油不参加反应为连续相充满孔隙,使胶结后的砂岩保持良好的渗透性,从而起到提高砂岩的胶结强度,防止油气层出砂的方法。该方法为油井先期和早期防砂方法,适用于温度高于 60 ℃,粘土含量较低的中、细砂岩油层。平均有效期在两年以上,施工较为简单,但对于油层已大量出砂或出水后防砂效果差的井,不宜选用。

上述各种防砂方法均以化学胶固为基础,在一些油田分别获得了一定的防砂效果。但各种方法均有各自的适用条件,因此必须根据油层和油井的具体情况而选择应用。具体配方和用量,更应根据各个油田的油层条件通过实验室和现场试验来确定。

7.1.3 清砂方法

尽管目前已经有了各种各样的防砂方法,但由于种种原因,在所有的油气水井上完全避免油层出砂是不可能的。油层出砂后,如果井筒流体上升速度不足以将砂带至地面时,砂粒便在井筒中沉积下来,一方面井内形成砂堵增加了流体流动阻力,另一方面由于砂的存在会对抽油设备造成严重的损害,甚至使得抽油设备工作失效。因此,为了恢复出砂油井的正常生产,必须采取措施来清除井筒中的固体砂粒。

通常采用的清砂方法有两种:

冲砂:通过冲管、油管或油套环空向井底注入高速流体冲散砂堵,由循环上返的液体将砂粒带到地面,以解除油水井砂堵。这是目前广泛应用的清砂方法。

捞砂:用钢丝绳向井内下入专门的捞砂工具——捞砂筒,将井底积存的砂粒捞到地面上来。一般适用于砂堵不严重、井浅、油层压力低或有漏失层等无法建立循环的油井。

冲砂的目的在于解除砂堵,恢复油井、水井、气井正常生产。但是往往由于所用液体和冲砂方式选择不当,反而会引起冲砂液大量漏入油层造成油层损害或冲砂失败而影响生产。因此应当正确地选择冲砂液和冲砂方式。

(1) 冲砂液

冲砂液是指用于进行冲砂的液体。通常采用的冲砂液有油、水、乳化液等。为了防止对油层的损害,在液体中可加入表面活性剂。一般油井用原油,水井用淡水或盐水,低压井用混气冲砂液进行冲砂。

冲砂液的基本要求:① 具有一定的粘度,以保证具有良好的携砂能力;② 具有适宜的密度,以便形成适当的液柱压力防止井喷或防止因液柱压力过大产生漏失而无法建立循环;③ 不损害油层;④ 来源广泛、价格低廉等。

（2）冲砂方式

冲砂方式主要有正冲砂（冲管冲砂）、反冲砂、正反冲砂和联合冲砂等。

正冲砂是指冲砂液由冲砂管（或油管）泵入，被冲散的砂粒随冲砂液一起沿油套环空返至地面的冲砂方法。随着砂堵冲开程度增大，逐渐加深冲砂管。冲砂管不能下放过快，以免冲砂管插入砂中造成憋泵，在接单根或改罐等需要停止循环之前，必须进行较长时间的循环，以便把井筒内已冲起的砂粒带到地面，防止停止循环期间，这些砂粒沉降而造成卡堵管事故。为了增大液流对砂堵的冲击力，可在冲砂管下端装上收缩管或喷嘴。冲砂管下端做成斜尖形，有利于防止下放过快而引起的憋泵事故。

反冲砂是指冲砂液由油套环空泵入，被冲散的砂粒随冲砂液一起从油管返至地面的冲砂方法。

正冲砂冲击力大，易冲散砂堵，但因油套环空截面积大，液流上返速度小，携砂能力低，易在冲砂过程中发生卡管事故，要提高液流上返速度就必须提高冲砂液的用量。反冲砂冲击力小，但液流上返速度大，携砂能力强。

正反冲砂利用了正冲砂和反冲砂各自的优点，其工艺过程为先用正冲砂将砂堵冲散，使砂粒处于悬浮状态，再迅速改为反冲砂，将冲散的砂粒从油管内返出地面。这种冲砂方式可迅速解除较紧密的砂堵，提高冲砂效率。采用正反冲砂方式时，地面相应配套有改换冲洗方式的总机关。

为了更充分地利用正反冲砂方式的优点，减少地面的操作，进一步提高冲砂效率，发展了联合冲砂方式。

联合冲砂是指冲砂管柱距底端一定距离处装有分流器，用以改变液流通道，冲砂液从油套环空进入井内，经分流器进入下部冲砂管冲开砂堵，被冲散的砂粒随同液体先从下部冲管与套管环空返至分流器后，便进入上部冲砂管内返至地面。联合冲砂管柱如图7-4所示。这种冲砂方式可提高冲砂效率，既具有正冲砂冲击力大的优点，又具有反冲砂返液流速高、携带能力强的优点，同时又不需要改换冲洗方式的地面设备。

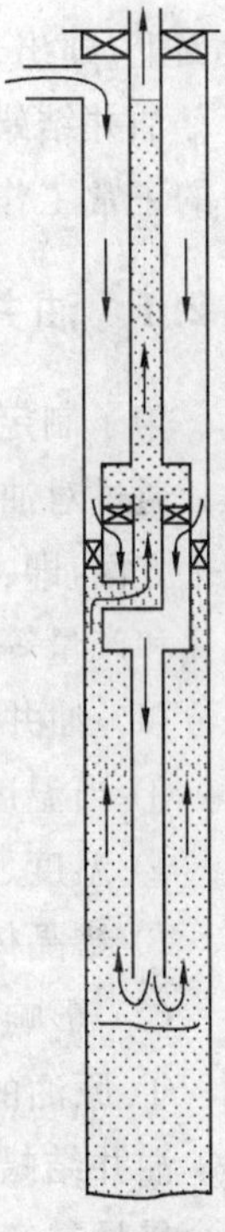

图7-4 联合冲砂管柱示意图

在冲砂过程中应注意中途不可停泵，以免冲起的砂粒沉降而卡住或堵死冲砂管；应尽量保持进出口液流量大致平衡，防止井喷或冲砂液向油层漏失而损害油层；应逐渐加大冲砂深度，不能太快或一次加深过多，以免使冲砂管插入砂体内发生砂堵、憋泵等事故。

7.2 防蜡与清蜡技术

石油主要是由各种组分的烃(碳氢化合物)组成的多组分混合物。各种组分的烃的相态随着其所处的状态(温度和压力等)不同而变化,呈现出液相、气液两相或气液固三相。其中的固相物质主要是含碳原子数为16到64的烷烃(即$C_{16}H_{34} \sim C_{64}H_{130}$),这种物质叫石蜡。

纯石蜡为白色,略带透明的结晶体,密度为 $880 \sim 905 \text{ kg/m}^3$,熔点为 $49 \sim 60 \text{ ℃}$。在油藏条件下一般处于溶解状态,随着温度的降低其在原油中的溶解度降低,同时油越轻对蜡的溶解能力也越强。对于溶有一定量石蜡的原油,在开采过程中,随着温度、压力的降低和气体的析出,溶解的石蜡便以结晶析出、长大聚集和沉积在管壁等固相表面上,即出现所谓的结蜡现象。

油井结蜡一方面影响流体举升的过流断面,增加流动阻力;另一方面影响抽油设备的正常工作。因此,防蜡和清蜡是含蜡原油开采中需要解决的重要问题。

7.2.1 油井防蜡机理

为了制定油田防蜡和清蜡等措施,必须充分了解影响结蜡的各种因素,掌握结蜡规律。通过对油井结蜡现象的观察和实验室对结蜡过程的研究,影响结蜡的主要因素包括四个方面,即:原油组成(包括蜡、胶质和沥青的含量)、油井的开采条件(如温度、压力、气油比和产量等)、原油中的杂质(泥、砂和水等)以及沉积表面的粗糙度和表面性质。

(1) 油井结蜡的过程

① 当温度降至析蜡点以下时,蜡以结晶形式从原油中析出;

② 温度、压力继续降低和气体析出,结晶析出的蜡聚集长大形成蜡晶体;

③ 蜡晶体沉积于管道和设备等的表面上。

(2) 影响结蜡的因素

① 原油的性质及含蜡量。

油井结蜡的内在因素是因为原油中溶解有石蜡,在其他条件相同的前提下,原油中含蜡量越高,油井就越容易结蜡。

② 原油中的胶质、沥青质。

实验表明,随着胶质含量的增加,蜡的初始结晶温度降低。沥青质是胶质的进一步聚合物,它以极小的颗粒分散于油中,可成为石蜡结晶的中心,对石蜡结晶起到良好的分散作用。原油中的胶质、沥青质对防蜡和清蜡既有有利的一面,也有不利的一面。

③ 压力和溶解气。

在压力高于饱和压力的条件下,压力降低时,原油不会脱气,蜡的初始结晶温度随压力的降低而降低。

在压力低于饱和压力的条件下,由于压力降低时原油中的气体不断脱出,气体分离与膨胀均使原油温度降低,原油对蜡的溶解能力随之降低,因而使蜡的初始结晶温度升高。

④ 原油中的水和机械杂质。

原油中的水和机械杂质对蜡的初始结晶温度影响不大。但是原油中的细小砂粒及机械杂质将成为石蜡析出的结晶核心,而促使石蜡结晶的析出,加剧了结蜡过程。油井含水量增加,结蜡程度有所减轻,其原因包括:一是水的比热容大于油,故含水后可减少液流温度的降低;二是含水量增加后易在管壁形成连续水膜,不利于蜡沉积于管壁。

⑤ 液流速度、管壁粗糙度及表面性质。

油井生产实践证明,高产井结蜡情况没有低产井严重。这是因为在通常情况下,高产井的压力高、脱气少、蜡的初始结晶温度低;同时液流速度大,井筒流体流动过程中热损失小,从而使液流在井筒内保持较高的温度,蜡不易析出。另一方面由于液流流速高,对管壁的冲刷能力强,蜡不易沉积在管壁上。另外,管材不同,结蜡量也不同。显然管壁越光滑,越不易沉积蜡。管壁表面的润湿性对结蜡有明显影响,表面亲水性越强越不易结蜡。

由于原油的组成比较复杂。上述只是目前相对清楚的影响油井结蜡的因素,对结蜡过程和机理的认识仍有待于进一步深化。

7.2.2 油井防蜡方法

根据人们的生产实践经验和对结蜡机理的认识,为了防止油井结蜡,可从三个方面着手:

① 阻止蜡晶的析出。在原油开采过程中,采用某些措施(如提高井筒流体的温度等),使得油流温度高于蜡的初始结晶温度,从而阻止蜡晶的析出。

② 抑制石蜡结晶的聚集。在石蜡结晶已析出的情况下,控制蜡晶长大和聚集的过程。如在含蜡原油中加入防止和减少石蜡聚集的某些化学剂——抑制剂,使蜡晶处于分散状态而不会大量聚集。

③ 创造不利于石蜡沉积的条件。如提高表面光滑度、改善表面润湿性、提高井筒流体速度等。

具体的防蜡方法有以下几种:

① 油管内衬和涂层防蜡。

这类方法的防蜡作用主要是使表面光滑并改善管壁表面的润湿性,使蜡不易在表面上沉积,以达到防蜡的目的。应用比较多的是玻璃衬里油管及涂料油管。

② 化学防蜡。

化学防蜡是通过向井筒中加入液体化学防蜡剂或在抽油泵下的油管中连接装有固体化学防蜡剂的短节，防蜡剂在井筒流体中溶解混合后达到防蜡的目的。

③ 磁防蜡技术。

磁防蜡技术的基本原理是：原油通过强磁防蜡器时，石蜡分子在磁场作用下定向排列做有序流动，克服了石蜡分子之间的作用力，不能按结晶的要求形成石蜡晶体；对于已形成蜡晶的微粒通过磁场后，石蜡晶体细小分散，并且有效地削弱了蜡晶之间、蜡晶与胶体分子之间的粘附力，抑制了蜡晶的聚集长大。另外，磁场处理后还能改变井筒中的结蜡状态，使蜡质变软，易于清除。磁防蜡技术虽已在油田应用，但其作用机理及如何提高其效果仍需进一步研究。

7.2.3 油井清蜡方法

在含蜡原油的开采过程中，虽然可采用各类防蜡方法，但油井仍不可避免地存在有蜡沉积的问题。蜡沉积严重地影响着油井正常生产，所以必须采取措施将其清除。

目前油井常用的清蜡方法，根据其清蜡原理可分为机械清蜡和热力清蜡两类。

(1) 机械清蜡

机械清蜡是指用专门工具刮除油管壁上的蜡，并靠液流将蜡带至地面的清蜡方法。在自喷井中采用的清蜡工具主要有刮蜡片和清蜡钻头等。一般情况下采用刮蜡片。但如果结蜡很严重，则用清蜡钻头，结蜡虽很严重，但尚未堵死时用麻花钻头，如已堵死或蜡质坚硬则用矛刺钻头。

自喷井的机械清蜡是利用地面绞车，绕在绞车滚筒上的钢丝穿过滑轮后将清蜡工具经防喷管下到油管中，并在油管结蜡部位上下活动，将蜡沉积刮除，由液流携带出井筒。

有杆抽油井的机械清蜡是利用安装在抽油杆上的活动刮蜡器清除油管和抽油杆上的蜡。油田常用尼龙刮蜡器，在抽油杆相距一定距离（一般为冲程长度的1/2）两端固定限位器，在两限位器间安装尼龙刮蜡器。抽油杆带着尼龙刮蜡器在油管中往复运动，上半冲程刮蜡器在抽油杆上滑动，刮掉抽油杆上的蜡；下半冲程由于限位器的作用，抽油杆带动刮蜡器刮掉油管上的蜡。同时油流通过尼龙刮蜡器的倾斜开口和齿槽，推动刮蜡器缓慢旋转，提高刮蜡效果。由于通过刮蜡器的油流速度加快，使刮下来的蜡易被油流带走，而不会造成淤积堵塞。

(2) 热力清蜡

热力清蜡是利用热能提高液流和沉积表面的温度，熔化沉积于井筒中的蜡。根据提高温度的方式不同可分为热流体循环清蜡、电热清蜡和热化学清蜡三种方法。

① 热流体循环清蜡法。

热流体循环清蜡法的热载体是在地面加热后的流体物质,如水或油等,通过热流体在井筒中的循环传热给井筒流体,提高井筒流体的温度,使得蜡沉积熔化后再溶于原油中,从而达到清蜡的目的。根据循环通道的不同,可分为开式热流体循环、闭式热流体循环、空心抽油杆开式热流体循环和空心抽油杆闭式热流体循环四种方式。

热流体循环清蜡时,应选择比热容大、溶蜡能力强、经济、来源广泛的介质,一般采用原油、地层水、活性水、清水及蒸汽等,为了保证清蜡效果,介质必须具备足够高的温度。在清蜡过程中,介质的温度应逐步提高,开始时温度不宜太高,以免油管上部熔化的蜡块流到下部堵塞介质循环通道而造成失败。另外,还应防止介质漏入油层造成堵塞。

② 电热清蜡法。

电热清蜡法是把热电缆随油管下入井筒中或采用电加热抽油杆,接通电源后,电缆或电热杆放出热量来提高液流和井筒设备的温度,熔化沉积的石蜡,从而达到清蜡防蜡的作用。

③ 热化学清蜡法。

为清除井底或井筒附近油层内部沉积的蜡,曾采用热化学清蜡方法,它是利用化学反应产生的热能来清除蜡堵。例如氢氧化钠、氢氧化铝、氢氧化镁与盐酸作用产生大量的热能。一般认为用这种方法产生的热能来清蜡很不经济,且效率不高。因此,很少单独使用,而常与酸处理联合使用,以作为油井的一种增产措施。

7.3 油井堵水

油井出水是油田开发中后期遇到的普遍现象,特别是水驱油田,油井出水是不可避免的现象。油层的非均质性以及开发方案和开采措施不当等原因,会使水的推进不均匀,造成个别井层过早水淹和油田综合含水率迅速上升,而降低产量和采收率。因此在油田开发过程中,必须及时注意油井出水动向,利用各种找水方法,确定出水层位,采取相应的堵水措施。

7.3.1 油井出水原因及找水技术

7.3.1.1 油井出水来源

油井出水按其来源可分为注入水、边水、底水及上、下层水和夹层水。

(1) 注入水及边水

由于油层的非均质性及开采方式不当,使注入水及边水沿高渗透层及高渗透区不均匀推进,在纵向上形成单层突进,在横向上形成舌进,使油井过早水淹。

(2) 底水

当油田有底水时，由于油井生产在油层中造成的压力差，破坏了由于重力作用所建立起来的油水平衡关系，使原来的油水界面在靠近井底处呈锥形升高，即所谓的"底水锥进"现象。结果在油井井底附近造成水淹，含水率上升，产油量下降。

注入水、边水和底水在油藏中虽然处于不同的位置，但它们都与要生产的原油在同一层中，可统称为"同层水"。"同层水"进入油井，造成油井出水是不可避免的，但要求缓出水、少出水，所以必须采取控制和必要的封堵措施。

(3) 上层水、下层水及夹层水

它们是从油层以外来的水，往往是由于固井质量不高、套管损坏或误射水层造成的，这些水在可能的条件下均应采取水层封堵措施。

7.3.1.2 油井防水措施

对付油井出水，应以防为主，防堵结合，综合处理，概括起来有以下三个方面的措施：

① 制订合理的油藏工程方案，合理部署井网和划分注采系统，建立合理的注、采井工作制度并采取工程措施以控制油水边界均匀推进。

② 提高固井和完井质量，以保证油井的封闭条件，防止油层与水层串通。

③ 加强油水井的日常管理、分析，及时调整分层注采强度，保持均衡开采。

7.3.1.3 油井找水技术

找水是指油气井出水后，通过各种方法确定出水层位和流量的工作。

在油田开发过程中，油井不正常出水是难以完全避免的。发现油井出水后，首先必须通过各种途径确定出水层位，而后才能采取必要的技术措施。目前确定出水层位有以下几种方法。

(1) 综合对比资料判断出水层位

对出水井的地质情况（如井身结构、开采层位、各层油水井连通情况、各层渗透率和断层以及边水、底水、夹层水的情况等）进行仔细研究，对采油动态资料（产量、压力、生产气油比、含水、水质分析、注水情况等）进行综合分析、对比，判断出水层位。水质资料是确定产出水是来自地层水还是注入水的主要依据，而结合小层平面图及油水井连通图和注采井生产情况则可推断可能的出水层位，这是一种结合静、动态资料判断出水层位的间接方法，还需同其他方法配合才能最后确定出水层位。

(2) 根据水化学分析法判断出水层位

水化学分析法是利用产出水的化验分析结果来判断其为地层水或注入水的方法。该方法主要是依靠地层水和注入水在组成上的明显不同进行判断。地层水一般具有高矿化度，或含有硫化氢及二氧化碳等特点。不同深度的地层水，其矿化度和水型也不同。有的油田发现：地层越深，地层水矿化度越高，这有助于根据矿化度来判断油井出水是上部的地层水还是下部的地层水。

（3）根据地球物理资料判断出水层位

目前应用的有：流体电阻测定法、井温测量法和放射性同位素法。

① 流体电阻测定法：根据不同矿化度的水具有不同的导电性（即电阻率不同），利用电阻计测出油井中流体电阻率变化曲线，从而确定出水层位的方法。

② 井温测量法：利用地层水具有较高温度的特点来确定出水层位的方法。

③ 放射性同位素法：向井内注入同位素液体人为地提高出水层段的放射性强度来判断出水层位的找水方法。

（4）机械法找水

① 压木塞法：对于套管有一处损坏引起的出水油井，将木塞放在套管内，然后注入液体挤压木塞下行，最后木塞停留位置正好是套管坏的位置。

② 封隔器找水：利用封隔器将各层分开，然后分层求产，找出出水层位的方法。这种方法工艺比较简单，能准确确定出水层位，但施工时间长，在窜槽井上，必须封窜后才能应用。在油、水层之间的夹层很薄的层中则无法确定油、水层。

（5）找水仪找水

找水仪找水是指在油井正常生产的情况下，下入专门仪器——找水仪，不停产确定主要出水层位和流量的找水方法。

找水仪主要由电磁振动泵、注排换向阀、皮球集流器、涡轮流量计、油水比例计等几部分组成。

7.3.2 油井封堵水技术

7.3.2.1 机械堵水

注水开发的多层非均质油藏，由于层间差异大，尽管在注水井上采取了分注或调剖措施，然而总难以避免个别层过早水淹，使油井含水率迅速升高。为了降低油井含水率，减少层间干扰，提高油井产量，可采用封隔器卡封高含水层，使其停止工作。已用于现场，技术又比较成熟的机械堵水管柱结构有两大类：一是自喷井堵水管柱，由油管、配产器和封隔器等构成（图7-5）；二是机械采油井堵水管柱，一般采用丢手管柱结构，所用井下工具基本与自喷井堵水管柱相同（图7-6）。封隔器卡封管柱虽然具有可调整卡封层位的灵活性，但不具有降低生产层含水率的作用。

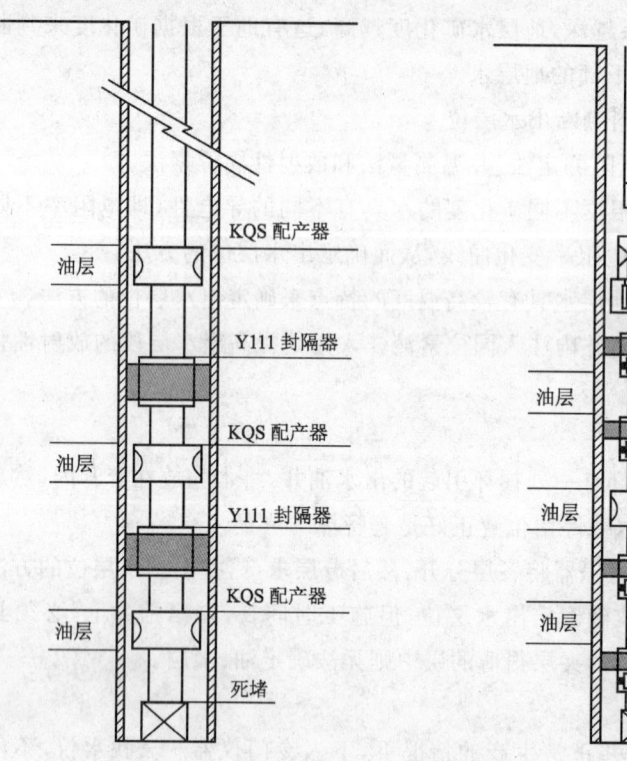

图 7-5 自喷井堵水管柱示意图　　图 7-6 机械采油井堵水管柱示意图

7.3.2.2 油井化学堵水

化学堵水技术是用化学剂控制油气井出水量和封堵出水层的方法。

根据化学剂对油层和水层的堵塞作用,化学堵水可分为非选择性堵水和选择性堵水。

(1) 非选择性堵水技术

非选择性堵水是指在油井上采用适当的工艺措施分隔油水层,并用堵剂堵塞出水层的化学堵水方法。

① 水泥浆封堵。

水泥是一种非选择性堵剂,利用它凝固后的不透水性进行封堵。通常用于打水泥塞封下层水,挤入窜槽井段堵窜槽水,或挤入水层堵水。

水泥塞封水就是为了封住已射开的下层水。用水泥车将地面配好的水泥浆循环至井内预计位置,在预定井段形成一个水泥塞,以堵住欲封层位,如图 7-7 所示。

用水泥浆挤入窜槽井段封堵外来水时,通常采用局部循环法。图 7-8 所示为油层与上部水层井段窜槽的循环封窜示意图。它先在窜槽段上部补孔,以建立循环通路,封隔器下至油层和补孔段之间。先冲洗窜槽段,而后将水泥浆循环至窜槽段。稍留一定时间后将封隔器上提到补孔段以上,返洗出多余的水泥浆,再起出 1~2 根油管,候凝 48 h。

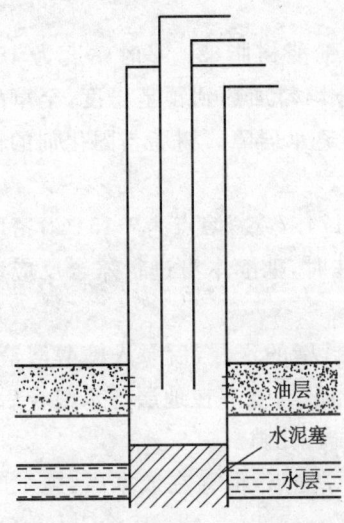 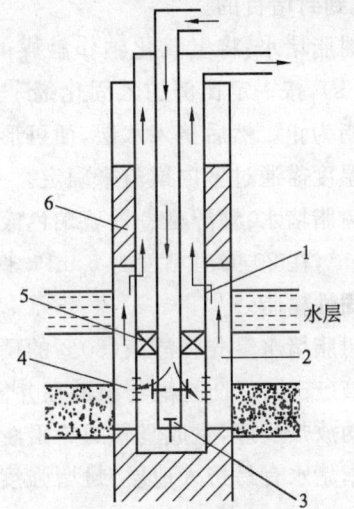

图 7-7　水泥塞封下层水示意图　　图 7-8　单封隔器封窜示意图

1—补射孔眼；2—窜槽井段；3—循环阀；
4—定压阀；5—封隔器；6—水泥环

在封堵作业中要求水泥浆具有良好的流动性、悬浮性、触变性及一定的凝固时间和固化后有足够的强度。这些性能与所使用的水泥浆的密度有关。所使用的水泥浆的密度一般在 1 600～1 900 kg/m³ 之间，具体数值需根据施工目的和条件，通过室内试验来确定。为了改善水泥浆性能，可加入各种添加剂，例如加入干水泥量的 1%～1.5% 的亚硫酸酒精废液作缓凝剂时，可将初凝时间延长五倍左右；加 1%～2% 的氯化钙作速凝剂时，可使凝固时间缩短 1/3～1/2。

采用水泥浆挤入水层时，如果油、水层交错，在工艺上无法确保油、水层分隔开的情况下，将会堵塞油层。为此，可用油基水泥浆代替普通水泥浆。

油基水泥浆就是以油作基液，将水泥颗粒分散悬浮于其中。挤入水层后，油被水替置而使水泥固化；如果挤入油层（不含水），因为不固化，施工后可从油层返出。所以油基水泥浆也具有一定的选择性，但选择性不高，因为只要少量水与它混合就会大大改变其流动性，从而影响渗透率。

为改善油基水泥浆性能可加入的活性剂有：油酸铵、油酸钠、十二烷基磺酸钠、聚氧乙烯辛基苯酚醚-7 等。

由于水泥颗粒不易被挤入地层孔道，因而用挤入水泥的方法堵水时封堵强度不高，成功率低，有效期短。

② 树脂封堵。

将液体树脂挤入水层，在固化剂的作用下，成为具有一定强度的固态树脂而堵塞孔隙,以达到封堵目的。

酚醛树脂堵水:将氢氧化钠作触媒的市售 219# 酚醛树脂(20 ℃时粘度为 150～200 mPa·s),按一定比例加入固化剂——草酸,混合均匀加热到预定温度,至草酸完全溶解树脂为止。然后挤入水层,便可形成坚固的不透水屏障。树脂与固化剂的比例及加热的温度需通过室内试验来确定。

糠醇树脂堵水:糠醇是一种琥珀色液体,沸点为 174.7 ℃,溶点为 -15 ℃,密度为 1 130 kg/m³,在 20 ℃时粘度为 5 mPa·s。在酸存在时,糠醇本身进行缩合反应生成坚固的热固性树脂。

糠醇树脂堵水是先将酸液(80%的磷酸)打入欲封堵的水层,后泵入糠醇溶液,中间加隔离液(柴油)以防止酸与糠醇在井筒内接触。当酸与糠醇在地层与水混合后,便产生剧烈的放热反应,生成坚硬的热固性树脂,堵塞岩石孔隙。

用树脂堵水有易挤入地层、封堵强度大、效果好等优点,但存在成本高、施工麻烦等问题。

③ 硅酸钙堵水

利用密度为 1 500～1 610 kg/m³ 的水玻璃(Na_2SiO_3)和密度为 1 300～1 500 kg/m³ 的氯化钙溶液,中间以柴油隔离,依次挤入地层,使水玻璃与氯化钙在地层内相遇,则生成白色硅酸钙沉淀,堵塞地层孔隙。其反应如下:

$$Na_2SiO_3 + CaCl_2 \longrightarrow 2NaCl + CaSiO_3 \downarrow$$

水玻璃与氯化钙的比例约为 1∶1,总用量可根据水层厚度、孔隙度及挤入半径来确定。一般挤入半径取 1.5～2 m 即可见效。挤入程序为:1/2 氯化钙溶液(质量分数为 70%～80%)→柴油隔离液(0.4 m³ 左右)→水玻璃(留 1 m³)→柴油隔离液(0.3 m³)→1/2 氯化钙溶液→柴油隔离液→1 m³ 水玻璃→顶替清水。顶替完后需大排量洗井到井口不再返出封堵剂为止,上提油管至油层以上 40 m,关井反应 48 h 即可开井。

这种封堵剂来源广,成本低,施工安全简便,封堵效果较好,但在施工中必须采取保护油层的有效措施,否则会堵塞油层。

(2) 选择性堵水

选择性堵水是指通过油井向生产层注入适当的化学剂堵塞水层或改变油、水、岩石之间的界面张力,降低油水同层的水相渗透率,而不堵塞油层或对油相渗透率影响较小的化学堵水方法。

① 部分水解聚丙烯酰胺。

由于出水层的含水饱和度较高,因而部分水解聚丙烯酰胺可以较容易地进入出水层。在出水层中,部分水解聚丙烯酰胺中的酰胺基—$CONH_2$ 和羧基—$COOH$ 可通过氢键吸附在砂岩的羟基表面,而不吸附部分则留在空间堵塞出水层。进入油层的部分水解聚丙烯酰胺,由于砂岩表面为油所覆盖,所以在油层不发生吸附,不堵塞油层。

在油水两相流动的孔道中,部分水解聚丙烯酰胺有只堵水不堵油的作用。这是因为部分水解聚丙烯酰胺上的亲水基因(特别是能解离从而使链节带负电而产生静电斥力的—COONa),使留在空间的不吸附部分向水中伸展,因而对水有较大的流动阻力,起到堵水作用;但当油通过吸附部分水解聚丙烯酰胺的孔道时,由于它不亲油,所以分子不能在油中伸展,因此对油的流动阻力很小。

类似于部分水解聚丙烯酰胺的选择性堵水剂有部分水解聚丙烯脂,其堵水原理与部分水解聚丙烯酰胺基本相同,因它们有基本相同的结构。

为了得到较好的处理效果,在施工中应该注意三个方面的问题:

一是注入速度应根据注入剪切试验确定。注入速度高会造成分子长链结构的破坏,聚丙烯酰胺被降解。特别是对射孔完成的井,由于孔眼面积小,更要控制注入速度,而且处理时压力太高将使聚丙烯酰胺溶液转移到低渗透带并可能侵入含油带,因此要控制注入速度和井口压力的上升。

二是保证有足够的注入量,以使聚丙烯酰胺进入地层的一定深度处,延长处理有效时间。

三是开始先注入较低浓度的聚丙烯酰胺溶液,然后逐步提高浓度直到受注入能力限制或井口压力达到规定压力为止。这样使得开始浓度低,粘度小,易于注入,而在近井底地带浓度高,使聚丙烯酰胺返出量减少。

② 泡沫。

由于泡沫是气体分散在水中所形成的分散体系,它的分散介质是水,所以它也是优先进入出水层。在出水层中,泡沫是通过气阻效应(即贾敏效应)的叠加产生堵塞。

泡沫也会进入油层,但泡沫在油层中是不稳定的。由于油-水界面张力远小于水-气界面张力,所以当油-水界面、水-气界面共存时,按界面能趋于减小的规律,活性剂将大量由水-气界面转到油-水界面,引起泡沫的破坏,所以进入油层的泡沫将不堵塞油层。

泡沫的堵水效果取决于泡沫的稳定性。为了提高泡沫的稳定性,除了选择起泡剂外,还可加入稳定剂。例如钠羧甲基纤维素、聚乙烯醇、聚丙烯酰胺、部分水解聚丙烯酰胺等水溶性高分子都可作为稳定剂。这些高分子主要通过增加水的粘度和气泡合并的阻力来提高泡沫的稳定性。

③ 松香酸钠(即松香酸钠皂或松香钠皂)。

松香酸钠是由松香(含 80%~90% 松香酸)与碳酸钠(或烧碱)反应生成。由于松香酸钠可与钙、镁离子反应,生成不溶于水的松香酸钙、松香酸镁沉淀,所以松香酸钠适用于水中钙、镁离子含量较大(例如大于 1 000 mg/L)的油井堵水。而出油层不含钙、镁离子,所以不发生堵塞。

除松香酸钠外,还可用环烷酸钠、脂肪酸钠(如硬脂酸钠、油酸钠)选择性地封堵钙、镁离子含量高的出水层。

④ 松香二聚物的醇溶液。

松香可在硫酸作用下进行聚合,生成松香二聚物。由于松香二聚物易溶于低分子醇(如甲醇、乙醇、正丙醇、异丙醇等)而难溶于水,所以当松香二聚物的醇溶液与水相遇,水即溶于醇中,减少了它对松香二聚物的溶解度,使松香二聚物饱和析出。由于松香二聚物软化点较高(至少为 100 ℃),所以松香二聚物析出以后是以固体状态存在,对于水层有较高的封堵能力。

松香二聚物的醇溶液中,松香二聚物的含量(质量分数)在 40%~60%范围,含量太大,则粘度太高;含量太小,则堵水效果不好。每米地层厚度用量为 1 m³ 左右。

⑤ 烃基卤代甲硅烷。

烃基卤代甲硅烷可用通式 R_nSiX_{4-n} 表示,式中 R 表示烃基,X 表示卤素(F,Cl,Br,I),n 为 1~3 整数。

如二甲基二氯甲硅烷,烃基卤代甲硅烷有两个重要性质决定其有堵水的选择性。一是它可与砂岩表面的羟基反应,从而使砂岩表面憎水化。由于出水层的砂岩表面由亲水反转为亲油,增加了水的流动阻力,因而减少了油井出水;二是它可与水反应,生成相应的硅醇,而硅醇中的多元醇易缩聚,生成聚硅醇,封堵出水层。

由于烃基卤代甲硅烷是油溶性的,所以它们可配成油溶液使用。

⑥ 聚氨基甲酸酯。

它是由多羟基化合物与多异氰酸酯聚合而成。在聚合时,只要保持异氰酸基(—NCO)的数量超过羟基(—OH)的数量,就可得到作为选择性堵水剂用聚氨基甲酸酯。它具有选择性作用是因为过剩的异氰酸基遇水即发生一系列反应,生成氨基并放出二氧化碳。所产生的氨基可继续与异氰酸基作用,生成脲键,脲键上还有活泼氢,它们还可以与其他未反应的异氰酸基反应,从而使原来可流动的线型聚氨基甲酸酯,最后变成不流动的体型聚氨基甲酸酯,将出水层堵住。而在油层,由于没有上述反应,所以不堵塞油层。

⑦ 活性稠油。

该方法是将加入表面活性剂的稠油挤入出水层,一方面可提高井底附近地带的含油饱和度,使油相渗透率提高,水相渗透率降低;另一方面稠油中的活性剂使活性油遇水后形成性能比较稳定的油包水型乳化液,以增大对水流的阻力。因活性油与地层原油为同相,不会形成阻止油流的阻碍物。

7.3.2.3 底水封堵技术

为了防止和减少底水锥进,广泛采用的方法是在靠近油水界面的上部以一定的工艺措施注入封堵剂,在井底附近形成"人工隔板",即采用人工隔板法堵水。所用的封堵剂有树脂、硅酸钙、硅酸溶胶、稠油、油基水泥等。

建立隔板的方法如图7-9所示。首先在需要建立隔板的位置(油水界面以上1~1.5 m)处加密射孔(补孔),向井内下入封隔器,将油管与套管环形空间分开。从油管注入封堵剂,通过补孔的地方进入油层下部,在井底附近建立人工隔板,同时要从油套管环形空间注入平衡油,使封堵剂不致上升到油层上部形成堵塞。

由于距井底越近,锥进越厉害,可用强度较大的封堵剂(如用树脂);距井越远,锥进越少,可用便于向油层深处挤入的弱强度封堵剂(如用稠油);中间可用硅酸溶胶等封堵剂。这就是所谓建立混合隔板堵水技术,如图7-10所示。

当用油基水泥作人工隔板时,需要采用选择性压裂的方法在欲建立隔板的位置形成裂缝,将水泥浆挤入裂缝,在井底形成比较大的人工隔板。该方法只适用于压裂形成水平裂缝的底水油藏。

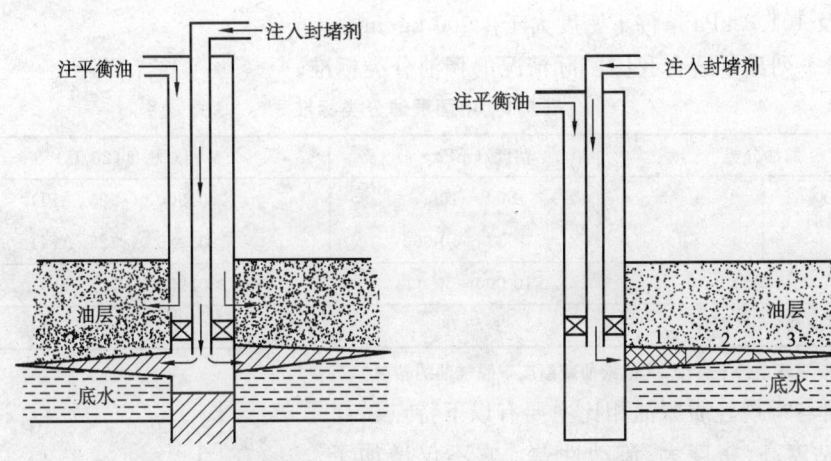

图7-9 建立隔板示意图　　图7-10 建立混合隔板示意图
1—树脂;2—硅酸溶液;3—稠油

油井出水原因不同,采取的封堵方法也就不同。一般对于外来水,或者水淹后不再准备生产的水淹油层,在搞清出水层位并有可能与油层封隔开时,采用非选择性堵剂(如水泥、树脂等)堵死出水层位;不具备与油层封隔开的条件时,采用具有一定选择性的堵剂(如油基水泥等)进行封堵。对于同层水(边水和注入水)普遍采用选择性堵水剂进行堵水;为了控制个别水淹层的含水率,消除合采时的层间干扰,大多采用封隔器来暂时封住高含水层。对于底水,在有条件的情况下则采用在井底附近油水界面处建立隔板,以阻止底水锥进。

7.4　稠油及高凝油开采技术

在我国,稠油和高凝油分布广,储量大。稠油流动性差,一方面原油粘度高,油层渗流阻力过大,使得原油不能从油层流入井筒;另一方面即使原油能够流到井底,在从井底向井口的流动过程中,由于降压脱气和散热降温而使原油粘度进一步增加;在高凝油的开发过程中,当原油温度低于凝固点时其流动性很差,油井无法正常生产。

7.4.1 稠油及高凝油开采特征

7.4.1.1 稠油的基本特点

稠油是指粘度大的原油,重油是指密度大的原油,重油的粘度也大,因此重油也称为稠油。1981年2月联合国训练署通过了关于稠油和沥青砂的标准:

① 稠油:在原始油藏温度下,脱气油粘度为 $100\sim10\ 000$ mPa·s,或在 15.6 ℃ (60 ℉)及 101.3 kPa 条件下密度为 $934\sim1\ 000$ kg/m³。

② 沥青砂:在原始油藏温度下,脱气油粘度大于 10 000 mPa·s,或在 15.6 ℃ (60 ℉)及 101.3 kPa 条件下密度大于 1 000 kg/m³。

表 7-1 列出了适合我国实际情况的稠油分类标准。

表 7-1 中国稠油分类标准

稠油分类		粘度/(mPa·s)	相对密度(20 ℃)
普通稠油	Ⅰ	50*～100*	>0.900 0(<25 °API)
	Ⅱ	100*～10 000	>0.920 0(<22 °API)
特稠油		10 000～50 000	>0.950 0(<17 °API)
超稠油(天然沥青)		>50 000	>0.980 0(<13 °API)

注:带 * 指油藏条件下粘度,其他指油藏温度下脱气油的粘度。

稠油与常规轻质原油相比主要有以下特点:

① 粘度高、密度大、流动性差。它不仅增加了开采难度和成本,而且油田的最终采收率也非常低。稠油开采的关键是提高其在油层、井筒和集输管线中的流动能力。

② 稠油的粘度对温度敏感。随着稠油温度的降低,其粘度显著增加,图 7-11 为某油井原油粘温关系曲线。从图中可以看出,温度每降低 10 ℃,原油粘度约增加一倍。目前国内外稠油采用热力开采方法正是基于稠油的这一特点。

③ 稠油中轻质组分含量低,而胶质、沥青质含量高。稠油的化学成分见表 7-2。

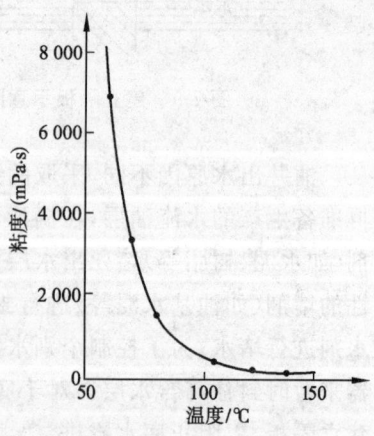

图 7-11 某油井原油粘温曲线

表 7-2 稠油化学成分表

国家	油田	相对密度	S	O	N	胶质	沥青质	凝固点/℃
中国	辽河高升	0.94~0.96	0.55		0.72	45.5	3.3	12
	新疆风城	0.965 6	0.31		0.51	56.7	5.7	2~15
加拿大	Athabasca	1.015	4.6	1.0	0.5	23.4	18.0	10
	Cold Lake	0.994	4.5	1.5	0.4	28.3	15.0	
	Peace River	1.026	5.9	1.6	0.5	30.5	19.5	
委内瑞拉	Jobo	1.020	3.0		0.6	25.4	8.6	
	Laguna	0.989	3.7		0.5		7.3	9
美国	Tar Sand Triangle	0.992	4.4	1.1	0.46		26.0	
马达加斯加	Remolanga	0.990	0.5	1.2	0.7	33.0	16.0	

注：杂原子含量、胶质、沥青质含量均指其质量分数。

7.4.1.2 高凝油的基本特点

高凝油是指蜡含量高、凝固点高的原油。凝固点是指在一定条件下原油失去流动性时的最高温度。在开发过程中，当原油温度低于凝固点时，原油中的某些重质组分（如石蜡）凝固、析出，并沉积到油层岩石颗粒、抽油设备或管线上，造成油层渗流阻力巨增，或抽油设备正常工作困难。到目前为止，高凝油尚无统一的划分标准，我国某些油田有自己的地区性划分方法，例如有的油田将凝固点大于 40 ℃，含蜡量超过 35% 的原油定为高凝油。

高凝油在较高的温度时也会失去流动性，这是因为含蜡量高所致，而且这种蜡主要是碳原子数在 16 以上、结构复杂的高饱和烃的混合物。

虽然高凝油和稠油在一定条件下都有流动性差的特点，但原因是不同的。高凝油在原油温度高于凝固点时，油中的蜡处于溶解状态，流体属单相体系，流动性与普通原油无甚差别，只是重质烃组分含量高而粘度稍大一些。当原油温度下降到凝固点后，蜡晶析出且相互连接形成空间网络结构，液态烃则被分隔成为分散相，使原油失去流动性，即发生所谓的凝固。高凝油的开采工艺就是针对其这一特点而提出的。

我国大多数高凝油藏埋藏较深，在油藏温度和压力条件下具有较好的流动性，使原油可以从油层流入井筒。原油在沿井筒向上流动的过程中，由于压力和温度的降低，当油流温度低于所含蜡的初始结晶温度以后，大量析出蜡晶，并聚集，使原油逐渐失去流动性，最终堵塞管线，导致自喷井停喷或抽油井无法正常生产。因此，高凝油开采的关键在于提高井筒中流体的温度。

7.4.2 热处理油层采油技术

热处理油层采油技术是通过向油层提供热能,提高油层岩石和流体的温度,从而增大油藏驱油动力,降低油层流体的粘度,防止油层中的结蜡现象,减小油层渗流阻力,达到更好地开采稠油及高凝油油藏的目的。目前常用的热处理油层采油技术主要有注热流体(如蒸汽和热水)和火烧油层两类方法。

注蒸汽处理油层采油方法提高油井产量和油层采收率的主要原因,是通过蒸汽将热能提供给油层岩石和流体,一方面使油层原油的粘度大大降低,从而增加原油的流度;另一方面原油受热后发生体积膨胀,可减少最终的残余油饱和度。

注蒸汽处理油层采油方法根据其采油工艺特点,主要有蒸汽吞吐和蒸汽驱两种方式。

火烧油层则是在油层中燃烧部分原油产生热量。通过适当的井网将空气或氧气自井中注入油层,并用点火器将油层中部分原油点燃,然后向油层不断注入空气或氧气,以维持油层燃烧,燃烧前缘的高温不断加热油藏岩石和流体,且使原油蒸馏、裂解,并被驱向生产井的采油方式。

7.4.2.1 蒸汽吞吐采油技术

蒸汽吞吐是向采油井注入一定量的蒸汽,关井浸泡一段时间后开井生产,当采油量下降到不经济时,再重复上述作业的采油方式。由于其见效快,容易控制,工作灵活,所以该技术的研究和应用在国内外油田均得到了较快的发展。

蒸汽吞吐是在同一口井中注蒸汽和采油,所以又叫作单井吞吐采油。在单井吞吐采油的每一个吞吐周期中可分为注汽、焖井和生产三个阶段。

(1) 注汽阶段

由锅炉产生的高温高压蒸汽,经地面管线由井口沿井筒注入油层。在这一阶段主要控制注汽量、注汽速度、注汽压力和注蒸汽干度四个参数。

注汽量是指注入油层蒸汽的质量。注汽速度是指单位时间内注入油层的蒸汽量,它的高低直接影响着热能的利用率。注汽速度高有利于减少井筒的热损失和漏失到非目标层的热能,在注入相同量的蒸汽时,高速度注汽对油层加热范围较大,但是注汽速度高则需较高的注入压力,当注入压力超过某一极限值(油层的破裂压力)时,可能会压裂油层,对油层有破坏作用,还会引起汽窜和油井出砂等问题,所以要综合考虑各种情况辩证地确定注汽速度。

蒸汽干度是衡量蒸汽含热量的指标,蒸汽干度越高,单位蒸汽量的含热量就越高。

(2) 焖井阶段

焖井是指注蒸汽后停注关井,使蒸汽与油层岩石和流体进行热交换的过程。为了提高蒸汽热能的效率,必须进行焖井。焖井时间的长短也是影响蒸汽吞吐效果的一个重要因素。若焖井时间过长,则热能传递到非目的层或向油层纵深传热过多,井底附近油层温度下降太大,原油的粘度又会升高;焖井时间过短,则热量没有得到充分的交换,使得蒸汽热能作用半径小,两者均会影响吞吐周期的产量。

合理的焖井时间由现场实际来确定,一般在 1~4 d。对于注汽量不大,蒸汽扩散快,注入压力相对低的油井,焖井时间可适当缩短;对于注汽量大,注入压力高的低渗透油层,焖井时间也可适当地延长。

(3) 生产阶段

焖井结束后,开井进行生产,生产方式多种多样,采用何种方式主要以最大限度地利用热能和提高吞吐周期的产油量为目标。

蒸汽吞吐油井在一个吞吐周期的采油过程中不再向油层提供热能,所以一般在开井初期产量较高,随着生产时间的持续,油层温度逐渐降低,原油粘度回升,油井产量也随之下降。另一方面,对于同一口油井,不同的吞吐周期内产量也不一样。一般在前两个周期产量较高,这是因为此时油藏中含油饱和度和油层压力高的缘故,随着吞吐周期次数的增加,产量逐渐递减,且每一周期的有效生产时间也相应缩短。

油井注汽焖井后,由于大量蒸汽集中于近井地带,随着热量的传递,蒸汽温度下降冷凝成热水,所以油井含水率变化很大,如图 7-12 所示。从图中可以看出,在同一周期内,随着生产时间的持续,含水率呈下降趋势。对于不同的吞吐周期,在相同的生产时间,其含水率逐渐升高。这是因为周期注汽量随周期次数的增多而增大,油层含水饱和度逐渐上升,而含油饱和度则逐渐下降。

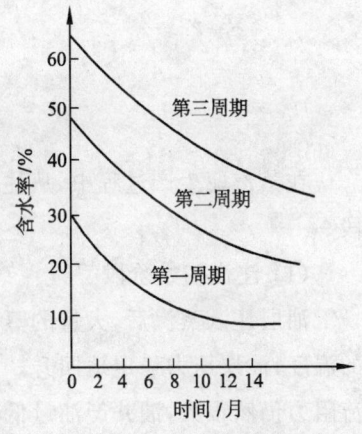

图 7-12 不同周期含水率变化曲线

衡量蒸汽吞吐开采效果的另一个重要指标是油汽比。油汽比是指生产出的原油量与注入蒸汽量之比,其值越大说明开采效果越好。我国实践表明油汽比大于 0.15 t/t 才具有经济开采价值。

虽然单井蒸汽吞吐工艺简单,见效快,但波及面积小,采收率并不高,一般不超过 15%。因此,它通常作为蒸汽驱的先导。

7.4.2.2 蒸汽驱采油技术

蒸汽驱是按一定的注采井网,从注汽井注入蒸汽将原油驱替到生产井的热力开采方法。与蒸汽吞吐相比,蒸汽驱需要经过一段较长的时间才能见到效果,费用回收期较长。

蒸汽驱采油原理是蒸汽注入油层后,在注入井周围形成饱和蒸汽带,蒸汽带前缘由于蒸汽与油藏岩石和流体的热交换而冷却,形成蒸汽的凝析水带(热水带),如图7-13所示,因此蒸汽驱的采收率是热水驱、汽驱、蒸馏及抽提等各种作用的综合结果。

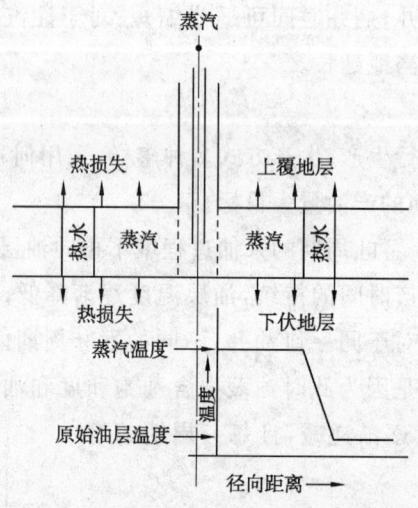

图7-13 蒸汽驱示意图

在蒸汽驱生产过程中,从注蒸汽到蒸汽突破油井,最后淹没油井,一般经历三个阶段。

(1) 注汽初始阶段

油层注入蒸汽后,大量的蒸汽热能被注入井井底附近的油层吸收,逐步提高油层的温度,油层压力稳定地回升。由于热能还没有传递到生产井附近,生产井周围的油流阻力仍然很大,油井产油量低。

(2) 注汽见效阶段

随着累积注入汽量的增加,油层能量和热量得到了很好的补充,大量蒸汽热能已传递到生产井周围,使原油的流动能力得以提高,原油产量上升,注汽见效,生产井进入高产阶段。在此阶段,如果是均质油层,则应增大生产压差以提高产油量和蒸汽驱效益;对于非均质严重的油藏,当产油量突然很快上升时,意味着蒸汽将突破油井,应予以高度重视,以防蒸汽过早进入油井造成汽窜。

(3) 蒸汽突破阶段(汽窜阶段)

随着开采时间的延长,油层中的原油逐步被驱替出来,蒸汽和热水在油层中向生产井推进,到一定时间,蒸汽驱前缘突破油井,蒸汽和热水进入油井随同原油一起被采出来。在此阶段,由于蒸汽突破油井后,油汽流动阻力迅速下降,蒸汽注入压力急剧下降,且蒸汽的流动能力远超过原油的流动能力,使得产油量下降,油汽比降低,含水率迅速升高。

在蒸汽驱的三个阶段中,初始阶段时间较短,而后两个阶段的时间相对较长。为了尽量多地采出油层孔隙中的原油,提高原油采收率,应采取一切有效的措施,延长注汽见效阶段的生产时间。到最后的汽窜阶段,则应采取关闭严重产汽井,或关闭采油井一段时间,使得蒸汽能够加热油层中下部的原油,减少蒸汽超覆现象带来的不利影响,然后再开井生产,从而提高驱油效率。

造成蒸汽驱开采稠油效果差的主要原因有两方面:一方面在蒸汽驱过程中发生早期汽窜;另一方面由于蒸汽驱存在超覆现象,使得驱油效率较低。因此在生产过程中要采取封堵汽窜和降低超覆影响程度等方面的措施来提高蒸汽驱效果。

7.4.2.3 火烧油层采油技术

注蒸汽热力采油技术由外部热源向油层提供热量,而火烧油层则是在油层中燃烧部分原油而产生热量。

火烧油层采油技术与其他驱替型开采方式相同,需要有注入井和生产井,并按一定比例和排列方式组成井网。其过程是先在注入井中注入空气或氧气等助燃气体,使油层对其有足够的相对渗透率,以便能够向油层提供燃烧所需的氧气和能够排出燃烧过程中产生的废气;然后在井下点燃,继续注气过程中使之在油层中形成一个狭窄的高温燃烧带,由注入井向生产井推进。由于高温,使近井地带原油被蒸馏、裂化,轻质油蒸汽向前流动与相对温度较低的油层岩石和流体进行热交换而凝析下来;蒸馏和裂化后残留的重质烃变成焦炭作为燃料而被燃烧并不断产生采油所需要的热能,燃烧的热废气向前流动时也有加热油层岩石和流体的作用,并驱替原油;燃烧废气中的水分和被蒸发的油层水蒸气在向前推进中冷凝而形成热水带,产生蒸汽和热水驱油的作用。在热前缘推进过程中,废气、水蒸气、气相烃类和凝析油之间会发生局部混相,从而产生混相驱油作用。只要有足够的残碳量和足够的温度及氧气量,便可维持燃烧,并使燃烧前缘不断向生产井方向推进。

火烧油层的燃烧前缘在推进过程中将形成如图 7-14 所示的几个明显的区带。

① 已燃烧区带:燃烧前缘通过后热油层可以预热注入的空气或氧气。

② 燃烧前缘:正在燃烧的狭窄地带,其燃烧温度主要取决于注入助燃气量和残碳量。

③ 焦化带:原油焦化裂化后残碳的沉积地带,为燃烧前缘推进提供燃料。

④ 蒸汽带：含有油层水及燃烧产生的水蒸气和原油蒸馏和裂化出的气相轻质馏分。

⑤ 热水带和轻质油带：蒸汽进入温度相对较低的地带时，形成水蒸气及轻质烃凝析物聚集区。蒸汽凝析时放出大量的潜热加热油层岩石和流体，使原油粘度降低，凝析油与原油混合将给原油提供热能和稀释原油，从而增加了原油的流动性。

⑥ 富油带：被驱替到前缘的油带，由于热的作用和轻质油的稀释，以及部分燃烧废气的溶解，其粘度已大大降低。

⑦ 原始含油带：热力作用尚未影响到的地区，保持着油层点燃前的状况。

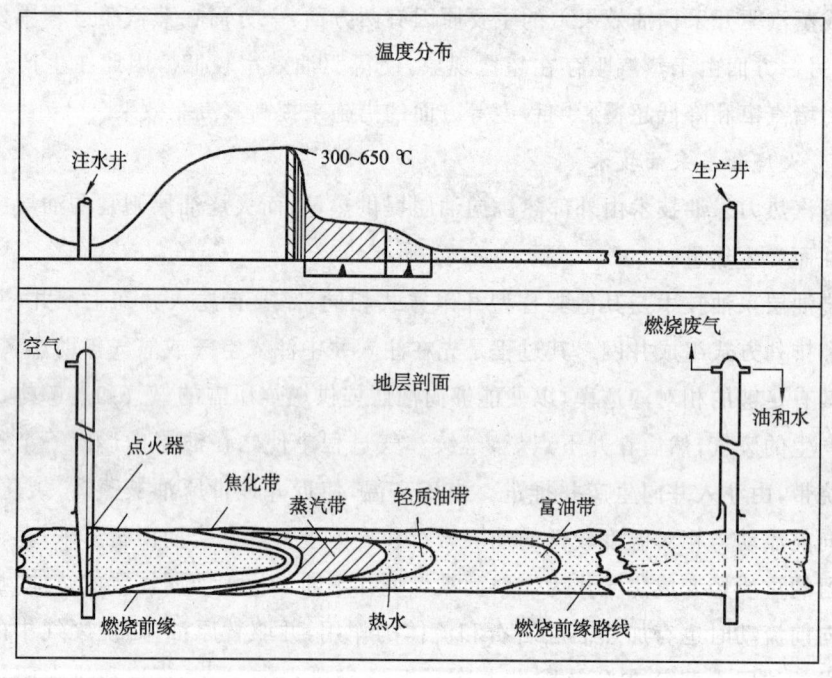

图 7-14　火烧油层燃烧过程示意图

火烧油层是具有热驱、凝析蒸汽驱、混相驱和气体驱动等多种机理联合作用的一种复杂的驱油过程。在燃烧过的油层中除了部分重质油焦化作为燃料被消耗掉外，理论上讲驱油效率几乎可达到100%。但是，由于油层非均质性和注入气与油层油之间的宏观流度比仍然很大，气和油的重力分离现象严重，因而难以使燃烧前缘波及油层的各个部分，所以波及系数较低，从而限制了总的采收率。矿场实践表明，火烧油层的采收率可达50%～80%，甚至更多，且采油速度快，可加速稠油油藏的开发。

上述火烧油层的方法通常称为正燃法，即燃烧前缘从注入井向生产井方向推进，前缘推进方向与注入空气的流动方向一致。正燃法必须要求未受热力影响的原始含油带的原油在油层条件下能够流动。因此,对采用该方法的原油粘度有一个上限值,从而限制了在特稠油层中的应用。

为了开采出特稠原油,火烧油层发展了一种逆燃法,即燃烧前缘推进方向与流体流动方向相反,燃烧前缘从生产井推向注入井。在燃烧过程中,已蒸发的油、水和燃烧废气驱替原油通过已经燃烧过而被加热的油层流向生产井,原油粘度可降低到原值的1/1 000 以下,从而能够采出其他方法无法开采的特稠原油。其工艺过程为:在准备成为生产井的井中注入空气和点燃油层,燃烧很短距离后,停止注入空气,而转向相应的注入井注空气,而最初的点火井变为生产井。逆燃法的采收率可达 50%,但需要的空气量是正燃法的两倍甚至更多。

为了有效地利用热能,火烧油层方法中提出了湿式燃烧法,它是正燃法的改型。在正向燃烧过程中,同时或交替地注入空气和水。水在通过已燃带时,部分或全部汽化,并通过燃烧前缘,把热能带到燃烧前缘前面的油层区域,扩大了热能影响范围。湿式燃烧法的燃料用量和空气用量较少。

适于采用火烧油层采油技术的油层条件一般为:
① 比较均质的单一砂岩油层;
② 原油密度$\geqslant$825 kg/m^3;
③ 油层深度$\leqslant$1 000 m;
④ 油层厚度$\geqslant$3 m;
⑤ 油层孔隙度$\geqslant$20%;
⑥ 渗透率$\geqslant$0.1 μm^2;
⑦ 含油饱和度与孔隙度的乘积$\geqslant$0.1。

点火是实施火烧油层采油技术的关键。点火方法分为自燃点火和人工点火。

自燃点火依靠原油与空气中的氧接触时的氧化作用。当氧化反应放出的热能足以克服热量损失而达到原油发火温度(一般为 150～310 ℃)便发生自燃,而无需附加热量。能否经济地实现自燃点火,与原油的性质有关,除个别地区外,自燃点火需很长时间和过多的空气消耗而不经济。因此,大多数火烧油层方案采用人工点火。

人工点火是向油层提供附加热量,使在井底附近达到原油的发火温度而点燃油层。人工点火又可分为:① 注预热空气,用井下电热器或井下燃烧器在井下将空气加热后注入油层;② 注热流体(多用蒸汽)预热油层,该方法适于浅油层,而且是在能够自燃的情况下用来缩短点火时间;③ 化学点火,采用化学药剂提高氧化反应能力。

有很多因素影响火烧油层采油技术的效率和经济效果,工艺上的难点在于点火和维持油层中的稳定燃烧。在火烧油层现场施工中,遇到的问题包括注入能力和生产能力低、井筒腐蚀、出砂引起严重磨蚀、乳化和爆炸危险等。虽然火烧油层采油技术在技术上是可行的,但现场实施后的经济效益很差,特别是近年来注蒸汽采油技术的发展,火烧油层采油技术的现场试验在国内外已逐渐减少。

7.4.3 井筒降粘技术

井筒降粘技术是指通过热力、化学、稀释等措施使得井筒中的流体保持低粘度,从而达到改善井筒流体的流动条件,缓解抽油设备的不适应性,提高稠油及高凝油的开发效果等目的的采油工艺技术。该技术主要应用于原油粘度不很高或油层温度较高,所开采的原油能够流入井底,只需保持井筒流体有较低的粘度和良好的流动性,采用常规开采方式就能进行开采的油藏。

目前常用的井筒降粘技术主要包括化学降粘技术和热力降粘技术。

7.4.3.1 井筒化学降粘技术

井筒化学降粘技术是指通过向井筒流体中掺入化学药剂,从而使流体粘度降低的开采稠油及高凝油的技术。其作用机理是:在井筒流体中加入一定量的水溶性表面活性剂溶液,使原油以微小油珠分散在活性水中形成水包油型乳状液或水包油型粗分散体系,同时活性剂溶液在油管壁和抽油杆柱表面形成一层活性水膜,起到乳化降粘和润湿降阻的作用。

(1) 乳化剂的选择

乳化剂在化学降粘中起着重要的作用,如乳状液的形成类型及稳定性等都与乳化剂本身的性质有直接关系。选用乳化剂一般按其亲油亲水平衡值(HLB)来确定,通常形成水包油型乳状液的 HLB 值为 $8\sim18$。在实际应用中,为了满足开采要求,乳化剂选择标准有三条:

① 乳化剂比较容易与原油形成水包油型乳状液,具有好的流动性和一定的稳定性;

② 乳化剂用量少,经济合理;

③ 油水采出后重力分离快,易于破乳脱水。

(2) 化学降粘工艺技术

乳化降粘开采工艺是在地面油气集输中建设降粘流程,根据加药剂地点不同,可分为单井乳化降粘、计量站多井乳化降粘及大面积集中管理乳化降粘三种地面流程。根据化学剂与原油混合点的不同,又可分为地面乳化降粘和井筒中乳化降粘技术。

单井乳化降粘是在油井井口加药,然后把活性水掺入油套环形空间;计量站多井乳化降粘是为了便于集中管理,在计量站总管线完成加药、加压加热及计量,然后再分配到各井,达到降粘的目的;而大面积集中管理乳化降粘则在接转站进行加药,这种方式设备简单,易于集中管理。

地面乳化降粘适用于油井能够正常生产,地面集输管线中流动困难的油井。原油从油井产出后,经井口油水混合器与活性剂溶液混合成乳状液,由输油管线输送到集油站。

井筒中乳化降粘工艺是油管柱上装有封隔器和单流阀,活性剂溶液通过油管柱上的单流阀进入油管与原油乳化,达到降粘的目的。根据单流阀与抽油泵的相对位置又可分为泵上乳化降粘和泵下乳化降粘,其管柱如图7-15所示。

化学降粘工艺一定要根据油井的实际情况进行选择,其设计中的主要参数包括活性剂水溶液的浓度、温度、水液比和掺药剂点位置。

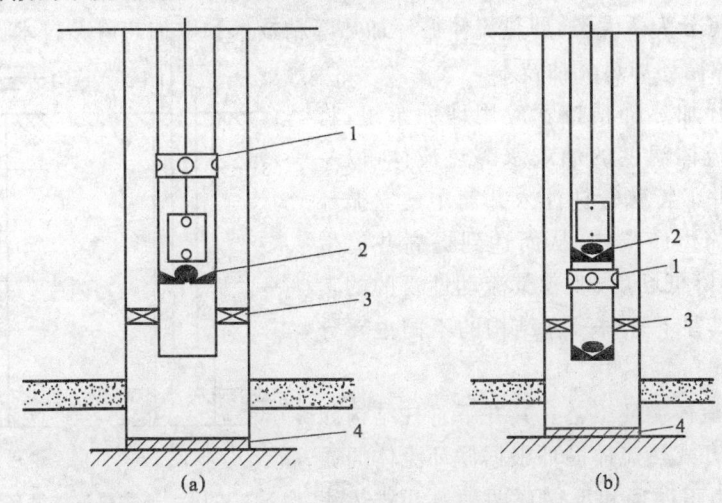

图7-15 井筒中乳化降粘管柱结构示意图
(a) 泵上乳化降粘;(b) 泵下乳化降粘
1—掺液器;2—深井泵;3—封隔器;4—人工井底

活性剂水溶液的浓度要适当,浓度过低不能形成水包油型乳状液,浓度过高时乳状液粘度进一步下降的幅度不大,采油成本提高,经济上不合算,而且有些化学药剂(如烧碱、水玻璃等),在高浓度时易形成油包水型乳状液,反而会造成原油粘度的升高。温度对已形成的乳状液粘度影响不大,但它影响乳化效果。实验证明,随着温度的提高,乳化效果变好。水液比是指活性水与产出液总量的比值,它直接影响乳状液的类型、粘度和油井产油量。水液比应根据油井实际情况而定,某油田现场试验结果表明:在井口活性剂水溶液保持60 ℃,活性剂质量浓度为0.02~0.03 g/mL时,不同的原油粘度与水液比关系见表7-3。

表7-3 某油田原油粘度与水液比的关系

原油粘度/(mPa·s)	1 000~2 000	2 000~3 000	>3000
水液比	25%~30%	30%	>35%

掺药剂点位置的确定主要取决于井筒流体的流动阻力以及油井生产系统的效率和效益状况,从而保证井筒流体的流动条件得到较好的改善和油井生产的高效率,且满足设备能力的要求。

目前采用的掺轻烃降粘技术在工艺上与化学降粘技术相似。

7.4.3.2 井筒热力降粘技术

井筒热力降粘技术是利用高凝油、稠油的流动性对温度敏感这一特点,通过提高井筒流体的温度,使井筒流体粘度降低的工艺技术。目前常用的井筒热力降粘技术根据其加热介质可分为两大类,即热流体循环加热降粘技术和电加热降粘技术。

(1) 热流体循环加热降粘技术

热流体循环加热降粘技术应用地面泵组,将高于井筒生产流体温度的油或水等热流体,以一定的流量通过井下特殊管柱注入井筒中建立循环通道以加热井筒生产流体,从而达到提高井筒生产流体的温度、降低粘度、改善其流动性目的的工艺技术。根据其井下管(杆)柱结构的不同主要分为以下四种形式:

① 开式热流体循环工艺。其井下管柱结构如图 7-16 所示。开式热流体循环根据循环流体的通道不同又可分为正循环和反循环两种。开式热流体反循环工艺是油井产出的流体或地面其他来源的流体经过加热后,以一定的流量通过油套环形空间注入井筒中,加热井筒生产流体及油管、套管和地层,然后在泵下或泵上的某一深度处进入油

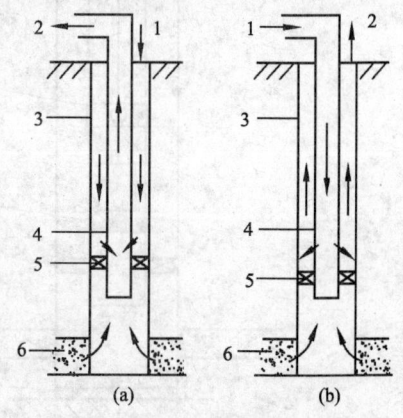

图 7-16 开式热流体循环工艺
管柱结构示意图
(a) 反循环;(b) 正循环
1—掺入流体;2—产液;3—套管;
4—油管;5—封隔器;6—油层

管并与生产流体混合后一起被采到地面。开式热流体正循环工艺则是指热流体由油管注入井筒中,在井筒中的某一深度处进入油套环形空间与生产流体混合。这种工艺技术适用于自喷井和抽油井等不同采油方式生产的高凝油及稠油油井。

② 闭式热流体循环工艺。闭式热流体循环工艺循环的热流体与从油层采出的流体不相混合,而且循环流体也不会对油层产生干扰。图 7-17 中列出了三种闭式热流体循环的基本井下管柱结构:a 为加热管同心安装,从油套环形空间采油,该管柱的最大优点是不需要封隔器,井下作业方便,相当于井筒中悬挂了一个加热器,在循环方式上热流体可从中间油管进入,两油管环形空间返出,也可相反循环。由于从套管采油,因而这种结构不能用于抽油井。b 为加热管同心安装,油管上安装有封隔器,热流体从两油管环形空间进入井筒,由油套环形空间返回地面,油层采出流体由中心油管举升到地面。此结构不如 a 加热效果好,但它适用于自喷井和抽油井。c 为加热管与生产

油管平行安装,在油管下部装有封隔器,热流体由加热管注入井筒,由油套环形空间返回地面,油层采出流体经油管举升到地面。这种结构需要有较大的套管空间,且井下作业困难。

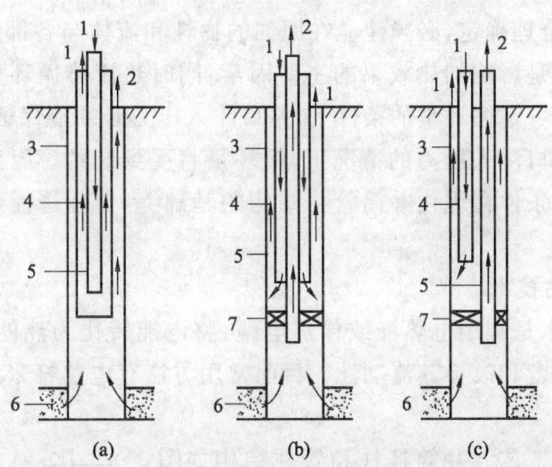

图 7-17 闭式热流体循环工艺管柱结构示意图
1—掺入流体;2—产液;3—套管;4—油管 1;5—油管 2;6—油层;7—封隔器

③ 空心抽油杆开式热流体循环工艺。井下管柱结构如图 7-18a 所示。它是将空心抽油杆与地面掺热流体管线连接,热流体从空心抽油杆注入,经杆底部阀流到油管内与油层采出流体混合后一同被举升到地面。

④ 空心抽油杆闭式热流体循环工艺。井下管柱结构如图 7-18b 所示。油层流体进入油管后,经特定的换向设备进入空心抽油杆流向地面,而热流体由杆与油管的环形空间进入井筒,然后由油套环形空间返回地面。

除此之外,热流体循环加热降粘技术的管柱结构变型很多,其基本原理是相似的,在实际应用中应根据具体情况确定,目标是使所开采的原油具有低的开采成本。

热流体循环加热降粘技术的关键在于确定循环流体的量、循环深度、井口循环流体的温度和注入压力四个参数,这四个参数主要受油层采出流体的物性,如凝固点、粘度、含蜡

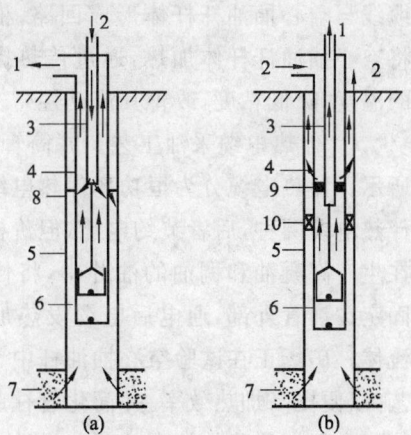

图 7-18 空心抽油杆热流体循环工艺
管柱结构示意图
1—产液;2—掺入流体;3—空心抽油杆;
4—油管;5—套管;6—抽油泵;7—油层;
8—动液面;9—动密封;10—封隔器

量等的制约和流体在循环通道中流动时与管壁、井筒及地层岩石换热的影响。循环深度的确定主要取决于油层采出流体沿井筒的温度和粘度分布，循环深度确定后要求井筒中的流体具有足够低的粘度和较好的流动性，满足油井正常生产的需要。热流体循环量和井口温度的合理确定，必须建立在原油的物性和流体与各部分换热过程研究的基础上，这两个参数是影响加热效果的主要因素，同时热流体循环量往往会受到井口注入压力的限制，在一定循环量的条件下，井口注入压力必须能保证循环的顺利进行。相反，在地面限定井口注入压力的情况下，循环量将受到制约。因此要保证达到加热效果，应根据油井的条件在优化井筒管柱结构的基础上，合理选择热流体循环的四个关键参数。

(2) 电加热降粘技术

电加热降粘技术是利用电热杆或伴热电缆，将电能转化为热能，提高井筒生产流体温度，以降低其粘度和改善其流动性。目前常用方法有电热杆采油工艺和伴热电缆采油工艺两种技术。

① 电热杆采油工艺。井筒杆柱和管柱结构如图7-19a所示。其工作原理是交流电从悬接器输送到电热杆的终端，使得空心抽油杆内的电缆发热或利用电缆线与空心抽油杆杆体形成回路，根据集肤效应原理将空心抽油杆杆体加热，通过传热提高井筒生产流体的温度，降低粘度，改善其流动性。

② 伴热电缆采油工艺。井筒管柱结构如图7-19b所示。伴热电缆分为恒功率伴热电缆与恒温（自控温）伴热电缆两种，后者节约电能，但价格贵，前者则相反。在生产高凝油和稠油的油井中，将伴热电缆利用卡箍固定在油管外部，通电后电缆发热加热井筒中的生产流体。矿场正在试验空心抽油杆中下入伴热电缆的工艺，以便提高加热效率，并简化管柱起下工艺。

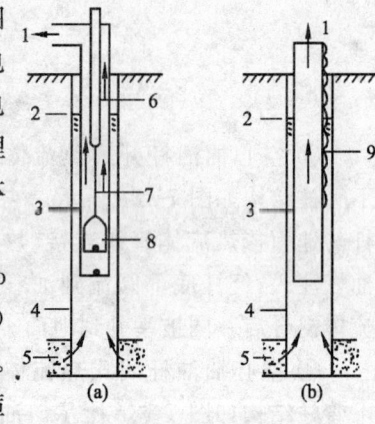

图 7-19 电加热降粘工艺井筒管柱结构示意图

1—产液；2—动液面；3—油管；4—套管；
5—油层；6—电热杆；7—实心杆；
8—抽油泵；9—伴热电缆

在电加热降粘技术的工艺设计中关键是确定加热深度和加热功率两个主要参数。加热深度根据井筒中生产流体的温度、粘度分布及流动特性等确定，加热功率的大小取决于所需的温度增值，要通过设计使得井筒内的生产流体具有低粘度和较好的流动性，同时考虑到节省材料和节约能源，因此要根据油井的具体情况确定合理的加热深度和经济的加热功率。

电加热降粘技术对电缆和电热杆制造工艺要求比较高，要求其质量稳定、工作可靠、温度调节容易。在工艺实施过程中，其地面设备简单，生产管理方便，温度调节和控制容易、快速，沿程加热均匀，热效率高，便于实现自动控制，且对环境无污染，使用安全。电热杆采油工艺还具有井下作业和维修施工方便、简单,一次性投资少,资金回收快的特点,且电热杆的重力加在悬点上,只适用于有杆抽油系统采油的油井。而伴热电缆虽井下作业和维修施工复杂,且一次性投资较高,但其应用不受采油方式的影响,因而适用范围更广。

习 题

(1) 简述油井开发过程中常常会遇到哪些复杂情况。

(2) 简述油井出砂的主要原因。

(3) 简述油层砂岩胶结有哪些方式。

(4) 试述常用的防砂工艺及其特点。

(5) 简述砾石充填防砂工艺的基本原理及方法。

(6) 简述常用的清砂方法。

(7) 简述影响油井结蜡的主要因素。

(8) 简述油井常用的防蜡方法。

(9) 简述油井常用的清蜡方法。

(10) 简述油井出水的主要原因。

(11) 简述常用的找水技术及原理。

(12) 简述油井封堵水技术有哪些,各有什么特点。

(13) 简述稠油及高凝油有什么特点。

(14) 简述常用的热处理油层技术。

(15) 简述井筒降粘的方法有哪些,各有什么特点。

参 考 文 献

(1) 王鸿勋,张琪. 采油工艺原理. 北京:石油工业出版社,1989.
(2) 赵福麟. 采油化学. 山东东营:石油大学出版社,1989.
(3) 万仁溥,罗英俊. 采油技术手册(修订本). 第七、八、十分册. 北京:石油工业出版社,1991.
(4) 胡博仲. 波场采油. 北京:石油工业出版社,1996.
(5) 胡博仲. 磁技术在采油生产中的应用. 北京:石油工业出版社,1993.
(6) 凌建军. 实用稠油热采工程. 北京:石油工业出版社,1996.
(7) 陈德春,孙大同. 特种有杆抽油方式的设计与综合评价. 石油大学学报(自然科学版),1994,18(A00).
(8) 张琪. 采油工程原理与设计. 山东东营:中国石油大学出版社,2000.
(9) 刘介人. 工频集肤电热开采高凝稠油的理论研究与实践. 石油钻采工艺,1994,(4).

第8章　油水井作业

本章导学：

了解常用的修井设备和工具，对各种设备和工具基本特性有较清楚的认识；掌握油井小修和大修作业的常规程序和方法。

重点难点：

(1) 常用修井设备和工具的作用和特点；
(2) 油井小修、大修的作业程序和方法。

在生产过程中，油、水井经常会发生一些故障，如不及时修理和排除，就会导致井的停产或报废。修井就是为恢复井的正常生产而进行的一系列维修和解除故障的工作。

修井的目的和任务就是恢复井的正常生产，提高井的生产时率和利用率，以最大限度地增加井的产量。

8.1 修井设备与工具

修井作业的设备和工具比较多，本节对一般常用的工具和设备作一简述。其详细规范、技术性能等可参阅《采油技术手册》。

一般按设备的性能和用途，可分为动力设备、起下设备、旋转设备、循环设备、井口装置及工具等。

8.1.1 动力设备

动力设备主要有通井机和修井机两种类型。它们都是在拖拉机或汽车上安装一部绞车，利用发动机带动绞车滚筒转动，通过钢丝绳把动力传递给提升系统。

对于日常修井作业，采用修井机较好，它自带提升设备、转盘和泵（这是与通井机的主要区别），机动性能强，功率大，施工方便，有利于实现机械化操作。而通井机多用于地形比较复杂的井。

① 通井机。通井机是目前各油田修井作业中最常用的一种动力设备，它的作用是用于起下油管、钻杆（抽油杆）以及井下打捞、抽汲等施工作业，是一种履带自行式拖拉

机型的修井动力设备(一般不带井架)。其越野性能好,适用于低洼地带。但它的缺点是行走速度慢,不适应快速转移施工的要求。

常用的通井机型号有兰州通用机械厂制造的红旗-100型、鞍山红旗拖拉机制造厂制造的AT-10型、青海拖拉机制造厂制造的XT-12型、XT-15型等。AT-10型、XT-12型、XT-15型通井机与红旗-100型通井机比较,具有启动方便(电启动)、功率大、制动性能好、操作省力等优点,适用于中、深井作业。AT-10型通井机的外形如图8-1所示。

图8-1 AT-10型通井机

② 修井机。修井机是修井施工中最基本、最主要的动力来源,它的作用是起下管(杆)柱及井下工具,完成提捞、抽汲和打捞等任务,是一种轮胎式自带井架的修井设备。它行走方便,安装简单,适用于快速搬迁施工作业,其缺点是低洼、泥泞地带,雨季翻浆季节行走和进入井场相对受限制。

各油田使用的修井机类型较多,有的型号已被逐渐淘汰。目前使用较多的有W65B型、XJ350型、XJ250型、XJ450型、XJ80型、XJ-6501型、XJ-120型、XJ40型、LJ-350型、WILLSON42B-500型等。外形如图8-2所示。

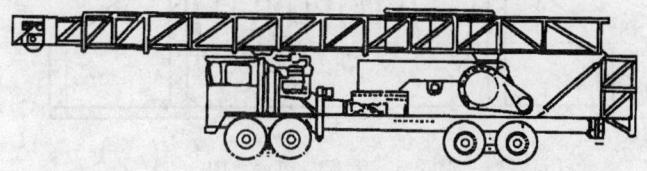

图8-2 XJ350型修井机示意图

8.1.2 起下设备

起下设备由井架和提升系统组成。提升系统由游动系统(包括天车、游动滑车、大钩、钢丝绳)和吊环、吊卡组成。

① 井架。井架是用来支持游动系统,进行起下作业的设备。在井下作业过程中,井架的用途主要是装置天车,支撑整个提升设备,以便悬吊井下设备、工具和进行各种起下作业,有的井架还可以将油管(钻杆)立放或立柱式排放。一般修井时均采用固定式轻便井架或修井机自带各种类型的井架,特殊的大修作业时,需使用钻井井架。

井架的种类很多,分类的方法也有所不同。从井架的可移动性来分,有固定式井架和可移动式井架;从结构特点来分,有桅杆式(即单腿式)、两腿式、三腿式和四腿式几种;从井架的高度来分,固定式井架又可分为 18,24,29 m 等几种井架。目前在井下作业中,常用的固定式井架有 BJ-18 型、BJ-19 型和 JJ-80-18 型等。

由于固定式井架的利用率低,转移及立放工作需要靠其他设备来完成,不够经济,国内外都在逐渐用可移动式井架来取而代之。可移动式井架的优点是机动性强,利用率高,并且不需要专门的安装队来安装和拆除。因此,可移动式井架得到了广泛应用。

② 天车。天车安装在井架顶部最高处(故称天车),是游动系统的固定部件,通过钢丝绳与游动滑车构成游动系统,以完成悬吊与起下作业。由一组定滑轮、天车轴、天车架及轴承等主要零件组成,如图 8-3 所示。目前常用的天车有 3～8 个轮,同装在一根天车轴上,排成一行。负荷在 294～490 kN,轮径有 432,460,525 和 567 mm 四种,适用的钢丝绳直径为 18.5～26 mm。

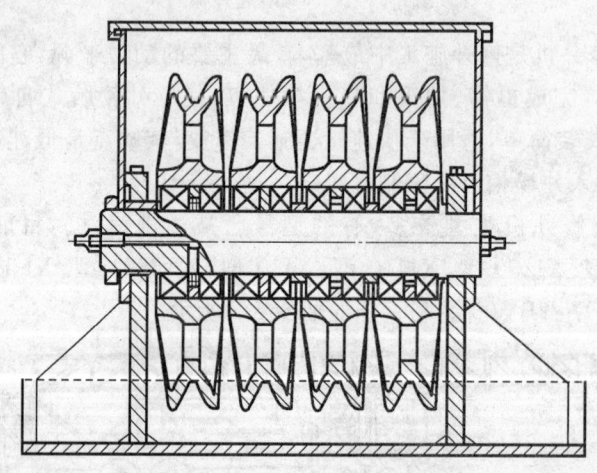

图 8-3　天车结构示意图

③ 游动滑车。游动滑车通过钢丝绳与天车组成游动系统,使从绞车滚筒钢丝绳来的拉力变为井下管柱上升或下放的动力,并有减轻动力设备的负荷的作用。由一组滑轮组成(一般滑轮的数目为 3～4 个),同装在一根游车轴上,排成一列,如图 8-4 所示。起重量为 300～1 176 kN,本身质量为 290～1 000 kg,适用的钢丝绳直径为 18.5～22 mm。

为了保证修井施工能够安全、优质、快速地进行,选用要适当,不能超负荷作业。

施工作业前要对各机械部件详细检查,经常维修保养。

④ 大钩。大钩的作用是悬吊井内管柱,实现起下作业。主要由钩身、钩座及提环组成,DG-130大钩如图8-5所示。目前在现场上使用的主要是三钩式大钩,即有一个主钩和两个侧钩。主钩用于悬挂水龙头,两个侧钩用于悬挂吊环。

三钩式大钩和游动滑车组合在一起构成组合式大钩(也称游车大钩)。组合式大钩的主要优点是可减少单独式游动滑车和大钩在井架内所占的空间,当采用轻便井架时,组合式大钩更具优越性。

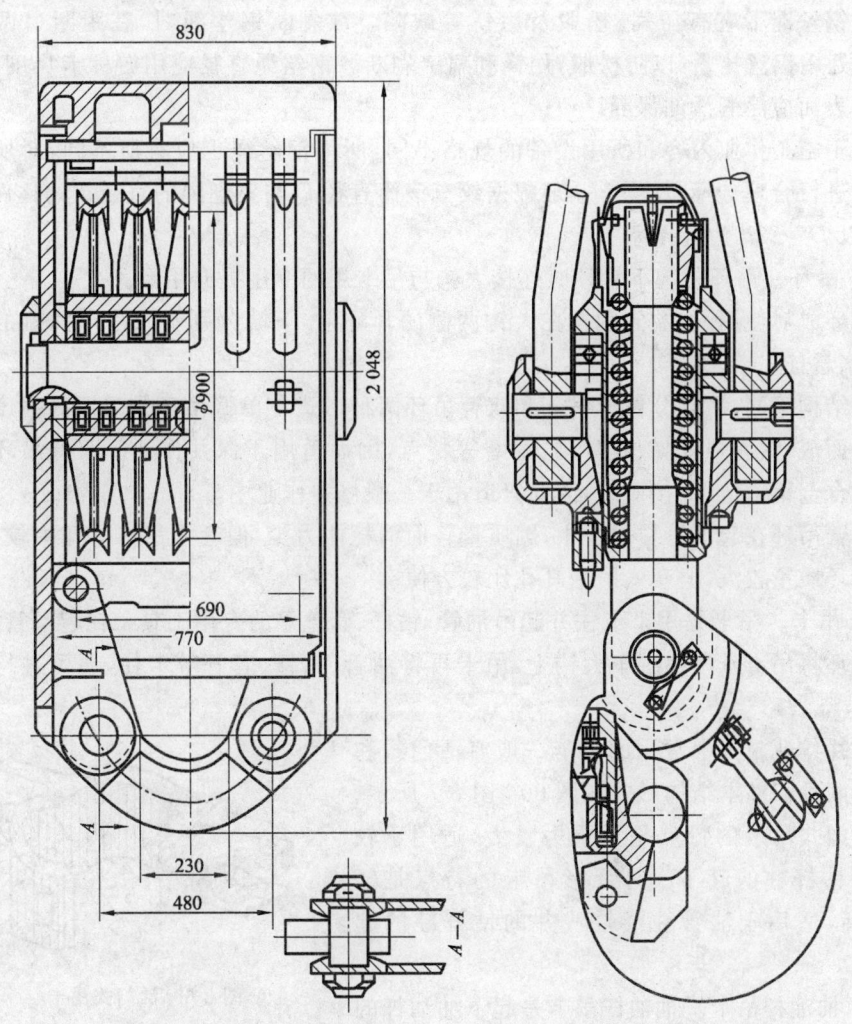

图8-4 游动滑车结构示意图　　　图8-5 大钩的结构

⑤ 钢丝绳。钢丝绳的主要用途是通过天车把绞车、游动滑车连在一起组成游动系统,从而把绞车的旋转运动变为游动滑车的升降运动,达到起下作业的目的。

另外，钢丝绳还可用于井架绷绳，固定稳定井架，使井架能承载井下作业管柱负荷。

钢丝绳是由钢丝中间夹麻芯缠死制成的，它的种类很多，从结构组成（股数和丝数）上分有 $6\times19,6\times24,9\times37$ 等几种（前边数字代表钢丝绳的股数，后边数字代表钢丝数）。从捻制方法与形式上来分，有左旋与右旋、顺捻和逆捻之分。捻制方法不同，其特点也不同，顺捻钢丝绳的伸缩性大，易松股打扭，强度不如逆捻钢丝绳大，但它的弯曲性、耐磨性好；逆捻钢丝绳不易松股，强度比顺捻要大。因此，可以根据不同需要、不同负荷，正确选择使用。

新钢丝绳不应有压扁、松股及生锈等缺陷。欲剁断钢丝绳时，在距断口两端各 20 mm 处用铝丝扎紧，以防松股，用锋利扁铲剁断。钢丝绳直径应用游标卡尺度量，钢丝绳外表面应涂润滑油保养。

由于施工作业内容和所用设备的规格不同，所用钢丝绳也应有所不同，对所用钢丝绳要进行合理选择，现场上一般根据绞车滚筒直径 D 与钢丝绳的直径 d 的比例关系选择，以 $D>22d$ 为选择标准。

⑥ 吊环。吊环是起下管柱时连接大钩与吊卡用的专用提升用具。

吊环成对使用，上端分别挂在大钩两侧的耳环上，下端分别套入吊卡两侧的耳孔中，用来悬挂吊卡。

按结构不同，吊环分单臂吊环和双臂吊环两种形式。单臂吊环是采用高强度合金钢锻造而成，具有强度高、质量轻、耐磨等特点，因而适用于深井作业。双臂吊环则是用一般合金钢锻造、焊接而成，因此只适用于一般修井作业中。

单臂吊环在起下管柱过程中，因质量轻而消耗体力少，但套入吊卡耳孔中较困难。双臂吊环质量较大，但套入吊卡耳孔比较方便。

⑦ 吊卡。吊卡是用来卡住并起吊油管、钻杆、套管等的专用工具。在起下管柱时，用双吊环将吊卡悬吊在游车大钩上，吊卡再将油管、钻杆、套管等卡住，便可进行起下作业。

修井作业施工中常用的吊卡一般有活门式和月牙形两种。基本结构形式如图 8-6、图 8-7 所示。

活门式吊卡的特点是承重力较大，适用于较深井的钻杆柱的起下。月牙形吊卡的特点是轻便、灵活，适用于油管柱或较浅井的钻杆柱的起下。

⑧ 抽油杆吊卡。抽油杆吊卡是起下抽油杆的专用吊卡，主要由卡体、吊环和旋转卡套等组成，如图 8-8 所示。抽油杆吊卡中间的卡具（卡套）是

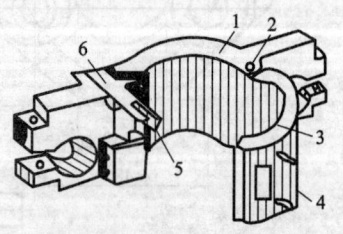

图 8-6 活门式吊卡
1—吊卡体；2—活门销子；3—吊卡活门；
4—手柄；5—锁扣销子；6—锁扣

可以更换的,可以更换直径从 19~25 mm 的各种卡套,以适用于不同规格抽油杆的起下作业。一般工作负荷为 50 kN,可以适用于一般井深的起下抽油杆作业。

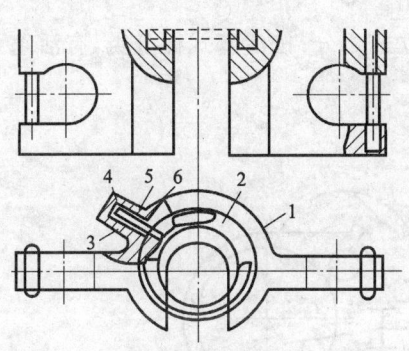 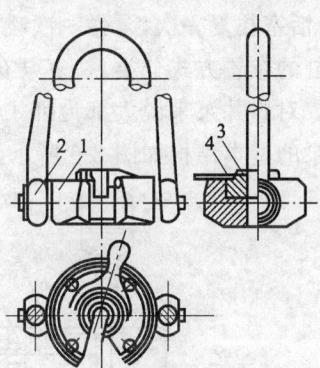

图 8-7　月牙形吊卡　　　　　图 8-8　抽油杆吊卡示意图
1—壳体;2—凹槽;3—插栓;　　　1—卡体;2—吊环;3—卡具;4—手柄
4—手柄;5—弹簧;6—弹簧底垫

8.1.3　旋转设备

转盘是一个齿轮减速器,它将发动机传来的水平旋转运动变成转台的垂直旋转运动。安装在转台中央、井口的上面,是井下作业中主要的旋转设备。在修井过程中,可完成以下工作:

① 传递转矩和转速,转动井中钻具。在修井钻进时,转盘要在钻杆不断往井中送进的情况下带动钻具旋转,并保证钻具有足够的扭矩和必要的转速,以便钻水泥塞、坚固地砂堵或加深井眼等。

② 在起下钻过程中,承托井中全部钻杆柱的重力。

③ 完成卸扣、卸钻头和处理事故时倒扣、造扣、套铣、磨铣等工作。

8.1.4　循环设备

在井下作业(修井)施工中,循环冲洗设备的主要作用是向井内打入各种液体介质,实现循环和洗井工艺,以满足压井、冲砂、替喷(诱喷)、洗井、增产措施中向井内泵送酸液和压裂液以及水力喷砂射孔等项作业的要求。循环冲洗设备主要包括泥浆泵(车)、洗井车(水泥车)、高压洗井管线、水龙头、弯头及管汇等。

① 泥浆泵(车)。在大修和井下作业施工过程中,泥浆泵主要用于循环修井工作液,完成冲洗井底、冲洗鱼顶等项作业施工。一般有条件的井场可配电驱动泥浆泵,在无电源的情况下,配备柴油机驱动的泥浆泵。

与修井机配套的泥浆泵主要有双缸双作用泵和三缸单作用泵两种形式。

双缸双作用泵有两个缸,每个缸中的活塞在一侧吸入的同时,另一侧则排出,活塞往复一次,吸入、排出各两次。三缸单作用泵有三个缸、三个活塞,活塞仅一面给流体施加压力,活塞往复一次,泵做一次吸入和排出。

按液缸的布置方式分类,往复泵有卧式、立式之分;按活塞式样分类,有活塞泵、柱塞泵之分。对修井泵来说大都为卧式活塞泵。

泥浆泵的基本结构如图 8-9 所示。

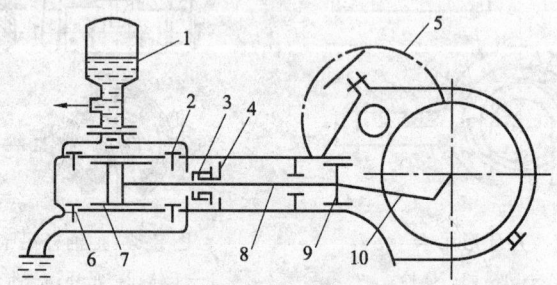

图 8-9　泥浆泵的结构示意图
1—空气包;2—排出阀;3—拉杆密封涵;4—活塞拉杆;
5—皮带轮;6—上水阀;7—缸套;8—中心拉杆;9—十字头;10—连杆

② 洗井车(水泥车)。能进行洗井、循环、压井、封堵及注水泥等作业的车装洗井设备统称洗井车。一般都是由洗井泵和动力运载车两部分组成。泵被安装在车上,泵是完成上述循坏洗井等项作业的主要设备。车的作用有两个:一是供给泵驱动力,二是起运载作用。因此可选用不同规格的泵和不同类型的汽车,组合制造出多种类型的洗井车。目前现场上常见的洗井车有 300 型和 400 型等几种。

③ 压裂车。压裂车的组成基本与水泥车相同,压裂车所用的往复泵多为三缸单作用卧式柱塞泵。其特点是功率大、排量大、压力高,且运载车辆越野性能强。一般在大修施工作业中水泥车满足不了要求时及压裂施工中使用压裂车。目前,常用的压裂车型号有:YLC-500,SYC-700,ACF-700,YLC-1000,LC-1050,NOWSCO/STP2000,W1500/K184,SJX5321TYL105,FC-2251 等。

④ 水龙头。水龙头的作用是悬吊井下管柱、连接循环冲洗管线中固定部分和旋转部分,可完成洗井、冲砂、解卡循环等施工作业,具有高压密封循环修井工作液通道的功能。

水龙头由固定和转动两大部分组成,基本结构形式如图 8-10 所示。使用时,固定部分与提升大钩连接,起到悬吊井下管柱的作用,活动部分与方钻杆相连接,并能随同方钻杆和井下管柱一同转动。

⑤ 水龙带。水龙带是由一层内橡胶、几层帘线布、几层中间橡胶及钢丝网层制成的中空软管。主要作用是便于高压管线连接,满足修井施工中所需要的在高压状态下进行上下活动、使高压管线通道可以弯曲与转向等要求。

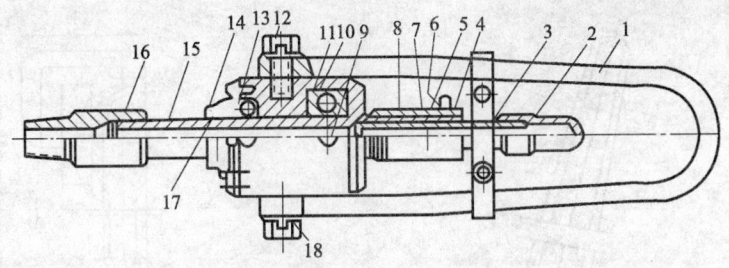

图 8-10 水龙头结构

1—提环；2—鹅颈管；3—冲管；4—密封盒垫环；5—密封圈；6—上密封圈座；7—下密封圈座；8—密封盒；
9—黄油嘴；10,13—止推轴承；11—主体；12—螺钉；14—底盖；15—中心管；16—接头；17—挡油圈；18—防松垫

作业施工中使用时，水龙带两端插有倒齿型钢接头，倒齿所插入的水龙带外部有两道卡箍，防止使用时压力高将接头蹩开。水龙带的用途很广，按其工作压力和管径的不同，分为工作压力 8,10,15,20 MPa，直径为 50.8,73,88.9,114 mm 等几种规格。

⑥ 管汇及弯头。管汇，又叫总机关，它的作用是汇集液流和改变液流方向，并有控制高压液流的作用。它由一些高压阀门、油壬、弯头、三通和短节等组合而成。对管汇的技术要求是：每个组件必须能耐高压，质量合格。新的管汇使用前一定要经过试压检验（或探伤检测），合格后方可使用。使用时不仅各部件能耐额定高压，而且各连接部位还要保证不刺不漏。由于管汇比较笨重，为了提高管汇利用率，便于搬移，可将管汇装在汽车上，这种车辆称为管汇车。

弯头的作用是改变施工中管线的连接方向和便于管线的连接。按其结构特点分为固定式弯头和活动式弯头两种。

8.1.5 井口装置及工具

包括油管钳、管钳、卡盘、扳手等，用于不压井不放喷井下作业的有加压吊卡、安全卡瓦、自封封井器、半封封井器、全封封井器等。

① 油管钳。油管钳是专门用于上卸油管的工具。主要结构由钳柄、钳牙、钩柄、小钳颚与大钳颚组成，如图 8-11 所示。

使用时，一手握钳柄，一手扳动钩柄，把小钳颚打开，张开钳口，将钳搭在油管上（动作要快），利用惯性使小钳颚与大钳颚把油管抱住，拉钳柄，小钳颚内钳牙咬住油管，用力越大，咬得越紧。不停地转动钳柄，便可将油管上紧或卸开。

② 抽油杆钳子。抽油杆钳子是作业施工中用于上卸抽油杆丝扣的工具，具有比管钳上卸抽油杆灵活好用的特点。其结构如图 8-12 所示。

③ 液压油管钳。液压油管钳是靠液压系统进行控制和传递动力的上卸油管扣的专用工具，如图 8-13 所示。它的动力由液压马达提供，具有操作平稳、效率高、安全可靠、适用性强等特点。

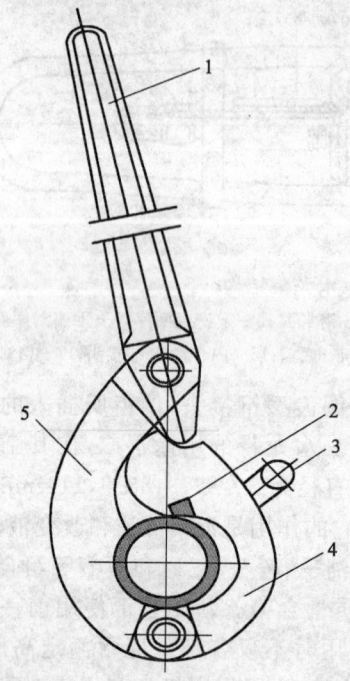
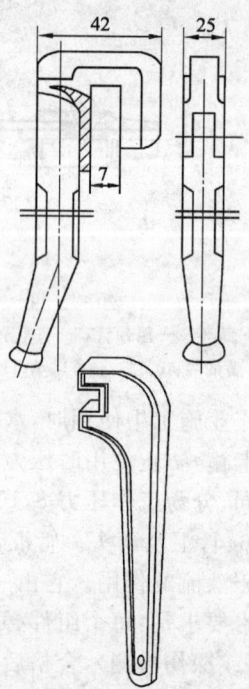

图 8-11 油管钳
1—钳柄；2—钳牙；3—钩柄；4—小钳颚；5—大钳颚

图 8-12 抽油杆钳子

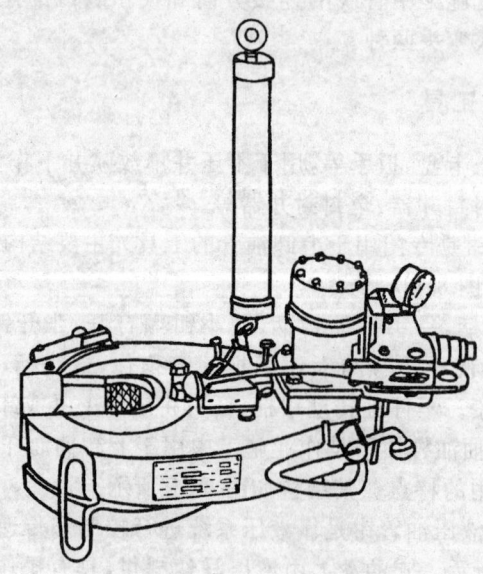

图 8-13 液压油管钳示意图

④ 管钳。管钳又称管子钳,是转动上卸管子和其他圆形工作物的工具。井下作业时常用它进行上卸较小的油管与钻杆及其他工具。

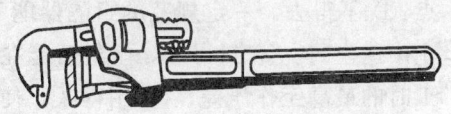

图 8-14　管钳

管钳由钳身、钳头、板牙、调节环四部分组成,如图 8-14 所示。它的规范是按管钳头张到最大位置时管钳的全长而定,以英寸为公称尺寸。井下作业常用的管钳有:18,24,36,48 in 四种。

⑤ 链钳。链钳是用来上卸管类和圆筒形物体的专用工具。适用管径比管钳大得多,可用几倍于管钳所用的力进行操作。

图 8-15　链钳

链钳是由一个钳柄、两块齿板、一根带有平式活节的链条及固定链条的销子等组成,如图 8-15 所示。

⑥ 扳手。修井常用扳手有活动扳手和固定扳手两种,如图 8-16 和图 8-17 所示。活动扳手的特点是扳手开口在一定范围内可以进行调节,可上卸不同规格的螺帽,使用方便,用途广泛。修井常用的活动扳手有 8,10,12,18 in 四种规格。

固定扳手(死扳手)只能上卸一种规格的螺钉和螺帽,其规格很多,目前修井作业常用的有 54,47,42 mm 的单头固定扳手及 24 mm×36 mm 的双头固定扳手等。

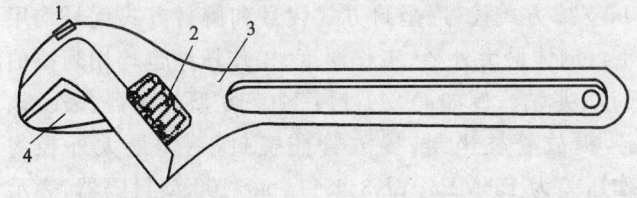

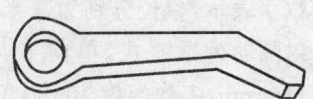

图 8-16　活动扳手　　　　　　　　图 8-17　固定扳手
1—导向螺母;2—旋合螺母;3—上虎口;4—下虎口

8.1.6　封隔器

8.1.6.1　封隔器概述

为了满足油水井某种工艺技术目的或油层技术措施的需要,常需在井中把不同油层分隔开。封隔器就是能在外力作用下胀大胶筒直径,密封油套环形空间的专用工具。常用于分层开采、分层注水及实施井下作业工艺措施时封隔层段。也可利用丢手封隔器悬挂防砂衬管,代替水泥塞封堵,保护下层,对上层进行施工。将封隔器用管柱下入目的位置后,取出管柱叫丢手。其留在井下的封隔器叫丢手封隔器(或称桥塞)。

不同的井下工艺措施对封隔器有各自的特殊要求,但对它们的基本要求有下面几点：① 下得去。一定规范的封隔器能下入该规范最小内径的套管内，下井过程中能防止中途坐封。② 封得严。坐封后能在井内封隔目的层，并能承受一定的层间压差或施工时的最高工作压差。③ 用得久。使用时间越长越好，能重复多次坐封。④ 起得出。解封要可靠，起出时不会因封隔器部件失灵或损坏而遇卡。⑤ 进行某些工艺措施时能多级使用。

8.1.6.2 封隔器的分类及型号编制

目前各油田所使用的封隔器型式很多，按其工作原理不同，可分为支撑式、卡瓦式、皮碗式、水力扩张式、水力自封式、水力密闭式、水力压缩式和水力机械式八种类型（原型号编制方法就是以这种分类方法为基础的）；按其封隔件（密封胶筒）的工作原理不同，又可分为自封式（靠封隔件外径与套管内径的过盈和压差来实现密封）、压缩式（靠轴向力压缩封隔件，使封隔件直径变大以实现密封）、楔入式（靠楔入件楔入封隔件，使封隔件直径变大以实现密封）、扩张式（靠一定压力的液体作用于封隔件的内腔，使封隔件直径扩大以实现密封）和组合式（由自封式、压缩式、扩张式任意组合实现密封）五种类型。

为了使用方便，原石油部对封隔器型号的编制方法作了统一的规定。型号编制的基本方法是按封隔器分类代号、支撑方式代号、坐封方式代号、解封方式代号及封隔器钢体最大外径、工作温度、工作压差等参数依次排列，进行型号编制。

其中，分类代号是用分类名称的第一个汉字拼音的大写字母表示，组合式用各型式的分类代号组合表示，见表8-1；支撑方式代号、坐封方式代号和解封方式代号均用阿拉伯数字表示，见表8-2～表8-4；钢体最大外径、工作温度、工作压差也均用阿拉伯数字表示，单位分别为毫米、摄氏度、兆帕。例如：Y211-114-120/15型封隔器，表示该封隔器为压缩式，单向卡瓦固定，提放管柱坐封，提放管柱解封，钢体最大外径为114 mm，工作温度为120 ℃，工作压差为15 MPa；YK341-114-90/100型封隔器，表示该封隔器为压缩、扩张组合式，悬挂式固定，液压坐封，提放管柱解封，钢体最大外径为114 mm，工作温度为90 ℃，工作压差为100 MPa。

表8-1 分类代号

分类名称	自封式	压缩式	楔入式	扩张式	组合式
分类代号	Z	Y	X	K	用各式的分类代号组合表示

表8-2 支撑方式代号

支撑方式名称	尾管支撑	单向卡瓦	悬挂	双向卡瓦	锚瓦
支撑方式代号	1	2	3	4	5

表8-3 坐封方式代号

坐封方式名称	提放管柱	转动管柱	自封	液压	下工具	热力
坐封方式代号	1	2	3	4	5	6

第8章 油水井作业

表8-4 解封方式代号

解封方式名称	提放管柱	转动管柱	钻铣	液压	下工具	热力
解封方式代号	1	2	3	4	5	6

8.1.6.3 几种主要类型封隔器的结构及原理

(1) 支撑式封隔器

现以胜利Y111-114型封隔器为例作以介绍,其结构如图8-18所示。其工作原理如下:

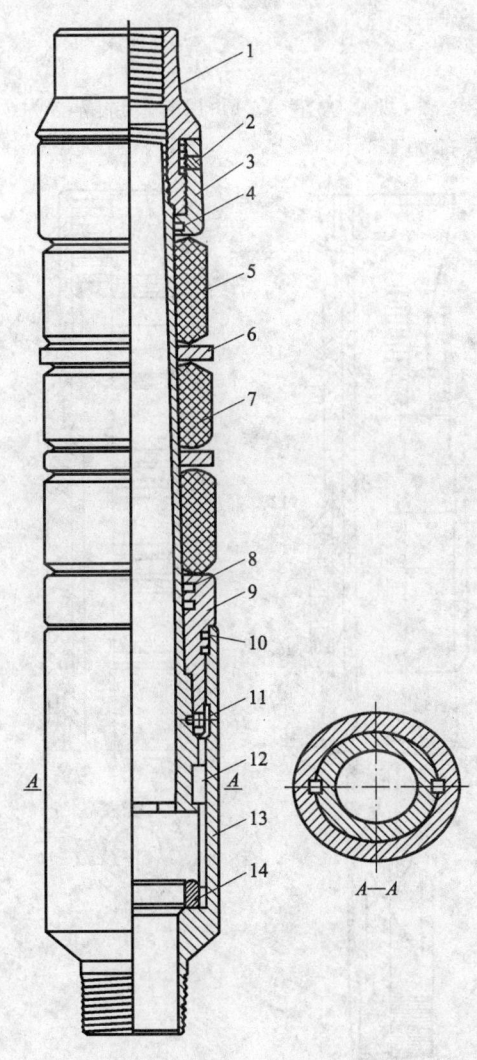

图8-18 胜利Y111-114型封隔器

1—上接头;2—销钉;3—调节环;4—"O"型胶圈;5—胶筒;6—隔环;7—中心管;8—"O"型胶圈;
9—承压接头;10—"O"型胶圈;11—坐封剪钉;12—键;13—下接头;14—压缩距垫环

坐封:按所需坐封高度(油管挂距顶丝法兰的距离)下放管柱。因承压接头9和下接头13与尾管(或卡瓦式封隔器或支撑卡瓦)相接,以井底(或卡瓦式封隔器或支撑分瓦)为支点,坐封剪钉11在一定管柱重力作用下被剪断。则上接头1、调节环3、中心管7和键12一起下行,压缩胶筒5,使胶筒5的外径变大,封隔油套环形空间。

解封:上提管柱,胶筒5即恢复原状。

支撑式封隔器结构简单,坐封可靠,但只能一级使用,坐封位置离井底不能超过50 m,否则,尾管太长,影响耐压。

(2)卡瓦式封隔器

卡瓦式封隔器种类较多,现以大港Y211-114型封隔器为例作以介绍。其结构如图8-19所示。其工作原理如下:

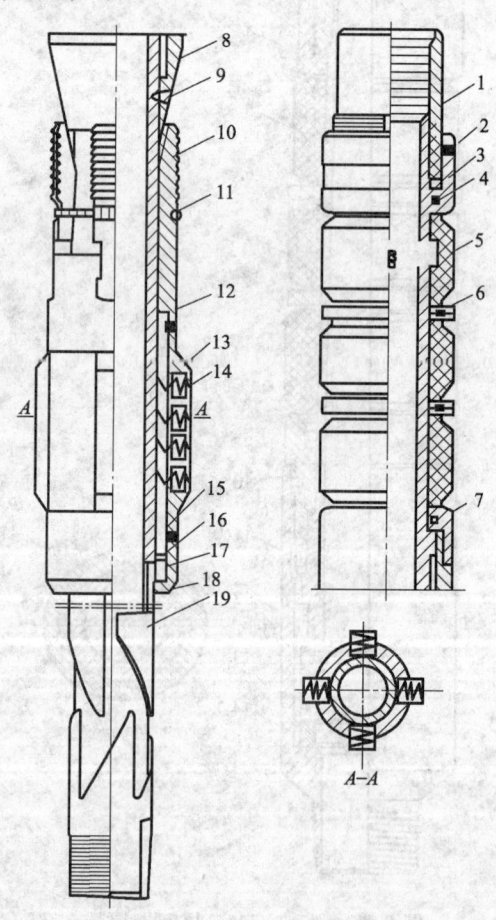

图8-19 大港Y211-114型封隔器

1—上接头;2—定位销钉;3—调节环;4—"O"型胶圈;5—胶筒;6—隔环;7—限位套;8—锥体;9—坐封剪钉;10—卡瓦;11—箍簧;12—卡瓦座;13—扶正块;14—弹簧;15—扶正器座;16—滑块;17—滑环销钉;18—滑套环;19—轨迹中心管

下管柱:当封隔器下井时,扶正块 13 在弹簧 14 的作用下,紧贴套管壁(与管壁发生摩擦而使滑环不会自动下落至轨道的下死点)。此时,滑环销钉 17 位于轨迹中心管 19 的短轨道上死点。卡瓦和扶正器部分通过滑环销钉与轨迹中心管相连,且保持相对滑动。因其间有一定的防坐距离,不会在下管柱途中将封隔器坐住。

坐封:当封隔器下到预定位置后,按所需坐封高度(它取决于下入深度、坐封载荷、胶筒密封压缩距等,胶筒密封压缩距一般为 0.4~1 m)上提管柱。因扶正块紧贴套管壁不动,中心管上行,结果,滑环销钉 17 就从短轨道的上死点移到换向位置。再下放管柱,销钉在长轨道中移到坐封位置的上死点,卡瓦 10 被锥体 8 锥开,并卡牢在套管内壁上。此时以卡瓦为支点,坐封剪钉 9 在一定管柱重力的作用下被剪断,上接头 1、调节环 3 和轨迹中心管 19 一起下行,压缩胶筒 5,使胶筒 5 的直径变大,从而封隔油套环形空间。

解封:上提管柱,上接头 1、调节环 3 和轨迹中心管 19 一起上行。结果,滑环销钉 17 移到下死点,锥体 8 从卡瓦 10 中退出,卡瓦 10 收回,解卡。与此同时,胶筒 5 也收回,解封。

卡瓦封隔器的优点是可以固定在井筒任意位置上,不必支撑在井底;卡瓦可以防止封隔器上下移动;可与支撑式封隔器配成两级使用。缺点是结构较复杂,容易砂卡;井深超过 3 000 m 左右时,换向不可靠。

(3) 水力压差(水力扩张)式封隔器

现以通常使用的 K344-115 型封隔器(原 DDQ457-9 型)为例作以介绍,其结构如图 8-20 所示。其工作原理如下:

坐封:当封隔器下到预定深度后,从油管注入高压液体,一方面经过滤网罩 7、下接头 8 的孔眼和中心管 6 的水槽,进入中心管和胶筒之间;另一方面向下进入节流器,造成压力损失,使油管内的压力(即胶筒 5 的内腔压力)大于油管外的压力,内外压差达 700 kPa 时,胶筒向外扩张而坐封。

解封:放掉油管内压力,胶筒 5 即收回解封。

水力压差式封隔器密封可靠,可以多级使用,操作最方便。适用于注水、酸化、压裂、找窜和封窜等。

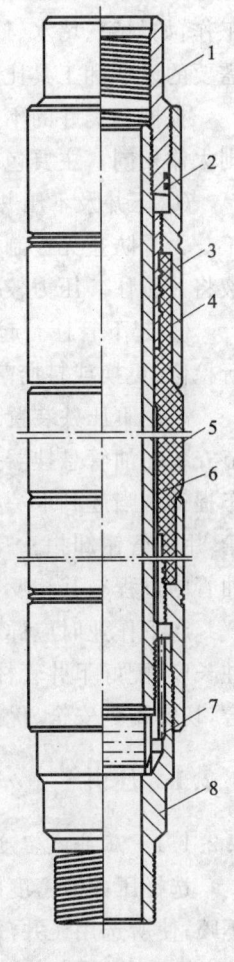

图 8-20 K344-115 型封隔器
1—上接头;2—"O"型胶圈;
3—胶筒座;4—流化芯子;
5—胶筒;6—中心管;
7—滤网罩;8—下接头

8.2 油井小修

根据井的故障性质、施工作业的繁简程度,可将修井分为小修和大修。小修是指经常性的维修工作,如检泵、清砂、洗井、更换井下管柱、小型打捞等。一些复杂的修井工作,如封窜、堵水、修复套管、改采侧钻等,属于大修范围。由于大修施工比较复杂,需要的设备和工具比较多,一般由专门的大修作业队或钻井队承担。

根据各类井的不同,其修井工艺措施也略有差别。但是,就修井的基本过程而言,则大体相同。主要包括以下两个方面的内容。

① 压井及不压井作业。高压油、水井进行修井作业时,必须拆卸井口装置才能施工。为了防止无控制井喷及便于施工作业,一般常采用压井措施,用清水、泥浆等压井液将井压住。压力较低的,也可采用一套不压井、不放喷装置进行不压井作业。

② 起下管柱。起下管柱就是把井内的油管柱或抽油杆柱及井下工具全部起出,进行检修、更换或打捞落物,然后再下入井内。这是修井过程中的一项经常性工作。

采用不压井装置或压井后拆掉采油树就可开始起下管柱。起油管时,先将提升短节安装在油管悬挂器上,松开油管头法兰螺丝,用吊卡卡住提升短节,然后用修井机绞车提升。当起到下一根油管接箍露出井口 0.5 m 左右时,再用吊卡(或卡瓦)卡住油管,用油管钳卸扣。卸扣后,上好护丝,拉至管桥排好,这样将油管一根根地起出。下油管的过程与其相反。

起下作业时应详细检查校正井架、设备运转情况、工具是否齐全完好,认真丈量管柱长度,配好下井管柱,防止井内掉落物,严禁猛提猛拔。各岗位要动作协调,密切配合,切实做到安全、优质、快速作业。

8.2.1 压井

8.2.1.1 压井液密度的计算与选择

选择压井液密度的原则是使压井液在井筒造成的液柱压力对油层压而不死,活而不喷;使所选用压井液的密度既能满足压住井,又不损害地层。

由压井的定义和压井原则可知,保持井内平衡的条件为:井底压力等于地层静压力,即 $p_f = p_r = p_H + p_t$。要使井口压力为零,则必须使井内液体产生的井底压力等于地层压力: $p_r = p_H = \rho g H \times 10^{-6}$,因此可得压井液密度为:

$$\rho = \frac{\alpha p_r}{gH} \times 10^6 \qquad (8-1)$$

式中 g——重力加速度,9.8 m/s²;

ρ——压井液密度,kg/m³;

α——安全系数,常取 1.1~1.15;

H——油层中部深度，m。

如果密度的单位用 t/m³，或用相对密度表达，上式可变为：

$$\rho = 102 p_r / H \tag{8-2}$$

压井液的选用原则是：计算出来的压井液相对密度为 1 时，选用清水压井；压井液相对密度为 1～1.18 时，选用盐水压井；压井液相对密度为 1.18～1.26 时，用盐水加氯化钙水溶液压井；压井液相对密度为 1.26 以上时，用钻井液压井。

8.2.1.2　压井工艺

井下作业中的压井方法与钻井中的压井方法有所不同，现场上常用的压井方法有循环法、灌注法和挤注法三种。

(1) 循环法

循环法是目前油田应用最广泛的方法。该方法是将配好的压井液用泵泵入井内进行循环，使油层中的液体不能溢出，而将井筒中的原油用压井液替出来，使原来被油气水充满的井筒改为用压井液充填，从而把井压住。

循环压井法分为正循环和反循环两种压井方法。

正循环压井，就是开始压井时，压井液从油管泵入，然后经过油管鞋进入油管与套管的环形空间返回地面，构成从油管到油套环形空间的正循环通道，从而将井压住。这种压井方法用于低压、气量较大的油井效果较好。在使用正循环压井时，应先将井内气体放空，因为此类井压力低、气量大，突然放空，会造成暂时停喷。然后，立即从油管内将压井液打入。这样，压井液受气侵的可能性小，也不致于造成漏失，故可成功压井。

反循环压井，就是将压井液从油套环形空间泵入，将油管中的液体替出，构成从油套环形空间到油管的反循环通道，从而将井压住。这种方法多用在压力高、产量大以及有深井泵和单流阀的油井。因为当压井液到达油管鞋时，才用出口闸门控制其喷出量，所以不会使压井液气侵。这种方法操作比较简单、压井成功率高，现场多采用。

(2) 灌注法

灌注法就是往井筒内灌注一段压井液而把井压住。这种方法多用于井底压力不高、修井工作难度不大、工作量小、修井时间短的简单修井作业。如换油井采油树总闸门、解除井口附近卡钻事故、焊接井口、更换四通法兰等。这种压井方法设备简单，操作方便，修井后很快就能使油井恢复正常生产，并且压井液与油层不接触，油层受损害小。

(3) 挤注法

挤注法就是在压井的时候，井口只有压井液进口而没有出口，只能在地面用高压将压井液挤入井内，从而把井筒内的原油、天然气和水挤回地层，靠井筒内压井液柱的重力把井压住的方法。这种压井方法的缺点是：在用高压将井筒内流体（油、气、水）挤回地层时，也有可能将井内的脏物（如泥、砂等）挤入油层，造成油层孔道堵塞。然而这种方法有着工程上的实际意义，可以解决用循环法、灌注法不能解决的压井问题，如砂堵井、蜡堵井或因事故不能进行循环的高压井,都必须采用挤注法压井。特别是在注水开发的油田,油层连通性好、含水率高的油井采用这种方法进行压井,不仅能使修井作业施工顺利进行,而且能防止井喷事故。

8.2.1.3 影响压井成功率的因素分析

若压井不成功,不但会造成工程上的成本增加,而且容易伤害油层。因此,掌握影响因素,对于压井施工有很重要的意义。

① 压井液性能的影响。压井过程中,压井液性能常常受到井内和地层内各种变化的条件的影响,使其性能变坏。如:水侵,即外来水的侵入,会导致压井液粘度降低,相对密度减小;气侵,即天然气混入压井液中,其压井液会表现出相对密度减小,粘度相应增加,且出口处夹有小气泡;钙侵和盐水侵,即地层中的石膏、盐水侵入压井液之中,会严重改变压井液的切力和粘度,从而影响其相对密度,导致压井失败。

② 设备和施工措施等因素的影响。压井用泥浆泵上水不好、排量太小、压井时间太长或上水管线被污染堵塞、冬季施工管线结冻等等,都会造成压井失败;压井中对井下情况不明(油井结蜡严重,有否高压水层、油气比、静压及周围井连通情况不清),技术措施不当,准备工作不充分等,也会影响压井的成功率。

8.2.1.4 喷水降压

为了防止井底附近地带的地层孔隙被杂质、脏物所堵塞,注水井一般不用压井液压井,而采用喷水降压或关井降压放喷的方式。所谓关井降压是指修井前几天对注水井停注关井,而使井内压力逐渐扩散,达到降低井底压力的目的。

(1) 降压原理与作用

注水井在注水驱油过程中井筒充满高压水,这时打开井口,就相当于一个高压密闭容器打开一个小孔,密闭容器中的流体就会以较大的速度和排量源源不断地喷出。随着时间和喷出量的增加,密闭容器中的压力降为零。虽然地层内仍处于高压,但敞开井口作业也不至于发生井喷。实际施工中对投注较长一段时间的注水井作业,不采用关井降压方法,而直接采用放喷降压方法。这样,可以使地层内高压液体冲刷和携带出岩层孔隙中的堵塞物以及注水管线中的水垢、污物、杂质等,从而达到解堵的目的。

(2) 降压工艺技术

注水井喷水降压工艺比较简单,就是通过油管或套管,使井筒以至地层内的液体不断地喷出地面。喷出量的大小根据油层的堵塞物来决定,通过调节井口闸门来控制喷率,直至解除井下堵塞。

注水井喷水降压方式一般是采用油管放喷方式,在油管不能放喷时才采用套管放喷方式。因为油管放喷有着见水早、易调节、流速高、携带力强、不易造成砂卡等优点。

喷水降压的技术措施一般根据油田情况、各井井况的不同而确定。但通常应掌握好如下几个技术环节:

① 确定初喷率(即开始放喷时的喷率)。初喷率选择得正确与否,不仅影响降压的成败,还会影响井况及油层。一般初喷率选 $3 m^3/h$,含砂量在 0.3% 以下。

② 确定喷出量的提高幅度及极限喷率。一般在初喷率条件下,喷出总水量大于喷水管容积的 2~3 倍后,若含砂量仍不上升,即可逐渐提高喷率。但每次提高幅度不能超过 1 m^3/h。如果喷率提高到某一数值,发现含砂量突然上升,即说明此时的喷率已达到极限喷率(也叫临界喷率)。在喷率达到极限,若再放喷 1 h 后含砂量不降,应立即控制在极限喷率以下放喷。

③ 取资料及控制调节喷率。喷水降压时,要求每隔半小时记录一次压力、喷水量、含砂量等数据,并根据这些资料控制和调节喷率。

8.2.2 抽油井检泵

深井泵采油是一种常用的机械采油方法,而深井泵又是主要的井下设备,因此,其结构和质量能否适应油井的自身情况,对油井生产有很大的影响。抽油井在生产过程中常会发生断、脱、卡、磨等故障,而且经常需要进行加深或提高泵挂深度、改变泵径等工作。现场常把排除上述故障和调整深井泵工作参数的工作,统称为检泵。它是保持深井泵性能良好、维护抽油井正常生产的一项重要且经常性的工作。通常,按检泵目的和意义分为计划检泵和躺井检泵两种情况。

计划检泵是指泵日期是按抽油井生产情况,在油井生产过程中摸索出来的预定日期进行的检泵;躺井检泵又叫无计划检泵,它是井下泵突然发生故障或油井某种突然变化造成停产而被迫进行的检泵。任何一口抽油井的井下情况(如出砂或结蜡)都有一定的规律性,生产一定时间后就需要进行检泵。两次检泵中间这段时间叫作检泵周期。

8.2.2.1 检泵的原因

抽油井检泵的原因很多,但归结起来有两个方面:一方面是抽油井需要按摸索出来的检泵周期进行检泵;另一方面是突然发生的抽油井事故导致的检泵。具体有:

① 一般情况下,油井结蜡规律变化不大的,检泵周期也比较稳定,因而,按这个规律进行计划检泵,以保证泵正常工作和防止蜡卡造成躺井检泵。

② 泵的漏失使油井产量下降或达不到正常产量要求时,进行检泵以提高泵效。

③ 抽油泵工作失灵,游动阀或固定阀被砂、蜡或其他脏物卡住,被迫检泵。

④ 当油井动液面、产量发生突然变化时,为了查明原因,采取适当措施,需要进行探砂面与冲砂等工作而进行检泵。

⑤ 当井下抽油杆发生断脱,而使抽油泵不能工作,要进行检泵处理。

⑥ 为了改变泵的参数或提高泵效需进行检泵。

⑦ 为改变油井工作制度,需加深或上提泵挂深度等均要进行检泵。

⑧ 当发生井下落物事故或套管出现故障时,需检泵大修。

总之,造成检泵的原因很多,有时是某一项原因造成检泵,有时也可能是多种原因同时作用而造成检泵。

8.2.2.2 检泵程序

检泵施工的主要工作内容是起下抽油杆及油管柱。通常,抽油井的油层压力均较低,故可采用不压井起下作业。对有落物事故的抽油井或压力稍高的井,也可用清水或盐水压井,应尽量避免用泥浆压井,防止污染油层,造成检泵后减产。具体施工步骤如下:

① 准备工作。准备工作包括立井架、上动力设备、拆除原抽油井口换上施工井口、旋转驴头,防止起下作业时发生碰撞。

② 起泵。先起出抽油杆、活塞,后起出油管、泵体及其他井下工具等。按要求整理摆放好,并用蒸汽清洗干净和通径。起出的泵(活塞、固定阀、泵筒)应妥善存放或送修。起抽油杆时若遇卡,不能硬拔,应采取倒扣等措施解卡。

③ 下泵。下泵前应认真检查,下入的泵必须符合设计要求并质量合格。操作要平稳,防止碰井口。将新泵或检修过的泵下入井内后,再下入 1～2 根油管,然后最好试下活塞,畅通无阻后,再将全部油管下入井内。油管下完后即可下入活塞和抽油杆。下井管柱必须清洁,螺纹涂上铅油并要上紧。使用复合抽油杆时,必须按上粗下细的顺序组合。

④ 完井。抽油杆下完后,装好井口,扶正驴头,挂好毛辫子,对好防冲距,卡紧光杆,待试抽正常,井口出油后,即可完井投产。

8.2.2.3 组配管柱及各部件功用

在修井检泵施工中,一项重要的技术工作是要准确计算下泵深度、合理组配抽油杆和油管。这是提高泵效及检泵质量的重要环节,因此,必须做好以下几项工作。

(1) 组配管柱

按照要求组装连接好下井管柱,图 8-21 是管式泵连接示意图。深度计算基点是方补心。

① 泵挂深度:

管式泵泵挂深度＝油补距＋油管挂短节长＋泵以上油管总长＋泄油器总长＋泵长

杆式泵泵挂深度＝油补距＋油管挂短节长＋外工作筒支撑环以上油管总长＋泵长

② 音标位置:

音标位置＝油补距＋油管挂短节长＋音标上平面以上油管总长

③ 尾管深度:

管式泵尾管深度＝油补距＋油管挂短节长＋泵以上油管总长＋泄漏器长＋
泵长＋滤砂器长＋尾管长

杆式泵尾管深度＝油补距＋油管挂短节长＋外工作筒支撑环以上油管总长＋
外工作筒长度＋滤砂器长＋尾管长

④ 抽油杆和油管组装:

光杆伸入油管头法兰长(驴头处于下死点时)＋抽油杆总长＋泄油器长＋
活塞和拉杆长＋防冲距＝油管挂短节长＋油管总长＋泄油器长＋泵长

(2) 对管柱的要求

作业施工时将油管和抽油杆排放整齐,支点应得当,以免压弯,内外清洁,螺纹完好无损。运送泵体时防止碰撞及剧烈震动,以防泵体损坏及泵的衬套(指管式泵)震乱等。管柱下井前,应详细检查各部件规格,对不符合设计要求或质量不合格者,一律不准使用。

(3) 深井泵的附属部件

① 滤砂器。滤砂器分金属丝布滤砂和砾石滤砂两种，较常用的是砾石滤砂器，其作用是将原油中的砂粒阻挡在油管外，防止其进入泵内。

② 气砂锚。它用于既出砂又出气的油井，结构如图 8-22 所示，下室分砂，上室分气，实为气锚和砂锚的组合体。油流通过进油孔进入分气室，在重力作用下，油气分离。油经喷嘴进入分砂室，使砂沉于底部，再经下中心管进入抽油泵中。

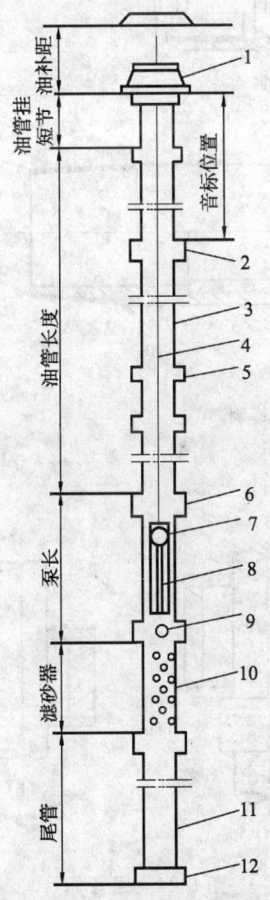

图 8-21 管式泵连接示意图

1—油管挂；2—回音标；3—油管；4—抽油杆；
5—泄油器；6—泵；7—游动阀；8—活塞；
9—固定阀；10—滤砂器；11—尾管；12—堵头

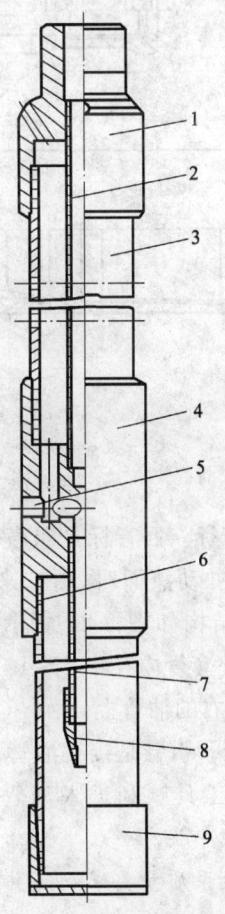

图 8-22 气砂锚

1—大小头；2—上中心管；3—上接管；
4—丝堵；5—下接管；6—下中心管；
7—喷嘴；8—堵头

③ 泄油器。它是深井泵起出时用来将油管中的油液排泄到井筒(套管)中的部件，结构如图 8-23 所示。泄油器装在泵以上 10～20 m 处，下抽油杆时，开泄器下过泄油器的密封滑套，活塞上下运动时，不能碰到密封滑套。当起抽油杆时，开泄爪顶住密封滑套下台肩拉至泄油器上台肩，使泄油器外套油孔露出，将油管中的油排掉。抽油杆用力上提时，销钉被剪断，抽油杆即可起出。

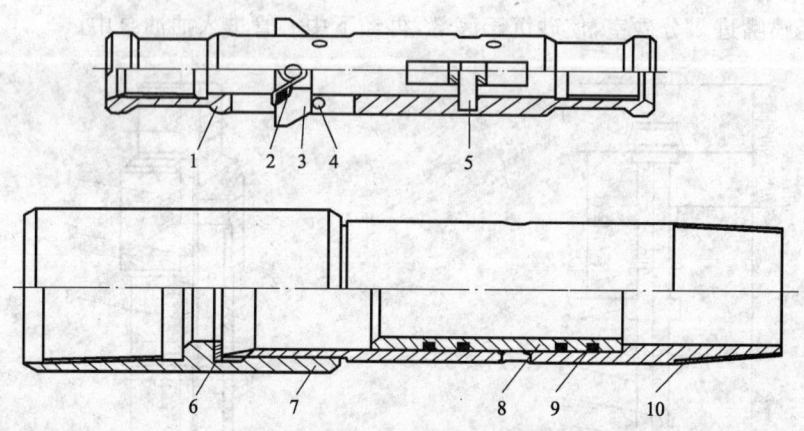

图 8-23　泄油器及开泄器结构示意图

1—接头；2—弹簧；3—爪子；4—剪钉；5—销子；6—垫圈；
7—接箍；8—套管阀(密封滑套)；9—密封圈；10—短节

④ 回音标。回音标是回声仪的井下部分，在测量抽油井动液面时，用它来测量井下声波传播速度，结构如图 8-24 所示。它长 1 m 左右，其外径比套管内径小 6～10 mm，接在距井口 150 m 左右的油管上。

⑤ 引鞋。引鞋是接在油管下部，用来引导过油管作业工具顺利进入油管的井下管柱附件，现场叫大小头。

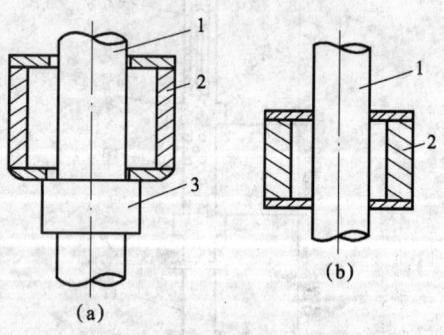

图 8-24　回音标

(a) 活动回音标；(b) 固定回音标

1—油管；2—回音标；3—油管接箍

8.2.2.4　检泵质量要求及交井

① 油管、抽油杆、音标及泵径、泵深等数据要符合设计要求。

② 在必要的试抽时间内见油。

③ 检泵后三天之内无断脱抽油杆事故。

④ 产量要达到规定要求，检泵后不能低于检泵前的产量。

8.2.3 不压井、不放喷作业设备

油井压井液易使油层污染，造成油层堵塞，水井放喷也会使局部地层压力降低，损害地层结构；而利用不压井、不放喷井下作业装置则可在井口有压力的情况下，实现水井不放喷、油井不压井，安全起下作业。

不压井、不放喷井下作业装置在工艺上要解决两个问题：一是密封问题，即在换井口和起下油管过程中，要保证油管和油套环形空间不喷；另一个是加压问题，即在起出最后几根油管或初下若干根油管时，井内压力对油管上顶力超过油管自重，这时要用外力控制起油管或强下油管。

常规作业使用的不压井、不放喷作业井口装置，如图 8-25 所示。按其工作原理可分为井口控制部分、加压部分和油管密封部分。

8.2.3.1 井口控制部分

井口控制部分由自封封井器、半封封井器、全封封井器、法兰短节和连接法兰组成。其作用是在不压井起下作业时控制井口压力，使作业施工安全顺利地进行。

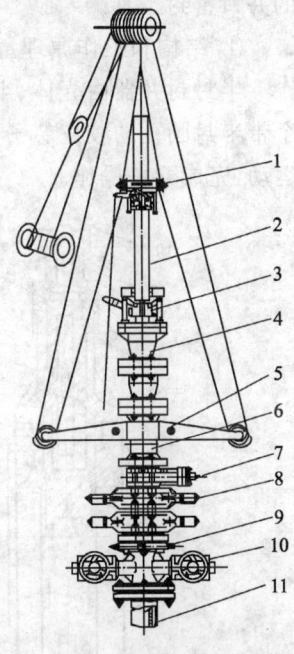

图 8-25 不压井、不放喷井口作业设备

1—分段加压吊卡；2—油管；3—安全卡瓦；4—自封封井器；5—加压支架；6—法兰短节；7—全封封井器；8—半封封井器；9—顶丝法兰；10—四通；11—套管

(1) 自封封井器

① 结构和工作原理。

自封封井器由壳体、压盖、压环、密封圈、胶皮芯子和放压丝堵组成，如图 8-26 所示。它依靠井内油套环空的压力和胶皮芯子自身的伸缩力使胶皮芯子扩张，起到密封油套环形空间的作用。井内管柱和井下工具能顺利通过自封芯子，最大通过直径应小于 115 mm。

② 使用要求。

a. 通过自封封井器的下井工具，外径应小于 115 mm。外径超过 115 mm 的下井工具，应用自封和半封倒入或倒出。

b. 通过较大直径的下井工具时，可在自封的胶皮芯子上涂抹黄油。冬天使用时，应用蒸汽加热，以免拉坏胶皮芯子。

(2) 半封封井器

它是靠关闭闸板来密封油套环形空间

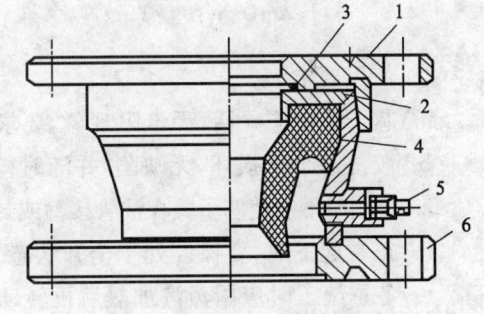

图 8-26 自封封井器结构示意图

1—压盖；2—压环；3—密封圈；4—胶皮芯子；5—堵头；6—壳体

的井口密封工具。

① 结构和工作原理。

半封封井器由壳体、半封芯子总成、丝杠等组成,如图8-27所示。其密封元件为两个带半封圆孔的胶皮芯子,它装在半封芯子总成上,转动丝杠,可以带动半封芯子总成运动,完成开关操作。

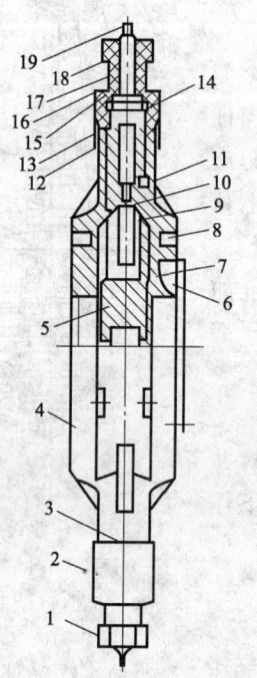
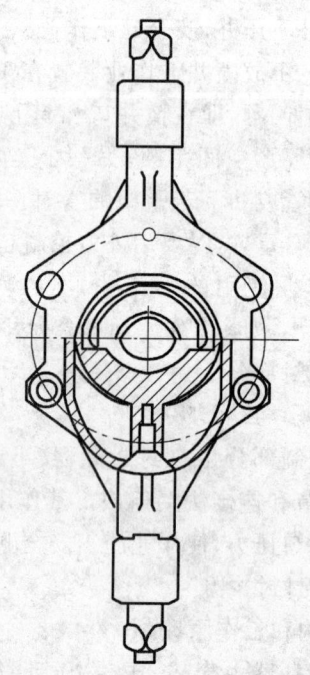

图 8-27 半封封井器结构示意图

1—压帽;2—轴承外壳;3—止动螺钉;4—壳体;5—半封芯子总成;6—压圈;7—"U"型密封圈;
8—螺钉;9—接头;10—倒键;11—螺钉;12—密封圈;13—垫片;14—止退轴承;
15—下垫圈;16—"人"字形密封圈;17—中垫圈;18—密封圈压帽;19—丝杠

② 使用要求。

a. 芯子手把应灵活,无卡阻现象,要求能够保证全开或全关。

b. 胶皮芯子无损坏,无缺陷,并随时检查,有问题及时更换。

c. 使用时不能使芯子关在油管接箍或封隔器等下井工具上,只能关在油管本体上。

d. 正常起下时,要保证处于全开状态。

e. 冬季施工时应用蒸汽加热后再转动丝杠,以免半封内结冰,拉脱丝杠。

f. 开关半封时两端开关圈数应一致。

(3) 全封封井器

全封封井器是用于起出管(钻)柱后封闭井口的专用工具。

① 结构与工作原理。

全封封井器由壳体、闸板、丝杠等组成,如图8-28所示。它的外形和工作原理与半封封井器基本相同。不同之处是闸板没有半圆孔,两块闸板关紧可以密封井口,转动丝杠,可以开井或关井。

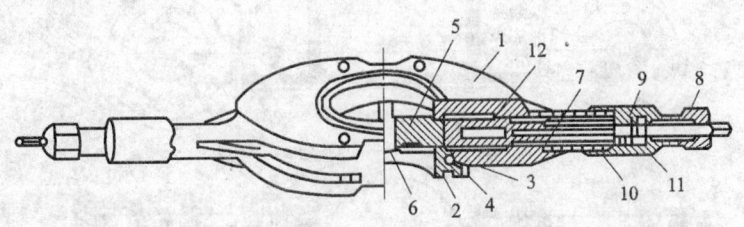

图8-28 全封封井器结构示意图

1—壳体;2—压盖;3—"U"型密封器;4—固定螺钉;5—芯子壳体;6—胶皮芯子;
7—丝杠;8—压帽;9—止推轴承;10—"O"型密封器;11—丝杠壳体;12—芯子接头

② 使用要求。

a. 丝杠开关灵活,无卡阻现象,全开直径应大于178 mm。

b. 冬季施工使用时应加热,以免冻结后拉脱丝杠。

(4) 法兰短节

法兰短节是由直径178 mm套管与两个法兰片焊接制成,可以根据使用需要制成不同的高度,可与自封封井器和半封封井器连接。一般经常使用的有0.5,0.7,1.0 m和1.2 m几种高度。在法兰短节上焊有放空闸门,关闭半封封井器和全封封井器后,可用放空闸门放掉控制器内的压力。

(5) 特殊连接法兰

它是一个钻有各种可调换孔眼的连接法兰,通径178 mm,连接钢圈直径211 mm。它装在控制器的底部,上与半封或全封封井器相连接,下与套管四通相连接。装在法兰盘下面的连接螺栓可调换孔眼,与不同规格的四通连接。有的法兰盘下部为卡箍,可与卡箍井口连接。

8.2.3.2 加压部分

加压部分包括加压支架、加压吊卡、加压绳、安全卡瓦等,其作用是解决油管的上顶问题。

(1) 加压支架

加压支架固定在法兰短节上,由支架、固定螺钉、滑轮、滑轮轴等组成,如图8-29所示。它的作用是承受加压钢丝绳的力和转变力的方向,把绞车的上提力变为控制油管上顶的下压力和向井内压送油管的下压力,从而达到安全顺利地起出(或下入)作业中最后(或最初)的几根或几十根油管的目的,完成施工任务。加压支架的计算负荷为

200 kN,适用钢丝绳直径为 12.5~18.5 mm。

技术要求:组装后滑轮必须转动灵活。在压力较高的井施工时,可用绳索将悬臂与套管四通连接起来,以增加强度。

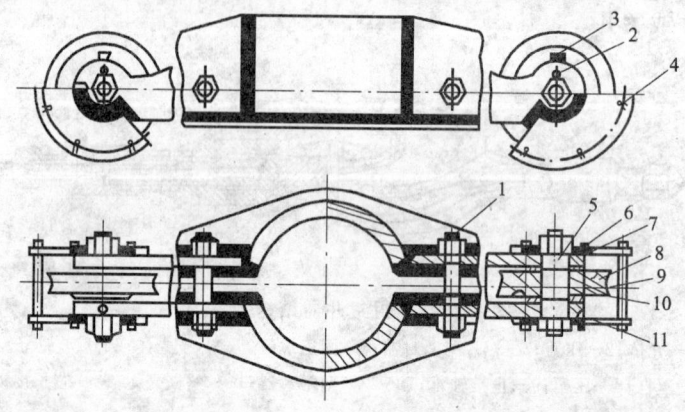

图 8-29　加压支架

1,3—螺栓;2,4—开口销;5—滑轮轴;6—挡绳销;7—垫片;8—滑轮;9—钢套;10—油孔丝堵;11—支架

(2) 加压吊卡

它是加压起下油管的专用吊卡。由壳体、滑轮、活门等组成,如图 8-30 所示。它的作用是在加压起下油管时压送和扶正油管。加压吊卡下部与普通吊卡相似。当活门处于开口位置时,将油管放入,使油管接箍正好位于吊卡上下两部分之间,靠上部壳体下面直径 92 mm 的台肩压住油管接箍。加压吊卡左右两端的滑轮与加压钢丝绳连接,转动手把,使之抱住油管,起扶正作用。开动修井机即可将管柱压入井内。在起油管时,加压系统起控制作用。

技术要求:吊卡壳体上下部分中心孔不同心度小于 1 mm;活门在壳体内转动灵活,无卡阻现象。

(3) 分段加压吊卡

当井内压力过高,加压起下油管时易压弯油管,或处理特殊情况,用普通吊卡无济于事时,可采用分段加压吊卡。它是将长油管"分成"几段或几次分别压入井内(或起出井外),从而防止油管压弯。分段加压吊卡由四连杆机构、卡瓦牙壳体、吊卡活门、滑轮、主体、手把等组成,如图 8-31 所示。工作时只需给手把一

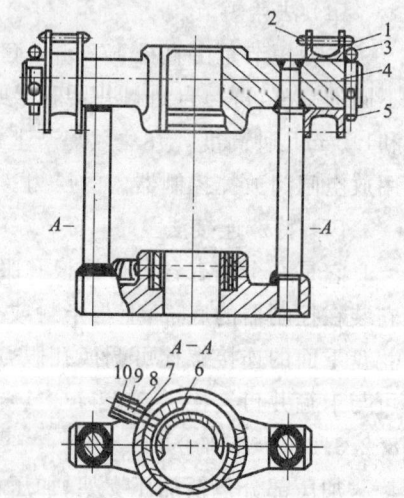

图 8-30　加压吊卡

1—螺钉;2—螺母;3—滑轮;
4—壳体总成;5,7—销子;6—活门;
8—弹簧;9—圆柱螺母;10—手把

个向上或向下的力,通过四连杆机构的作用,使两瓣卡瓦张开或合拢,以便卡住油管的任意部位。滑轮与加压钢丝绳连接,开动修井机,即可将管柱压入井内。

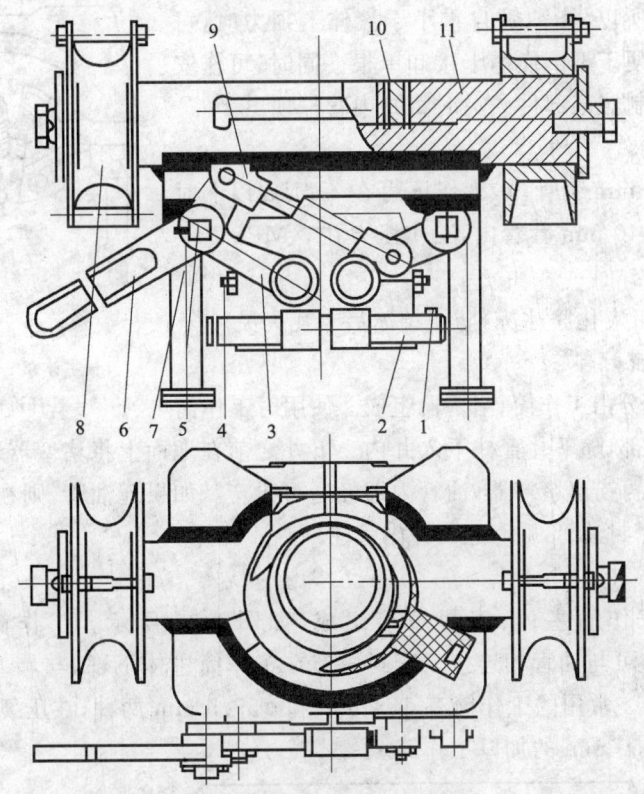

图8-31 分段加压吊卡

1—挡销;2—导杆;3—主连杆;4—卡瓦牙壳体;5—连杆轴;6—手柄;7—曲柄;8—滑轮;9—中间连杆;10—吊卡活门;11—主体

分段加压吊卡较笨重,使用不方便,易损伤油管,效率低,故在一般情况下不使用它。

技术要求:组装后,连杆机构应转动灵活,无卡阻现象;两卡瓦牙在收拢位置时,牙齿的不同心度允许误差为1 mm;卡瓦牙合卡油管时,压下手把,两卡瓦应能完全合拢;抬起手把,两卡瓦张开距离在80 mm以上,与轴线对称。

(4) 加压绳

加压绳是指加压起下油管时所用的钢丝绳。根据其在整个加压起下过程中的作用不同,分为加压绳和提升绳两段。

(5) 安全卡瓦

① 结构与工作原理。

安全卡瓦是依靠卡瓦卡住油管,防止油管上顶飞出的不压井起下安全设备。由主体、手把连杆机构和卡瓦等组成,如图8-32所示。当向下压下手把时,连杆机构带动卡瓦牙闭合,卡住油管,制止油管上顶。向上抬起手把,卡瓦就张开,松开被卡住的油管。因安全卡瓦可以卡住油管的任何部位,所以,当油管自重小于液体上顶力时,可用于卡住油管,便于不倒换吊卡接卸单根。同时,可作安全工具,防止控制器某部件失灵时将井内管柱顶出。

② 使用要求。

a. 在 Φ168 mm 套管内,工作压力在 4 MPa 以上时不能使用;在 Φ140 mm 套管内,工作压力在 5 MPa 以上时不能使用。

b. 冬季施工应化净冰冻,防止结冰后卡瓦失灵。

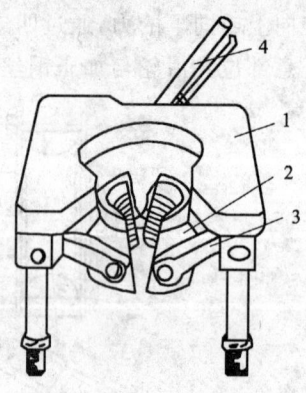

图 8-32　安全卡瓦
1—主体;2—卡瓦及壳体;
3—连杆机构;4—手把

8.2.3.3　油管密封部分

油管密封部分由工作筒、堵塞器组成。使用时工作筒接在管柱的最底部,随下井管柱下入井内。下井之前在地面上将堵塞器装入工作筒内,下完全部油管后再捞出堵塞器,油管内即畅通可投产。如果起油管,则在起油管之前投入堵塞器,即可密封油管,顺利起出井内管柱。

(1) 工作筒

工作筒由工作筒主体、密封短节组成,如图 8-33 所示。工作筒主体上部为 Φ62 mm 油管扣,可与油管相连接。密封短节在工作筒主体下部,与堵塞器配合使用,可以起密封作用。常用的工作筒有 Φ54 mm 和 Φ55.5 mm 两种,在压裂和化堵施工时还要使用一种 Φ50 mm 的加厚工作筒。

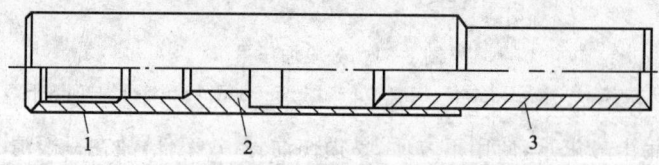

图 8-33　工作筒
1—上接头;2—台阶;3—密封短节

(2) 堵塞器

堵塞器由打捞头、提升销钉、支撑卡体、调节环、密封圈、密封圈座、心轴、螺母、导向头等组成,如图 8-34 所示。它的作用是装(投)入工作筒内,密封油管。堵塞器的尺寸有 Φ50 mm,Φ54 mm,Φ55.5 mm 三种,与工作筒配套使用。

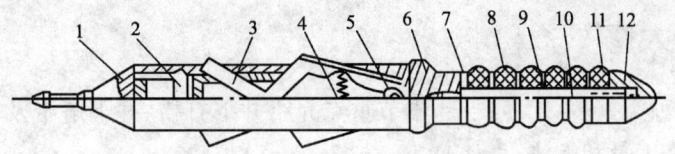

图 8-34 堵塞器

1—打捞头；2—提升销钉；3—支撑卡体；4—弹簧；5—心轴；6—支撑卡体；7—调节环；
8—密封圈；9—密封圈座；10—密封圈心轴；11—螺母；12—导向头

(3) 打捞器和安全接头

打捞器是打捞井内堵塞器的专用工具。常用的是爪块式打捞器，由本体、扭簧、销钉、打捞爪组成，如图 8-35 所示。打捞井下堵塞器时，用通井机钢丝绳或油井钢丝绳将打捞器下入油管内，当打捞器下到井下接触到堵塞器的打捞头后，打捞爪卡住堵塞器的打捞头，向油管内满灌清水，平衡油管和套管的压力，然后方可上提打捞器，将井下堵塞器捞出。

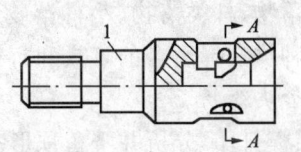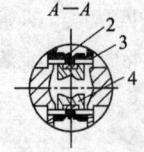

图 8-35 打捞器

1—本体；2—扭簧；3—销钉；4—打捞爪

安全接头是与打捞器配套使用的工具，如图 8-36 所示。在打捞井下堵塞器时，当井下堵塞器由于沉砂或其他原因有卡阻时，可以在安全接头销钉处拉断脱开，脱开后井下余留部分顶端为打捞头，便于下次打捞。如果在打捞堵塞器时不安装安全接头，那么在打捞遇阻时

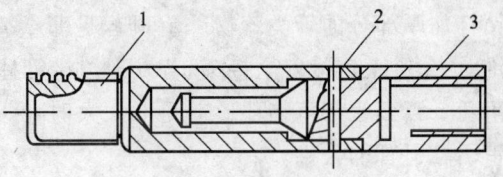

图 8-36 安全接头

1—上接头；2—安全销钉；3—下接头

就可能拔断钢丝绳或钢丝，造成油管内落物事故。

一般在打捞井下堵塞器时，下井打捞工具的连接顺序由上而下为钢丝绳帽、加重杆、安全接头、打捞器。

由上述内容可知，这种不压井、不放喷井下作业装置是由井口控制部分和油管密封部分保持管柱及其周围的密封。靠加压部分夹持管柱使其不会落井，也不会冲出井眼，并通过加压绳和滑轮系统完成强行起、下管柱的过程。

下管柱过程是，当作业机收回游动滑车时，夹持管串的加压吊卡强行使管柱下行。当该行程结束时，安全卡瓦夹持管串并接单根，接单根的同时，作业机放出游动滑车，加压吊卡向上，再一次夹持接好的管柱，开始下一个行程。

起管柱的过程与以上所述相反。

8.3 油井大修

油井大修种类繁多，工序复杂，本节重点介绍井下打捞、井下解卡及套管修理等工艺的基本原理、工具和方法。

8.3.1 井下打捞及打捞工具

在油田开发过程中，伴随着油田、油井情况的不断变化，井下作业量不断增加，容易造成各种井下落物事故。尽管落入井下物体的种类繁多，但按落物的性质可归纳为四大类，即管类落物、杆类落物、小件落物及绳类落物。落物不同，打捞的方法也就不同，应根据落物种类选择适合的工具和打捞方法。

8.3.1.1 打捞管类落物

一般先下铅模打印，分析井下鱼顶形态、位置，再选择合适的打捞工具。打捞管类落物的常用工具有：

① 公锥。如图 8-37 所示，是通心的圆锥体，上部用丝扣与管柱连接，下部是特制扣型。丝扣上有轴向切削槽，用于在落物上造扣和排除造扣时所产生的铁屑。正扣公锥直接用来造扣打捞管件，反扣公锥用于倒扣。公锥打捞适用于鱼顶是接箍、接头或钻杆加厚部分的管类落物。鱼顶若是薄壁管，易被公锥胀破，使事故复杂化。使用公锥时，公锥上应接安全接头，若发现被捞管柱卡钻提不起来，可以将安全接头倒扣脱开落鱼。当套管与落物环形空间不太大时，采用不带引鞋的公锥；若环形空间大则采用带引鞋引管的公锥。

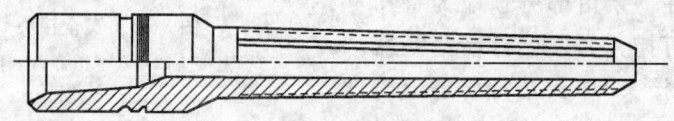

图 8-37 不带引鞋的公锥

② 母锥。如图 8-38 所示，上部有母扣与管柱连接，下部有车有锥度的内打捞扣，扣上刨有切削槽。下部外圆有公扣，以连接大尺寸的引鞋。母锥也有正、反扣之分，它的作用原理与公锥相似，差别只在于它是套在管外进行造扣。使用方法与公锥基本相同。

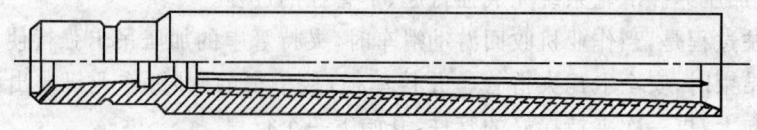

图 8-38 母锥

③ 打捞矛。是从落物内壁进行打捞的一种工具。如图8-39所示,在矛杆上刨有一个或两个斜面,斜面中间沿轴面有键条,上装有可活动的卡瓦,卡瓦块上有齿尖向上的梳形牙齿,靠自重可以下滑。打捞落物时,水通过矛心的水眼冲洗鱼顶,矛进入鱼腔后,靠梳齿牙与落物内壁间的摩擦,上提杆体而卡紧落物,使之捞上。打捞矛的下部呈圆锥形,以便打捞矛能够顺利地进入落物内腔。打捞矛接头丝扣也有正、反两种扣型。

④ 卡瓦打捞筒。它是卡住落物外壁打捞落物的专用工具。如图8-40所示,在壳体斜坡上装有两个键,用于控制卡瓦上下活动,当落物进入卡瓦打捞筒内腔时,将卡瓦推向上部,使落物顺利地进入卡瓦打捞筒。之后,靠弹簧的作用又将卡瓦推向下部紧靠落物管壁,当上提时,靠卡瓦牙与管壁的摩擦作用,越卡越紧,从而将落物捞出。反扣卡瓦打捞筒可使被卡钻具倒扣。

8.3.1.2 打捞杆类落物

这类落物一般是抽油杆、加重杆和仪表等。落物落在油管内容易打捞,落到套管内,打捞就比较困难。可根据落物的具体情况选择打捞工具,打捞杆类落物的常用工具有下面几种:

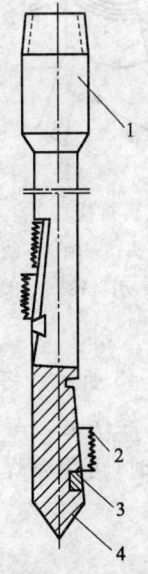
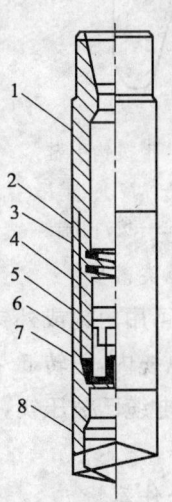

图8-39 油管打捞矛
1—主体;2—卡瓦牙;
3—挡键;4—导向头

图8-40 卡瓦打捞筒
1—接头;2—打捞筒;3—弹簧;4—弹簧座;
5—胶皮;6—卡瓦;7—键;8—引鞋

① 带拨钩引鞋的抽油杆卡瓦打捞筒。如图8-41所示,当它下至距鱼顶1m左右时,应慢转慢放,以防压弯抽油杆,将鱼顶拨正,使之进入引鞋。卡瓦上行一定距离后,

在弹簧的作用下下滑卡住落物,即可将落物捞上。

② 活页打捞器。如图 8-42 所示,当落物进入打捞器时,顶开活页,进入一定程度后活页即落下,卡住上部落物凸大部分(即接头等)使之将落物捞住。

抽油杆柱在管内如果有弯曲,可用捞钩打捞。当抽油杆在井下被压实而无法打捞时,用套铣筒或磨鞋磨铣,并用磁铁打捞器打捞碎屑。

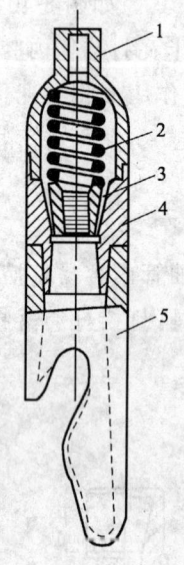 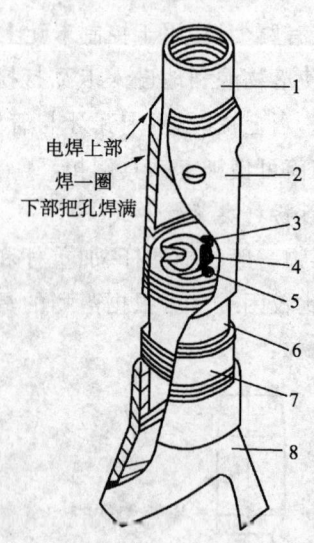

图 8-41 带拨钩引鞋

1—接头;2—弹簧;3—卡瓦;
4—外壳;5—拨钩引鞋

图 8-42 活页打捞器

1—油管接箍;2—连接头;3—轴;4—轴架;
5—活页;6—座子;7—引鞋;8—大引鞋

8.3.1.3 打捞绳类落物

对绳类落物可用内钩或外钩进行打捞,打捞器结构如图 8-43 所示。将其插入落井钢丝、钢丝绳或电缆内,正转 5~6 圈试提,如负荷增加,证明已经捞上。

当钢丝绳或电缆已被压实,内、外钩均无法捅入钢丝绳内时,可用镶焊钨钢块的套铣管将其磨掉。

8.3.1.4 打捞小件落物

要根据落物的大小、形状选择或设计合适的工具。常用的工具有:

① 磁铁打捞器。用来打捞钳牙、卡瓦牙、榔头、阀球等小物件,结构如图 8-44 所示。打捞时由钻杆或油管将其下入井内,开泵正循环将落物聚集在井底中心,停泵后加压吸住落物。起钻时应平稳操作,防止落物掉下。磁铁钉捞器下井前要检查磁性。

第 8 章 油水井作业

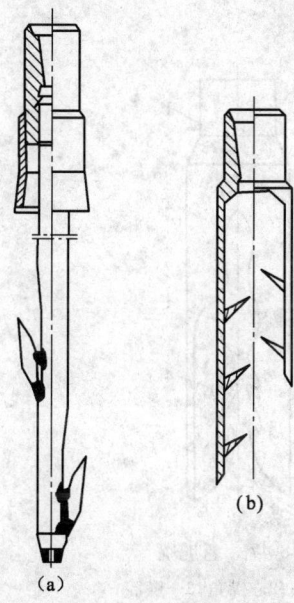

图 8-43 内钩与外钩打捞器
(a) 内钩；(b) 外钩

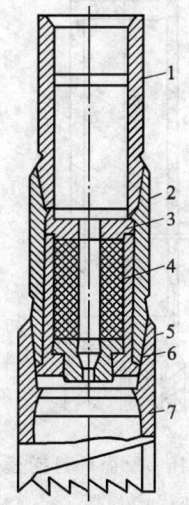

图 8-44 磁铁打捞器
1—接头；2—壳体；3—顶部磁极；4—永久磁铁；5—底部磁极；6—青铜套；7—铣鞋

② 一把抓。用来打捞单独落井的小物件，如钢球、钳牙、卡瓦牙等，结构如图 8-45 所示。把它下入预定位置后，变换几个方向下放，寻找放入的最大位置，在这个位置上，交替进行加压与旋转，使牙齿逐渐往里包，抓住落物。如突然加压、加压过大或转动过快都会造成断齿，导致打捞失败。落物掉在砂面或泥面上，一把抓获的可能性大。

③ 反循环打捞篮。结构如图 8-46 所示，用油管将它下至距打捞位置 3~4 m 处，大泵量反循环洗井，慢慢地下放钻具至距打捞位置 0.1~0.2 m 处，循环 1 h 左右停泵起钻。利用液体上返的动能带起小物件，并使其跟着液体顶开岩心爪，进入打捞篮中。随后岩心爪依靠弹力自行关闭，落物不会掉出。反循环打捞篮的效果与泵的排量、液体粘度及与落物间的距离有关。

④ 老虎嘴。结构如图 8-47 所示，形若老虎嘴。下至鱼顶上部开泵冲洗后，旋转不同方向上下活动，待落物进入后，稍加压起钻。

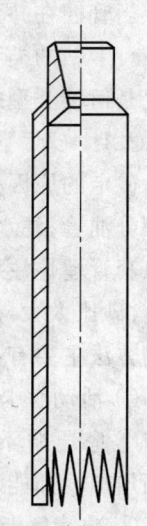

图 8-45 一把抓

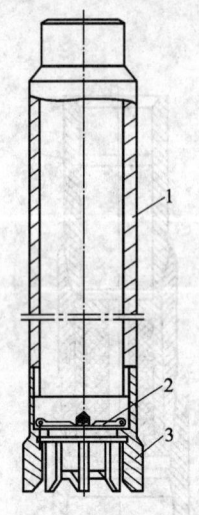

图 8-46 反循环打捞篮
1—本体；2—岩心爪；3—铣鞋

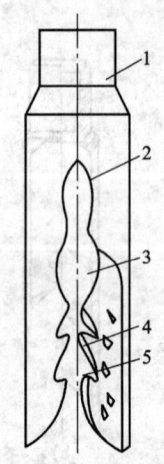

图 8-47 老虎嘴
1—接头；2—嘴角；3—嘴腔；
4—牙齿；5—嘴唇

8.3.2 井下解卡技术及解卡管柱与工具

当管柱在井下仅能在很短一段范围内活动或转动，不能上起甚至不能活动时称为卡钻。卡钻的类型很多，有砂卡、蜡卡、水泥凝固卡、落物卡、套管变形卡、封隔器卡等。无论是何种类型的卡钻，都必须及时处理。

8.3.2.1 砂卡事故处理方法

砂卡的原因是油井在生产过程中，油层砂随油流进入套管未被带出，埋住封隔器或部分油管；注水井在注水过程中，由于注水压力不平稳或停注时产生"倒流"，使砂子进入套管埋住注水管柱；冲砂时泵排量不足，不能将砂子带到地面；压裂时油管下得太深，含砂比太大，排量过小，压裂后放压过猛；注水井喷水降压时喷速过大；等。解除砂卡的方法主要有：

① 活动解卡法。将管柱上提下放进行活动，使砂子松动而解卡。

② 憋压循环解卡法。发现砂卡即开泵循环，如泵开不起来，可憋压，压力由小到大逐渐增加。如能憋开，即可解卡。当不易憋开时，可上下活动管柱。

③ 冲管解卡法。这种方法是指小直径的连续油管或冲管在油管内进行循环冲洗，以解除砂堵。冲管最下面有斜切口，可以捣松砂堵和防止憋泵。

④ 诱喷解卡法。人为地造成套管井喷，使部分砂子随油流带至地面或使其松动而解卡。此法只限于油层压力高的井，并且要防止失控造成事故。

⑤ 大力上提解卡法。在其他解卡法无效时，可采用大力上提解卡法。所谓大力上提解

卡,是在设备载荷及井下管柱强度许可范围内,采用大力上提,以克服砂子对管柱的阻力而拔出砂塞解卡。使用这种方法时,要通过指重表控制上提载荷,防止发生大事故。

⑥ 倒扣套冲解卡法。这种方法是用反扣钻杆下接反扣打捞工具,将井内被卡的管柱倒至砂面,再下套铣筒冲去管柱外面的砂子,再倒出这部分管柱。这样用套铣、倒扣的方法交替进行,直到起出全部被卡管柱为止。

8.3.2.2 水泥卡钻处理方法

水泥卡钻的原因有:打完水泥塞后,未及时上提油管至预计水泥塞面进行冲洗或冲洗不干净,导致油管与套管环空的多余水泥浆凝固而卡钻;挤水泥时间过长或催凝剂用量过大,使水泥浆在施工中凝固;井下温度过高或遇高压盐水层,使水泥浆性能变坏,以致提前凝固;计算错误或打水泥浆时发生别的故障,造成油管或封隔器固死在井中。

对于能够开泵循环的水泥卡钻,可采用浓度为15%的盐酸进行循环,以破坏水泥环进行解卡。对于不能开泵循环的水泥卡钻,可采用下面的方法:

① 倒扣套铣法。先将油管倒至被卡的水泥面,再用套铣筒铣掉油、套管之间的水泥环,铣一根,倒出一根,直到将被卡管柱全部倒出为止。

② 喷钻法。若油管偏靠套管壁又被卡住时,用套铣筒有困难,可采用喷钻法。将带喷嘴的无缝钢管下到环空水泥面后开泵循环,用砂喷射冲蚀水泥环,然后再套铣倒扣捞出管柱。

③ 磨铣法。当被卡管柱较小或被卡管柱较短时,可先将水泥面以上管柱取出,再磨鞋将被卡管柱连同水泥环一起磨掉,中间可用磁铁打捞器或反循环打捞篮打捞碎块。

8.3.2.3 落物卡钻处理方法

落物卡钻的原因大多数是由于操作者责任心不强,从井口掉下去小物件,如钳牙、卡瓦牙、井口螺丝、撬杠、扳手等,将井下工具(封隔器、套铣筒等)卡住。处理时,如果管柱可以转动,就不停地采用轻提慢转的方法转动,以便挤碎落物或捣掉落物,使井下管柱解卡。切不可大力上提,以防卡死。若此法无效,可用壁钩拨正鱼顶后再设法捞取落物。

8.3.2.4 套管卡钻处理方法

套管卡钻的原因很多,但归结到一点都是由于套管损坏。例如,由于注水时喷水降压过猛,造成套管损坏,增产措施或其他原因使套管损坏变形,并误将工具下过破损处造成变形卡、破损卡和错断卡。处理卡钻的方法是先将卡点以上的管柱倒出,然后修复套管即可解卡。

8.3.2.5 封隔器卡钻处理方法

封隔器卡钻是指由于操作不当或机械故障等引起的封隔器不能解封所造成的卡钻。处理时,应根据封隔器的类型和卡钻的原因来决定解卡方法。一般来说,首先应考虑恢复封隔器的解封功能,这主要针对封隔器的类型、工作原理及失效原因来进行。若不能解封,可用井下震击器震击,以使封隔器的胶筒收缩。当有卡瓦时,应先用套铣方法磨铣掉卡瓦部位,然后再震击解封。这样仍不能解卡时,则套铣掉封隔器的整个封隔元件,再打捞出封隔器其他部件及其下部管柱。

8.3.3 套管修复工艺与工具

油井生产时间越长,修井及各种增产措施进行得越频繁,套管损坏的机会越多,修理套管的任务越重。套管损坏的主要原因有:套管质量差,强度低;油井出砂严重,油层部分井壁坍塌;泥岩地层吸水膨胀或盐岩层蠕动,将套管挤坏变形;修井时,顿钻、溜钻或使用磨鞋、铣锥等造成;重复补射孔;固井质量差;采油压差过高;压裂泵压超过套管许可压力等。

按套管损坏的程度和性质可将其划分为套管变形、套管破裂和套管错断三种类型。不同的套管损坏类型应当采取不同的修理方法。

8.3.3.1 套管变形及其修复

凡是由于轴向应力变化,以及套管外挤压力大于内压力等因素的影响而造成的套管一处或多处的缩径、挤扁或弯曲等统称为套管变形损坏,简称套管变形。一般来讲,如果起下钻有遇阻现象,有可能就是套管变形所造成的。要确定套管变形的位置、形状、最小直径,可采用以下方法:

① 打印。用不同直径的平底铅模、锥形铅模进行打印,然后根据印痕进行分析。

② 试下。使用小直径的工具、钻具试下,以判断变形程度。

③ 电测。应用井径测量和小电极距(0.2 m)电阻测量,以求得变形的位置及变形后的内径。

根据铅模、试下、电测等方法判明套管已产生缩径或挤扁、弯曲等变形时,即应根据变形的程度采用不同的工具进行修理。一般采用套管整形工具,将变形部位矫正到接近原套管内径。目前国内外常用的整形工具有:梨形胀管器、偏心辊子整形器、三锥辊套管整形器和旋转震击式套管整形器等。此外还有用爆炸法整形的,其原理是根据变形量选择好工具尺寸和药量,引爆后产生向外推力,将变形部位的套管胀大。

(1) 梨形胀管器

梨形胀管器为一整体结构,其过水槽可分为直槽式和螺旋槽式两种,如图 8-48 所示。它依靠地面施加的冲击力(这种冲击力由钻具本身的重力或下击器来实现),迫使工具的锥形头部楔入变形套管部位,进行挤胀,实现恢复其内通径尺寸的目的。

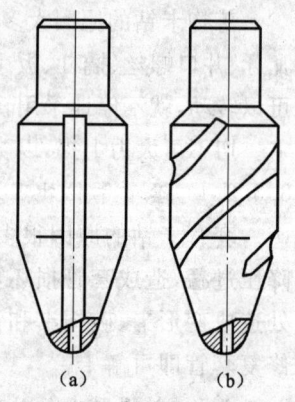

图 8-48 梨形胀管器
(a) 直槽式;(b) 螺旋槽式

(2) 偏心辊子整形器

偏心辊子整形器由偏心轴、上辊、中辊、锥辊、钢球及丝堵等器件组成,如图8-49所示。当钻柱沿自身轴线旋转时,上、下辊绕自身轴线做旋转运动。而中辊轴线与上、下辊轴线有一偏心距,构成一组曲轴凸轮机构,以上、下辊为支点,中辊以旋转挤压的形式对变形部分套管进行整形。

(3) 三锥辊套管整形器

三锥辊套管整形器由心轴、锥辊、销轴、销定销、垫圈、引鞋等组成,如图8-50所示。它在随钻具旋转和所施加钻压的作用下进入整形段。锥辊除随心轴转动外,还绕销轴自转,对变形部位进行挤胀和辊压,使变形段逐渐复原。锥辊最大直径通过后,变形段对锥辊长锥面无作用力,此时变形段对短锥面有弹性反力。随钻具旋转和锥辊自转,对恢复段继续辊压,并在洗井液的冷却下,弹性反力逐渐消失,尺寸基本保持不变,以巩固整形效果。

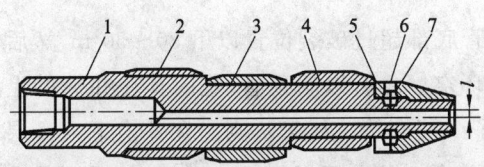

图 8-49 偏心辊子整形器
1—偏心轴;2—上辊;3—中辊;4—下辊;
5—锥辊;6—丝堵;7—钢球

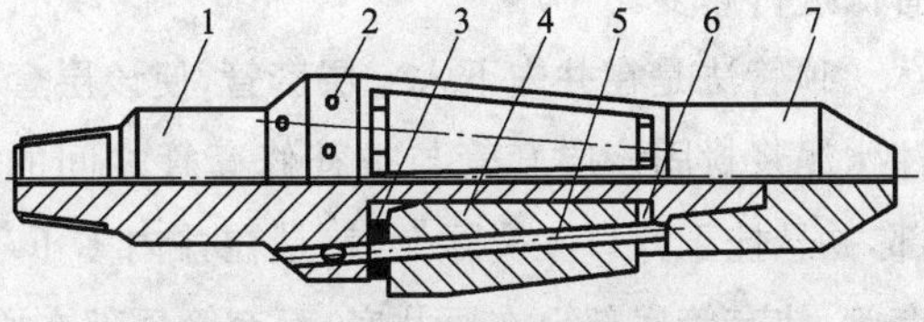

图 8-50 三锥辊套管整形器
1—心轴;2—销定销;3,6—垫圈;4—锥辊;5—销轴;7—引鞋

(4) 旋转震击式套管整形器

旋转震击式套管整形器简称旋震式整形器,由锤体、整形头、钢球螺钉等部件组成,如图8-51所示。它的作用原理是:随着钻具的旋转,旋震式整形器的锤体同整形头间的凸转面间产生相对运动,锤体带动钢球沿宽环形槽抬起。经旋转一定角度后,凸轮曲面出现陡降,被抬起锤体下落,砸在整形头上,给变形区以胀力,使其恢复通径。由于锤体、整形头端面的凸轮轮廓面是三个等分的螺旋面,故钻具每旋转一周震击三次。

如果套管变形严重并有破裂时,可选用铣锥进行磨铣,把凸出部分磨掉,并从坏套管处挤入水泥浆进行封固,以保证质量。

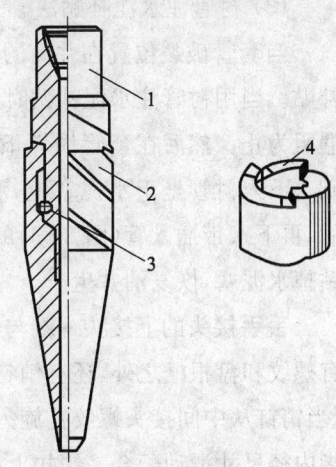

图 8-51 旋转震击式整形器
1—锤体;2—整形头;3—钢球;
4—整形头螺旋形曲面

8.3.3.2 套管破裂及其修理

套管破裂主要是指套管在纵向上发生了破孔或缝洞

的现象。造成套管破裂的原因很多,其破坏的类型也是多种多样的,一般分为微缝、裂缝和裂洞三种类型。当在井下作业中发现洗井液漏失,或生产过程中出现油井出钻井液、井口压力下降、产量猛减等现象时,有可能是套管破裂。通井、起下钻时无卡阻是内压力(如压裂时)造成套管破裂;有卡阻是外压力(如排液掏空度太长,压裂后猛烈放喷等)造成套管破裂。可用同位素测井、微井径测井及压木塞等方法找破裂位置。用打印器确定破裂的形状及大小。套管破裂的修理主要有下述几种方法。

(1) 挤水泥浆封堵

这种方法在套管破裂和漏失不严重时使用。先压木塞于破裂口以下,打水泥浆至破裂口以上,水泥浆凝固后钻去水泥塞。这种方法对封堵窜槽、裂缝效果较好。

(2) 使用顶管、尾管修复破裂口

当套管破裂严重时,其位置距井口或井底较近,当内径许可时,可考虑采用顶管或尾管法进行修复。

顶管法是在井内下入一层套管,使该层套管底部超过破裂位置以下 $30\sim50$ m,然后注水泥浆封固该层套管与被补修套管之间的环空。之所以叫顶管,是因其在井筒的上部,并悬挂于井口。实际上,就是在井内多下了一层套管。尾管法则是在井内下入一层套管,使套管底部坐在原井底,而套管顶部在原套管破裂位置以上 $30\sim50$ m,然后固井重新射孔投产。

(3) 衬管注水泥补贴法

当套管破裂位置在井筒的中部,不适合于下顶管或尾管补贴时,可进行衬管注水泥补贴。当用衬管注水泥补贴时,先用长柱形磨鞋对损坏井段进行磨铣,直到试下衬管不遇阻为止。然后在套管损坏下部打底水泥塞,作为封闭下部套管与承受衬管重力的基础。下入衬管坐于水泥塞上,利用丢手接头(图 8-52)将衬管留在井内。起出送入工具后,再下入带插入管(图 8-53)的固井工具,注水泥浆封堵衬管与套管的环形空间。最后钻掉水泥塞,恢复油井生产。

丢手接头的上接头一端与下井管柱相连,另一端与中间接头相连,中间接头除两端有螺纹和盘根槽之外,还有销钉螺纹孔。芯子上端有密封盘根槽,并在两槽中设有钉槽(当销钉从中间接头螺纹孔旋入之后,其头部正好进入此销钉槽内),其下端外径与锁扣指内径尺寸滑动配合。锁扣上端有螺纹与中间接头相连,下端有若干长槽,呈圆周指状分布,其指状下端有内外斜面台阶,起承受衬管重力和芯子的结合与分离的作用。当衬管下入井内至预定深度后,在井口投球憋压剪断销钉迫使芯子下端大直径柱体部分与锁扣指脱开,锁扣指各指爪处于自由收缩状态,上提钻具,锁扣指无内支撑力,而斜面作用的侧向分力将指爪向内压缩,向上滑移离开台阶,与下接头全部脱开。

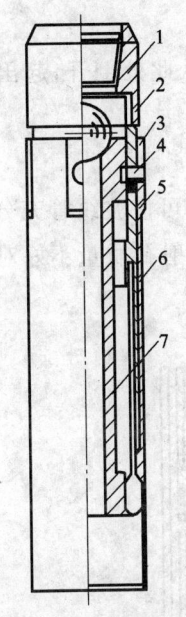
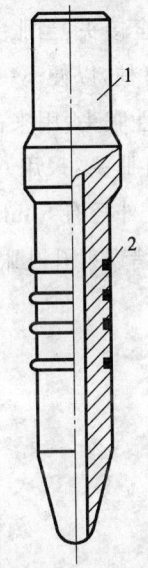

图 8-52 丢手接头
1—上接头;2—中间接头;3—盘根;4—销钉;
5—下接头;6—锁扣指;7—芯子

图 8-53 插入管
1—本体;2—盘根

插入管由本体和盘根组成。本体上端有螺纹与固井管柱相连接,中段有盘根槽,下端为导向引鞋。它的作用是引导固井管柱下井,并插入丢手接头的下接头内孔中,以密封下接头内空间,使水泥浆由衬管底进入衬管与套管之间的环空,实现封固之目的。为防止注水泥时泵压升高将插入管顶出而形成液流短路,应在地面施加一定钻压。

(4) 波纹管补贴法

波纹管补贴法是将外壁涂敷环氧树脂粘接剂的特制薄壁钢螺纹衬管,通过胀贴工具挤胀,牢固地粘贴在封堵部位的套管内壁上,以恢复油井正常生产的一种套管破裂修理方法。下面介绍采用水力机械式胀贴工具的波纹管补贴技术。

① 工具结构。这套工具主要由以下部件组成,如图 8-54 所示。

a. 滑阀:用作循环或打压时开关循环通道。

b. 震击器:当水力锚爪收不拢时,用以震击解卡或开关滑阀。

c. 水力锚:当油管内打压时,水力锚的锚爪首先伸出牢牢地抓住套管内壁,将全套工具定位(限定补贴的部位),同时承担胀头的上提力,避免油管承受高负荷拉力。

d. 液缸:靠液缸内活塞上行带动胀头一起上移,给胀头提供上提力来胀贴波纹管。

e. 止动环:用来扶正和完成第一个行程胀贴时固定波纹管。

f. 拉杆：用作传递胀头上行的拉力。

g. 安全接头：当胀头遇卡无法继续补贴时，可以从此处倒开，起出安全接头以上的工具和管柱，以便下一步处理。

h. 刚性胀头：用来初步胀开波纹管，保证弹性胀贴。

i. 弹性胀头：采用八瓣分开结构，具有很大的弹性，可使波纹管充分胀贴在套管内壁上。而且外径有 5 mm 左右的收缩量，可以克服由于射孔质量不好对补贴施工的影响（用来封堵误射孔孔眼时）。

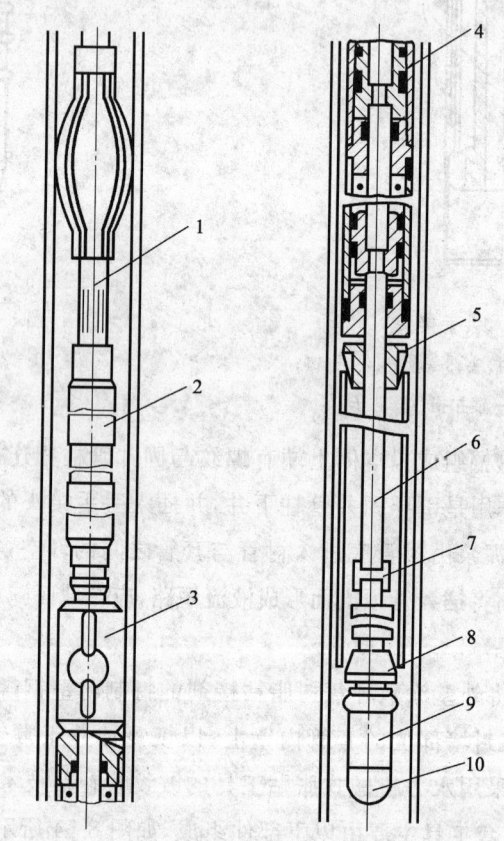

图 8-54　水力机械式胀贴波纹管示意图
1—滑阀；2—震击器；3—水力锚；4—液缸；5—止动环；6—拉杆；
7—安全接头；8—刚性胀头；9—弹性胀头；10—导向头

② 工作原理。该工具靠泵在地面打压，通过油管将压力传到液缸，推动活塞并带动拉杆和与拉杆连接的刚性胀头、弹性胀头一起上行，进入并通过补贴管（波纹管），使其经过两次挤胀而补贴在套管上。

③ 操作步骤。井内刮削清理→连接工具→装波纹管→涂抹粘接剂→下补贴管柱→补贴→试压检查补贴效果。

8.3.3.3 套管错断及其修理

所谓套管错断,是指套管轴向发生断裂,而在其径向上又发生了位移的双向变形叠加所造成的套管破坏。根据套管错断位移的不同,分三种情况:① 折断但没有错位;② 折断并错位;③ 折断且发生严重错位,以至打印时摸不着下段套管,铅模下部呈现出打在地层上的痕迹。

一般来说,当在采油及井下作业过程中,发现有大量漏失、起下管柱困难、油水井动态资料与原始资料不符、油井大量出盐水或淡水、井口附近冒油或气、套管下陷、油井压力和产量突减、地震后井内情况异常等,都是套管错断的特征。套管错断后位移情况、错断深度、断口上下的相对距离以及断口是否变形等资料仍采用打印法、电测法、试下法取得。应针对不同的错断情况,采用正确的修理方法。

(1) 下扶正器注水泥法

用木质或铝质的圆柱形扶正器(下部做成锥体)下到套管断口中间,把上下套管扶正,然后通过水眼注水泥浆封固。水泥浆凝固后,钻掉水泥塞及扶正器。此法用在套管错断位移不大的井中。

(2) 套管补接法

当井内水泥面以上某部位的套管错断时,可将错断的套管及其以上的套管取出,再下入与原来井内相同尺寸的套管,其间用套管补接器进行连接。矿场广泛采用的套管补接器有两种:一种是铅封注水泥套管补接器,另一种是封隔器型套管补接器。前者除能补接套管外,还能注水泥实现二次密封。用补接工具修复的套管,内径不缩小,不影响井下工具的下入。下面就介绍这两种补接器的结构及工作原理。

① 铅封注水泥套管补接器。

铅封注水泥套管补接器主要由上接头、外筒、引鞋、卡瓦座、螺旋卡瓦、控制环、铅封总成等组成,如图 8-55 所示。其工作原理为:

a. 右旋套管柱将鱼顶引入引鞋内。继续下放,通过引鞋上部的凸台将套管外壁的毛刺刮掉,并扶正套管,为抓获和坐定铅封扫清障碍。当套管接触螺旋卡瓦后,将螺旋卡瓦向上顶起。螺旋卡瓦的外锥面与卡瓦座的内锥面间,形成一定的空隙,使螺旋卡瓦外径得以扩张。当右旋下放工具时,靠螺旋卡瓦与套管外径之间的摩擦扭矩的作用,螺旋卡瓦内径扩大,使套管顺利通过卡瓦座上台阶,直至顶住上接头。

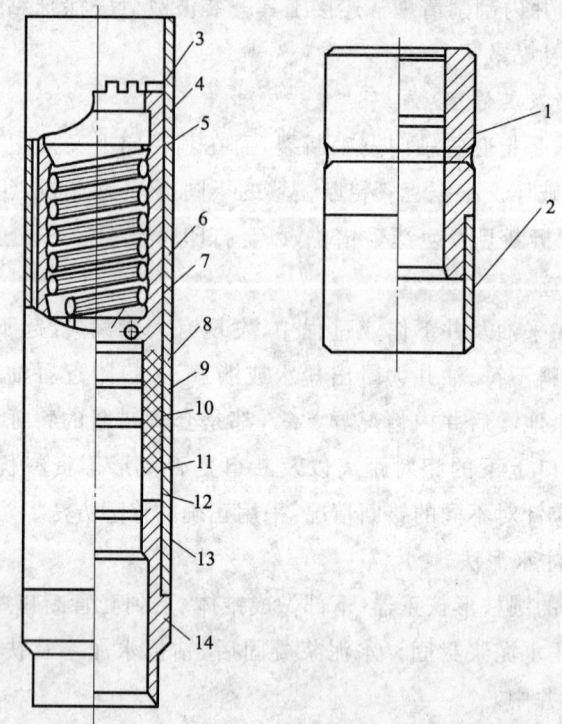

图 8-55　铅封注水泥套管补接器结构示意图

1—上接头；2—外筒；3—卡瓦座；4—销钉；5—卡瓦；6—控制环；7—螺钉；8—中心环；
9—铅封；10—末端封环；11—限位套；12—内套；13—"O"型密封圈；14—引鞋

b. 上提管柱，螺旋卡瓦外螺旋锥面与卡瓦座内螺旋锥面互相贴合，产生径向夹紧力。当夹紧力超过一定限度时，卡瓦齿尖嵌入管壁，将套管咬住。

c. 继续上提管柱，因螺旋卡瓦咬紧套管，卡瓦座不能随外管一起上行，可使引鞋在外管拉力作用下给内套以向上推力，使铅封总成受到轴向压缩产生塑性变形，起到密封作用。

d. 上述三个工序完成后，慢慢下放管柱，使补接器受到 7~9 kN 的下压力，卡瓦座顶住上接头，内套离开端面铅封，打开卡瓦座与外筒之间的通道。开泵循环畅通后，注水泥至设计返高，提起管柱坐封，待水泥浆凝固后卸去拉力负荷，钻掉管内水泥塞。

② 封隔器型套管补接器。

封隔器型套管补接器是取出井下损坏套管后，再下入新套管时的新旧套管连接器，主要由抓捞机构和封隔机构两大部分组成，如图 8-56 所示。它的工作原理类似于铅封注水泥套管补接器，主要是用橡胶密封代替铅封。

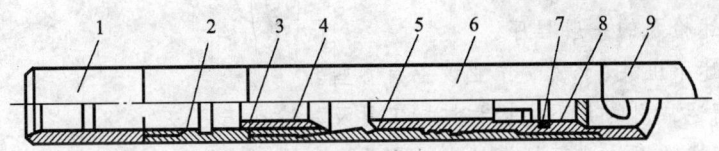

图 8-56 封隔器型套管补接器
1—上接头；2—铅封；3—保护套；4—密封圈；
5—卡瓦；6—筒体；7—密封圈；8—铣控环；9—引鞋

当连接在新套管最下端的封隔器式补接器接近井下套管时，一边慢慢旋转，一边下放工具，井下套管通过引鞋进入卡瓦。卡瓦先被上推，后被胀开让套管通过。套管通过卡瓦后，继续上行推动密封圈，保护套使其顶着上接头，则密封圈双唇张开，完成抓捞。而后，上提管柱，卡瓦咬住井下套管不动，筒体上行使卡瓦与筒体的螺旋锥面贴合。上提负荷越大，卡瓦咬井下套管越紧。同时，双唇式密封圈内径封住套管外径，外径封住筒体内壁，从而封隔套管的内外空间。

根据施工的需要，如果须退回工具，释放被抓住的井下套管，只要狠狠下击，然后慢慢右旋，上提工具管柱即可。下击的目的是使卡瓦螺旋锥面脱离筒体螺旋内锥面。右旋的目的是利用卡瓦与井下套管之间的摩擦力，使卡瓦始终处于胀大状态，便于退出井下套管。

这种方法的优点是不需要注水泥修复无水泥返高段，迅速而有效；可根据作业要求，随时退回工具；补接后井眼尺寸不缩小。缺点是密封件为橡胶件，寿命相对短。

(3) 尾管法

当套管错断位置距油层较近，上、下鱼顶相互错开距离很大，下铅模通井打印找不着鱼顶时，可试钻 3～5 m 后挤水泥浆封隔油层并固定套管上断口的四周，以免钻进中再次震断套管。水泥浆凝固后再钻穿油层，下尾管固井完成。

在很多情况下套管修复是困难的，不易成功，常常用开窗侧钻方法或另钻新井来代替。

习 题

(1) 简述常用的修井设备和工具有哪些。
(2) 简述常用的修井动力设备有哪些型号。
(3) 简述起下设备由哪些系统组成。
(4) 简述旋转设备在修井过程中的作用。
(5) 简述井口装置及工具有哪些。
(6) 简述封隔器的型号编制方法。
(7) 简述井下作业中的压井方法有哪几种。

（8）简述检泵的一般程序。

（9）简述不压井、不放喷作业设备有哪些。

（10）简述常用的井下打捞和打捞工具及其特点。

（11）简述常用的井下解卡技术有哪些。

（12）简述套管变形的修复方法。

（13）简述套管破裂的修理方法。

（14）简述套管错断的修理方法。

参 考 文 献

(1) 沈琛,黎洪.试油测试.北京:石油工业出版社,2005.

(2) 于云琦.采油工程.北京:石油工业出版社,2006.

(3) 井口装置和采油树规范.中华人民共和国石油天然气行业标准.SY/T 5127—2002.

(4) 井下作业技术数据手册编写组.井下作业技术数据手册.北京:石油工业出版社,2000.